范太华 朱 颖◎编著

LIFE AND
ENVIRONMENT

生命与环境

（第2版）

中南大学出版社
www.csupress.com.cn

图书在版编目(CIP)数据

生命与环境/范太华,朱颖编著. —长沙:中南大学出版社,2012.5

ISBN 978 - 7 - 5487 - 0515 - 4

Ⅰ.生... Ⅱ.①范...②朱... Ⅲ.①生命科学 – 普及读物 ②环境保护 – 普及读物 Ⅳ.①Q1 – 0②X – 49

中国版本图书馆 CIP 数据核字(2012)第 082297 号

生命与环境

(第 2 版)

范太华 朱 颖 编著

□责任编辑	谭晓萍 秋 水	
□责任印制	易建国	
□出版发行	中南大学出版社	
	社址:长沙市麓山南路	邮编:410083
	发行科电话:0731-88876770	传真:0731-88710482
□印 装	长沙印通印刷有限公司	

□开 本	787×1092 1/16 □印张 20.75 □字数 506 千字	
□版 次	2014 年 2 月第 2 版 □2017 年 10 月第 5 次印刷	
□书 号	ISBN 978 - 7 - 5487 - 0515 - 4	
□定 价	34.00 元	

第 2 版前言

本书第 1 版发行至今，不知不觉地已经翻过两本日历。

当抬起头时，才发现身边的变化不止是"门前老树长新芽，院里枯木又开花"，不止是远处不知什么时候又竖起两架塔吊，也不止是以往几乎没有车的路渐渐开始堵车。这两年，生命与环境领域发生了许多事情，有让人欣喜的，也有让人担忧的。下面不妨简单地列出几件。

——美国"好奇号"火星漫游车飞行 1.6 亿公里后，于 2012 年 8 月 6 日在火星登陆，至今已发回大量火星照片。照片中发现有极似仓鼠的物体，有人认为是火星生物，有人认为只是貌似仓鼠的石块，还有人调侃说那是搭载航天器"偷渡"到火星的地球鼠。

——2012 年 11 月，中共十八大突出强调了"生态文明"理念，提出建设"美丽中国"的目标，2013 年 11 月的十八大三中全会又进一步提出"生态文明体制""生态文明制度""生态保护红线""生态补偿制度"等概念和原则，环境保护的重要性空前凸显，受到公众的广泛好评。

——2013 年 4 月，在中国新发现（也是全球首次发现）H7N9 禽流感病毒后，由于及时采取措施，疫情很快得到有效遏制，大家继续吃烧鸡品烤鸭，没有像先前的 H5N1 那样造成被动和引起恐慌。

——美国研究人员称已经破解人类记忆的方式和记忆码的形态，为在大脑植入帮助记忆的电子芯片做好了前期工作。据此，不久以后，学生们就不用一早起床背单词了，只要在大脑中植入"单词芯片"就行，想说什么语就植什么语的芯片，像点菜一样。

——2013 年 7、8 月，我国中、东部地区出现大范围高温天气，部分地区高温持续的时间和强度都突破了历史极值纪录。长沙累计连续高温 62 天，浙江新昌气温高达 44.1℃。滚滚热浪中，有人在马路被晒得发烫的流泥井盖上做煎鸡蛋的试验，结果大获成功。

——2013 年年初，我国发生广泛的雾霾天气，同年末，雾霾再次笼罩 25 个省、直辖市，连拉萨、三亚这些城市都未能幸免。全国平均雾霾天数达 29.9 天，创 52 年来之最。这一年里，石家庄有 312 天空气污染超标。一时间，"厚德载雾，自强不吸""十面霾伏""雾是人非""睹雾思人"等调侃语在网络流行。

——2013 年 12 月 14 日，嫦娥三号探测器怀抱玉兔号月球车成功登上月面，中国成为世界上第三个掌握月球软着陆技术的国家。科研人员为玉兔拟人化地开设了官方微博，用有点"萌"的口气向广大网民介绍她和"嫦娥三姐"在月球上的生活和工作情况，有时还能把人虐哭，创意可谓新奇。

——全国肿瘤防治办发布的《中国肿瘤统计年报》显示：我国 2013 年新发癌症病例为 350 万，比 2010 年 260 万人提高了 35%，比 2000 年 190 万人提高了 84%，呈"井喷式"增长。最常见的癌症是肺癌、肝癌、胃癌、食道癌和结直肠癌。世界卫生组织《全球癌症报告2014》称，近年中国新增癌症病例高居全球第一位。

可见，生命科学问题、环境科学问题，越来越日常，越来越切身，其发展也越来越宽阔，越来越深入，已成为当今全球范围内最受关注的基础科学。生命和环境科学已不再纯粹地归为自然科学领域，其中大量的问题涉及伦理、道德和法律，甚至还与经济学、哲学、人类学有关。例如，不久后除了常见的化合物(西医)和动植矿物(中医)药品外，蛋白质、基因、干细胞、体细胞，甚至某些组织和器官都可以做"药"来治疗疾病，对这些药的首要审查将是伦理审查乃至法理审查，然后才是药理、毒理、临床等的审查。生命和环境科学的发展还会把另外一些学科纳入自身范围，例如生态学，它的研究对象就是环境和生物构成的大系统；又如人口学，不能离开生态环境来谈人口。所以，学习、研究和探讨生命与环境问题，将极大地充实我们的全面知识、拓宽我们的全面眼界、提高我们的全面素质。

本书在第 2 版中，除修正了原书中的一些文字、调整了部分叙述、补进了一些插图外，还增添了一些新的内容，如希格斯玻色子、3D 打印器官、嗅觉机理新发现等，同时对大量统计数据进行了更新。

在本书修订中，得到许多读者和朋友的关心，许多建议被采纳，在此一并致谢。我们将继续就第 2 版的文字和内容倾听大家的意见。

编　者

2014 年 2 月 14 日于岳麓山

前　言

　　我们都很忙。虽然经常抱怨很累，但忙碌已经成了习惯，一旦闲下来竟不知做什么为好，大有休息比工作还累的感觉。究其原因，是不理解生命，以为生命的质量就是看谁更强硬，或者以为生命的目的就是看谁更强势，因此无法体会、更无法享受生命的柔性和弹性的那一面。

　　我们总觉得不顺心的事太多，往往很烦人，很纠结。尽管不断告诫自己要淡定、要放得下，而真的一旦"淡定"了，似乎更烦人、更纠结。究其原因，还是不理解生命，把功利、炫耀看得比生命还重，以过度占有为自豪与乐趣，因此无法发现、更无法欣赏生活中各种同样很美的浅色、冷色乃至无色。

　　所以，我们要谈谈生命——谈生命的由来，谈生命的构成，谈生命的机理，谈生命的消亡。我们从来没有像今天这样能从宇宙的宏观去审视生命，从分子的微观去研究生命，也从来没有像今天这样能从系统的角度去思考生命，从和谐的立场去关注生命。在今天谈生命，可谓天时、地利、人和。谈生命就不可能不谈环境，因为生命离不开环境。环境是生命的容器，没有环境，生命就没有了着落。

　　当前，生命科学、环境科学都以前所未有的势头在发展，新发现、新理论、新观点、新要求、新规定不断出现。例如国家于 2008 年出台了牙膏中二甘醇的测定标准，2010 年出台了化妆品中糖皮质激素药物的测定、食品添加剂的使用、转基因食品的标识等新标准，2012 年又将 PM2.5 纳入强制监测范畴。生命科学、环境科学与我们每一个人的关系都越来越密切，在这方面，谁还在门外，谁就有可能受害。

　　关于生命科学的书并不少，或详或略，或专或俗，内容侧重也颇多不同。但有一个事实，就是都要求读者有一定的专门学科基础，如力学、无机化学、生物化学等。这无形中拒绝了只有文科基础的读者，核苷酸、嘌呤、腺三磷等名词会让他们犯困的情景不难想象。本书力图把这些容易"犯困"的读者聚拢过来，力图让他们在这本书中能找到一些熟悉且喜爱的文字。即便实在避不开核苷酸、嘌呤、腺三磷时，我们也尽量使它们有一点"文"的色彩，即便读者犯困也尽量困得轻一些。好在本书中这样的地方还不算很多，主要在第 2 章和第 5 章中。如果实在困得厉害，就不妨跳过这几段，这对阅读后面的文字不会有太大影响。

　　本书的目的是告诉读者要珍爱生命、保护环境。这不是新话题，生物科学、生物信息学、环境科学是本书的主要内容。只是本书将面拓宽了一些，延伸了一些，例如作为大环境，增加了一些天文学知识；作为健康，增加了食品科学相关内容，并在衰老与死亡问题上多说了几句；作为生命系统信息处理，增加了与感觉、知觉、表象等感性认识有关的心理学叙述；作为现代环境理论，增加了环境伦理、环境道德、环境审美等较时尚的谈论。

可见,本书不完全是简单通俗的科普读物,趣味性不是本书的主要追求。

　　本书的第1章、第2章、第5章、第7章和第8章由范太华执笔,第3章、第4章和第6章由朱颖执笔,全书由范太华统稿。编写过程中,得到许多人的关心与支持,在此一并致谢。

　　由于作者知识构成及水平之限,书中或有舛误,期待读者指正。

编　者

2012 年 4 月于岳麓山

目　录

第 1 章　生命存在的空间

本章导读：宇宙究竟是什么？它有边界吗？有开始的那一天吗？这是本章首先要告诉你的。对这些问题有概念了，再谈别的问题就有共同的基础了。

我们生活所依赖的地球是一个空间天体，它和其他天体之间有什么关系？在这些关系中，哪些是无足轻重的？哪些是性命攸关的？为此，我们要知道这些天体的形成、演化、分布等等。在了解这些看似与我们无关的事物后，我们会知道，原来组成我们身体的各种成分是这样生成的，是这样组合的。

对于太阳系，我们应该比较熟悉了。不过有很多新的发现，改变了以前的观点。新的观点让我们重新认识地球，重新认识生命，重新认识环境。

针对近些年来地质灾害有频发、加剧的倾向，本章在最后介绍了天文灾害和地质灾害的有关知识。

在讨论到天体的体积、距离等天文级数量概念时，使用许多缩小比例的比喻，目的是便于读者体会。

1.1　宇宙的形成学说

当你还是孩童的时候，你一定曾对璀璨而神秘的宇宙星空充满了好奇。现在当你在夜晚沿着河堤散步时，你一定还有抬头仰望宇宙星空而忘了自己的时刻。

我们生活在宇宙中，生存在"宇宙赐予我们的环境中"（霍金）。若没有宇宙，一切都无从谈起。要谈生命，要谈环境，就必须从谈宇宙开始。唯有把生命和环境放到宇宙这个至大至远的范围中去审视，方能知道其意义与价值。另外，宇宙科学的成就对人类生活有直接而重大的影响，2005 年美国《科学》杂志筛选出对人类有重大意义的 125 个科学问题，其中有 30 多个是关于宇宙科学的。

什么是宇宙？在汉语中，"宇"指的是空间，就是前后、左右、上下，是事物位置的度量；"宙"指的是时间，就是过去、现在、未来，是事件顺序的度量。而"宇宙"二字连在一起后，除了表示空间和时间外，还包括存在于空间和时间中的所有物质、能量和事件。简单地说，宇宙就是一切存在。生命存在于宇宙中，生命是宇宙的一个组成部分。

人类从身披兽皮、穴居石洞起，就没有停止过对宇宙的"捉摸"。受到科技水平和哲学思想的限制，人们对宇宙的形成、形状和大小先后有过多种观点。

1.1.1　古代的宇宙模型

在古代，人们对于宇宙的理解多基于大胆而离奇的揣测。例如中国关于天如穹盖、地如棋盘的"盖天说"，关于天如卵壳、地如蛋黄的"浑天说"，古希腊的毕达哥拉斯（公元前

572?—公元前497?)认为宇宙最外层是永远燃烧的大火的"天火说",亚里士多德(公元前384—公元前322)认为宇宙是几十个同心球壳套就的"多层水晶球说",等等。

多层水晶球说经古希腊的托勒密(约90—168)发展完善,成为天主教教会接纳为世界观正统理论的"本轮理论",即地心说的模型。地心说认为地球是宇宙的中心,包括太阳在内的所有星体都围绕着地球作旋转运动。

地心说的产生是很自然的,因为人们是站在地面上观察宇宙的。即便在今天,在那些没有受到过现代科技教育的偏远地方的人群中,依然有人认为地球是宇宙的中心,日月星辰都是围着大地转动的。

1.1.2　中世纪的宇宙模型

到了中世纪,波兰科学家哥白尼(1473—1543)根据对其他行星运行轨迹的观测提出了"日心说",认为地球是围绕太阳旋转的,也是一颗行星,太阳是宇宙的中心。这个极其大胆的、连哥白尼自己都觉得"荒谬"的学说,无疑是宇宙观的一次革命性进步。在当时,这个学说的提出面临严峻的局面,不只在公众的接受中遇到了巨大障碍,还直接动摇了占统治地位的神学的根基。

意大利科学家布鲁诺(1548—1600)则进一步认为宇宙是无限的,太阳不是宇宙的中心,宇宙不存在任何中心。布鲁诺的学说极大地震撼了教廷的统治地位,1600年2月17日,布鲁诺被教廷处以火刑,烧死在罗马的百花广场上。今天,百花广场上竖立着布鲁诺的铜像,人们永远纪念这位为科学献身的勇士,这位真正的太阳之子。

1.1.3　近现代的宇宙模型

1. 经典宇宙模型

英国大科学家牛顿(1643—1727)用经典力学等方法建立了"经典宇宙模型"。这个模型中的宇宙有两个特点:第一,空间是无边无际的,时间是无始无终的;第二,空间和时间是相互独立的,绝对的。这个观点认为时间和空间都与物质无关,即便没有物质,时间和空间仍然是存在的,被称为"牛顿静态宇宙观"。由于这个模型不需要回答"宇宙外面有什么东西""最早的宇宙是什么模样的"等根本无法回答的问题,同时人们根据这个理论还在1846年发现了海王星,所以被广泛接受,甚至非常乐观地认为宇宙的物质世界运动规律已经被完全掌握。

19世纪末,德国科学家普朗克(1858—1947)为研究物体辐射能量做了黑体热辐射实验,美国科学家迈克耳孙(1852—1931)和莫雷(1838—1923)为研究光谱线共同完成了光干涉实验。由于经典物理学无法解释这些实验的"怪异"结果,当时,这两个结果被称为"科学史上的两朵乌云"。后来,前者导致了量子力学的创立,后者则成为相对论的重要依据。经典物理学被动摇的同时,也动摇了经典宇宙模型。

2. 相对论宇宙模型

1917年,美籍德国犹太裔科学家爱因斯坦(1879—1955)根据广义相对论提出了"相对论宇宙模型"。这个模型中的宇宙是"有限无界"的、静止的,时间和空间与物质同时存在,没有物质便没有时空。

什么叫"有限无界"呢?就是大小一定,却没有边界。这对于常规理解来说,是一个很奇怪的、无法想象的概念，我们无论如何也想象不出一个有大小却没有边界的篮球会是什么样子。为此，爱因斯坦做了一个"举例"：有一只扁平的、没有厚度的虫子在一个球面上爬行。因为虫子没有厚度的概念，它的智慧让它认为周围一切都和它一样，只有长和宽，它不知道什么是高、什么是球，更不知道自己是在球面上爬行。球面对于这只虫子来说，就是一个有限无界的、弯曲的二维宇宙，这个宇宙的大小就是球面的大小，但虫子永远找不到球面的"尽头"。事实上，球面是三维的，在我们看来，球面既有限又有界。那么，我们自己所处的宇宙又是怎样"有限无界"的呢？道理是一样的：只要把自己想象为是一只有厚度的虫子在一个弯曲的三维的空间中行走就行了。我们以为周围一切都只有长宽高，却不可能形象地理解还有第四维。如果有可能到四维空间里去看，我们的宇宙就是一个既有限又有界的空间。但遗憾的是，目前我们不知道第四维究竟是什么，在爱因斯坦的宇宙模型中，这第四维只能通过数学而表征地存在。

相对论宇宙模型解释了许多宏观的天文现象，例如光线在引力作用下会发生弯曲等。但是，在后来的天文观测中发现宇宙并不静止，这就使得这个模型面临修正。

3. 当代的宇宙模型

（1）大爆炸宇宙模型

1927 年，比利时天文学家勒梅特（1894—1966）用数学方法获得一个膨胀宇宙的模型。1929 年，美国天文学家哈勃（1889—1953）观察到所有星系都在相互远离退行，证实了宇宙正在膨胀。把膨胀运动过程逆过来就是收缩，就像把拍摄炸弹爆炸的电影倒着放，就能看到弹片退回来变回炸弹一样，相互远离的星系倒着向同一个点集中，这个点就是宇宙的最初。沿着这个反演的思路，俄国科学家伽莫夫（1904—1968）在 1948 年提出了"热大爆炸宇宙模型"。

在这个模型的描述中，宇宙最初开始有极端高温、无限大质量、体积却接近于零的原始物质，称为"奇点"。在宇宙时标的起点 $t=0$ 那个时刻、由于无法知道的原因，发生了无与伦比的伟大事件：这个奇点突然爆炸。刹那间，一个不可思议的浩瀚的宇宙形成了，而且迅速膨胀。大爆炸后 14 秒左右的时候，创造所有宇宙物质的任务已经全部完成。这个时刻的物质只有中子和质子，它们是组成原子核的核子。中子继续衰变，成为质子和电子。3 分 46 秒后，中子不再衰变，此时宇宙物质是氢原子核和氦原子核，它们的质量比是74∶26。接下来的 70 万年，出现了稳定的氢原子和氦原子。今天宇宙物质主要是氢和氦，分别占 75% 和 23%，这是在大爆炸初期就定了的。宇宙膨胀导致温度下降，氢和氦不断聚变形成各种化学元素的原子，在引力作用下它们慢慢聚合，成为宇宙中的各类天体，直到今天。

我们很自然地会认为，最初时候的奇点是飘浮在空间中的，或者认为奇点周围应该是极其坚硬的物质，其实都是错的。那么，奇点周围究竟是什么呢？回答是：奇点没有周围，因为那时候没有宇宙。还有人会问："在宇宙起点之前，奇点为何不爆炸？"这样的问题是没有意义的，因为宇宙起点之前没有时间，所以对于宇宙起点只有"之后"而没有"之前"。

由于奇点概念无异于天方夜谭而难以接受，加上当时无法测到伽莫夫理论中涉及的极其微弱的、却是大爆炸必然产生的"微波背景辐射"等原因，大爆炸宇宙模型在最初提出的时候遭受冷落，就连"大爆炸模型"这个名字都是含有讥讽色彩的。

不难发现，各种宇宙理论中都至少有一个难以突破的"盲点"，而这个"盲点"偏偏又是支撑这个理论的最承力的柱子。相对论宇宙模型中的第四维、大爆炸宇宙模型中的奇点，都是这样。

（2）标准宇宙模型

1964 年，美国无线电工程师彭齐亚斯(1933—)和威尔逊(1936—)在一次实验的准备工作中偶然测到了宇宙微波背景辐射。再加上天文学观测手段和核物理学的发展，大爆炸模型被重新审视并焕发出夺目的光彩。经过必要的充实和提高，成为当今的"标准宇宙模型"。

标准宇宙模型告诉我们：137 亿年前，一个大爆炸形成了温度为几十万亿摄氏度的极炽热的最初宇宙。1 秒钟后，宇宙的温度降到 100 亿摄氏度，35 分钟后，降到只有 3 亿摄氏度。这些温度降到哪里去了呢？转换成物质了。温度逐渐下降，空间不断扩张，初始原子状态的物质逐渐形成。这是一个质能转换的过程，广义相对论说明了能量转换为质量、或者反过来转换的规律。

从理论上说，能量转变为质量需要一种极其特殊的粒子起作用，这种粒子被称为"希格斯玻色子"（玻色，印度物理学家，1894—1974；希格斯，英国物理学家，1929—）。一旦这种又称为"上帝粒子"的粒子被证实不存在，那么大爆炸理论乃至所有以此为根基的科学学说将都被推翻，所以，希格斯玻色子是"指挥着宇宙交响曲的粒子"。2012 年 7 月 4 日，欧洲核子中心宣称已经用大型强子对撞机 LHC 发现了一个新粒子，它很有可能就是希格斯玻色子。这一粒子如果被确认，就会是 100 年来人类最伟大的发现之一。不过对来自欧洲核子中心的信息，也有不少科学家表示疑惑。

30 万年后，宇宙的温度只剩下 3000℃，主要物质成分为气态物质，到这时候，引力就登场主演了。气态物质在自引力作用下逐渐凝聚，形成密度较高的气体云块，就是后来的恒星系统的雏形。5 亿年后，第一代恒星闪耀着光芒诞生于广宇。这些恒星由于内部原子核聚变而超爆为新的、更重的原子，新的原子再次聚合形成第二代恒星。如此反复，第三代、第四代以及更多代的恒星依次形成，有些恒星周围还出现了行星、卫星。就这样，演化到我们今天看到的宇宙，并且继续演化下去。

标准宇宙模型简单、自然，理论基础先进，基本上能解释观察到的各种天文现象，所以得到普遍接受。但是标准宇宙模型只能描述宇宙时标 0.0001 秒以后的演化进程。

（3）暴胀模型

万分之一秒之前的宇宙是什么样的呢？对于标准宇宙模型来说，是一个完全说不清的问题。当代科学家根据一些蛛丝马迹，将宇宙推测至 10^{-36} 秒。我们不必为自己没法理解这段时间有多短而内疚，在这个问题上，顶级的天文学家和我们也差不多。根据暴胀模型，10^{-36} 秒的时候，宇宙的尺度范围是 3.8 厘米。现在使用的乒乓球的直径是 4 厘米。在 10^{-36} 秒到 10^{-4} 秒这不到"眨眼过程千分之三"的时间里，宇宙完成了相当于后来需要 100 亿年的演化。这个模型被称为宇宙极早期的"暴胀模型"。暴胀模型的最大意义在于进一步完善了标准宇宙模型。

那么 10^{-36} 秒之前的宇宙又是什么样的呢？依然是奇点，令所有科学家茫然乃至畏惧的奇点。这个无法绕得开的奇点，时间 =0，体积 =0，温度 = ∞，密度 = ∞，没有时间没有空间，却有不可思议的高温高密度，这叫人如何能接受！

英国的当代著名科学家霍金(1942—   )证明了，在经典物理学和广义相对论的框架里，大爆炸奇点的出现是不可避免的。奇点是广义相对论的必然推论。你只要接受大爆炸理论，就必须同时接受奇点，而不论你愿不愿意，能不能理解。

同样，如果有人问："宇宙既然是有限的，那么如果把头伸到宇宙外面去，会看到什么？"这种问题会被大爆炸模型支持者认为是很"无知"的，因为宇宙有限固然不错，但是它只有内部而没有外部。从一开始就是如此，直到它终了的那一天。

(4)其他宇宙模型

除了标准宇宙模型外，当代还有多种宇宙模型。例如认为有多个宇宙同时存在的"平行宇宙模型"，认为宇宙处于一直不停地反复收缩和膨胀的"振荡性宇宙模型"，认为宇宙产生于 11 维薄膜碰撞的"M 理论宇宙模型"，建立在 26 维基础上的"超弦理论宇宙模型"，等等。这些模型虽然都会在这方面或那方面出现一些自相矛盾或无法理解的问题，但都包含了一些有价值的思想。可以预言，一个新的、更接近宇宙演化历史的模型会提出来，这个新模型要么进一步接近解决奇点疑难，要么抛弃奇点。

从古到今的种种宇宙模型都是人们根据观测而推理或推算出来的。在宇宙起源问题上，人类只有理解，而不能现场考察。这是因为没有人可以"近距离"观测宇宙的最初。

人类文明史有 5000 年，这在 137 亿年(最近有些研究者称，经最新的宇宙观测多次证实，宇宙的年龄已经超过 200 亿年)的宇宙寿命面前只是一瞬间。如果将 137 亿年的长度压缩为 1 千米的距离，那么，5000 年的长度就只有 0.36 毫米，还没有 5 张 A4 复印纸厚。在恒久旷远的宇宙面前，即便发明了最先进的计算机和望远镜，人类的知识和智慧仍然非常狭隘和局限。但这不会影响我们探索宇宙的热情，反而会激起更强烈的研究欲望，这是人与其他动物的不同之处。

要说明的是，宇宙问题不仅仅是自然科学研究的最宏观对象，它在哲学、神学领域里一样是个终极问题。因此，在天文学里，常常称被研究的宇宙为"可观测的宇宙"，以区别于哲学上的心物宇宙和神学里的神迹宇宙。

1.2　恒星与星系

1.2.1　恒星

我国古代将天上的星星按东方青龙、南方朱雀、西方白虎、北方玄武(玄武是一种传说中的龟形动物)各七组分出二十八宿，广泛用在天象、地舆、风水、择吉等场合。点点繁星又是骚人墨客抒发胸臆、寄托情思的载体。"人生不相见，动如参与商"，"昨夜星辰昨夜风，画楼西畔桂堂东"，"七八个星天外，两三点雨山前"等，都是千古传唱的佳句。近些年来，以黄道十二星座论定一个人的性格天赋及运势凶吉的游戏颇为一些人津津乐道。这一切，都涉及一种天体——恒星。

1.恒星的状态

恒星通常指由炽热气体组成的、能自己发光的球状或类球状天体。人们再熟悉不过的太阳就是一颗恒星。可以说，所有的恒星或者都是太阳、或者曾经是太阳、或者将成为太阳，不过大小有所不同。只是因为它们离我们太远，所以感觉不到它们散发出的热量。有的恒星巨大无比，例如御夫座 ε，它的直径是太阳的 2500 倍。2500 倍不是一个小数字，将乒乓球的直径扩大2500倍就足有100米。太阳和御夫座 ε 的大小比例就是：前者若是乒乓球，后者就是一个百米直径的巨球。2500倍的直径形成156亿倍的体积，如果把御夫座 ε 放到太阳的位置上，那么，将有6颗太阳系行星带着轨道被它吞进肚中。有的恒星则很小，例如天狼伴星，它的直径只有太阳的1/135，仅仅是地球的80%。

恒星体积差别悬殊，但质量的差别却不太大。质量就是物质的多少，在地球上可以通过重量来反映。例如1千克的铁和1千克的水，它们所含物质的量都是1千克，也就是说，两者的质量是相同的。物质分布在一个空间体积中，同样的质量可以占据大小不同的空间，这样就有了密度的概念。密度指单位体积中物质的多少，相同的质量在大体积中密度小，在小体积中密度大。显然，铁的密度比水的密度大。回到恒星的话题上来，恒星的质量相差不大但体积相差巨大，说明它们的密度有极大差别。虽然御夫座 ε 个头惊人，但它的质量只是太阳的17倍左右，其密度相当于把一火柴盒空气散播到一间面积为20平方米的真空房间里，结果仍然不比真空强多少。而天狼伴星上一块网球体积大小的物体，质量竟有55万吨，足以把当今世界上最大的航空母舰压沉6艘。

除了体积，恒星的亮度也有很大差别。天穹上，有的恒星明亮夺目，精神饱满，有的恒星则晦如毫芒，若隐若现，还有大量恒星是我们用肉眼无法看得到的。实际上，显得比较暗的恒星的真实亮度未必就不如那些比较亮的恒星，观察距离远了，视觉中的亮度就下降，这是生活常识。如此便有了恒星的"视亮度"和"真亮度"的区别。顾名思义，视亮度就是肉眼视觉感受到的亮度，真亮度就是恒星真实的亮度。恒星亮度用"星等"表示，用视亮度描述的星等称为"视星等"，用真亮度描述的星等称为"绝对星等"，星等可以是负数。星等数的数值越小表示该恒星越亮。例如夜空中最亮的天狼星的视星等为 -1.46，绝对星等为 1.41；不太醒目的北极星的视星等为 2.12，绝对星等为 -3.64；而万丈光芒的太阳的视星等为 -26.74，绝对星等为 4.83。北极星实际上比太阳亮2440倍。

星等也反映了恒星的温度，真亮度越亮的星温度就越高。星等还反映了恒星的体积，真亮度越亮的星体积就越大。

人类肉眼能看到的最暗的是6.5等星，全天空亮于6.5等的恒星有6974颗。如果有兴趣借助星座图找到自己的运势星座，或者叫得出几颗最亮的星星的名字，再看看牛郎的扁担和织女的梭子(图1-1)，肯定会是一件非常快活的事情。

2. 恒星的演化

(1)星胚和主序星

根据大爆炸学说，婴儿时期的宇宙体积不大，密度极高。在这种条件下，宇宙中的

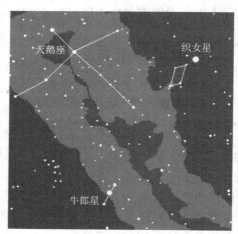

图1-1 织女星和牛郎星

原始物质应该是均匀分布的，其间的引力也是处处均匀的。打个不太妥帖但是容易理解的比方，就是硬往一个像橘子那么大的球罐(这个球罐是放在没有重力作用的"地方"的)里塞进了50千克乃至500千克面粉，那么，罐里任何一个面粉颗粒的状态都应相同，都是一模一样的被压得不成样子的颗粒。不过，这个代表着宇宙的罐子在迅速变大。按理说，在

这个变大过程中，代表原始物质的所有面粉同步地以相同的速率减低压力、增加距离，理应是整整齐齐的，如果其中有两个面粉颗粒之间的距离与众不同，那是极其极其偶然而不可思议的事情。但是，不知什么原因的扰动，这个偶然事件还是不幸发生了，可见，宇宙从一开始就不是十全十美的。物质之间距离的差异——即便微乎其微——让引力与时间迅速抓住了机会，一下子，原本井井有条的阵列整个乱了套，说起来是重新整队，结果是相互乱撞，情况一派糟糕。乱撞中，有些颗粒吸到了一起成为较大的颗粒，然后又继续去吸引散乱中散兵游勇般的小颗粒。宇宙罐子不停地加速膨大，大颗粒继续不停地扩军合并，终于形成了气态的星云。

星云在引力作用下塌缩、碎裂，碎块再塌缩、再碎裂，速度越来越快，直到每个碎块的质量达到一定大小的时候(0.05～150 倍太阳质量)，便只有塌缩而不再碎裂，成为恒星的前期天体，称为"星胚"。星胚继续发育，所谓发育，就是物质在引力作用下聚拢。大爆炸后经过大约 5 亿年，第一代恒星宝宝发育成熟。这是一次多胞胎大诞生，恒星宝宝不是几十个，也不是几亿个，而是千万亿个。很有意思的是，地球动物宝宝长大是个子越长越大，而恒星宝宝的长大是个子越长越小。

所谓星胚发育成熟，是指它内部实现了引力和热压力的平衡。这个平衡是依靠氢和氦的热核反应来维持的，4 个氢聚变为 1 个氦所产生的热压力平衡星体内部的引力，使星体得以处于稳定状态。稳定状态的恒星又称为"主序星"。主序星是恒星一生中历时最长、活力最充沛、表现最稳定、形貌最辉煌的阶段，也就是童年、青年、中年和知天命的初始老年合在一起的整个阶段。

在形成几百万年到几千亿年之后，恒星中的氢会消耗殆尽，离开主序，进入不稳定的老年阶段而面临死亡。质量越小的恒星其主序阶段越长，也就是寿命越长。质量为太阳质量 0.2 倍的恒星的主序阶段可长达 1 万亿年，而质量为太阳质量 15 倍的恒星的主序阶段仅有 1000 万年，是前者的十万分之一。一颗恒星将如何死亡，取决于它是小质量恒星还是大质量恒星。恒星的主序阶段长度和死亡形式当它还是星胚的时候就已经决定。所谓小质量恒星，指的是质量小于太阳质量 2.3 倍的恒星。小质量恒星将先后演化为红巨星、白矮星，而大质量恒星将演化为超新星。

(2)红巨星和白矮星

小质量恒星内部的氢燃烧完后，变成一个低温的氢壳氦核球。由于没有了热反应，引力再次称雄，它令氦核渣塌缩。塌缩中，由于物质间摩擦的原因，内部温度再次升高，使得氢壳猛烈膨胀，恒星的直径能扩大近千倍。氢壳边膨胀边降温，温度很低的时候就呈现出红色。这就是红巨星——老年的恒星。

红巨星中心处的温度不断升高，终于点着了氦渣。于是，当初的核反应历史重演，不过这次参与反应的主体不是氢核，而是氦核。氦核有 2 个质子，质量数是氢的质量数的 4 倍。又经过数百万年，氦核的聚变反应也结束，留下一堆碳原子核和氧原子核。接下来的又是引力登场，碳核和氧核强力塌缩，不过，由于总量不足，它们已经不会再发生热核聚变了。红巨星将要寿终正寝了。

红巨星的内核越缩越密，最后演化为一种低光度、高密度、高温度的天体，在不起眼的某个地方发出些苍白的弱光，我们叫它白矮星。前面提到过的天狼伴星就是白矮星。红巨星的包括氢壳在内的外围部分则扩散为行星状星云，隐约像一袭美丽的丝巾，轻轻地披在已耗尽毕生精力的恒星残骸——白矮星周围。这块丝巾慢慢飘开，5万年后完全散去。白矮星也将日益冷却，直到最后的一丝毫光也熄灭，成为太空中的暗物质。

（3）超新星

恒星的一生是压力与引力抗争的一生。虽然最终的胜利者是引力，但大质量恒星的抗争过程要比小质量恒星来得悲壮与伟大。

大质量恒星也要经历氢核聚变、氦核聚变，也有类似于红巨星的过程。但是它形成的巨星的体积比小质量恒星形成的大得多，称为"红超巨星"。与红巨星不同的是，红超巨星的核心有足够的高温将碳合成为镁、硅、铁等更重的元素。这些元素沿着恒星的核心，自内而外按质量大小排成一个个相套的同心球壳。因此有人称红超巨星为"巨型洋葱头"。聚变到了恒星核心大部分变成铁原子核后，热核反应便再不能进行了。

接下来会发生什么呢？现在谁都猜得到了：又是一切向引力低头。红超巨星的铁核被引力压得实密无比，坚硬异常，呈现中子状态。外围物质正往里高速塌缩。这是气态物质的塌缩，不是泥土的慢慢下陷。实际情景是比大暴雨还密集的物质"雨点"以1/4光速的速度撞向铁核。铁核实在坚硬，这些高速物质无一例外地被铁核全部弹射回去。它们在回弹途中撞上另外的正往核心区塌缩的物质，于是又调过头来再次撞击铁核。极其巨大的冲击波能量不断

图1-2　蟹状星云

积聚，终于，随着一声惊天动地的怒吼，这颗恒星炸得粉身碎骨——超新星爆发了。图1-2的蟹状星云实际上是一颗超新星爆发。

大质量恒星以超新星爆发的形式壮烈涅槃。它的外围物质解体为宇宙气体或星云尘埃，向着四周扩散，带着新元素依托引力去生成下一代恒星。引力还不放过以铁为主的核心物质，它们或者塌缩为中子星，或者塌缩为黑洞。

图1-3归纳了恒星的演化过程。

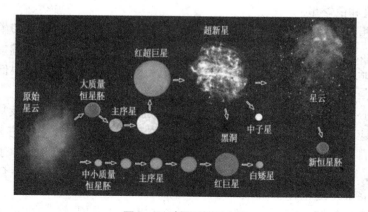

图1-3　恒星演化过程

对于生命来说，应当对超新星爆发心存敬畏。若无超新星爆发，便无组成生命的碳、氧、铁等重要元素。在我们体内，碳和氧元素共占了 86.4%，还有血红蛋白中的铁，这些物质都源自某几次令人激动万分的超新星爆发。

3. 行星

行星通常指自身不发光、环绕着恒星运转的天体。在星空观察中，它们穿行在星海里。不过它们的移动速度很"慢"，要经过几十分钟甚至几天的比较才能觉察。如果你能看到一个亮点正在星际移动，那它可能是人造卫星，可能是一架飞机，也可能是一盏升得很高的孔明灯，而不可能是行星。

关于行星的形成，传统中有两种假说。第一种是"星云假说"，认为星云在一边旋转一边收缩形成恒星时，某个凸出部分被"甩"了出来而脱落，行星就是脱落部分的自行聚合。根据这个学说，"甩"出部分有多个，所以一个恒星会有多个行星，而且分布在同一个空间平面上。第二种是"微星说"，认为某一个时候有两颗恒星近距离相遇，相互引力作用下，两颗恒星都被"扯"出去一块，然后两个恒星离开了，被扯出来的两块物质团结合到一起旋转，越转越圆，就成了行星。两种假说都有缺点，都有不合理的地方。让人们比较容易接受而且基本得到观察支持的，是星云假说。

现在又有了最新的研究，认为行星是从小型黑洞中超速"喷射"出来的。黑洞是宇宙空间中一种引力极强的天体，连光线都无法挣脱它的引力而被吸入，永不折返，故而无法进行光学观察。在黑洞面前，既然光线都无法逃逸，又如何会奇迹般地"喷射"出行星来呢？确实又是不可思议的事情。然而据称研究人员已经为此找到了确凿的证据。

星云假说、微星说都认为行星是恒星身上掉下的肉，喷射说则认为行星是恒星认领的义子。事实似乎又在说，这些都不对。太多的谜就在我们身边，弄清宇宙，弄清自己，弄清原子，人类一代又一代为此而思考，而争论，而忙碌。

4. 卫星

卫星就是行星的行星，它围绕行星运转，并随着行星一起围绕恒星运转。

从 20 世纪中期起，人类已经能够发射人造地球卫星。目前正在运行的人造地球卫星约有 3000 颗，它们也常被简称为卫星。为便于区分，我们就称自然形成的卫星为天然卫星。

关于天然卫星的形成，一种说法是行星受到撞击之后飞离自身的碎片变成卫星；另一种说法是，有一个来自外太空的星体，它四处闲逛，溜达到行星附近时不幸被行星的引力捕获，从此就变成了卫星。说来说去，还是亲生子和领养子的区别。

1.2.2　星系

恒星在宇宙中的分布不是均匀的，这只要抬头看一看便知道。广袤的天空中，有些区域群星密集，光彩烂漫，有些区域却只有疏星几点，无精打采。原来星星和人一样，也喜欢扎堆。有所不同的是，让人扎堆的，是某些交通事故、街头献艺等临时事件，而让星星扎堆的，是质量中心的引力。

所有恒星都在作旋转运动，它们在绕着自身的某一根轴自转的同时，又以空间某一质量中心为圆心作公转。科学家把绕着同一个质量中心运转的恒星归为一个天体系统，并称其为星系。一个星系中有几亿至上万亿颗恒星，同时还有大量的星际物质，星系的空间尺度为几千至几十万光年。

光年是用以表示天体距离的长度单位。光线在 1 年中走过的距离称为 1 个光年。光速约为每秒 30 万千米，因此，1 光年就是 9.46 万亿千米。人类目前能够观测到的最远天体距离地球约 470 亿光年。

天文学中还有一个常用的长度单位叫"秒差距"，1 秒差距约等于 3.26 光年。

1. 银河系

特别在夏天，银河无疑是最壮观的天象：一条南北走向、时宽时窄的如河光带横亘天穹，将万千星宿分隔于两边，熠熠闪烁；河中还有许多星星，暗者如渔火，明者如歌舫。银河让古今多少人动情不已。李白有与月亮"永结无情游，相期邈云汉"的单边约定，秦观有关于"纤云弄巧，飞星传恨，银汉迢迢暗渡"的缱绻忧唱，云汉、银汉说的都是银河。

1610 年，意大利科学家伽利略（1564—1642）使用自制的望远镜研究银河，发现银河是数量庞大但光度暗淡的恒星聚集。到了 20 世纪，经大量的观测与统计、类比分析，人们认为银河是一个漩涡星系，便称它为银河系（如图 1-4）。银河系有两个主要旋臂，模样有点像套在一起的两盘蚊香，称为"银盘"。银盘直径估计为 9.8 万光年，厚度为 2000 光年。这是一个很薄的圆面。如果把银盘直径缩到 2 米，那么它的厚度就只有4 厘米，是一块标准的圆形餐桌面。

图 1-4 银河系正面图

银盘的中央是一个扁球，直径 2 万光年，厚 1 万光年，称为"银心"。到 2005 年，有观测表明银河中心不是球状的，而是棒状的，棒长 2.7 万光年，属棒旋星系。还用那张圆桌面做比方，银心就是桌面中央穿着一个 40 厘米粗、55 厘米高的圆柱。

银河系中有 1200 亿颗恒星和大量的星团、星云，还有各种类型的星际气体和星际尘埃。所谓星团是指十几个至几百个恒星聚集在一堆的恒星集团，在肉眼观察中，它是一颗星，只有用望远镜才能看出它其实是一堆星。星云是星际空间的气体和尘埃结合成的云雾状天体，其姿形奇妙，色彩绚丽，可以通过小型望远镜观察到，是很具有观赏价值的天体品种。银河系的总质量是太阳质量的 1400 亿倍。现代天文学界比较一致的看法是银河系的年龄为 136 亿年，几乎和宇宙一样。

银河系是圆盘状的，但我们只能看到带状的银河，原因是我们的位置是在圆盘的侧边，所以只能看到圆盘的"纵截面"，而且是附近的极小部分星体。不识银河真面目，只缘身在此河中。银河系究竟是什么样的，到银河系外面而且是正面去看是很好的办法。但怎样才能到银河系外面去，似乎比银河系是什么样的问题更叫人伤脑筋。

银河系在宇宙中是很小的、微不足道的一部分。假定宇宙是一幢高 100 米、长宽均为 70 米的写字楼，那么银河系只是楼内某张纸上一个五号字体的句号。

2. 河外星系

宇宙中星系的总数估计至少有 1700 亿个，至于至多有多少个，没人敢估。银河系以外的星系都称为河外星系，河外星系离我们都非常遥远，绝大多数在望远镜里也只是一个模糊的光点。人类用肉眼可以明显观察到的河外星系只有两个：大麦哲伦星云和小麦哲伦星云。它们名为星云，实际上是星系，因为历史习惯，今天仍然以星云命名。这两个星系都在南天，生活在南半球的人对它们习以为常，而我们生活在北半球的人平时是无缘和它们谋面的。

大麦哲伦星云（如图1-5）距离地球17万光年，直径3万光年，是离地球最近的河外星系。小麦哲伦星云是离地球第二近的河外星系，距离有21万光年。

图1-5 大麦哲伦星云

星系不是静止不动地悬浮在宇宙空间中的，它本身也在自转，同时整个星系还在做空间运动。星系的自转是组成星系的恒星公转的合成结果，各个恒星公转周期不一致，使得星系的自转不像磨盘那样刚性转动，而是有些地方快有些地方慢。恒星公转的周期是极长的，在体积极其庞大的星系中，一些处于边缘位置的恒星还没完成一圈的公转运动就消亡了。

恒星扎堆成了星系，星系也扎堆。人们把有物理联系的十几个或几十个星系组成的集团称为"星系群"，更多星系组成的就称为"星系团"。星系群和星系团是同级天体系统，它们的星系成员数差别很大，但空间尺寸差别不大。银河系、大小麦哲伦星云，同另外40来个星系一起，组成"本星系群"。在本星系群中，按身材排，银河系是老二。老大是M31星系，它的盘径大约是银河系的2倍，距离银河系280万光年。

星系群和星系团会不会扎堆呢？答案是肯定的。"超星系团"便是由星系团、星系群构成的天体系统。本星系群和另外50个左右的星系团、星系群共同组成"本超星系团"。本超星系团中的核心成员是室女座星系团，它由2500个以上星系组成。

在前面举过例的那座百米宇宙大楼中，本星系群的大小就像一只苹果，本超星系团则像是一个排球。至今人们对于星系群（团）的研究尚很有限，对于超星系团的了解就更为模糊了。

1.3 太阳系及其天体

1.3.1 太阳系

我们生活在太阳系。太阳系是由太阳、行星及其卫星与环系、小行星、彗星、流星体和行星际物质所构成的天体系统及其所占有的空间区域组成。在空间，它呈现为一个微微有点椭圆形的薄盘。

太阳是银河系中的一颗恒星，大小中等，位于银河系的一个旋臂上，距离银心2.5万~2.8万光年。这是一个极其"有利"的位置：它远离了银河系恒星拥挤群聚、辐射强烈的中心，远离了有潜在危险的超新星密集区域，长期处在稳定的环境之中，使其中的行星得以发展出生命。

太阳绕银心运动的速度大约是220千米/秒，因此公转一圈需要约2.7亿年，这个公转周期称为银河年。

关于太阳系的边界，因划界的标准不同，在科学界有多种说法。公众比较认同的，是按已发现的太阳系最远行星的轨道来确定，即最外一颗行星的轨道就是太阳系的边界。因此，一般认为太阳系的直径约有120亿千米。与银河系10万光年直径相比，这是一个可以认为是0的数字。如果太阳系的大小是一个五号字体的句号，那么银河系就是直径80千米的大圆盘。

2011年2月，美国科学家宣布新发现了一颗太阳的行星，并命名为"幸神星"。如果幸神星最终被确认是太阳系行星，那么太阳系的直径就应改为4.5万亿千米，比原先的大了近400倍。

关于太阳系的形成，现多被接受的是星云假说。在这里，我们不妨简单地重复一遍：46亿年前有一个超新星爆发，使一片名叫"太阳星云"的巨大分子云开始塌缩、加速旋转，呈现为一个直径大约为300亿千米的扁平的浓密气态盘。1亿年后，盘的中心由于压力和密度都很大，氢开始热融合，形成一颗恒星，就是太阳。同时，星云的外围剩余气体和尘埃也在吸积成长，最终形成太阳系的行星。

1.3.2 太阳

太阳是地球上空最辉煌的天体。当一轮红日缓缓掀开用瑰丽朝霞做成的面纱时，三千星光顿时暗淡，一如"六宫粉黛无颜色"。时至中天，碧空澄澈，白云无瑕，群山耸翠，芳草如茵。若秋风则飒飒，若春雨则潇潇。即便落日西沉那刻，也是托付红霞万朵，金光千重，祈福明天的灿烂。所有这一切，都是太阳的大手笔。

如果说生命是造物主的作品，那么这个造物主就是太阳。它给生命的形成与演化以无可挑剔的绝好环境，它毫不悭吝地直接或间接地为地球生命提供所有能量，它一丝不苟地掌控着一切生命的节律。

世界各民族都有关于太阳神的传说。中国古代有女神羲和，她每天赶着车从东方的扶桑行至西方的隅谷，车上坐着太阳——一种三只脚的乌鸦，可见古人想象力之绝后。中华民族的先民也把牛头人身的炎帝尊为太阳神。在希腊神话中，太阳神阿波罗头戴象征胜利和荣誉的桂冠，高举神鞭驾起太阳金车，从东至西巡视大地，给人类送去光明和温暖。

1. 太阳的形貌

我们对太阳的认识已经比较多，如果读者对太阳的物理参数有需要或者有兴趣，可以很方便地找到这些资料，在互联网上也很容易获得这些数据。总之，太阳体积很大、温度很高。

需要提醒的是，在天文领域里，说"体积大"、"温度高"、"距离远"等都是有相对性的。例如太阳表面温度达到6000℃，这当然是很高的温度，铁到了2750℃就沸腾气化了。然而对于太阳中心1500万摄氏度来说，只是1/2500。就连1500万摄氏度，在千亿摄氏度的超新星面前，也真的是小巫见大巫了。再比如说距离，日心与地心的平均距离为1.496亿千米，这段距离又称为"天文单位"。乘坐神舟七号走完这段距离需要半年。和光年相比，天文单位则是一个很小的距离，1光年=6.3万天文单位。光走过1个天文单位只要8分19秒。至于体积，太阳的直径为140万千米，体积是地球的130万倍，然而这个直径只是太阳系直径的1/8600。如果把太阳看成足球般大小，太阳系就是直径为1.9千米的广场，这个"太阳系广场"的面积有6.5个天安门广场那么大。

可不要小看这个足球，它集中了太阳系总质量的99.86%，各行星的质量加起来只占

0.13%。组成太阳的物质中，71.3% 是氢，27% 是氦，这跟大爆炸初期的宇宙物质组成情况一致。其余的 1.7% 是氧、碳等元素。恒星都是这样的。46 亿年来，太阳内部一直进行着氢 - 氦聚合反应，在与内部引力平衡的同时释放出巨大的热能。太阳的能量中只有二十二亿分之一传到地球，温暖生灵，滋养万物。二十二亿分之一是什么概念呢？长江全长 6400 千米，它的二十二亿分之一是 3 毫米；中国国土面积 960 万平方千米，它的二十二亿分之一是 0.6 个足球场面积。

太阳是一个等离子态的大球，密度为 1.4 克/立方厘米，与蜂蜜的密度相似，然而是等离子态。我们知道，物体的存在状形有固体、液体、气体三种。如果气体的温度升得极高，构成气体分子的原子中的电子就会剥离，原子变为离子，这个过程称为"电离"。当电子和离子的浓度达到一定程度时，物体虽然还是气体的形态，但性质与气体完全不同，这就是物质的第四态——等离子态。等离子态在宇宙中是普存状态，恒星内部差不多都是这种状态。但在地球上却没有天然存在的等离子态物体，因为地球上没有足以形成等离子态的自然高温，除非是实验室、工业生产用的高温炉以及一些高科技产品。

2. 太阳的结构模型

太阳从内到外可分为中心区、辐射区、对流区、光球层。如果将太阳比作熔炉，则中心区是炉芯，热核反应集中在这里进行。太阳内部只有辐射、对流两种热传递方式，分别发生在辐射区、对流区，好比是炉膛。最外层光球层就是炉体了。

我们只能观察到光球层。光球层中热气流活动激烈，整个球面上无处不是狂暴的气旋。有时因为太阳磁场结构变化使得一些部位温度下降，就形成了"太阳黑子"。人们发现，黑子活动频繁的时候，地球上的无线电通讯会受到严重阻碍甚至短时间中断，地震增多，植物生长加快，致病细菌毒性加剧，人容易患病。

太阳光球层外面还有两层结构：色球层和日冕。色球层温度比 6000℃ 的光球层高许多，达到几十万摄氏度。日冕也是一个"层"，不能因为它叫"冕"就以为像一顶帽子。日冕区的温度又比色球层高许多，竟有几百万摄氏度。这种外部温度高于内部温度的"反常"增温现象令人万分困惑，是摆在科学家面前等待解释的一个难题。

人们可以观察到色球层上有许多腾空而起的烈焰，或如泉飞、或如桥峙、或如环舞，大小皆有，情景既轻柔又壮丽，这就是"日珥"（图 1 - 6）。珥是古时一种珠或玉制成的耳饰。日珥是色球层的喷发物。

色球层有时会出现在几分钟到几十分钟之间迅速变亮、又慢慢暗下来的光斑，称为"太阳耀斑"（图 1 - 7）。它是太阳大气的能量突然释放所致，是一次狂烈的大型爆炸。耀斑辐射对地球空间环境造成很大影响：无线电通讯、电视广播会受到干扰甚至中断，耀斑发射的高能带电粒子流会干扰地球磁场而引起磁暴，会给宇宙飞行器内的宇航员和仪器的安全造成极大威胁。耀斑对气象、水文等方面也有着程度不一的影响。

日冕（图 1 - 8）则会形成"太阳风"。太阳风是日冕膨胀而不断抛射到行星际空间的等离子体流。它的机理与效应与地球上的风十分相似，故有此名。另外有人称之为"太阳风暴"。太阳风对地球的影响是引起地磁暴并影响通信，影响输电、输油、输气管线系统的安全，引起人体免疫力的下降，地球气温增高。高纬度地区见到的极光就是地球上空大气原子和分子与太阳风粒子碰撞而发出的荧光。

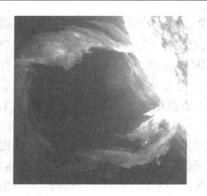

图1-6　日珥

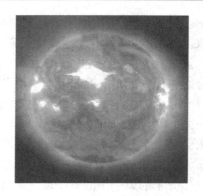

图1-7　太阳耀斑

色球层和日冕中物质稀薄,不容易观察到,只有在发生日全食的时候有极短的光学观测机会。地球上发生日全食的机会是极难得的,2012年至2020年我国可见的日全食仅有2次。

3. 太阳的寿命

太阳是中等偏小质量的恒星,它的主序时间大约有100亿年,从形成至今已有约46亿年,现在处于主序星阶段的中期。往后,它将不断变得更热更亮,质量则因转换成热能而不断减少,引力随之下降。有科学家认为,10亿年后太阳亮度比现在高10%,24亿年后进一步增加到40%。70亿年后,太

图1-8　日冕

阳将成为红巨星。当内部的氢全部聚合为碳以后,红巨星的历史任务就完成了,这是78亿年后的事情。它抖去外壳,裸露出再无热核反应的恒星核,在太空中渐渐冷却、暗淡,变成白矮星。

太阳的一生将是自豪的、无悔的一生,又是多彩的、传奇的一生。曾经孕育过宇宙的精灵——生命,使它在宇宙汗青上浓墨永留。

1.3.3　太阳系中的行星

在古代,人们就知道天上有五颗行星,即金、木、水、火、土五星。在民间传说和神话中,他们有名有姓。例如金星,在《西游记》中名叫李长庚,他主动请缨招安齐天大圣,在花果山经得起猴群的作弄,是一位道德高尚的、有耐心的、不会计较的好老头。在罗马神话中,金星则是一位貌美无比、眼神祥和的美神,名叫维纳斯,她掌管人类的爱情、婚姻、生育等。

这五颗行星是可以用肉眼观察到的。伽利略发明望远镜后,扩大了人们的视野,又通过牛顿经典力学的应用,科学家在1783年、1846年先后发现了天王星和海王星。冥王星是到了1930年才被发现的。这要感谢照相技术,因为最先发现的冥王星,是在一张星空的照片中的。它们连同地球一起,合称太阳系九大行星。

人们又发现,太阳系中还有大量大小不一的天体在绕日运行。于是,国际天文学联合

会大会作出了关于行星、矮行星、小行星的分类标准。

1. 太阳系行星

2006 年 8 月 24 日国际天文学联合会大会通过了太阳系行星的新标准定义。新标准中的行星具备以下三个特点。

第一，有绕太阳旋转的轨道。

第二，自身引力足以克服其刚体力而使天体呈圆球状。

第三，能够清除其轨道附近其他物体。

根据这个定义，冥王星不符合太阳系行星标准而被"逐出"。于是，太阳系只有八大行星。冥王星在太阳系行星家庭里只生活了 76 年。不知是不是出于感情上难以割舍的原因，不少科学家提出异议，甚至联名为冥王星"请愿"。一幅漫画中，冥王星拖着带轮的行李箱离开"行星之家"，抹着眼泪，哭得非常伤心。

离太阳自近而远地数，八大行星依次是水星、金星、地球、火星、木星、土星、天王星、海王星。它们的绕日运行轨道几乎在同一个平面上。它们的部分物理参数见表 1 - 1。

表 1 - 1　八大行星的部分物理参数

	与太阳距离 （×10^6km）	赤道半径 （km）	平均密度 （g/cm^3）	自转周期 （地球日）	公转周期 （地球日）	表面温度 （℃）
水星	58	2440	5.4	58.6	88 日	-173 ~ 427
金星	108	6052	5.2	243	225 日	420 ~ 485
地球	150	6378	5.5	1	365 日	-88 ~ 58
火星	228	3397	3.9	1	687 日	-87 ~ -5
木星	778	71492	1.3	0.4	11.9 年	-148
土星	1427	60268	0.7	0.4	29.4 年	-178
天王星	2871	25559	1.3	0.7	84.0 年	-216
海王星	4498	24764	1.8	0.7	164.8 年	-214

水星离太阳最近，在水星上看到的太阳比地球上看到的直径大 3 倍，由于大气层极其稀薄，所以无比炽热的太阳和满天星星都出现在一片漆黑的天空背景中。在众行星里，水星体积最小，只有地球的 1/18，在前文比拟的"太阳系广场"上，它的直径不到 0.8 毫米，像一粒萝卜种子。水星每公转 2 周才自转 3 周，所以看到的太阳运动是进一段、停一阵、倒一段、又停一阵，十分怪异。

不算太阳，金星是全天空最亮的星。它的大小和地球差不多，称其为地球的姊妹是很恰当的。它覆盖着稠密异常的大气面纱，想用光学显微镜一睹它的芳容那是徒劳。金星是逆时针方向自转的，"太阳从西方升起"，对于金星是一条颠扑不破的真理。金星又是温度最高的行星，对于生命来说，无异于金色的炼狱。

地球是太阳系中密度最大的行星。它的表面高差均匀，覆盖着绿地、雪山和碧海，它披着稠密、无毒、平稳的大气层薄纱，成为太阳系中最美丽、最温和的行星。它在太阳系中占有得天独厚的最理想位置：它的左邻金星是烈火的世界，右舍火星则只有沙土和严冬,唯有地球既无暴热又无剧寒。生命所需的20多个苛刻到蛮不讲理的条件,地球无一不具备。尽管在"太阳系广场"中它不比芝麻粒大多少,但只凭孕育了生命、创造了智慧,就足以证明它是一个神奇的星球,一个有着空前绝后的丰功伟绩的伟大星球。

火星曾经被人类认为是最有生物存在可能的地外行星。英国作家威尔斯于1898年出版了科幻小说《星际战争》,又译为《大战火星人》,小说中企图占领地球的火星生物超级进化,体如巨熊,貌同章鱼,只有脑袋和手,脑袋上只长着一对眼睛。较量中,人类节节败退,望风而逃。最终战败了火星人的竟是病菌,火星人来时有点仓促,忘了随身带药。这本书影响了一代又一代青少年读者,尽管有开创了无端敌视外星生物先河的嫌疑,毕竟极大地激发了读者对于太空探索的好奇和关注,所以不失为世界科幻名著。1997年以来,人类探测器4次登陆火星,否定了这种猜测。火星上大气稀薄,碎石遍地,荒凉干燥,富含氧化铁的红壤被暴风裹挟着漫天飞扬,往往持续数月。因此远远看去,火星呈火红色。火星上有一座名叫奥林帕斯的山脉,顶峰高达2.6万米,是珠穆朗玛峰的近3倍。奥林帕斯山是太阳系中最高的山。

人类立志要亲自登上火星。由俄罗斯组织、多国参与的国际大型试验项目"火星-500"于2010年6月3日开始实施,2011年11月5日结束。这个试验项目模拟飞船发射、飞向火星(250天)、登陆火星(30天)、返回地球(240天)的全过程。参加试验的志愿者共有6人,其中有一位是中国人王跃。有专家估计,在未来的15年至20年间,人类有可能实现登陆火星。

木星是一颗气态行星,是众行星中的大个子,体积是地球的1400倍。个子大却没有影响它的灵活,它是自转周期最短的行星,在木星上,白天长5小时,黑夜也是5小时。在天空中,木星的亮度仅次于金星,当金星落到地平线下面的时候,它就成了最吸引人们眼球的星星。在"太阳系广场"中,它的直径是2.2厘米,很像一粒葡萄,距离广场中心160米。

土星的个头仅次于木星,也是气态行星,自转周期比木星长40多分钟,也是忘我的大个子舞者。它是人们肉眼能见的最远的行星,在"太阳系广场"中,距离广场中心300米。土星最让人欣赏的,是它美丽的光环,用望远镜见过土星光环的人,无不惊奇激动,终生难忘。这光环是土星的卫星、大量碎石和无数冰块的集体身影。在望远镜中那薄如蝉翼般的光环实际上平均厚度只有10千米左右。

天王星和海王星除了运行轨道、公转周期不同,其余很多方面都颇为相似:体积差不多,自转周期相近,表面温度几乎一样,且都是气态星。要说到特色,那就是天王星的自转。其他行星都是在公转平面上"立着"转的,像是陀螺,唯有天王星特立独行,它"躺着"自转,像一个碾子。为什么会这样,有人猜想是天王星曾经被其他巨型天体"撞倒"后再没能爬起来的原因。这样一来,天王星上的1天就不那么好算了:如果按照自转一周为一天来算,这里有一半地方的"黑夜"和白天一样亮,另一半地方的"白天"和黑夜一样暗;如果按照天空亮一次暗一次为1天来算,这里的一天竟有地球的84年那么长。这就是"极昼""极夜"现象。极昼极夜现象在地球两极地区也存在,在那里,半年是白天,半年是黑夜。海王星则是行星中风暴最激烈的一个,它离太阳最远,有30个天文单位,守在"太阳系广场"的最外边,大小像一粒豌豆。

图1-9所示为八大行星的外貌与体积大小关系。

行星的名字取自希腊神话或罗马神话中的人物,例如水星叫墨丘利,是罗马神话中众

神的使者；木星叫朱庇特，是希腊
神话中的主神；天王星叫乌拉诺
斯，是朱庇特的祖父等等。

2. 矮行星

对于行星标准，如果只能满
足第一、第二条而不能满足第三
条的，即不能够清除其轨道附近
其他物体的天体称为"矮行星"。

伤心地拖着行李箱的冥王星
被改名"冥神星"后安排到了此处。
在这里，它有阋神星、谷神星等 4
位伙伴。另外还有死神星等 8 位
正等待确认身份入伙。

图 1 - 9　太阳的大行星家族成员

冥王星在海王星外 10 个天文单位的轨道上，直径不到水星的一半。冥王星的运行轨
道很奇特，不但不和其他行星轨道共一个面，还一下跑到海王星轨道里面来，一下又跑了
出去。这种不守行星规则的行为，是它被开除行星籍的一个重要原因。

按身材排，矮行星的老大是于 2005 年才被发现的阋神星，又称"闹神星"。"阋"的意
思是争吵，读音如"戏"。它的直径为 2384 千米，是冥王星的 1.04 倍。它的运行轨道也是
不"规矩"的，与太阳平均距离 68 个天文单位，最远时达到 97 个天文单位。起初天文科学
家们是考虑将阋神星列为太阳系第十大行星的，结果是不但没有如愿，还把冥王星拉出来
做了垫背。

谷神星是矮行星中最早被发现的，这得归功于数学。人们根据各行星轨道半径规律，
断定在火星和木星之间应该还有一颗行星，而且大体位置也算了出来，1801 年，它的身影
终于被望远镜捕获。

3. 太阳系小天体

其他围绕太阳运转但不是行星或矮行星的物体，统称为"太阳系小天体"。太阳系小天
体主要包括小行星、彗星、流星体和其他行星际物质。

(1) 小行星

小行星是太阳系中类似行星环绕太阳运动、
但体积和质量比行星小得多的天体。他们比较集
中地分布在两个区域，一个区域是火星和木星之
间，称为小行星带(图 1 - 10)，另一个区域在海
王星以外，称为柯伊伯带，又译为"古柏带"。至
今为止，在太阳系内已经发现的直径超过 240 千
米的小行星有 16 颗，在 100 千米以上的约 200
颗，在 30 千米以上的约 1000 颗，1 千米以上的超
过 100 万颗。但这仅是所有小行星中的一小部
分，还有大量微型小行星，它们只有鹅卵石一般
大，是迷你型的。小行星的总质量很小，如果将

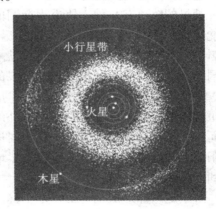

图 1 - 10　小行星带

所有的小行星合成为一个单一的天体，它的直径还不到 1500 千米，体积只相当于 1/12 个月球。

小行星的形状基本都不规则，就像路旁的碎石块，还带着棱边。它们表面粗糙，结构松散，自转无规，有的小行星还公然组织了自己的小家庭——拥有自己的小卫星。小行星是太阳系形成后的散余物质。有人认为，小行星是一颗较大行星在远古时代被某种原因摧毁后形成的残骸碎片。也有人不同意这种猜测，理由是这些碎片在空间呈均匀分布状态，没有显示出曾经集结的特征。

人们对小行星给予高度关注，除了有助于研究太阳系演化、宇航安全等以外，一个很重要的目的是研究小行星撞击地球的问题。因为有一些小行星的运行轨道与地球轨道相交，地质学研究成果也表明，确实有某些小行星与地球发生过碰撞。

关于主宰了地球 1.6 亿年的恐龙突然灭绝的原因，现在多采信"小行星碰撞说"：6500 万年前的某一天，地球乐园里像往常那样喜庆祥和，大恐龙们坐在一起边品尝新鲜枝叶边聊天，小恐龙们扭成一团打闹嬉戏玩捉迷藏。突然，天空中出现一道刺眼的白光，接着，一颗直径 10 千米的小行星呼啸而至。它以每秒 40 千米的速度一头撞进大海，撞得海底地壳开裂，撞得大地猛烈震动。撞击产生的热量迅速扩散，海水全烧干，火山被激发，天空尘烟翻滚，地面大火熊熊。一连数年不见阳光，就算有些植物没有被大火焚毁，到此时也成了枯树。食物来源的断绝，使大劫难后即便幸存的恐龙仍然难逃厄运。苍茫大地用一片死寂来悼念生物史上的一个曾经辉煌的时代。

（2）彗星

彗星是靠近太阳时能够较长时间大量挥发气体和尘埃的一种小天体，俗称"扫帚星"。"彗"的意思就是扫帚。

彗星由冰、尘埃、沙粒、碎石混合而成，质量都很小，体积也不大，100 千米直径就已经是相当大的彗星了。当它离太阳很远的时候，只是一个"彗核"，普普通通，貌不出众。只有接近太阳时，它才长出极乐鸟才有的长长尾羽，称为"彗尾"。彗尾是彗核中的冰受热蒸发后的气体，在紫外光照射下发出荧光。所以，彗星只有在靠近太阳的时候才有扫帚样子，而且越靠近太阳，尾巴越长，最长的时候可以从太阳垂到地球。由于太阳风的压力，彗尾总是指向背离太阳的方向的。

彗星的轨道有几种。轨道为椭圆的彗星能定期回到太阳身边，称为周期彗星。著名的哈雷彗星（图 1－11）、恩克彗星都是周期彗星。轨道为抛物线或双曲线的彗星，终生只能接近太阳一次，称为非周期彗星。非周期彗星只是来自太阳系外的过客而不是太阳系居民，他们无意中闯进了太阳系，觉得不大对头，又满脸茫然地折回到茫茫的宇宙深处。

图 1－11　哈雷彗星

彗星是怎样形成的，至今是个谜。它含有很多气体和有机分子，与生命的起源可能有着重要的联系。有些科学家认为，是一颗或几颗彗星掠过地球时留下了氨基酸尘埃，成为地球上的生命之源。

（3）流星体

在晴好且无月的夜晚，找一个远离城市的乡郊，躺在湖边或草坡等开阔之处，我们就可以和星星交互了。只要时间够长，就一定能看到夜空中方位不定，方向随机，光痕或长或短、或明或暗的流光。正当你想告诉身边同伴那里有流星时，它已经无影无踪。流星的稍纵即逝，常给积极的人以惜时的激励，给消极的人以无为的理由。

我们需要分清流星体、流星、陨石的区别。流星体是太阳系内颗粒状的碎片，其体积比小行星小但比分子大。它们和行星一样也作绕日运动。如果某颗流星体的轨道与地球相交而星体又刚好与地球同时来到相交点，地球引力就会吸住它，把它往地面拽。在高速经过地球大气层的时候和大气分子摩擦，所产生的高温使流星体气化，周围的空气分子受激发光，形成流星。流星是流星体高温气化的现象而不是流星体本身。有些流星体边气化边炸裂，形成"火流星"现象。其实流星在白天也发生，称为"昼发流星"，只是我们无法观察得到。

从星空某一点向周围大量迸发出现的，就叫"流星雨"，极密集的流星雨称"流星暴"。天空出现流星雨的机会比较多，观赏流星雨是一种很有趣味的活动。观赏流星雨不应使用望远镜，因为这项活动需要有宽敞的视野，而望远镜是减小视野的。流星雨并不像下雨一样滂沱而落，如果能在 1 分钟内看到六七颗流星，便够得上流星暴的水平了。

绝大多数流星体完全燃烧，产生的灰烬叫"流星尘"。极个别流星体未待全部气化就落到地球表面，成为"陨石"或称"陨星"，陨石中的富铁者又称为"铁陨石"、"陨铁"。陨石事件是比较普遍的，每年发生 2 万多次。因为许多陨石坠落在海洋、沙漠、荒野等无人居住处，加上它们的形貌与地球上的石块差别不大，所以每年能被人们找到的不过几十块。目前世界上已知最大的石陨石是 1976 年坠落在我国吉林市永吉县的"吉林一号陨石"，体积0.9 立方米，重 1770 千克，现存吉林市博物馆；最大的铁陨石是在非洲纳米比亚发现的"荷巴陨石"，体积为 10 立方米，重约 60 吨。我国在新疆青沟县境内发现的铁陨石重 28 吨，名列世界第三。

流星体多来自小行星彼此之间撞击后形成的碎片，彗星的彗尾物质也会散射为散乱的流星体，月球和火星有时也会被其他天体撞崩出流星体。

（4）行星际物质

太阳系各天体之间的空间并非真空，其中分布着极稀薄的气体和极少量的尘埃，即所说的"星际系尘埃"。星际系尘埃只能通过黄道光等其他现象间接研究。不少科学家认为，行星际物质是日冕的稀薄的延伸。

1.3.4　太阳系中的天然卫星

人造卫星不但在数量上占了卫星的大半壁江山，而且在日常生活中已经成了最常用的工具，例如互联网、移动通讯、卫星导航、广播电视、远程教育、气候测控，还有正在发展中的物流网等，给卫星付费已经成为我们的日常支出。我们似乎忽视了天然卫星。实际上，天然卫星对我们生活所起的作用绝不亚于人造卫星。人类有过没有人造卫星的时代，却从未有过没有天然卫星的时代。人造卫星只能在微观领域里起作用，对于天体级的作用还得依靠天然卫星。天然卫星对行星运动的约束与稳定作用，是一亿个人造卫星也望尘莫及的。

太阳系行星中，除了离太阳最近的水星和金星没有卫星外，其余行星都有卫星。从内往外数：地球 1 颗，火星 2 颗，木星 63 颗，土星 62 颗，天王星 27 颗，海王星 13 颗，合计 168 颗。随着观察技术的发展，卫星还在被发现中。显然，卫星数量与行星的大小有关，这完全符合引力定律。

早期发现的卫星有两套命名系统。一套是按被发现的顺序冠以行星名称命名，如土星的卫星叫土卫一、土卫二，直至土卫六十二。由于不是按空间位置命名，所以这个数字顺序在空间上是乱的。另一套是用希腊神话或罗马神话中的人物命名，而且该人物与行星人物有关，例如土星叫萨顿，是位列第二位的天神，土卫三叫忒堤斯，是沧海女神，土卫四叫狄俄涅，是朱庇特的妻子，土卫五叫瑞亚，是朱庇特的母亲，等等。随着后期发现的星体越来越多，神话人物全部登场都不够用，于是就出现了种种自由命名，颇为混乱。

卫星的体积大小悬殊，例如木卫三的体积竟是水星的 1.25 倍，而火卫二的直径只有 10 千米，在那里跑马拉松赛要绕星 1.3 圈。太阳系卫星体积排在前 10 名的，依次是：木卫三（直径 5260 千米），土卫六（直径 5150 千米），木卫四（直径 4810 千米），木卫一（直径 3640 千米），月球（直径 3476 千米），木卫二（直径 3140 千米），海卫一（直径 2706 千米），天卫三（直径 1578 千米），土卫五（直径 1530 千米），天卫四（直径 1523 千米）。其中，木星占了 4 颗，土星和天王星各领 2 颗，地球和海王星有幸各分得 1 颗。

从太阳系的漫长历史看，卫星的数目并不是固定的。一方面，一些行星会捕获到新的卫星，另一方面，现在的卫星有可能被行星吸落而消失，比如火卫一就有将来某一天撞到火星上的趋势。再说，土星光环中的碎石块算不算卫星，冰块算不算卫星，都还等着新的说法。

行星的行星是卫星，那么，卫星还会有自己的卫星吗？从天体动力学角度看不可能有。而且，目前在太阳系中也未发现过这种例子。如果出现这种现象，也将是不稳定的，短暂的。

1.4　地球

"也许我们的存在只是一次意外"（霍金），但所有的偶然在今天已成为必然，"我和你，心连心，同住地球村"，这已经是一个不争的事实。当初只要地球稍微靠近太阳一点点、或者远离一点点，就没有今天的你和我；当初大气层只要厚一点点，或者薄一点点，今天的你和我充其量只是一株蕨类植物；当初只要地球转得快一点点、或者慢一点点，今天的你和我就会是另一个样子，或许是五条腿的蜥蜴，或许是一只眼睛的章鱼。

生命登场提出了二三十个必备条件，一切都要精准有加，一切都要恰到好处。假定只有 15 个条件、每个条件有 0.05 的发生概率——这是非常乐观的估计——那么所有条件同时同地发生的概率是 3×10^{-20}。银河系"只有"1200 亿颗恒星，这就是说，2.8 亿个银河系才可能有一个地球。难怪地球被称为是我们的"恩宠之星"。是地球拥有我们，然后才谈得上我们拥有地球。在本质上，地球才是一切财富的拥有者，我们不过是跟它"借用"了一点东西而已。所以，珍惜生活，就是对得起每一次"借用"；珍爱地球，就是"好借好还"。

1.4.1　地球的运动、形貌与构造

1. 地球的空间运动

地球一边自西向东自转一边绕太阳公转，自转 1 周就是 1 昼夜，公转 1 周就是 1 年。

地球的公转轨道略呈椭圆形，太阳位于椭圆的一个焦点上，因此，一年中地球与太阳的距离是变化的。最近距离为 1.47 亿千米，称"近日点"，时间上是每年 1 月 4 日前后；最远距离为 1.52 亿千米，称"远日点"，时间上是每年 7 月 5 日前后。两者相差 500 万千米，只是地日平均距离的 3%。每天，地球的自转让我们在空间转过一个 4 万千米的圆周，它的公转又带着我们走过一段 260 万千米长的弧线，太阳还带着全体成员绕银心前行了 1900 万千米。但是惯性的作用使我们感觉不到这个愉快的太空旅游。

地球公转一周并不是恰好 365 天，而是 365 天 5 小时 48 分 46 秒。这样，每过 4 年公转就会多出 0.97 天来。这 1 天，被安排在原来只有 28 天的 2 月，成为 2 月 29 日，放在能被 4 整除的那些年份里，例如 2008 年、2012 年、2016 年等等。这样安排后，每 400 年的日历又多了 3.12 天。于是，每 400 年中得扣回 3 个 2 月 29 日，这 3 天就是尾数为"00"而前两位数不能被 4 整除的年份，例如 1900 年、2100 年等没有 2 月 29 日，而 2000 年、2400 年就有 2 月 29 日。这么一调整，每 4000 年的日历还会多出 1.2 天。这个问题只有留给后人去解决了，估计是 4000 年、8000 年有 2 月 29 日。2 月 29 日出生的人会比其他人多一点为生日缺失而自我调侃的快乐，28 日刚过，他就在微博发文大呼小叫："咦，是谁动了我的生日？"

地球完成 1 个"空中侧身转体 360 度"动作的时间不是 24 小时，而是 23 小时 56 分 4 秒，称为 1 个"恒星日"。按此计算，1 年只有 364 天，而不是 365 天。少了的 1 天是由公转补回来的，地球在 1 圈公转中，加做了 1 次大转身动作，只不过这个动作分摊到每一天中去了，相对于太阳，1 年还是 365 天，1 天还是 24 小时，整 24 小时的 1 天称为 1 个"太阳日"。

现在，地球与月球的交互作用使地球的自转每 100 年减缓了约 2 毫秒。2006 年元旦那天全球将时钟调慢 1 秒，就是这个原因。大约在 9 亿年前，1 年有 482 天；4.2 亿年前，1 年有 400 天。有计算认为，2 亿年后的 1 年只有 240 天，每天却有 36.5 小时。

地球的自转轴与公转轨道平面（即"黄道平面"）有 66.5 度的夹角，好比是一个斜立着转动的陀螺。这个倾斜是保持不变的，不论在轨道的什么位置，它就是这么个永远朝着一边侧的姿势，不像陀螺停转前那样晃着身体。因为自转轴这个优雅的倾斜，才有一年中的四季，也才有一年中白天黑夜长度的变化。四季轮值是生命演化的重要条件，是生命节律的原初定音。

地球上冬寒夏暑是由与太阳距离远近决定的吗？如果是，为什么同一个距离的南北两个半球季节刚好相反？如果是，为什么在北半球近日点是在冬天而远日点是在夏天？答案是，地球表面温度的高低是由太阳直射或斜射决定的。我们都有经验，一天里，晨暮的气温低于正午，这是因为早晨和傍晚的阳光是斜射、而正午是直射。对于北半球，冬天里的阳光是斜射的，夏天里的阳光是直射的，如图 1-12 所示。

2. 地球的形貌

地球（图 1-13）披着一块折射出迷人荧光的丝巾，从内到外由活力勃发的湖蓝色渐转为雍容典雅的宝蓝色，最后用安宁静谧的黛蓝色去与太空融会。这块丝巾就是大气层。其他的行星如金星、木星、土星等也有大气层，而唯独地球的大气层是透明的。披着华丽大气层丝巾的地球身姿优雅，气质超然。远远望去，"水水山山，处处明明秀秀，晴晴雨雨，时时好好奇奇"。用宇航员杨利伟的话来说，"蔚蓝色的地球披着淡淡的云层，长长的海岸线在大陆和海洋间清晰可辨"。地球的芳容令人倾倒，碧海如帛帔，白云如玉簪，即便是不

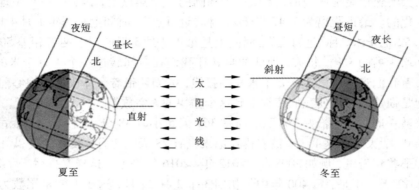

图1-12　阳光入射角与北半球季节

受人欢迎的热带风暴，在太空人看来，也如教人怜惜的一现昙花，幽香暗袭。在宇宙舞台上，地球无疑是最出彩的明星。

地球是一个两极略扁的不规则椭球体，可能是地球自转所致。两极之间的距离比赤道直径短42.6千米。这个差别对人们的日常生活没有任何影响，但对一些精密测量则必须关注。例如在北极重量为1000千克的物体，到了赤道就只有995千克重了。

地球赤道半径为6378千米，周长40075千米。喷气式民航飞机只需要44小时左右就能绕赤道一周。对于天文数字来说，地球的物理

图1-13　地球

特征参数都是不能再小的小数字。有人解释"坐地日行八万里"中的"八万里"是指赤道周长，确有其科学依据。真想绕赤道步行，那么，你2014年元旦早晨7点从前门出发，每天走50千米，2016年3月2日上午8点半就可以从后门回到家中，然后泡上一杯喜欢的茶，细细回味这次愉快的800天环球旅行。

地球表面的最高点是位于我国西藏与尼泊尔王国交界处的喜马拉雅山脉的主峰珠穆朗玛峰，海拔为8844米。海拔就是相对于海平面的高度，海平面定义为海洋平均高潮面和平均低潮面之间位置处的海面。由于潮起潮落，还有波起浪涌等影响，海面从来就没有绝对平静过，海平面只有使用长期观测和统计平均的办法来确定。地表最低点是位于菲律宾东北的马里亚纳海沟，相对于海平面深11034米。这些极端高度和极端深度对于地球来说，不过是有些细微的光洁度不够：把地球缩成直径2米的球体，珠穆朗玛峰只是球面上一粒直径为1.4毫米的粗砂，马里亚纳海沟也只是一条1.7毫米深的小缝。不吹毛求疵的话，地球是一个很规整、很光滑的球。

人们总希望能到极端的地方去观奇景、验奇趣，何况珠穆朗玛峰并不高，马里亚纳海沟也并不深。实际上，人非常"娇贵"，他只能在球面上近乎"绝对"平整的地方生存。高一点不行，统计显示有约40%人到了海拔2700米以上地区就开始因缺氧而出现高原反应，

胸闷、气促、头痛，感到太阳穴都快要爆裂了。低一点也不行，就算假定你有水中呼吸的本领，但你抗拒不了水的压力。水深 40 米处，人就可能耳膜破裂、胸部被压塌。此外，方法不正确的潜水会导致气体栓塞、减压病等发生。其实深海处也观察不到什么，因为光线随着深度增加会迅速减弱，在海水 10 米深处，阳光会消失约 70%，到了 1000 米以下的深海就完全是一片漆黑了。

地球表面积为 5.1 亿平方千米，其中陆地仅 1.49 亿平方千米，占 29.2%，不足地球表面积的三成。其余 70.8% 的面积是海洋和冰川。中国领土面积 960 万平方千米，占地球陆地面积的 6.4%。地球是唯一一颗在表面存在液态水的行星。液态水是生命存在的重要条件，液态水还是稳定地球自转速度、地表温度、湿度以及大气成分的重要条件。

地球表面最低气温是 −89.4℃，1983 年发生在南极大陆；最高气温出现在利比亚的阿济济耶，曾达到 57.8℃，近来有报告称伊朗的卢特沙漠气温高达 71℃。哥伦比亚的罗若是地球上最潮湿的地方，这里年降水量超过 12 米，平均每天下雨积水 1 寸；智利的阿塔卡马沙漠是有名的干燥之地，那里有些地区已经好几百年没有下过一滴雨了。

在我国，最低气温出现在黑龙江省的漠河县，为 −52.3℃，漠河是中国版图最北端地区；最高气温出现在吐鲁番盆地，为 49.6℃。台湾的火烧寮是最潮湿的地方，1911 年创下降水量 8.5 米的记录，平均每 2 天下雨积水 1 寸半；吐鲁番盆地的托克逊县最干燥，年降水量仅 5.9 毫米，相当于一年里只给一个洗脸盆直径的花盆浇两纸杯水。不过托克逊的地下水资源极丰富，所以，种出的哈密瓜能把人甜倒。

3. 地球的构造

我们分大气层结构和地球内部结构两个问题来谈。

(1) 大气层结构

大气层又称"大气圈"，其成分中氮气占 78.1%，氧气占 20.9%，两项加起来是 99%，剩下的 1% 是二氧化碳、水蒸气和一些稀有气体。由于地心引力的作用，大气层得以稳定存在，但密度随高度减小，也就是说，越高处的空气越稀薄。大气层的密度从密到稀是均匀变化的，中间没有明显的层次界限。但人们还是根据一些特点将它分为若干层，以便于研究和利用。

从内向外，大气层分为对流层、臭氧层、平流层、中间层、热层和外层，再往外就是星际空间。

对流层与地球表面直接相贴，热空气和冷空气作垂直升降或水平运动形成对流，因而得名。对流层厚度在两极上空为 8 千米，在赤道上空为 17 千米，平均厚度为 12 千米。对流层中，每升高 1 千米气温约下降 6.5℃，的确是"高处不胜寒"。对流层是大气中最稠密的一层，大气层约 90% 的质量都集中在此层，水蒸气也全部在此层活动。因此，对流层是风、雨、雷、电、雾、雪、雹等天气征候的阵地，"天上浮云似白衣，斯须改变如苍狗"，"雨来细细复疏疏，纵不能多不肯无"，"雾失楼台，月迷津渡"等都发生在对流层中。对流层与我们的生活、生产关系极其密切。

平流层又称"同温层"，在对流层外至约 50 千米的位置。平流层内水蒸气和尘埃很少，气流作水平运动，温度分布则有点怪：与对流层相接的底部稳定保持在 −55℃ 左右，到了顶部温度不但没下降，反而因太阳紫外线加热的原因，升高到 −3℃。平流层之所以"平"，得益于它夹在两个热层中间。这里基本上没有水汽，每天都是晴空万里，是飞机航行最好的层位。我们在阴雨天乘坐飞机，当飞机冲出高空云层后，立见头顶阳光普照，脚下是万顷云海，此刻，我们已来到平流层，而从云海开始往下，是对流层。有时机身激烈颠簸，那是遭遇了对流层"对流超越"的气流，此刻唯一能做的就是认真系好安全带，老老实实地坐在登机牌指定的座位上，随便拿本什么杂志来翻翻，最好别想其他事情。平流层还是人们设置高空信息平台的理想地方。

在平流层和对流层交界的地方，有一个厚度约为 3 毫米的"臭氧层"。臭氧是氧的同素异形物质，氧分子 O_2 由 2 个氧原子组合而成，而臭氧分子 O_3 是由 3 个氧原子组成的。在常温下，臭氧是一种有特殊草腥味的蓝色气体，氧化能力极强，稳定性极差，常温下可自行分解为氧。天空中的臭氧层集聚了地球上约 90% 的臭氧，能够吸收 99% 以上的太阳紫外线，为地球上的生物提供了天然的保护屏障。人们过度接受紫外线照射，免疫功能会下降，皮肤癌、白内障发病几率增加，而且深度伤害遗传因子。但人们仍然需要少量的紫外线，否则人体会因为固醇类不能转化成维生素 D 而引起软骨病和佝偻病。紫外线多了也不行，少了也不行，臭氧层将它们大部分吸收，小部分放行，毫厘不差地把握好了这个度。然而，近年来我们使用的制冷剂氯氟烃(即氟里昂)，以及工业废气、汽车尾气、氨肥分解、核爆炸试验等产生的氯原子正在努力地拆解臭氧分子，已使臭氧层逐渐变薄、以致出现空洞。

平流层以上至 85 千米高度是中间层，又称"中层"。这里的空气已经很稀薄，温度垂直递减率很大，对流运动强盛。中间层顶附近的温度约为 -90℃。中间层以上到离地球表面 500 千米处是热层，又称"暖层"。热层最突出的特征是当太阳光照射时，太阳光中的紫外线被该层中的氧原子大量吸收，因此温度升高，可达 1500℃。在这里不会感到很热的原因是空气稀薄。中间层和热层合称电离层，其中中间层习惯上称为电离层的 D 层，再往上的热层分为 E 层、F 层，分层依据是电子密度等参量。电离层中的气体分子或原子在强烈的太阳紫外线和宇宙射线作用下，处于高度电离状态，形成带电荷的正离子和负离子，以及部分自由电子，这是一个等离子体的区域。极光、流星等现象都出现在该层。电磁波的远距离通讯就是利用了电离层能够反射无线电波的特性。国际空间站的轨道平均高度在 345 千米左右，我国神舟系列飞船轨道距离地面 343 千米，均位于热层的中间位置。

从热层顶以上延伸至距地球表面 1000 千米处是外层，又名"散逸层"、"逃逸层"、"磁力层"。这里温度高达数千摄氏度，然而大气已极其稀薄，只散布着带电粒子，几近真空，其密度为海平面处的一亿亿分之一，即外层长宽高均为 2.1 千米的空间中的所有物质，仅和海平面 1 立方厘米空气所含物质等量。哈勃太空望远镜的轨道在外层底部，距离地面 563 千米。

大气层是逐步稀薄的，没有边界。一般取电离层高度为大气层厚度，即大气层厚度为 1000 千米。

(2)地球内部结构

人类在探索太空方面的技术日新月异，人造太空探测器造访过另外 7 颗行星，在金星、火星、土卫六上成功登陆。1977 年 9 月美国发射的探测器"旅行者一号"已经飞行了 34 年，现正在太阳系的最边缘上继续它的单程旅行。对于深海研究的技术进展也很有成就，只要解决探测器抗压问题，就没有更大的障碍。但是在地内科研方面，却遇到了极大的困难。目前人类钻探最深的是前苏联在该国科拉半岛的一口深井，只有 12262 米，还不到地球半径的 2/1000，对于地球内部结构研究并没有太大帮助。

　　当今人们只能依靠地震波、地磁波和火山爆发提供的信息，来研究地球内部的结构。一般认为地球内部有三个同心球层：地核、地幔和地壳。就像鸡蛋的蛋黄、蛋白和蛋壳——一个球形的、煮得不是太熟的大鸡蛋。

　　地壳是地球的表面层，也是人类生存的场所。"壳"的读音是"窍"，而不读"咳"。地壳的厚度不是均匀的：大陆下的地壳平均厚度约 35 千米，我国青藏高原的地壳厚度达 65 千米以上；海洋下的地壳厚度约 5 千米～10 千米，马里亚纳海沟处地壳仅有 1.5 千米左右。整个地壳的平均厚度约 15 千米，与地球平均半径相比，仅是一个很薄很薄的壳。在前面曾经用过的直径 2 米的地球仪上，地壳厚 2.4 毫米，还不如桔子皮。地壳由花岗岩、玄武岩等固体岩石构成，土壤是风化作用使岩石破碎，理化性质改变后，在气候、生物、地形的作用下，经过上千年的时间，才逐渐转变形成的。

　　地壳下面是地球的中间层，叫做"地幔"，厚度约 2870 千米，是地球内部体积最大、质量最大的一层。地幔主要由致密的铁镁硅酸盐构成，硅酸盐是构成绝大多数岩石的主要成分，在地球上广泛分布。地幔的温度由表及里从 400℃ 升高到 4400℃。需要特别指出的是，地下 80 千米～400 千米的范围内有一个"软流层"，此处的岩石长期处于较高温度中，在外力作用下会发生塑性变形。这就类似烧红了的钢板，可以锻成刀，也可以锤成锄。

　　人们发现地壳并不是一个完好无缝的蛋壳，而是在地幔上"漂浮"的几个板块，板块分界处有许多断层。"板块说"认为太平洋板块、亚欧板块、北美洲板块等六大硬冷的板块坐落在软热的地幔上，当地幔产生塑性流动时，这些板块会被带着移动。例如，2 亿年前，非洲和南美洲是连在一起的，现在已隔海难望。许多观察支持这个理论。板块碰合处挤出高山，分开处撕出各个大洋。板块运动造就物种，又抹去物种历史痕迹；它雕琢地理奇观，又制造地质灾害。真是"是也板块，非也板块"。

　　地幔下面一直到地球中心是地核，地核的平均厚度约 3470 千米，占了地球半径的一半多，是一个很大的"蛋黄"。地核还可分为外地核、过渡层和内地核三层，外地核厚度约 1740 千米，其中的物质呈液态，可流动；内地核半径为 1220 千米，物质大概是固态的铁、镍等金属元素，温度约 7000℃，略高于太阳光球表面温度。

　　图 1-14 所示，为地球的结构。

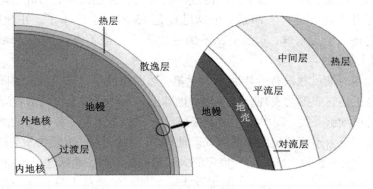

图 1-14　地球的大气层及内部结构

1.4.2 地球的形成与发展

1. 地球的年龄

最新的测定地球年龄的主要方法之一是放射性同位素测定法。20世纪人们发现了放射性同位素，并发现它们会"衰变"，这种衰变只跟时间有关，跟其他因素一概无关。所以，对于某一个物体，只要测定物体中某种放射性同位素的衰变程度，就可以计算出该物体的年龄。到目前为止，已发现的109种元素中，只有20种元素未发现稳定的同位素。也就是说，放射性同位素是普遍存在的。因此，如果找到和地球同龄的岩石，然后测定岩石中某种放射性同位素的衰变程度，就能知道地球年龄。

使用现代铅同位素方法测得的地球年龄为44.3亿~44.5亿年，使用岩石铅同位素方法测得的地球年龄为45.3亿~45.7亿年。目前比较一致的观点认为，地球年龄是45.67亿~45.73亿年。

2. 地球的形成与演化

"星云假说"认为，宇宙大爆炸后91亿年，太阳星云逐渐形成。星云核心部分的物质聚集、升温、热核反应，形成太阳。外围云气则按引力规则相互吸附，形成数亿个微型天体，称为"微行星"。微行星重复着吸引、撞合、再吸引、再撞合的过程，每次撞击都是一次爆炸和熔合，当时的太阳系简直就是一个发生了事故的烟花作坊。微行星不断聚合，数量则不断减少。最终，只剩下寥寥几个，就是现在行星的胚胎。

根据放射性同位素衰变、地质学探测、化石、氨基酸消旋等各种测定方法，再结合计算机模拟，人们粗略地还原了地球成长史。下面就是地球的简历。

为便于体会，我们暂且假定地球的寿命是100岁，即每1亿年算1岁。读这个简历的时候，我们应记住，简历中的31.5秒是真实时间的100年。

那一天，地球呱呱坠"地"，同时诞生的，还有另外几个同胞。它们长相差别很大，各有不同的童年，地球的成长最坎坷、后来也最成器。

地球刚出生的时候是一个温度高达1300℃的炽热岩浆火球。当它还是胚胎时，微行星就已经将铁、镍等重物质和氮、二氧化碳、水蒸气等轻物质带来。

等做完地核、地幔、地壳初步分异，构成原始大气和原始海洋，形成稳定陆核、形成一系列有机小分子化合物等几件大事后，地球已经是15岁的小伙子了。小伙子的模样和今天很不一样，它是一个大水球，水面上见不到一块石头。毫不夸张地说，地球的童年是艰辛的，是"水深火热"的。

地球的青壮年时期虽然没有少年时的大手笔，然而完成了许多需要精细和耐心的工作。"大巧若拙"，这正是它成熟的表现。26岁时，地球上蓝藻等原核生物统治着海洋。蓝藻是一种形态最简单的单细胞藻类，简单到连细胞核都没有。蓝藻又是一种伟大的藻类，它们的光合作用生产了我们至今不能须臾或缺的氧气。地球29岁的时候，地幔物质突破地壳，并不断涌出，出现了不稳定的原始大陆。而到稳定的大陆形成的时候，地球已经32岁了。

到地球40岁左右的时候，出现了潘加亚大陆。那时候地球上只有这一片大陆，它的面积跟今天地球上的大陆总面积相差无几。这个时期还出现了多细胞生物，并进化为鱼类。海生藻类繁盛，其中一部分进化为陆生的裸蕨植物。

42岁，地球终于来到了空前繁荣的时期，真可谓大器晚成。这一年里，鱼类、昆虫繁荣；两栖动物、爬行动物出现；裸子植物出现。一时间，地球上遍布了今天看来是稀奇古怪的生灵，热闹非凡。那时候的植物又高又大，所形成的煤矿今天用来为我们的电脑和空调发电。

44 岁时，潘加亚大陆裂开并漂移，形成今天七大洲四大洋的格局。地球上出现了被子植物和鸟类、有袋类哺乳动物。恐龙出现于地球 43 岁半的时候，可惜到地球 45 岁的时候它们就灭绝了。不过话又说回来，如果恐龙不灭绝，就不一定会有今天的我们，人家毕竟牛高马大，当地球的霸主不用自封。

现在的地球 46 岁，是正当年的时期。

3. 地球的未来

人类的未来与地球的未来密切相关，地球的未来又与太阳的未来密切相关。

太阳会演化为红巨星，届时直径会超过现在的 260 倍，将现在地球的轨道吞入。这毕竟是 50 亿 ~70 亿年后的事情，何况到了那时候，太阳的质量只有现在的 70%，引力减小，地球和太阳的距离会大大增加，红巨星太阳未必能"吃"得着地球。

现在的研究更关注近期变化。情况是：一方面，地球内部持续冷却使得表面升温，这是一个热平衡过程，另一方面，太阳因氦灰的稳定累积而变亮变热，从而产生的辐射加强会使地球升温。两者的合成作用会大大提高地球温度，即"全球变暖"，结果先是冰帽融化，海平面升高，然后是海洋和大气层损失，二氧化碳循环加速，氧气越来越少。

根据美国环保局（EPA）的资料，在过去的 100 年里，地球表面的温度升高了大约 0.5℃，海平面已经上升了 15 ~20 厘米。有计算认为，地球整体气温只要上升 5.6℃，极地的冰帽就会完全融化。如果格陵兰岛上覆盖着的冰全部融化，海平面将会升高 7 米；如果所有的南极冰层全部融化，那么全球的海平面将会上升大约 61 米。这就是说，现在海拔 61 米以下的地方将全部浸入海水之中。

相信我们的后人能解决这个问题，使地球的发展科学、和谐。我们作为他们的先人，也应该尽量为他们的幸福生活留一个好环境。

1977 年，宇宙探测器"旅行者一号"离开地球飞往深空，13 年后在即将离开太阳系之际，它给身后拍了一张照片传回地球。这张照片让全球的人停下手边繁忙的事情而陷入沉思。照片的画面非常简单：一束阳光笼罩着一个小小的毫不起眼的光点。这个小光点就是 56 亿千米以外的地球。人们在沉思，这颗小行星在浩淼宇宙中，扮演的究竟是什么角色。这个自古就提出、至今还无解以致总被搁在一边的问题，在那一刻突然变得很切身。

1.4.3 月球

月亮成为夜空中最让人遐想、最让人动情的天体，除了因为它有皎丽雅洁的形貌外，还因为它有多姿的盈亏月相、莫测的月面秘影、窈窕的淑女气质等，可以接纳人类的一切情感，成为人类永久的知心。仰面明月，即有天涯与共的宽广和温馨，相距千年者有了"今月曾经照古人"的缱绻，相隔千里者有了"千里共婵娟"的祝福，葫芦丝吹奏的凤尾竹上的、与钢琴键弹演的大海边的，是同一个月亮。有的人在星稀月明之夜忘了自己而感慨周公大志，有的人在月映琵琶声里找回了自己而泪湿青衫。月亮永远是文学的主角。

月亮也是天文科学界研究得最透彻的天体，是人类造访过的唯一地外星球。2007 年、2010 年，我国自行研制的月球探测器嫦娥一号、嫦娥二号先后绕月探测。2013 年，嫦娥三号实现了在月面软着陆。在天文界,月亮被称为月球,这是一个比较严肃的名字。

1. 月球的形貌

月球是地球唯一的天然卫星。与其他行星的卫星一样,它的运动是各类天体中最复杂的:自转,同时绕地球公转,同时随地球绕太阳旋转,同时随太阳系绕银心旋转,同时还随着银河系、本星系群、本超星系团旋转。

月球围绕地球运行的轨道也是椭圆形的,平均轨道半径为 38.4 万千米。这是月心和地心的距离,如果算月面和地面的距离,那么最近的时候为 37.6 万千米。不久的将来,组织前往月球的旅行团是有可能的。

月球的平均半径为 1738 千米,只有地球的 1/4 多,体积是地球的一半。站在月球上看到的地球,有地球上看到的月球的 4 倍大,各大洲的轮廓非常清晰,这个情景可以通过将 google 地图退至 38 万公里的视角海拔高度来体会,同时还回答了在月球上能不能肉眼看到地球上的人工建筑物的问题。月球的自转周期和公转周期都是 27.32 天,人们不通过探测器就不能知道它的背面情形。在 1959 年之前,月球的背面一直是疑问号的世界。由于月球自转与公转同周期的原因,在月球上看到的地球是"钉"在天之一隅的,无升无降,缓缓转动,好比我们看走马灯。

月球的组成物质比地球疏松,总质量只是地球的 1/81。月球赤道的重力加速度为 1.62 米/秒^2,仅为地球的 1/6。在地球体重 60 千克的人,到了月球就只有 10 千克,这才是名副其实的"速效减肥"。

月球上没有大气,所以天空背景永远是深黑的,即便是光亮无比的太阳,也只是刺眼的一个小圆形,倒是日冕清晰可见。地球则是黑色的天幕上的一个彩球,球边有薄薄的蓝色辉光。因为月球没有大气层,所以表面昼夜的温差极大。白天,在阳光垂直照射的地方温度高达 127℃;夜晚,温度可降低到 -183℃。可见广寒宫不是宜居之处。

月球本身不发光,它的光只是太阳光的反射,满月时亮度平均为 -12.7 等,照度相当于放在 21 米处的一个 100 瓦电灯泡。古人有映月读书的故事,信非虚构。

2. 月球的构造

月球表面的阴影被称为"月海",月海实际上是月面的低洼平原。月球迎向地球这一面有 19 个月海,个个都有很好听的名字。面积最大的叫风暴洋,大小同半个中国陆地面积。另外还有静海、冷海、澄海、丰富海、危海、云海等(图 1 - 15)。月面比较明亮的地方是山脉,且以环形山为主。环形山是其他天体撞击月球留下的痕迹,而不是火山口。环形山只比谁"深"而不比谁"高",这是非常有趣的。最深的山是牛顿环形山,如果把珠穆朗玛峰放进去,峰顶只高出环形山巅 60 米。嶂峦嵯峨、深谷叠现的月面别有洞天,的确是值得考虑的旅游地。

月球背面的结构和正面差异较大(图 1 - 16),只有 3 个月海,而环形山则满地遍布,地形明显凹凸不平、起伏悬殊。关于月背,流传有一些未解的"奇异现象",如发现了月球金字塔、发现有飞碟基地和城市、发现了 23 个"新鲜的"人类赤足脚印等。不过,这些"惊天"的发现似乎没有引起人们多大的兴趣。

月球也有"月震",人们通过月震波的传播了解到,和地球一样,月球也有月壳、月幔和月核等分层结构。月壳厚约 60 千米,月核的温度约 1000℃,很可能是熔融的。

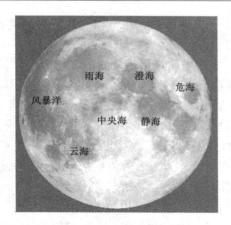

图 1 – 15　月球正面的月海

图 1 – 16　月球背面的形貌

3. 月球的形成学说

根据对月球岩石样本的测定，月球的年龄大约有 46 亿年，和地球一样。也有人称测定结果是 53 亿年。据此，对月球形成有多种学说。

分裂说认为，月球原本是地球的一部分，在地球旋转时被"甩"出去而形成的，太平洋就是甩掉月球后留下的坑。这种观点未免有点"稚气"，已被摈弃。

俘获说认为，月球本来也是太阳系中的一颗小行星，只因有一次离地球很近，就被地球的引力俘获，从此俯首帖耳地跟着地球。反对者认为地球根本没有如此大的力量去俘获月球"行星"。

同源说认为，还在微行星时期，地球和月球就各自发育了。只不过地球发育得快一点，无奈的月球就只好称臣纳贡。认为月球有 53 亿岁的人不同意这种意见。

碰撞说认为，最初微行星除了合成原始地球外，在附近还合成了另一个小型天体，这和同源说一致。一个偶然的机会，那个小天体撞向地球，这又和俘获说有点沾边。剧烈的撞击使得地球从此歪着自转，小天体也付出了粉身碎骨的沉重代价。小天体残骸的大部分被地球收掉，迸溅出去的那部分依靠引力重新聚合成一个小星球，运行在地球引力指定的轨道上，这就是我们今天看到的那个伴着垂柳、照着荷塘的月亮。

4. 月球与人类生活的关系

从宏观看，月球对地球产生"引潮力"，引潮力使地球保持稳定转动，而地球的特殊转动姿势造就了适合生命存在的环境。如果没有月球，地球的自转轴将剧烈摆动，地球气候将猛烈变化，这样的环境是生物无法接受的。另外，潮汐产生的摩擦间接地维持着地球的磁场，以抵御来自太空的宇宙射线的侵袭，月球为地球生物撑开一把保护伞。

从微观看，月照对植物生长、动物活动都有类似于指挥的作用。人类生理、情绪等都直接或间接地与月球运动周期有关。人类还利用月相的交替规律发明了农历，以成功地指导农事活动。

1.5　天文灾害与地质灾害

刚说过地球是人类的"恩宠之星"，现在突然要说灾害，的确有点沉重。但在事实面前，回避这个话题不是智者所为。如果我们知道了灾害的缘由、性质和规避灾害的途径，定然对地球、对自己有更全面的理解——地球对我们不会溺爱。

灾的繁体字是"災"，就是水和火引发的事件。害的本义是用刻薄的语言伤人，引申为使人受伤。灾害指对人们的生存条件、生命财产等造成破坏性影响的事件。如果这些事件是由于自然环境变异造成的，就是自然灾害，如果是由人为因素造成的，就是人为灾害。

一起事件是否是灾害，应以人的利益是否受到威胁为判断前提。例如史前微行星碰撞，即便全球熔岩翻腾横溢，也不是灾害，因为那时候还没有人类。而到了今天，一次不太大的海啸就会形成恶性灾害。自然灾害与人为灾害有时有互为因果的关系，例如人类的过度垦荒造成土地荒漠化而致沙尘暴灾害频发，或因自然灾害引发社会动乱、犯罪、战争等。

根据自然灾害的特征及其在地球环境系统中出现的位置，可以分为六大类，即：一、天文灾害，如超新星爆发、陨石冲击等；二、地质灾害，如火山灾害、地震、雪崩、泥石流等；三、气象灾害，如暴雨、干旱、热带气旋、冷冻害、风雹、连阴雨、浓雾、沙尘暴等；四、水文灾害，如洪水、涝灾、凌汛、水土流失等；五、海洋灾害，如台风、海啸、风暴潮、灾害性海浪、海冰、厄尔尼诺现象、赤潮等；六、土壤生物灾害，如森林火灾、农林业病虫害、生物入侵等。

本处只讨论天文灾害和地质灾害。

1.5.1　天文灾害

1. 超新星爆发

大质量恒星完成一生的演化后，以爆炸形式消亡，这就是超新星爆发。超新星爆发是最激烈的天象，堪称最壮丽的宇宙景观。恒星的灾难性爆炸，在几周时间里，就向太空释放出太阳要一生即 100 亿年才能释放的能量，这无疑是一次小型的宇宙大爆炸。恒星在自身毁灭的时候，也给周围 1 光年内的天体带来灭顶之灾。1 光年，是大约 800 个太阳系肩并肩地站成一排的长度。反过来说，如果地球附近 1 光年的地方有一颗超新星爆发，那么，这本书你就不用读下去了。

幸好宇宙中的超新星爆发是一种极罕见的天象，估计银河系中每隔 50 年左右才出现 1 颗超新星，而且大多数都被其他天体遮挡，在地球上无法观察得到。前文说过，银河系大约有 1200 亿颗恒星，所以超新星是极其珍稀的星种。距地球最近且最可能会变成超新星的是猎户座 α 星，中文名字参宿四，现在呈红超巨星状态，距地球 430 光年。且不说参宿四什么时候变成超新星爆发，就算它明天爆发了，在 430 光年以外的地球所受到的影响也是微乎其微的，连草尖也难会动一下。

2. 陨石冲击

地球平均每天要接待 30 吨流星体物质的来访。

一般的流星体体积都不大，穿过地球的大气层时绝大多数都化为一闪的光痕成为灰烬，大一点的流星体有未全部焚毁的部分落到地面，就是陨石。历史上确有人被陨石击中过，1954 年美国亚拉巴马州的一位女士因此成为名人。当时她正在躺椅上打瞌睡，一块重约 3.6 千克的陨石穿过她家的屋顶，砸坏了收音机木壳后弹回来击中了这位名人，所幸不是击中头部，故无大碍。人类史上能在病历上留下"被陨石击中"的，再无第二人。2013 年 2 月 15 日早晨，一块陨石坠落在俄罗斯乌拉尔山脉地区引发爆炸，由于当地人口稀疏，只造成

1200 多人受伤，受伤人员多是因为陨石落地爆炸震碎玻璃而被划伤，不是被陨石直接击中。

要够得上造成地球灾害结果的陨石，不能是这一类碎铁散石，必得是当初灭了恐龙的那种小行星。现代科学技术已经可以准确计算出地球周围小行星中"危险分子"的"可能作案途径"。1999 年，国际天文学联合会在意大利都灵制定了"小行星险级都灵标准"，以便确定危险分子黑名单。到目前为止，进入黑名单的只有一颗名叫 1950DA 的小行星。1950DA 直径 1.1 千米，预计可能撞击地球的日期是 2880 年 3 月 15 日，撞击点是大西洋，撞击概率为 0.003。

3. 太阳辐射异常

恒星上的氢元素不停地进行着聚变反应，以产生热压力来抵抗引力，不使星球塌缩而毁灭。聚变反应中，有 5% 的物质转变为能量向外释放。

太阳辐射就是太阳物质发生聚变反应时向宇宙空间释放发射的能量，通常又称为"太阳能"。太阳能以光和热的形式，使地球的大气环境和地理环境成为动植物的乐园，同时又为动植物的生存提供能量。植物通过光合作用把太阳能转换为化学能，这是动物生存的最基础条件。煤炭、石油等主要能源实质上是由古代生物存储起来的太阳能。太阳能转换成水能、风能、化学能，水能、风能进一步被转换成电能。现代文明对电能的依赖程度不亚于生物对空气的依赖程度。"万物生长靠太阳"，要说得准确一些，应该是万物生长靠太阳辐射。

但是生命对光和热的需求是有限度的，少了固然不行，多了也是灾难。现在的情况是刚刚好，不多也不少。这一切，都是合适的太阳辐射的善举。但是我们很难保证太阳能一直保持这样的好脾气，实际上它时不时也给我们一点小小的脸色看，那就是太阳耀斑。

太阳耀斑是最剧烈的太阳活动。耀斑爆发时，太阳辐射会迅速增强。人体接受过度辐射的结果是：一、机体升温，各器官的正常工作受到影响；二、人体本身的微电磁场被破坏，同时也破坏了人体的正常循环机能；三、造成人体免疫力下降、新陈代谢紊乱、记忆力减退、提前衰老、生殖能力下降等症，甚至诱发各类癌症。

对付太阳辐射，地球有一件"法宝"，就是大气层。太阳辐射穿过地球大气层时，受到大气中的空气分子和灰尘的散射，同时大气中的氧气、臭氧、水汽、二氧化碳等分子也会将辐射吸收和反射，致使到达地面的太阳辐射显著衰减，最终能到达地球陆地和海洋的能量只占总量的 47%。太阳目前水平的耀斑还达不到毁灭地球生物的程度。2003 年末，太阳爆发了一次人类有记录以来的最大耀斑。人们事先采取了一些措施，如暂时关闭卫星、国际空间站的宇航员加强防护、航班避开高空航线等。最后的结果是仍有少数卫星遭到损伤，另外瑞典有数万户居民短暂停电。

1.5.2　地质灾害

和有点天方夜谭的天文灾害相比，地质灾害要现实得多。在全球范围内，几乎每天都有地质灾害发生，只是程度、规模不同而已。

地质灾害是指由地质引力引发的，或以地质环境变异为主要特征的自然灾害。

1. 火山灾害

地球内部炽热的岩浆上升到靠近地表时，从地壳的某个薄弱点（火山口）突破并急剧涌出，就形成火山喷发。火山喷发是一道壮观的自然景象，浓烟冲天而上，刚卷到边上的烟团又迅速钻回烟柱中，推出更多更浓的烟团，它们相互搡着、挤着、翻着、滚着，越升越高。在雷一样的轰鸣声中，沸腾的岩浆顺着坡体慢慢爬行，所遇之物，尽皆焚毁，所到之处，火光一片。火山喷发吸引来许多地质学家和摄影爱好者。火山灰落到农田上，对耕者真可谓是福从天降，因为火山灰中富含的养分让多少化肥望尘莫及。

火山喷发造成灾害，主要是火山碎屑流、火山熔岩流、火山泥流。

火山碎屑流是一种夹杂着岩石碎屑的、高密度、高温、高速的气流。通俗地说，就是飞沙走石的、滚烫的狂风。公元79年，维苏威火山大爆发，6条炽热的火山碎屑流在1分钟内将古罗马的第二大城市庞贝整体掩埋，到1689年进行发掘时，被埋居民的尸体还完整保存在岩石碎屑中。火山碎屑流的温度可达800℃，速度可达每小时160~240千米，即15~17级以上大风的速度。

火山熔岩流就是呈液态在地面流动的熔岩，其温度常在900~1200℃之间，流速一般为每小时15千米，相当于人小跑的速度。黏度低的熔岩的流速可达每小时45千米~65千米，相当于中速行驶的汽车速度。呈裂隙式喷发的熔岩流像是熔岩瀑布，覆盖面积大，造成的危害也大。1783年冰岛拉基火山喷发时，熔岩沿着16千米长的裂隙喷出，平均两侧各流出18千米远，覆盖面积达565平方千米，致使冰岛人口减少20%。

火山泥流就是火山喷发后留在斜坡上的松散堆积物在雨水、地震等诱发下崩塌，有点类似泥石流。1985年哥伦比亚德鲁伊斯火山喷发所引起的火山泥流淹没了阿尔梅罗城，灾害死亡人数达25000人。

除了上述三种之外，火山喷射出的有毒气体、火山灰、火山弹等，都有致灾可能。此外，火山灾害还会诱发地震、海啸、火灾等次生灾害。全球目前大约有500座活火山，每年约有50次火山喷发，但形成火山灾害的很少。

中国较著名的火山有黑龙江的五大连池火山和镜泊湖火山、吉林的长白山天池火山和龙岗火山、云南的腾冲火山、海南的琼北火山等。其中，五大连池火山在1720年前后曾喷发过，五个湖实际上都是堰塞湖。这些地方现在都是著名的风景区，每年吸引了无数远道而来的游客和摄影爱好者。

2. 地震灾害

地震是一种自然现象。地壳不是稳定不变的，在各种因素作用下，它的温度、体积、构造、位置等都会变化而暂时不平衡，地壳为实现平衡而启动自我调整程序，调整中引起的地面颤动，就是地震。简单一点说，地震就是地壳为实现新的平衡而引起的地面颤动。

(1)地震的种类

根据诱发原因不同，地震分为四大类。

第一类是构造地震，它因地下深处岩石破裂、错动而引起。90%以上的地震属于这类地震，它的破坏力也最大。

第二类是火山地震，它是由火山作用引起的，所以只有在火山区且火山较活跃时才可能发生。这类地震只占全世界地震的7%左右。

第三类是塌陷地震，地下岩洞或矿井等巨大空洞塌陷会引起塌陷地震。塌陷地震的规模比较小，次数也不多，往往发生在溶洞密布的石灰岩地区或大规模地下开采的矿区。

第四类是诱发地震，这类地震由水库蓄水、油田注水、地下核爆炸、工业爆破等人类活动引发，又称人工地震。

本世纪以来，造成万人以上死亡或失踪的地震有 6 次。

2001 年 1 月 26 日印度古吉拉特邦发生 7.9 级地震，地震造成 16480 人死亡。

2003 年 12 月 26 日伊朗发生 6.7 级地震，造成 3.6 万人死亡。

2004 年 12 月 26 日印度尼西亚的苏门塔拉岛发生 9.0 级地震，引发的海啸造成 37 万人死亡。

2005 年 10 月 8 日巴基斯坦与印度交界区发生 7.8 级地震，死亡 7.5 万人。

2008 年 5 月 12 日中国汶川发生 8.0 级地震，69229 人遇难，17923 人失踪。

2011 年 3 月 11 日日本宫城发生 9.0 级地震引发海啸，造成 15843 人死亡，3469 人失踪。

（2）地震的破坏力

衡量地震强度的主要指标有两个，震级和烈度。震级指地震释放能量的多少，现在广泛使用里氏制震级。里氏震级最高为 9 级，每两级之间的震能相差约 32 倍，例如 8 级地震释放的能量是 1 级地震的约 300 亿倍。烈度为地面被破坏的程度，最高为 12 度。烈度是描述性的，例如烈度 4 度为"室外大多数人有感，家畜不宁，门窗作响，墙壁表面出现裂纹"，10 度为"房屋倾倒，道路毁坏，山石大量崩塌，水面大浪扑岸"，等等。

对于一次地震，震级是一定的，不会变化，但烈度会随着与震中的距离增加而降低，这是因为离震中越远，灾害破坏程度越小。此外，震源深度也影响烈度。例如一个地震震级 6 级，但震源在 300 千米深处，另一个地震震级只有 4 级，但震源在 10 千米的地壳浅表处，显然后者的破坏力要大于前者。

地震发生时，最基本的现象是地面的连续震动。在极震区先是垂直上下颠动，继而水平左右晃动；震中以外地区主要是水平晃动。水平晃动对高层建筑危害很大，而垂直颠动则威胁所有建筑物，哪怕低矮建筑也会被颠碎。1976 年河北唐山 7.8 级地震中，80% 的建筑物垮塌，其中有大量的平房，地震造成 24.2 万人死亡。

地震对自然界景观造成的最主要后果是地面出现断层和地震裂缝。大地震的地表断层常绵延几十至几百千米，具有较明显的垂直错距和水平错距。

地震引发的次生灾害的破坏力往往超过地震本身。浅层的地下水受挤压后，会沿地震裂缝升到地表，形成喷沙冒水现象。大地震能使局部地形隆起或沉降，使道路坼裂、铁轨扭曲、桥梁折断。在现代城市，地震将造成地下管道破裂、电缆被切断，水、电、通讯受阻，燃气、燃油泄漏。在山区，地震还能引起山崩、滑坡、泥石流，掩埋村镇，堵塞江河。2011 年日本大地震 9.0 级，震源深度 20 千米，而直接造成人员财产损失的却是由地震引起的海啸，以及由海啸造成的火灾和核泄漏。

（3）地震防护

地震对于地球来说，只是极小面积上一次极轻微的"抽搐"。但对于人类而言，却是一次大灾难。人们平日里可以很自大，可以唯我独尊，但在地震面前就没有人敢口出狂言了。时至今日，人们在地震预报方面还几乎是空白，手段传统，预报难准。

关于减小地震危害，人们目前能做到的是对建筑物作有效的抗震设计与施工。在平时，应关心并掌握地震防护与救护的知识与技能，方能在地震突发的时候进行正确的自救和积极的互救。未雨绸缪，临震不乱。

3. 山体滑坡和崩塌灾害

在重力作用下，岩石和土壤沿着山坡下滑，即为山体滑坡，有些地方又叫山崩、坍方、塌方、走山等等。这个景象好像堆得高高的煤堆垮下来，一时间滑沙滚石，尘土飞扬。如果坡度再陡一些，比如悬崖峭壁，那么岩石就不是滑下来，而是凌空坠落，飞砸下来，这种情况称为崩塌。

发生山体滑坡和崩塌的原因是多方面的。首先是地理原因，例如岩土本身结构比较松散、地下水或雨水软化了山面等。其次是地壳运动原因，例如极轻微的地震、山体内力释放等。第三是气候原因，如风化、降水浸泡等。最后是人为作用，如开挖坡脚、爆破、蓄水排水等。

山体滑坡和崩塌造成的灾害是人员的生命损失，人们的生活、生产设施被破坏。

山体滑坡和崩塌是可预见的，发生的前兆是明显的，因此预防工作相对于地震要容易一些。比较常用且有效的措施有：有关边坡的工程设计严格遵循技术规范、建立专业人员与群测群防相结合的监测队伍和监测网点、确定预警信息的发布部门、规范预警信息的发布形式等等。遇险时则应正确自救与互救。

4. 泥石流灾害

从2010年甘肃舟曲发生的那场灾难后，泥石流对于我们不再是一个陌生的词。泥石流是斜坡上或沟谷中松散碎屑物质被暴雨或积雪、冰川消融水所饱和，在重力作用下，沿斜坡或沟谷流动的一种特殊洪流。泥石流暴发突然，历时短暂，来势凶猛，破坏力巨大。

（1）泥石流的破坏力

2010年8月7日，这一天是立秋。西北地区即便白天还是非常炎热，但早晚已经凉爽了许多。天黑以后舟曲县城下起雨，雨虽然很大，但40分钟左右就停了。这是第一场秋雨。晚上10点钟，正当人们准备享受这个凉凉的夜晚的时候，一条泥浆裹着大小石块的洪流突然袭来。人们还不知道发生了什么，房墙已经垮倒，泥浆瞬间涌进房屋，又从另一边突出去。几秒钟里，房屋连同房屋里的所有都变成泥流的一部分，在咆哮声中去吞噬下一间房。由于是夜间，没有人知道这股泥流究竟有多高、有多大。天亮以后，人们发现几乎整个县城都浸泡在泥水里，泥石流形成的堆积物高达2米。灾害造成1434人遇难，331人失踪。

泥石流与一般洪水的区别是洪流中含有大量泥沙石等固体碎屑物，其体积含量最少为15%，最高可达80%左右。与山体滑坡的区别是泥石流滑动物质中有水的参与，因此流动速度快、距离远、流过的面积广。泥石流比洪水和山体滑坡更具有破坏力。

泥石流的危害在于：第一、摧毁房屋，淹没人畜、毁坏土地；第二、埋没交通设施，引起河道大幅度变迁；第三、冲毁水利、水电设施；第四、摧毁矿山及其设施。

（2）泥石流形成条件

泥石流的形成需要三个基本条件：首先，要有山高沟深、地形陡峻、便于水流汇集的上游地形，和较开阔平坦、使堆积物有堆积场所的下游地形；其次，上游有丰富的松散固体物质堆积，这些物质可能是天然形成，也可能是人工所为；第三，要有暴雨、冰雪融水或水库溃决水体等形式的会突然性大量流过的水源。

具备这三个条件并非一定会发生泥石流灾害，这些条件只是准备好了炸药，要引爆还需雷管，这雷管就是泥石流的诱发因素。泥石流的诱因有自然诱因和人为诱因两种。自然诱因气象条件如暴雨突至，人为诱因有工程建筑的不合理开挖、不合理的弃土、弃渣、采石、滥伐乱垦等。树高草密，植被良好的地方，坡再陡、石再多、雨再大，也不会发生泥石流。1000 多年前，甘肃省白龙江中游修竹茂林，山清水秀，云雾蒸腾，寺院如棋。后来由于大规模的伐木烧炭，焚山开荒，现在这一带已成为泥石流灾害多发区。当地百姓说，"山上开亩荒，山下冲个光"，实际上，山下是冲光了，而山上那亩荒并没有开成。

（3）泥石流灾害预防

泥石流灾害可从工程措施和预测预报两个方面减轻或避防。工程措施包括还耕于林、绿化山岭、路桥设计施工要采取跨越、穿过、防护、排导、拦挡等形式。预测预报则包括确定泥石流危险区、进行定点观测研究、加强水文和气象预报工作、建立泥石流技术档案等。

国家综合防灾减灾"十二五"规划公开征求意见稿指出，我国是世界上自然灾害最严重的国家之一。全国 70% 以上的城市、半数以上的人口，分布在气象、地震、地质、海洋等自然灾害严重的地区。约占国土面积 69% 的山地和高原区域山洪、地质灾害频发，各省（自治区、直辖市）均有地质灾害分布，全国已查明的地质灾害隐患点 24 万处，地震、强降雨等导致西南、西北、华南等地地质灾害频发，大多数省份发生过 5 级以上的破坏性地震。针对这个情况，该稿从指导思想、基本原则与规划目标、主要任务、重大项目、保障措施等方面提出了规划，指导防灾减灾工作。

本章内容小结

宇宙是一个时空连续系统，包括其间的所有物质、能量和事件。对于宇宙形成，从古至今有多种学说，现在通行的是"标准宇宙模型"，根据这个模型，宇宙已有 137 亿年，而且宇宙是有边际的。

宇宙天体形态多样、呈相对集中形式分布。恒星组成星系，星系组成星系群（团），星系群（团）又组成超星团。宇宙空间是浩瀚的，银河系在宇宙空间里依然渺小。人类对宇宙的认识尚初步，视野尚狭窄。

恒星由星云吸引聚集而成。其内部的热核反应与引力实现平衡时，称为主序星。大质量恒星演化为红超巨星，最终是超新星爆发。中小质量恒星演化为红巨星，最终变为白矮星。恒星演变过程中，不断产生组成生命的必需元素。

太阳系是受太阳吸引的天体所构成的系统，位于银河系中略偏边缘的位置。太阳是太阳系中唯一的恒星，向八大行星和其他天体提供能量。太阳的寿命大约 100 亿年，现在是 46 亿岁。

地球是目前已知的唯一适合生命存在的星球。对于生命而言，它存在的形式合理而唯美，构造巧妙而严密，运动简单而精准。生命现象发生在地球上，既偶然又必然。月球对地球保持稳定运动起着巨大作用。

地球上发生天文灾害的概率几乎是零，而地质灾害是可防的。保护环境、善待地球，是减少地质灾害的有效措施之一。

第2章　生命的基础

本章导读：宇宙大爆炸那一刻，似乎就在为生命的出现奠定基础。于是，星云、恒星、星系相继出现，直到出现了一颗叫做地球的神奇行星。说它神奇，是因为宇宙选中这里，把这里作为它放置一种叫做生命的东西的地方。这是一种由无机物衍生出来的有机物，一种从个体来看非常短暂，但从整体来看却是延绵不绝、由简而繁的物体的庞大集合。旧的没了，新的出现了；新的没了，更新的又出现了。就像一个万花筒，只要不停止旋转，它就不停地变换美丽的图案——生命万花筒从形成开始就没有停止过转动。

我们可以看到生命的独立个体：在枝头鸣唱的是一只黄鹂，在阳光下打盹的是一只白猫。然而，我们很难看得到生命的内部。试想，如果把生命一层层地"剥"开，那究竟是什么样子呢？如果把钟表拆开，是一堆齿轮、螺钉和发条，那么生命的齿轮和螺钉又是什么样的呢？又是什么力量在不停地把生命发条拧紧的呢？这是本章想说的第一个大问题。

生命的另一个特点就是继承。栽什么树苗结什么果，撒什么种子开什么花，这种秩序是靠什么来维护的呢？母亲怀了孩子后所能做的，就是调整好作息和饮食，并没想过胎儿应当如何发育，甚至连胎儿的性别也不由自主，然而一朝分娩，孩子还很像她。如此"轻而易举"，究竟是什么力量在"暗中"劳碌呢？这是本章想说的第二个大问题。

从古到今，不知有过多少赞颂生命的华章丽句。诺贝尔说，生命"是自然给人类去雕琢的宝石"。"天空没有翅膀的痕迹，而我已飞过。让生如夏花般绚烂，死如秋叶般静美"，这是印度诗人泰戈尔笔下的生命。大足宝顶有生命劝诫，凤凰小镇有生命盟约，云门舞集有生命感悟，对我们来说，世间一切事物中最熟悉的莫过于生命，因为我们本身就是生命体。

然而，在世间一切事物中，最让我们感到迷惑的亦非生命莫属，这也因为我们本身就是生命体。自己研究自己，还要非常客观，这是极大的挑战。季路向孔子求教对死亡的理解，孔子说："未知生，焉知死！"这个半似教诲半似无奈的回答真耐人寻味。我们在第1章提到的《科学》杂志公布的本世纪125个最具挑战性的科学问题中，有58个属于生命科学领域，占了近一半。但迷惑不等于一无所知，相反，正因为略有所知，才会有所迷惑。迷惑是探索的动力，20世纪中叶以来，生命科学已经发展为多学科参与的科学领域，21世纪被预言为生物学的世纪。

2.1　生命科学的建立与发展

人类对生命的研究是逐步深入的。自从人类有了文明，就有了人们对生命现象的描述与记录，就开始了对生命现象的观察、解析和思考。在远古年代，人们在与疾病的抗争中、在农业禽畜生产中、在战争中、在宗教祈祀活动中探索与理解生命。古希腊的亚里士多德的《动物志》是古代生命认识的代表性著作。中国古代的《黄帝内经》、宋代贾思勰（386—543）的《齐民要术》、明代李时珍（1518—1593）的《本草纲目》等，对生物、生命研究作了出色的总结。

现代生命科学系统的建立开始于 16 世纪。比利时医生维萨里（1514—1564）发表了名著《人体的结构》，创立了人体形态学和解剖学。19 世纪 30 年代，德国植物学家施莱登（1804—1881）、德国生理学家施旺（1810—1882）等人创立了细胞学。1859 年英国生物学家、博物学家达尔文（1809—1882）发表了《物种起源》，生物进化理论的创立是人类思想史上的一次伟大的革命。1865 年，奥地利的孟德尔（1822—1884）宣布了自己的豌豆杂交实验结果，开创了现代遗传学。对现代遗传学作出重大贡献的还有美国生物学家摩尔根（1866—1945）。细胞学、进化论和遗传学构成了现代生命科学的基石。

19 世纪中，法国科学家巴斯德（1822—1885）创立了微生物学和微生物生理学。循此，在战胜狂犬病、炭疽病（疽字读音如"居"）等方面都取得了巨大成果，英国医生李斯特（1827—1912）据此解决了创口感染问题，从此医学迈进了细菌学时代，人们的平均寿命因此而在一个世纪里延长了 30 年。微生物学直接引导了免疫学的建立，并推动了生物化学的建立。生物化学的发展是在 20 世纪的中叶，以生物大分子物质代谢研究和生物能量获取、利用的基本方式研究成果最为辉煌。生命科学进入 20 世纪最伟大的成就是建立了分子生物学，其最核心的贡献是美国生物学家沃森（1928—　　）和英国生物学家克里克（1916—2004）于 1953 年发现了 DNA 双螺旋结构，直接导致 DNA–RNA–蛋白质中心法则的揭示。当时沃森只有 25 岁。

分子生物学的兴起至今虽然不过几十年，但其从生命现象的分子事件对生命运作的基础框架和生物世代更替的联系方式的揭示，使它成为当今生命科学各领域的基本思想和研究方法，活跃在细胞学、遗传学、发育生物学、神经生物学等方面，并形成了一系列新兴的生命科学分支学科，如基因学、细胞分子生物学、分子遗传学等等。分子生物学的发展使人类极大地深化了对生命现象的认识，同时人们又越来越深刻地认识到，生命现象是一个极其复杂的系统的问题，如果简单地完全归结为分子水平的活动，有可能走进窄胡同。

生命科学发展史不仅显示了生命科学受到实验技术、科学发展整体水平的制约和影响，更显示了它还受到社会因素、哲学思想的制约和影响。对生命科学的研究越深入，对人们已经取得的经典方法、传统思想提出的挑战就越尖锐、越无情。

对生命现象的探究，将永远是人们在自然界面前遇到的最深奥、最迷人的课题。在人类漫长的科学实践历史中，无以计数的科学家、哲学家和智者为此付出毕生精力，其艰难与辛苦无以言表。其中有一些人获得了成功，获得了名誉，为人类作出了很大贡献，但更多的人是无果、是失败、是被埋没，但不能说他们没有为人类作出贡献。失败就是差一点成功，成功就是差一点失败。人类的本性就是对世界的认知和理解，是对科学的追求，这在现代生命科学中体现得尤为突出。

2.2　生命的特征

我们很容易区分一个物体是生命体或是非生命体。但要说清生命是什么这个看似很简单的问题时，却至今难为科学界普遍接受的、全面而准确的定义。因此，我们只能从"生命有什么特征"这个角度去说明生命，凡是同时具备这些特征的便是生命，否则就是非生命。

生命的特征在于七个方面，即化学特征、结构特征、新陈代谢现象、生长特征、繁殖现象、应激能力和演变进化趋势。

1. 生命的化学特征

几个世纪以来，生物学家致力于寻找未知的动植物物种，对它们进行分类、解剖，研究它们的生活性质。直到18世纪，科学家们才发现了生物的化学和物理基础。他们发现，所有生物的化学组织形式非常相似，生物体都是由一定的物质成分按严格的规律和方式组织而成的。

从元素成分看来，构成各种生物体的元素都是普遍存在于无机界的碳、氢、氧、氮、磷、硫、钙等元素，并不存在生命特有而无机界没有的元素。

从分子层面来看，生物体的组成除水和无机盐之外，主要是三类有机物质：蛋白质、脂类和糖类。此外还有核酸及多种具有生物学活性的小分子化合物，如维生素、激素、氨基酸及其衍生物、肽、核苷酸等。若从分子种类来看，情况则比较复杂。以蛋白质为例，每一类生物都各有一套特有的蛋白质。人体内的蛋白质分子，据估计不下10万种，而这些蛋白质分子当中，与其他生物体内分子相同的极少。蛋白质是复杂大分子。其他复杂大分子还有核酸、糖类、脂类等，它们的分子种类虽然不如蛋白质多，但也是相当可观的。这些复杂大分子称为"生物分子"。生物体不仅由各种生物分子组成，也由各种各样有生物学活性的小分子组成。生物体在组成上是多样性的，复杂的。

(1) 生命所必需的元素

地球上的所有生命都由一些基本的元素构成骨架。在天然存在的元素中，有25种是生物必需的，其中氧、碳、氢、氮、钙、磷、钾、硫、钠、氯、镁等元素含量较多，均大于0.01%。

人体各组织都含有大量的水，同时，组成人体的各种化合物几乎都含氧，因此，人体中氧的含量最高，为65%。氢也是组成水的重要元素，人体中的氢含量达到9.5%。组成人体的绝大部分物质都含有碳，碳占体重的18.5%。含量排在第4位的是氮，氮是组成蛋白质的重要元素，人体中有3.3%是氮。氧、碳、氢、氮4种元素占了人体元素总量的96.3%。人体中硼、铬、钴、铜、氟、碘、铁、锰、钼、硒、硅、锡、钒、锌等元素含量均低于0.01%，属于微量元素。

(2) 生物体中的主要化合物

水是细胞中不可缺少的物质，人体各组织的含水量达到60%～90%。水在生命活动中起着其他化合物无法替代的作用，这是因为水有许多特性。第一，蛋白质、氨基酸、多糖、尿素等大多数有关生命的物质是极性分子，极性分子极易溶于极性溶剂。水也是极性分子，于是就承担了这个溶解作用。第二，水分子之间会形成氢键，使得大分子物质可以用氢键去抓水分子，形成结合水。结合水是吸附和结合在有机固体物质上的水，它不蒸发，不能析离，没有流动性和溶解性，是生物体的构成物。例如心脏，心肌含水量和血液含水量都是79%，但心脏是坚实形态而不是液态，就因为心肌所含的水主要为结合水。第三，液态水中的水分子具有内聚力，水的内聚力对生命极其重要。例如，水分子之所以能从树木的根部运输到叶子中，主要是因为内聚力的作用。第四，水分子之间的氢键使水能缓冲温度的变化。第五，水能够电离，这样在生物体内就可以维持一个较稳定的酸碱环境。

　　糖类、脂类、蛋白质、核酸等生物大分子在生物体中也起着非常重要的作用，稍有改变，就会使生物体发生代谢紊乱，甚至危及生命。后面的章节中将对此作较详细的介绍。

　　2. 生命的结构特征

　　生物体的各种化学成分在体内不是随机堆砌在一起，而是严整有序的。微观方面，生命的基本单位是细胞，细胞内的各结构单元(细胞器)都有特定的结构和功能。宏观方面，生命体具有多层次的有序结构，在细胞层次之上还有组织、器官、系统、个体等层次。每一个层次中的各个结构单元，如器官系统中的各器官、各器官中的各种组织，都有它们各自特定的功能和结构，它们的协调活动构成了复杂的生命系统。

　　除病毒外的一切有机体都由细胞构成，细胞是构成生物体的基本单位。细胞具有独立的、有序的自控代谢体系，是代谢与功能的基本单位。细胞具有以下特征：第一，它是生物体生长与发育的基础；第二，它是遗传的基本结构单位，具有遗传的全能性；第三，没有细胞就没有完整的生命(病毒必须寄居在活体内)；第四，除病毒以外，其他生物都是细胞构成的；第五，它具有统一性和差异性。

　　3. 生命的新陈代谢现象

　　生物体是一个开放系统，不断地和周围环境进行着物质的交换和能量的流动。所谓新陈代谢，就是一些物质被生物体吸收后，在其中发生一系列的变化，最后成为代谢过程的最终产物而被排出体外的过程。生物体的新陈代谢是一个严整有序的过程，即由一系列酶促化学反应所组成的反应网络。如果代谢过程的有序性被破坏，例如某个代谢环节被阻断了，全部的代谢过程就可能被打乱，生命就会受到威胁，严重时甚至导致生命的终结。

　　代谢是生物体内所发生的用于维持生命的一系列有序的化学反应的总称。这些反应进程使得生物体能够生长和繁殖、保持它们的结构以及对外界环境做出反应。代谢通常被分为分解代谢和合成代谢两类。分解代谢可以对大的分子进行分解以获得能量(如细胞呼吸)，合成代谢则可以利用能量来合成细胞中的各个组分，如蛋白质和核酸等。代谢可以被认为是生物体不断进行物质和能量交换的过程，一旦物质和能量的交换停止，生物体的结构和系统就宣布解体。

　　代谢的一个很大的特点是：即使是差异巨大的不同物种，它们之间的基本代谢途径也还是相似的。例如，作为柠檬酸循环中的最为人们熟知的中间产物羧酸(羧字读音如"梭")，存在于所有的生物体中，无论是微小的单细胞细菌，还是如大象等巨大的多细胞生物。代谢中存在的这样的相似性，很可能是由于相关代谢途径的高效率以及这些途径在生物进化史早期就已出现而形成的结果。

　　4. 生命的生长特征

　　生长是极其复杂的生命现象，其奥妙至今只能算是揭开了冰山的一角。从物理的角度看，生长是动物体外形尺寸的增长和体重的增加；从生理的角度看，生长是机体细胞的增殖和增大，组织器官发育和功能生长的日趋完善；从生物化学的角度看，生长又是机体化学成分即蛋白质、脂肪、矿物质和水分等的积累；从热力学角度看，生长是能量输入与能量输出的差值。

　　生物都能通过代谢而生长发育。由于细胞不断地生长和分裂，生物体才可以表现出生长的特征。多细胞生物体的生长，要从细胞分裂和细胞生长两方面来考虑。细胞繁殖、增大和细胞间质增加，最终表现为组织、器官、身体各部以至全身的大小、长短和重量的增加以及身体成分的变化，是量的改变。单细胞生物的增殖也具有同样的关系。在细菌学的领域里，个体数的增加也称为生长。

5. 生命的繁殖现象

繁殖，或生殖，是透过生物的方法制造生物个体的过程。繁殖是所有生命都有的基本现象之一。每个现存的个体都是上一代繁殖所得来的结果。已知的繁殖方法可分为有性繁殖与和无性繁殖两大类。

无性繁殖的过程只牵涉一个个体，例如细菌用细胞分裂的方法进行无性繁殖。无性繁殖并不局限于单细胞生物。多数的植物都可进行无性繁殖。植物的无性繁殖包括分球、分根、压条、嫁接、扦插和组织培养等。鳞茎和其他根状的地下结构如块茎、球茎等成熟后可以切开成几部分，然后将这些部分放在潮湿的基质中待其生根。有性繁殖要牵涉两个不同性别的个体。例如人类、哺乳动物的繁殖就是有性繁殖。一般来说，高等生物都是透过有性繁殖的，而低等生体则多是透过无性繁殖。

另外有些生物是有性繁殖与无性繁殖相结合，比如史前动物蟑螂。蟑螂的繁殖能力极强，一只成熟的雌蟑螂每隔 7~10 天即可产出一只含有 14~40 粒卵的卵鞘，卵鞘为胶质体，在20℃~37℃之间孵化。温度越高，孵化时间越短，在30℃恒温时只需 20~30 天，而长的可超过 3 个月。一只雌蟑螂一年可繁殖近万只后代，最多可达 10 万只，在极端条件下没有雄蟑螂时，雌蟑螂也能产卵。也就是说，很多雌蟑螂交配一次以后，就会雌雄同体，不需交配，便可连续产卵。

6. 生命的应激能力

应激是一种反应模式，指动物机体受到外界不良因素刺激后，在没有发生特异的病理性损害前所产生的一系列非特异性应答反应。特异的意思是专门的、有条件的、有特定针对性的，非特异性应答就是无条件的机体反应。例如在雾霾浓密的傍晚，人一般都会有点萎靡不振，精神不爽。又如人在紧张时，心跳会加快，口舌会干燥，手足会轻微颤抖等，都是应激反应。当刺激事件打破了有机体的平衡和负荷能力，或者超过了个体的能力所及，就会产生压力，压力的对外释放便是应激。应激性是生物的普遍特征，在植物中也存在，例如含羞草被触碰后会迅速合拢叶瓣，触碰强度再大时，它会垂下叶柄。但是动物的应激性表现比较明显，更富有多样性。动物的感觉器官和运动器官是应激性高度发展的产物。

应激的生理机制是外界刺激引起机体的交感神经兴奋，并导致垂体和肾上腺皮质激素分泌增多，引起血糖升高、血压上升、心率加快、呼吸加促等各种功能及代谢的异常。这些反应对机体具有一定的保护作用。产生应激的原因很多，常见的有遗传因素、动物机体缺乏硒、管理性应激(如动物被驱赶或转群)、过度惊吓或兴奋、过度担忧、愤怒、生活环境过于拥挤等。

7. 生命的演变和进化趋势

进化又称演化，在生物学中指种群里的遗传性状在世代之间的变化。在这里，我们说的是变化，而不是简单的复制。在生物繁殖过程中，基因会经复制并传递到子代，而突变的基因可使性状改变，进而造成个体之间的遗传变异。新性状又会因为物种迁徙或是物种之间的水平基因转移，而随着基因在种群中传递。当这些遗传变异受到非随机的自然选择或随机的遗传漂变影响，而在种群中变得较为普遍或稀有时，就表示发生了进化。雄孔雀华丽醒目的尾羽，是性择进化的代表性例证，尽管这使它容易成为被猎食的目标，但能够吸引雌性的优势毕竟占了上风。为了物种延续铤而走险的现象，在自然界里比比皆是。

基因的变异使同一个种群中不同个体的生存方式和繁殖方式有所不同，当环境发生改变，便会产生天择作用。之所以称为天择，是因为当环境改变发生时，只有某些带有特定特征的群体能够通过考验。例如某种动物变异出体毛较密和体毛较疏的两种新类型，如果气候变冷，体毛较密的类型就能存活；但如果气候不是变冷而是变暖，那么被淘汰的就是体毛较密的类型，而体毛较疏者能够存活。这就是天择。可见所谓天择就是适应环境，而并非一定是"进步"或"落后"。在极端条件下，被淘汰的很可能是高等生物，而低等生物往往能够幸存，因为生物越高等，要求的生存环境就越挑剔。

但进化并不只限于"天择"的作用，"物竞"也是一大动力。物竞指生物之间为争取生存资源而发生的竞争。面对天择，生物显得被动，但在物竞面前，生物充满了主动。例如在大片森林中，往高处长的树木就比往横处长的树木能获得更多阳光；在草原上，跑得快的羚羊能甩掉鬣狗的追捕，把不幸留给腿脚不够利索或脑瓜不够灵活的同伴。它们不是自私忘义，而是勇挑淘汰落后基因、传递优良基因的重担。世世相传，代代优化，在长得高、跑得快的基因变异被固化时，进化也就完成了。

以上七个特征划出了生命和非生命的界限。一个物体在产生至消亡之间的时段里能呈现以上七个特征的，就是生命。

2.3　生物大分子 *

本部分将涉及生物化学和分子生物学的内容，你在阅读中可能会遇到一些陌生的名词，读过以后会有似懂非懂的感觉，这是很正常的事情。大凡读书，作用无非是两个：一是愉悦性情，二是牵动思索。前者比较轻松，后者需要有点沉着。本节以及后面部分章节可能需要你的沉着，沉着的前提是自信。对于一时理解艰难的词语，你可以到网上、书店等地方去刨根究底，也可以只留一个浅浅的印象就跳过去，以后再遇到必须弄明白的时候再回过来细研一番。不过我们还是会在可能出现这种情况的章节标题上注上星号，作为提醒。

当你读本节到某一个实在无法读下去的地方，可将本节跳开去读 2.4 节关于细胞的内容。

2.3.1　生物大分子概念

生物大分子在有些书上称"生命分子"。它是作为生物体内主要活性成分的、分子量达到上万或更多的各种有机分子。它不但有生物功能，而且分子量较大，结构也比较复杂。常见的生物大分子包括糖类、脂类、蛋白质、酶、核酸。之所以称它们为生物大分子，是因为它们的相对分子质量往往比一般的无机盐类大百倍、千倍甚至百万倍。这些生物大分子的复杂结构决定了它们具有特殊的性质，即它们的生命功能，如进行新陈代谢供给维持生命需要的能量与物质、传递遗传信息、控制胚胎分化、促进生长发育、产生免疫功能等等。与生物大分子对应的是小分子物质如二氧化碳、甲烷等，此外还有许多无机物质。

人类对生物大分子的研究历经了近两个世纪。由于生物大分子的结构复杂，又易受温度、酸碱的影响而变性，所以研究工作困难很大。在 20 世纪末之前，主要研究工作是生物大分子物质的提取、性质、化学组成和初步的结构分析等。

19 世纪 30 年代，在细胞学说建立的时候就已经有人开始研究蛋白质了。1838 年，荷兰化学家穆尔德（1802—1880）在研究鸡蛋蛋白类化合物时提出用"蛋白质"（protein）命名所有细胞中都存在的这类大分子化合物。protein 一词来自希腊文，原意是"首要的""最重要的"。19 世纪末，有机化学家们开始探讨蛋白质的结构，先后提出了氨基酸之间的肽键相连接而形成蛋白质的论点，合成了一个由 15 个甘氨酸和 3 个亮氨酸组成的 18 个肽的长链。肽是介于氨基酸和蛋白质之间的物质，多个肽组成一个蛋白质分子。科学家们还用 X 射线衍射分析方法分析羊毛、头发等蛋白的结构，证明它们是折叠卷曲纤维状物质。随着研究的逐步深入，科学家们搞清了，蛋白质是肌肉、血液、毛发等的主要成分，有多方面的功能。

核酸的发现比蛋白质晚了 30 年。瑞士化学家米歇尔（1844—1895）于 1868 年从病人伤口脓细胞中提取出当时称为"核质"的物质，这就是后来公认的核酸的最早发现。米歇尔发现核酸时只有 24 岁。后来的科学家先后弄清了核酸的基本化学结构，将核酸分成核糖核酸（RNA）和脱氧核糖核酸（DNA）两大类。由于核酸结构简单，当时人们完全忽视了它在复杂多变的遗传现象中的作用，而误认为在遗传中起主要作用的是蛋白质。直到 1944 年，才由美国细菌学家艾弗里（1877—1955）纠正了这个错误，遗传研究得以回到正轨并大放异彩。

1897 年德国化学家布希纳（1860—1917）从磨碎的酵母细胞中意外提取出了能使酒精发酵的酿酶，从而使生物化学的研究进入了解细胞内的化学变化的阶段。20 世纪 20 年代大量实验结果表明，酵母使糖发酵产生酒精的过程，与肌肉收缩时使糖变为乳酸的过程基本上是一致的。到 30 年代由英裔德国生物化学家克雷布斯（1900—1981）综合当时的大量研究成果，提出了三羧酸循环的代谢途径，即生物呼吸作用最后产生二氧化碳、水及能量（ATP）。此间还有许多科学家研究了脂肪和氨基酸等的代谢，以及糖、脂肪及蛋白质在代谢中相互转化和它们的生物合成等，这些过程均是在酶的催化下完成的。

2.3.2　糖类

1. 糖类概述

糖类化合物（在早期的有机化学书籍中，"糖"写作"醣"）主要由碳、氢、氧三种元素构成，是自然界存在最多、分布最广的、具有广谱化学结构和生物功能的一类重要的有机化合物，与蛋白质、脂肪同为生物界三大基础物质，为生物的生长、运动、繁殖提供主要能源。

糖类化合物是包括动物和植物在内的一切生物体维持生命活动所需能量的主要来源。它不仅是营养物质，而且有些还具有特殊的生理活性，例如肝脏中的肝素有抗凝血作用、血型中的糖与免疫活性有关。核酸的组成成分中也含有糖类化合物核糖和脱氧核糖。食物中的糖类化合物可分成两类，一类是人可以吸收利用的有效糖类化合物如单糖、双糖、多糖，另一类是人不能消化的无效糖类化合物如纤维素。两种糖类化合物都是人体必需的物质。

糖类化合物分子式通式表示为 $C_m(H_2O)_n$，因此它又称碳水化合物。后来发现有些糖类化合物的分子式并不符合此通式，如脱氧核糖，反之有些化合物虽然符合这个分子式通式却不是糖类化合物，如甲醛、乙酸，但因碳水化合物这个名字已经用惯，也就继续用下去了。

2. 糖类的基本分类

糖类主要由绿色植物经光合作用而形成，是光合作用的初期产物，分为单糖、双糖、低聚糖、多糖四类。

（1）单糖

单糖不能水解为更小的碳水化合物，是糖类中最小的分子。葡萄糖和果糖都是单糖。含有 3 个碳原子的单糖称为丙糖，含有 4 个碳原子的称为丁糖，5 个称为戊糖，6 个称为己糖等。葡萄糖 $C_6H_{12}O_6$ 含 6 个碳原子，所以是己糖。单糖一般无色，易溶于水，有甜味。

单糖是新陈代谢中的主要燃料，能提供能量（当中以葡萄糖为主）及用于生物合成。单糖若无需即时使用的话，细胞会先将其转换成较省空间的形式，通常为多糖。人类以及许多动物中，特别在肝脏及肌肉细胞中，这种储存形式是糖原。在植物中则储存成淀粉。

（2）双糖

由两个经过脱水反应连接在一起的单糖组成的糖类称为双糖，又称二糖。它们是最简单的多糖，最重要的双糖有蔗糖、麦芽糖和乳糖。

蔗糖是存量最为丰富的双糖，它们是植物体内存在最主要的糖类。蔗糖由一个葡萄糖分子与一个果糖分子组成。蔗糖甜度大，水解后生成等分子的葡萄糖和果糖，是人类需求量最大的糖类，主要从甘蔗和甜菜中提取。

乳糖是一种由一分子半乳糖与一分子葡萄糖形成的双糖，广泛地存在于天然产物中，如哺乳动物的乳汁。牛乳中乳糖含量为 4% ~5%，人乳中含量 5% ~8%。

（3）低聚糖和多糖

低聚糖又称为寡糖，它和多糖一样都是由单糖单元组成的长链分子。两者的区别在于低聚糖通常含有 3 ~10 个单糖单元，而多糖则超过 10 个单糖单元。实际应用中，双糖往往也算为低聚糖。

天然的糖类绝大多数以多糖形式存在，广泛分布在各种动物、植物和微生物组织中，具有许多重要的作用，如淀粉、糖原等主要起储藏能量的作用，纤维素、果胶、甲壳质等构成了动植物的主体支架，黏多糖类具有保护、润滑、固定、防冻等多种功能。

多糖的分子质量一般很大，呈胶态溶液状，无甜味，在酶或酸的作用下可部分水解或完全水解。

3. 糖类对人体的生物学功能

糖类化合物对生命有极其重要的作用，本节仅谈它对人体的生物学功能。

（1）供给能量

人体摄入的糖类化合物在体内经消化变成葡萄糖或其他单糖参加机体代谢，每克葡萄糖产热 4 千卡。成人每天应至少摄入 50 ~100 克可消化的糖类化合物方能有效预防糖类化合物缺乏症。人缺乏糖类化合物将导致全身无力、疲乏、血糖含量降低，产生头晕、心悸、脑功能障碍等，严重者会导致低血糖昏迷。

（2）构成细胞和组织

每个细胞都有碳水化合物，含量为 2% ~10%，主要以糖脂、糖蛋白和蛋白多糖的形式存在，分布在细胞膜、细胞器膜、细胞浆以及细胞间质中。植物的茎、叶等以纤维素或半纤维素为主要结构成分，动物的结缔组织、软骨滑液等主要由糖构成。

（3）节省蛋白质

如果食物中糖类化合物不足，机体就只得动用蛋白质来满足机体活动所需的能量，这会影响机体的蛋白质和组织更新。因此，完全不吃淀粉类食物而只吃肉类，将迫使机体组织用蛋白质产热，这对机体是没有好处的。

（4）维持脑细胞的正常功能

葡萄糖是维持大脑正常功能的必需营养素，当血糖浓度下降时，脑组织可因缺乏能源而使脑细胞功能受损，造成功能障碍，并出现头晕、心悸、出冷汗，甚至昏迷。

（5）抵抗酮体的生成

当人体缺乏糖类时，机体还会分解脂类供能，同时产生酮体。酮体是人饥饿时或糖尿病时肝中脂肪酸大量氧化而生成的产物。酮体浓度高将导致酮症酸中毒、高酮酸血症等。

（6）解毒

糖类代谢可产生葡萄糖醛酸，葡萄糖醛酸与体内毒素（如药物、胆红素等）结合而解毒。

（7）加强肠道功能

摄入纤维素可防治便秘、预防结肠癌和直肠癌、防治痔疮等。

此外，糖类化合物中的糖蛋白和蛋白多糖有润滑作用，它还控制细胞膜的通透性。

2.3.3 脂类

1. 脂类概述

脂类又称脂质，主要由碳、氢、氧三种元素组成的，有的含有少量的磷、氮等元素，是生物体内一类重要的有机化合物。脂类化合物种类很多，包括脂肪、蜡、固醇、脂溶性维生素（如维生素 A、D、E 和 K）等，它们的化学结构有很大差异，生理功能也各不相同，但有一个共同的物理性质，就是不溶于水而溶于苯、乙醚、氯仿、丙酮等脂溶性溶剂，它们在水中可相互聚集形成内部疏水的聚集体。

脂类以多种形式存在于人体的各种组织细胞中，是人体重要的构成部分。机体中的脂类可分为两大类。一类是作为基本组织结构的脂类，如磷脂、胆固醇、脑苷脂等，是组成细胞特定结构并赋予细胞特定生理功能的必不可少的物质。这部分脂类，即使长期饥饿也不会动用，含量相对稳定，故称定脂。另一类为储存脂类，是机体过剩能量的一种储存形式，摄入能量若长期超过付出的需要，即可使人发胖，缺乏能量则会使人消瘦，由于这部分脂类的含量变动较大，故称动脂。

我国正常成年男子体内脂肪含量平均为 13.2%，女子体内脂肪的含量稍高，平均为 15%。肥胖人体内脂肪含量约占 32%，过胖人可高达 60%。人体内绝大部分脂肪以甘油三酯的形式储存在脂肪组织内，脂肪组织由脂肪细胞构成，多分布于腹腔、皮下和肌纤维间。这一部分脂肪常被称为储脂。因其可受营养状况和机体活动的影响而增减，故又被称为可变脂。储脂在正常体温下多为液态或半液态。

注意"脂"和"酯"的不同。脂的读音如"之"，是一类低溶于水而高溶于非极性溶剂的生物有机分子。对大多数脂质而言，其化学本质是脂肪酸和醇所形成的酯类及其衍生物。

酯的读音如"指"，是含氧酸跟醇反应失去水后生成的一类化合物。这些叙述可能不太好理解，简单地说，脂包括了各种酯，酯是脂的一部分。动植物油脂的主要成分是酯。

2. 脂类的基本分类

（1）油脂

油脂即甘油三酯，或称为三脂酰甘油（酰字读音如"先"），是油和脂肪的统称。人们一般把常温下呈液态的油脂称作油，而把常温下呈固态的油脂称作脂肪。它由 1 个分子的甘油醇和 3 个分子的脂肪酸脱水而合成，所以有甘油三酯的学名。

脂肪酸分为不饱和脂肪酸和饱和脂肪酸。不饱和脂肪酸和饱和脂肪酸的区别在于，前者在形成分子的化学结构中有一个或者多个氢键还没有饱和，而后者则呈饱和状态。"不饱和"就意味着它具有可塑性，而饱和就意味着它已定型而不能被改变。以加热为例，在过高的温度下或反复加温时，不饱和脂肪酸会"变节"为引发心血管疾病的"反式脂肪酸"；而饱和脂肪酸则因其没有被改造的可能，经得起高温或反复加温的考验。

动物脂肪一般含 40% ～60% 的饱和脂肪酸，30% ～50% 的单不饱和脂肪酸。植物油含 10% ～20% 的饱和脂肪酸和 80% ～90% 的不饱和脂肪酸。因此，植物油如果多次加热，就可能产生大量的反式脂肪酸，食用后易患心血管疾病；而动物脂肪如果反复加热，不会形成反式脂肪酸。但膳食中饱和脂肪过多也会引起动脉粥样硬化、高血压等心血管疾病。

（2）类脂

类脂是一类性质类似于油脂的物质，它的构成元素与脂类相比，除了都含有碳、氢、氧外，还含有少量的硼、磷、硫等元素。类脂包括磷脂、糖脂、固醇及其酯三大类。

磷脂是含有磷酸的脂类。在动物的脑和卵中、大豆的种子中，磷脂的含量较多。人体内的磷脂来源于食物及体内生物合成，特别是磷脂胆碱必须在体内合成。

糖脂是含有糖基的脂类。它在生物体分布甚广，但含量较少，例如人的脑、肺、肾、肝、脾及血清中都含有微量的脑苷脂，脑苷脂是一种糖脂。

固醇类又称类固醇、类甾醇、甾族化合物等，多与脂肪和磷脂共同存在，是一类分子量较大的化合物，外形为无色蜡状固体，也是生物机体的主要成分。"甾"字的读音如"灾"，古文中就是灾的意思，现在专指一类有机化合物。人们比较熟悉的是固醇类中的胆固醇。胆固醇又称胆甾醇，是脊椎动物细胞的重要组分。人体中胆固醇的总量大约占体重的 0.2%，在神经组织和肾上腺中含量最高，在肝、肾和皮肤中的含量也相当多，在心脏中含量最低。正常人血浆内胆固醇含量为每百毫升 150 ～250 毫克，人红细胞每百毫升压积细胞约含 100 毫克胆固醇。哺乳动物细胞（成熟的红细胞除外）都能合成胆固醇，但合成速率差别很大。肝和小肠是合成胆固醇的主要场所。动物也能从食物中摄取胆固醇。

胆固醇是细胞膜和细胞器膜的一种组分，红细胞、肝细胞、髓鞘的质膜都含有相当量的胆固醇；它调节生物膜脂质的物理状态，保持膜的流动性。如果生物膜出了问题，细胞就不能工作，甚至死亡。神经髓鞘含有大量胆固醇。它与髓鞘的形成，维持稳定性和功能都有一定关系。此外，胆固醇还是合成胆汁酸和类固醇激素的前体。

胆固醇又分为高密度胆固醇和低密度胆固醇两种，前者对心血管有保护作用，通常称之为"好胆固醇"；后者若偏高，罹患冠心病的危险性就会增加，通常称之为"坏胆固醇"。这种叫法只基于目前的认识水平，坏胆固醇本身或许并不坏。血液中胆固醇含量比较正常的水平为每升血液含 2.86 ～5.98 毫摩尔，摩尔是物质的量的单位，1 摩尔表示有 6.02 ×

10^{23}个物质微粒。

3. 脂类对人体的生物学功能

（1）储存能量

1克脂肪在人体内氧化可供给热量9千卡，比1克糖原或蛋白质所释放的能量多2倍以上。脂肪组织是体内专门用于贮存脂肪的组织，当机体需要能量时，脂肪组织细胞中贮存的脂肪可动员出来分解供给机体的需要。

（2）构成机体组织

脂肪中的磷脂和胆固醇是人体细胞的主要成分，在脑细胞和神经细胞中含量最多。一些胆固醇是制造体内固醇类激素的必需物质，如肾上腺皮质激素、性激素等。

（3）生物膜的组分

类脂是生物膜的重要组成成分。它构成疏水性的"屏障"，分隔细胞水溶性成分及将细胞划分为细胞器、核等小的区室，保证细胞内同时进行多种代谢活动而互不干扰，维持细胞正常结构与功能。

（4）提供必需脂肪酸

人体所需的必需脂肪酸是所有细胞结构的重要组成部分，保持皮肤微血管正常的通透性、精子的形成、前列腺素的合成等，都是必需脂肪酸的重要功能。膳食中长期缺乏脂肪酸可能引起不育症。

（5）调节体温和保护内脏器官

脂肪大部分贮存在皮下，可调节体温，防止热能散失，保护对温度敏感的组织。脂肪分布填充在各内脏器官的间隙中，可缓冲外界震动和机械冲击，并减少内部器官之间摩擦、维持皮肤的生长发育。

（6）促进脂溶性维生素的吸收

维生素A、D、E、K和胡萝卜素等不溶于水，只能溶解于脂肪或脂肪溶剂才能被吸收利用，膳食中的脂肪是脂溶性维生素的良好溶剂，这些维生素随着脂肪的吸收而同时被吸收。

（7）参与细胞识别

糖脂是细胞表面抗原的重要组分，某些正常细胞癌化后，表面糖脂成分有明显变化；一些已分离出来的癌细胞特征抗原，也已证明是糖脂类物质。

（8）保护机体表面

机体表面的油脂可以防止感染，并防止水分的过度丢失。

（9）改善食物感官性状

脂类能改善食品的感官性状，增强食品的风味，促进食欲。食品中的脂类还能增加饱腹感，因脂肪在体内停留的时间较长，吃脂肪含量较高的膳食，不易感到饥饿。

2.3.4　蛋白质

蛋白质是生命的物质基础，是与生命及与各种形式的生命活动紧密联系在一起的物质，机体中的每一个细胞和所有重要组成部分都有蛋白质参与，没有蛋白质就没有生命。人体中蛋白质约占体重的16%，是构成人体组织器官的支架和主要物质。

1. 氨基酸

蛋白质是一种复杂的有机化合物，旧称"朊"，朊字读音同"软"。在自然界中共有 300 多种氨基酸，其中 α – 氨基酸 20 种。α – 氨基酸是肽和蛋白质的构件分子，都是由 1 个氨基、1 个羧基、1 个氢原子和 1 个侧链基团（又称 R 基团）连接在同一个碳原子上构成，这个碳原子叫 α – 碳原子（如图 2 – 1 所示）。20 种氨基酸有不同结构的侧链基团。α – 氨基酸是构成生命大厦的基本砖石之一。

根据来源，氨基酸分为必需氨基酸、半必需氨基酸（条件必需氨基酸）和非必需氨基酸。必需氨基酸是机体自身不能合成，或合成速度远不适应机体的需要，必须由食物蛋白供给的氨基酸，有赖氨酸、色氨酸等八种，对于婴儿，还有组氨酸。半必需氨基酸为机体虽能够合成但通常不能满足正常需

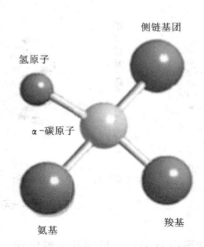

图 2 – 1　α – 氨基酸结构示意图

要的氨基酸，如精氨酸、组氨酸等。非必需氨基酸指机体本身能由简单的前体合成，不需要从食物中获得的氨基酸，如甘氨酸、丙氨酸等。

氨基酸是组成蛋白质的基本单位。我们说蛋白质有多少多少作用，根本上是通过氨基酸来完成的。食物中的蛋白质必须经过肠胃道消化，分解成氨基酸才能被人体吸收利用，人体对蛋白质的需要实际上是对氨基酸的需要。氨基酸在人体内通过代谢可以合成组织蛋白质，可以变成酸、激素、抗体、肌酸等含氮物质，可以转变为碳水化合物和脂肪，可以氧化成二氧化碳和水及尿素，产生能量。人体缺乏任何一种氨基酸，都可导致生理功能异常，影响机体代谢的正常进行，最后导致疾病的发生或生命活动终止。

2. 蛋白质的结构

氨基酸组成蛋白质的结构非常复杂。首先，氨基酸分子排成一个线性序列，有点像链条，这是一级结构。然后，这些线状排列沿一定方向缠绕和折叠起来，形成稳定结构，有点像把链条盘成弹簧形状，这是二级结构。接下来，在二级结构基础上，蛋白质借助各种次级键卷曲折叠成特定的球状分子结构的空间构象，这有点像把弹簧状的链条缠成一个球，是三级结构。最后，三级结构的物质以适当的方式聚合，形成蛋白质复合物大分子的三维结构，这是一堆链条球被焊在一起，是四级结构。图 2 – 2 示意了蛋白质的四级结构。并不是每种蛋白质都有四级结构，有些蛋白质只有三级结构。生物界中有数十万种蛋白质，它们的差异由蛋白质的一级结构决定，而生物功能基本上由三级结构决定。

蛋白质自发的自我正确折叠的机理引起研究界的高度兴趣，人们提出种种学说，有人因此获得诺贝尔奖。但事实上我们对于蛋白质获得天然结构这一复杂过程的特异性还知之甚少，许多实验和理论的工作都在加深我们对折叠的认识，但是谜底仍然没有揭开。这个问题正是前文提到的 125 个挑战性问题之一。

3. 蛋白质的种类

根据蛋白质分子的外形，可以将其分作球状蛋白质、纤维状蛋白质、膜蛋白质三类。球状蛋白分子形状接近球形，水溶性较好，种类很多，可行使多种多样的生物学功能。纤

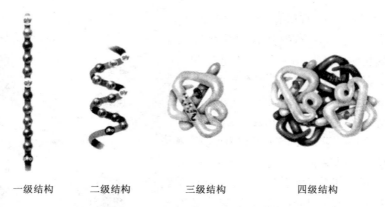

一级结构   二级结构   三级结构   四级结构

图2-2   蛋白质的四级结构示意图

维状蛋白分子外形呈棒状或纤维状,大多数不溶于水,为单个细胞或整个生物体提供机械强度,起着保护或结构上的作用。膜蛋白一般折叠成近球形,插入生物膜,也有一些结合在生物膜的表面。生物膜的多数功能是通过膜蛋白实现的。

根据氨基酸与人体生长发育的关系,食物蛋白质分为完全蛋白质、半完全蛋白质和不完全蛋白质三类。完全蛋白质含9种必需氨基酸,且数量充足,彼此比例适当。这一类蛋白质不但可以维持人体健康,还可以促进生长发育,称为优质蛋白质。奶、蛋、鱼、肉、大豆等所含的蛋白质属于完全蛋白质。半完全蛋白质所含氨基酸种类虽然齐全,但其中某些氨基酸的数量不能满足人体的需要。它们可以维持生命,但不能促进生长发育。小麦、大麦中的麦胶蛋白属于半完全蛋白。不完全蛋白质不能提供人体所需的全部必需氨基酸,单纯靠它们既不能促进生长发育,也不能维持生命。谷、麦类、玉米所含的蛋白质和动物皮骨中的明胶等属于不完全蛋白质。

4.酶

(1)酶的催化作用

所谓催化,指改变化学反应速率而不改变化学平衡的作用。在催化剂参与下进行的化学反应称催化反应。催化反应前后,催化剂的量和质都不发生改变。做个比方,十字路口上发生交通拥堵,各个驶向的大小车辆挤成一片,这是反应前的状态。这些车辆的司机自己可以解决问题,只是需要商量和扯皮,这是反应过程。少则一小时,多则一个星期,这场拥堵总会变得通畅,这是反应后的状态。如果来几位交警,哨子一吹,手势一打,不消几分钟,问题就解决了。交警的作用就是催化。在整个过程中,交警并没有代替司机去开车,也没有被车撞得头破血流。反应前后,交警就是交警,他是交通顺畅的催化剂。

酶是催化生物化学反应的一类最常见蛋白质。人类最早使用的酶催化剂是酒曲,我国纪元前周朝的《书经》有"若作酒醴,尔惟曲蘖"的文字,"曲蘖"就是酒曲(蘖字读音如"聂"字)。我们称酶所催化的反应为酶促反应。反应前,是酶和"底物",底物就是被酶作用的物质,反应后,是酶和反应生成的物质。几乎所有的细胞活动进程都需要酶的参与,以提高效率。目前已知的可以被酶催化的反应约有4000种。大多数的酶可以将其催化的反应速率提高上百万倍。酶作为催化剂,自身在反应过程中不被消耗,也不影响反应的化学平衡。

图 2-3 显示了酶的基本作用。(a)麦芽糖酶的特定位点上捕获到游离的麦芽糖分子。(b)酶上的活性位将麦芽糖分子的键解开。(c)分解后的两个葡萄糖分子离开酶，麦芽糖酶准备下一次分解工作。

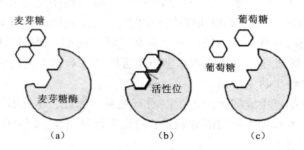

图 2-3　麦芽糖酶的分解工作过程

人群中有一种病叫乳糖不耐症，该病的症状是乳品中含的糖类即乳糖无法分解，因此就不能消化吸收，病因则是患者的小肠细胞无法制造分解乳糖所需的酶——乳糖分解酵素。让患者在喝牛奶前先吞一滴乳糖分解酵素，这个问题便可以解决。不过许多酶缺乏症并非都能解决得如此轻而易举。

（2）酶的特点

酶具有一般化学催化剂所没有的特点。

①酶是蛋白质，所以对周围环境敏感，不耐高热，在酸、碱、盐或 X 射线影响下会发生不同程度的变性，以至失活。

②酶促反应是在常温、常压和酸碱度接近中性的环境中进行的。

③酶的催化效率比一般化学催化的效率高 $10^7 \sim 10^{13}$ 倍。

④酶具有高度的专一性，即某一种酶往往只对某一种或某一类物质起催化作用。

⑤酶具有活性部位，就是说起催化作用的不是整个酶分子，而仅仅是酶分子上的几个部位。

（3）辅酶

辅酶是一类可以将化学基团从一个酶转移到另一个酶上的有机小分子。它与酶的结合较为松散，能强化特定酶的活性发挥。许多维生素及其衍生物都属于辅酶，如硫胺素（即维生素 B_1）、核黄素（即维生素 B_2）、叶酸（即维生素 M）等。这些化合物无法由人体合成，必须通过饮食补充。人体若缺乏维生素 B_1，可出现脚气病、多神经炎性精神病等；若缺乏维生素 B_2，可出现口腔、唇、皮肤、生殖器的炎症和机能障碍；若缺乏叶酸，可出现巨红细胞性贫血以及白细胞减少症，孕妇如在怀孕头 3 个月内缺乏叶酸，可导致胎儿神经管发育缺陷，从而增加裂脑儿、无脑儿及婴儿腭裂（即兔唇）等先天性畸形的发生率。

由于辅酶在酶催化反应中其化学组分发生了变化，因此可以认为辅酶是一种特殊的底物或者称为"第二底物"。在细胞内，反应后的辅酶可以再生，以维持其胞内浓度在一个稳定的水平上。

（4）酶的功能

　　在生物学中，酶能够调控信号传导和细胞活动，并作为细胞骨架的一部分参与运送胞内物质，而最重要的功能是参与动物消化系统的工作。以淀粉酶和蛋白酶为代表的一些酶可以将进入消化道的大分子(淀粉和蛋白质)降解为小分子，以便于肠道吸收。淀粉不能被肠道直接吸收，而酶可以将淀粉水解为麦芽糖或更进一步水解为葡萄糖等肠道可以吸收的小分子。不同的酶分解不同的食物底物。在草食性反刍动物的消化系统中存在一些可以产生纤维素酶的细菌，纤维素酶可以分解植物细胞壁中的纤维素，从而提供可被吸收的养料。

　　酶在工业和人们的日常生活中的应用也非常广泛。例如，制药厂用特定的合成酶来合成抗生素、加酶洗衣粉通过分解蛋白质和脂肪来帮助祛除衣物上的污渍和油渍。

　　5. 蛋白质对人体的生物学功能

　　所有的生命现象都直接或间接地与蛋白质有关系。因此，还是那句话：若无蛋白质则无生命。蛋白质的三大基础生理功能分别是：构成和修复组织、调节生理功能、供给能量。

　　(1)构成和修复组织

　　蛋白质是一切生命机体细胞的重要组成部分。人体的所有组织，从毛发、皮肤、肌肉到骨骼，从大脑、神经、器脏到血液无不是由蛋白质组成。同时人体内各种组织细胞始终在不断衰老、死亡、新生的新陈代谢过程中，只有摄入足够的蛋白质方能维持组织的更新。此外，身体受到外伤或组织受损后也需要蛋白质作为修复材料。

　　(2)调节生理功能

　　在维持生物体正常的生命活动中，代谢机能的调节、生长发育和分化的控制、生殖机能的调节等各种过程中，多肽和蛋白质激素起着极为重要的作用。

　　(3)催化功能

　　生物体各组分的自我更新是生命活动的本质，人体细胞里每分钟要进行100多次生化反应，而构成新陈代谢的所有化学反应都是在酶促作用下完成的。

　　(4)转运和贮存功能

　　载体蛋白在体内运载各种物质，对维持人体的正常生命活动至关重要。如血红蛋白输送氧和二氧化碳、脂蛋白输送脂肪、血浆白蛋白运送小分子、细胞膜上的受体还有转运蛋白等。

　　(5)运动功能

　　从最低等的细菌鞭毛运动到高等动物的肌肉收缩，都是通过蛋白质实现的。肌肉的松弛与收缩主要是由肌球蛋白为主要成分的粗丝和以肌动蛋白为主要成分的细丝相互滑动来完成的。

　　(6)免疫和防御功能

　　生物体为了维持自身的生存，拥有多种类型的防御手段，其中不少是靠蛋白质来执行的。例如抗体即是一类高度专一的蛋白质，它能识别并结合侵入生物体的外来物质，取消其有害作用。

　　(7)接受和传递信息

　　机体细胞之间的信息传递与接受是由受体蛋白完成的。我们在第5章中将有专门讨论。

　　(8)供给能量

　　如果人体热量供应不足，肌体将消耗食物中的蛋白质来做能源。

2.3.5　核酸

1. 核苷酸

核酸是一类生物大分子化合物。但在谈核酸之前，需要简单地认识一下核苷酸，因为核酸是由核苷酸聚合而成的。

核苷酸又称核甙酸，"甙"字不读"甘"而读"代"。它是戊糖（即 5碳糖）、碱基、磷酸的化合物。戊糖和碱基构成核苷，核苷和磷酸组成核苷酸，见图 2 - 4。核苷酸再进一步组成不同的核酸。

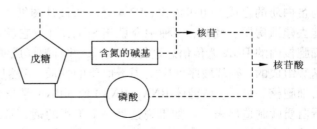

图 2 - 4　核苷酸的结构

核苷酸中的碱基分为嘌呤和嘧啶两大类，都是碳、氢、氮的化合物。每类化合物中又有若干个品种。嘌呤的读音同"票令"，至于嘧啶怎么读，就没人会猜错了。这些奇怪的名字都是英文学名的音译。

谈到这些名词时，我们已经来到当今生命科学的极前沿了，再往前行，便是原子世界。现在，我们开始折返。

2. 核酸概述

核酸是由许多核苷酸聚合成的生物大分子化合物，为生命的最基本物质之一。核酸广泛存在于所有动物细胞、植物细胞和微生物内，生物体内核酸常与蛋白质结合形成核蛋白。不同核酸的化学组成、核苷酸排列顺序等均不同。根据核苷酸所聚戊糖的不同，核酸可分为脱氧核糖核酸（简称 DNA）和核糖核酸（简称 RNA）两大类。DNA 是 D - 2 - 脱氧核糖与核苷酸的聚合物，RNA 则是 D - 核糖与核苷酸的聚合物。

除了所聚合的糖不同，DNA 和 RNA 聚合的碱基也有区别，胸腺嘧啶存在于 DNA 中，尿嘧啶存在于 RNA 中，详见表 2 - 1。

表 2 - 1　组成 DNA 和 RNA 的碱基

类别	名称	代号	所聚的戊糖	所在的核酸
嘌呤	腺嘌呤	A	D - 2 - 脱氧核糖	DNA
			D - 核糖	RNA
	鸟嘌呤	G	D - 2 - 脱氧核糖	DNA
			D - 核糖	RNA
嘧啶	胞嘧啶	C	D - 2 - 脱氧核糖	DNA
			D - 核糖	RNA
	胸腺嘧啶	T	D - 2 - 脱氧核糖	DNA
	尿嘧啶	U	D - 核糖	RNA

DNA 的分子量一般都很大，是储存、复制和传递遗传信息的主要物质基础。RNA 主要负责 DNA 遗传信息的翻译和表达，分子量比 DNA 要小得多。RNA 有三种，在蛋白质合成过程中分别起着重要作用，其中转移核糖核酸 tRNA 起着携带和转移活化氨基酸的作用、

信使核糖核酸 mRNA 是合成蛋白质的模板、核糖体的核糖核酸 rRNA 是细胞合成蛋白质的主要场所。

　　DNA 分子携带有大量的遗传信息，这些信息必须通过蛋白质来体现，新蛋白质中的遗传信息是由 DNA 提供的。这就是说，DNA 决定了蛋白质的性状，于是也决定了生物体的性状。但是 DNA 存在于细胞核中，只是一个模板，它本身不进入新的蛋白质，不能直接参与蛋白质的合成。也可以说，DNA 是一张设计图纸，而蛋白质是一堆材料，图纸自己不可能去建造房屋。此时，一种中介就出来工作了，它就是 RNA。首先，转换 RNA（tRNA）将细胞核内的 DNA 遗传信息进行"转录"，并且翻译成氨基酸序列（前文说过，蛋白质是由氨基酸组成的，氨基酸序列决定了蛋白质的性质）。然后，信使 RNA（mRNA）把这些信息带出细胞核。最后，核糖体 RNA（rRNA）把 mRNA 带出来的信息顺序地将氨基酸进行拼接，蛋白质就制造出来了。如果说这是一个工程的话，那么就是 tRNA 在设计室复印了设计图纸并改造的施工图，mRNA 将施工图从设计室带到工地，交给 rRNA 具体施工。

　　在前面我们多次说过，蛋白质是生命的基础，这句话只在发现核酸的遗传作用前才是对的。在全面、深入地了解了核酸后，应该说最本质的生命物质是核酸，因为生命的重要性是能自我复制，而蛋白质是根据核酸所发出的指令进行复制的。核酸与蛋白质的关系有如人和汽车的关系，蛋白质是汽车，它自己不会活动，只有驾驶员到位后，汽车才会行驶，这位驾驶员就是核酸。我们习惯说，满街汽车来来往往，准确地说，是驾驶员驾着汽车满街地来来往往。因此，生命的基础是核酸，蛋白质只是一个壳。如要考虑蛋白质的情绪，就应该说，蛋白体是生命的基础。蛋白体是包括核酸和蛋白质的生物大分子。

　　3. DNA 的空间结构

　　对于 DNA 的空间结构图，我们已经不陌生，就是图 2-5 所示的双螺旋结构图。这个图如今被用作现代生命科学乃至现代科学的图标，大有代替以往原子环状图的来势。在电子显微镜下可以观察到 DNA 结构的平面图像，图 2-6(a) 为扫描隧道显微镜图像，图 2-6(b) 为由此而得的立体模型，也就是双螺旋结构模型的实体基础。

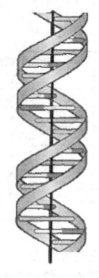

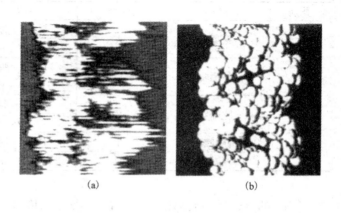

　　(a)　　　　　　　　　(b)

图 2-5　DNA 空间结构图标　　　　　　　**图 2-6　DNA 的电镜显微图像及模型**

　　这是一个极其巧妙的、人力难以创造的结构。只有这样的结构，DNA 才有完成反复复制的可能。我们万不可将 DNA 的复制想象成复印机那般只是制作一个"影像"，DNA 的复制是按原样重新制作一个生物意义上的、具有活性的复制品。尽管后来人们又发现了三螺旋结构的 DNA，但双螺旋结构仍然是 DNA 的最常见状态。关于 DNA 的复制过程将在本章第 6 节介绍。

　　如果将双螺旋"摊平"，就是一架梯子。组成梯子立架的，是戊糖和磷酸，组成步架即横竿的，是一组组碱基，见图 2-7(a)。这就是核苷酸的聚合。戊糖和磷酸隔一相连，整齐有序，碱基对也是有规律的，A 必与 T 成对，C 必与 G 成对，这个关系称为"互补"。因此，在 DNA 中，A 和 T 的总量始终相等，C 和 G 也一样。然后把梯子扭转，就得到了双螺旋结构，如图 2-7(b)。图 2-7(c) 为双螺旋结构的三维模型，这是 DNA 的二级结构。在二级结构基础上，DNA 进一步扭曲盘旋形成超螺旋结构，就是三级结构。四级结构就是与蛋白质形成复合物了。

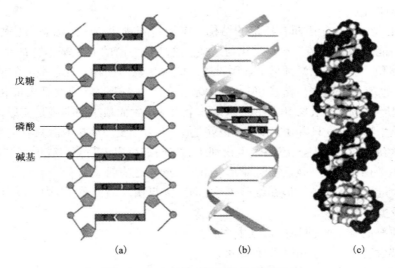

戊糖

磷酸

碱基

(a)　　　　　　(b)　　　　　　(c)

图 2-7　DNA 的一级结构和二级结构

　　RNA 的结构与 DNA 不同，RNA 虽然也有螺旋结构，但它是单链的。

2.4　细胞

　　和现在的显微镜相比，17 世纪的显微镜无疑是很粗糙的，而且放大倍率也很低。但是那些原始的显微镜对人类科学进步的贡献，丝毫不逊色于今天最先进的电子显微镜。改变人们对生命原理理解的细胞学说，就是从最简单的、手工磨制的显微镜下起步的。

　　据说在 1590 年前后，有个叫杨森的荷兰孩子有一天无意中将一片凸透镜和一片凹透镜排在一起，突然看到了奇妙的微观世界，于是显微镜就诞生了。又有说这位杨森不是少年，而是一位眼镜制作匠。不管怎么说，在当初显微镜只是一种玩具，谁都没想过拿它有什么用处。1665 年，体弱多病、性格怪僻却心灵手巧的英国物理学家胡克(1635—1705)用自己设计制作的显微镜观察到栎树软木塞切片中的蜂窝状小室，取其名为"celle"，这是人类第一次发现细胞。胡克最专长的领域是机械与材料，著名的弹性定理就是他发现的，并被命名为胡克定律。不经意成为建立细胞学的先驱，是机会对有心人的垂青，是历史对那些善于把玩具当工具用的人的褒奖。

1838年，德国植物学家施莱登发表文章说，一切植物无论如何复杂，都是细胞的聚合体。第二年，他的胞弟、动物学家施旺撰文指出，"一切动植物组织，无论彼此如何不同，均由细胞组成"。这兄弟俩被后人推崇为细胞学说的创建者，细胞学说被列为19世纪自然科学三大发现之一。

2.4.1　细胞概述

如同对生命无法下一个统一的定义一样，对于细胞，至今也未有统一的定义。近年来比较普遍的提法是：细胞是构成有机体的基本单位，因而是生命活动的基本单位。一切有机体都是由细胞构成的。病毒是一种介于生物体与非生物体之间的物体，它没有细胞结构，不能独立生存。

细胞的化学元素恒定、拥有特定的结构、进行新陈代谢、具备稳态与应激性、有生长与发育过程、能生殖与遗传、不断进化与适应，这就是生命的七大基本特征。

细胞的体积一般极小，必须借助显微设备才能观察到。世界上现存最大的活体细胞为鸵鸟的受精卵，也就是鸵鸟蛋。蛋长可达20厘米，重达1.4千克。而要把史前化石算进来的话，目前发现最大的恐龙蛋长50厘米，像是一个大冬瓜。而最小的细胞是支原体，这是一种单细胞的原核生物，长度只有0.1微米，也就是说，1万个支原体排成队只有1毫米长。

不论植物细胞、动物细胞还是微生物细胞，它们都有以下特点，或说是共性。

①它们主要由碳、氧、氢、氮四种元素组成，此外还有钾、钙、磷等元素。组成细胞的化合物中，含量最多的是水，但在细胞干重(即脱去自由水后的重量)中，蛋白质占50%以上，是含量最多的化合物。

②几乎所有的细胞表面都覆盖着生物膜。

③它们都含有DNA与RNA两种核酸。

④所有细胞都含有核糖体，以协助合成蛋白质和传递遗传信息。

⑤基本上所有细胞的增殖都以一分为二的方式进行分裂。

⑥它们都进行新陈代谢。

⑦它们都具有运动性，既有细胞自身的空间运动，也有细胞内部的物质运动。

图2-8和图2-9分别为植物细胞和恐龙卵化石。

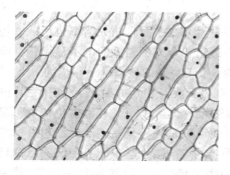

图2-8　植物细胞

图2-9　恐龙卵化石

由于结构、功能和所处环境不同，各类细胞呈现出万千差别。在外形上，有圆形、椭圆形、柱形、多角形、扁形等，甚至有随环境而变的不定形。单细胞生物的形状就更为复杂，例如草履虫为鞋底形，眼虫为带纤毛的梭形(图 2 - 10)。生物细胞的不同形状反映出生物体长期进化的结果。如表皮细胞呈扁平状，有利于覆盖较大面积，见图 2 - 11(a)；疏导细胞多呈管状或长条形，有利于运输物质；神经细胞为有多边突起的长纤维状，有利于信号的迅速传递，见图 2 - 11(b)。

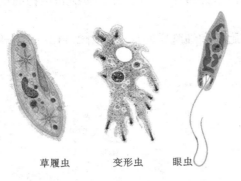

草履虫　　变形虫　　眼虫

图 2 - 10　几种单细胞的原生生物

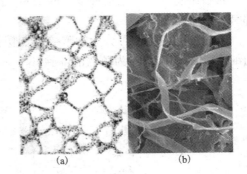

(a)　　　　　　(b)

图 2 - 11　表皮细胞和神经细胞

组成人体的细胞类型有 200 余种，总计 40 万亿 ~ 70 万亿个，细胞的平均直径在 10 ~ 20 微米之间。其中体积最大的是成熟的卵细胞，直径在 0.1 毫米(即 100 微米)以上；最小的是血小板，直径只有约 2 微米。比较特异的是，成熟的红血球没有细胞核。

2.4.2　细胞分类

自然界中的生物种类繁多，已发现的约 200 万种，奇形怪状的不在少数，而且还在被发现中，尤其是微生物界，尚有大量物种未被发现。有人估计未被发现的物种有 2000 万种。如何对这些生物进行分类，一直是科学界讨论乃至争论的问题。往往是一些既此又彼的物种，使得既定的分类从头进行。在水中生活的不一定是鱼类，在空中振翅的不一定是鸟类，都有一个"说法"。而当人们发现眼虫(图 2 - 10)是既具有自由运动能力、体内又含有叶绿素能进行光合作用的生物品种后，竟无法确定它究竟是动物还是植物。于是，一个更新的分类法被提了出来，这就是根据组成生物体细胞的细胞核的膜即核膜的特征来进行分类。

根据核膜的特点，细胞可分为原核细胞和真核细胞两类。

1. 原核细胞

原核细胞没有核膜，遗传物质集中在一个没有明确界限密度区，这个区具有类似于细胞核的功能，称为拟核。这类细胞的结构比较简单，只有细胞壁、细胞膜和细胞质，细胞质中只有一些分散存在的核糖体、脂质体和气泡等。原核细胞由于没有核膜，所以 DNA 的复制、RNA 的转录、蛋白质的合成等可以同时进行。

具有原核细胞的生物是原核生物，细菌即属于这一类。

2. 真核细胞

真核细胞指具有被核膜包围的核(即真核)的细胞。在真核细胞中，遗传物质包含在细胞核里，并且以染色质的形式存在。

具有真核细胞的生物称为真核生物。我们熟悉的动植物以及微小的原生生物、单细胞藻类、真菌、苔藓等，都是真核生物。眼虫也是真核生物。真核生物进行有性繁殖，细胞进行分化或有丝分裂。

2.4.3 真核细胞的结构

真核细胞是一类结构最复杂的细胞。除细菌和蓝藻类植物外，所有动物和植物的细胞都是真核细胞。

真核细胞的结构可分为细胞壁、细胞膜、细胞核和细胞质四部分。图 2-12(a)为动物的细胞，图 2-12(b)为植物的细胞。

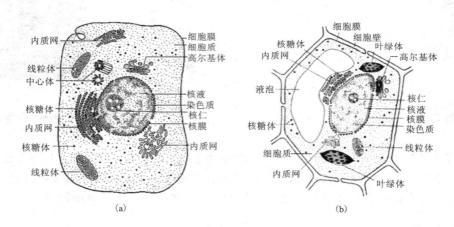

(a)   (b)

图 2-12　真核细胞结构示意图

1. 细胞壁

细胞壁位于植物细胞的最外层，是一层透明的薄壁，主要由纤维素和果胶组成，对细胞起着支持和保护的作用。薄壁由一层层纤维素微丝叠成，每一层微纤丝基本平行排列，每添加一层，微纤丝就改变排列方位，层与层之间微纤丝的排列交错成网。细胞壁孔隙较大，结构疏松，物质分子可以自由透过。植物、真菌、藻类和原核生物的细胞都有细胞壁，而动物细胞不具有细胞壁。

2. 细胞膜

细胞膜是一层极薄的膜，在植物细胞中，细胞膜紧贴在细胞壁内侧。细胞膜由蛋白质分子和磷脂双层分子组成，即两面是磷脂分子、中间是蛋白质和糖，见图 2-13。这种结构使水和氧气等小分子物质能够自由通过，而某些离子和大分子物质则不能自由通过，即具有半透性。它除了起着保护细胞内环境的相对稳定、使各种生化反应能够有序运行以外，还具有控制细胞与周围环境发生信息、物质与能量的交换的作用。此外，磷脂双分子层还具有流动性，使细胞的柔韧性大为增加。

细胞膜的出现，是原始生命向细胞进化所获得的重要形态特征之一。

3. 细胞核

细胞核是细胞中最重要的部分，它近似球形，可分为核膜、染色质、核液和核仁四部分。细胞核一般居于细胞中央的位置，但在植物细胞中会被液泡挤到侧边的地方。多数细

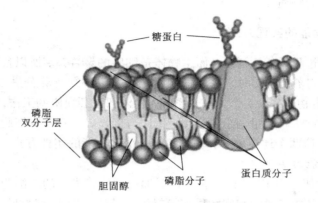

图 2 - 13　细胞膜的双分子层结构

胞只有一个细胞核，有些细胞含有两个或多个细胞核。成熟的红血球细胞没有细胞核。图 2 - 14 为细胞核的电镜图像。

核膜是细胞核与外界分隔的一层膜。它除了使细胞核内形成一个相对稳定的环境外，还起着控制核和细胞质之间的物质交换作用。因此，核膜也是半透膜。核膜的最外层称为核被膜。核膜在生物分类学中有重要地位。

染色质是细胞核中一种易被碱性染料染成深色的物质，所以有这个名字。染色质在细胞

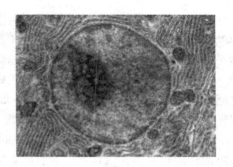

图 2 - 14　细胞核的电镜图像

分裂间期螺旋缠绕，成为染色体。染色体由蛋白质和核酸组成。所以说，细胞核是遗传物质储存和复制的场所，是细胞遗传性和细胞代谢活动的控制中心。

英国的克隆绵羊多利就是将一个羊卵细胞的细胞核除去，然后在这个去核的卵细胞中移植进另一只羊的乳腺细胞的细胞核，最后由这个卵细胞发育而成的。多利的遗传性状与提供细胞核的母羊相同，细胞核在控制细胞的遗传性和细胞代谢活动方面的重要作用于是得证。

4. 细胞质

细胞中由细胞膜包着除细胞核以外的物质都叫做细胞质，有些分类体系中将细胞核也归入细胞质范围。

细胞质中均质而透明的物质称基质，又称细胞液。基质中存在有各种结构、功能都不同的微结构部分，称作细胞器。主要的细胞器有线粒体、叶绿体、内质网、高尔基体、核糖体、溶酶体、液泡、中心体等。这些细胞器都是黏液体状的，仅凭肉眼是无法辨识的。所以，我们平时敲开一枚鸡蛋，就看到只有蛋黄和蛋清，殊不知蛋清中还有一大堆不一样的组织。

线粒体是细胞呼吸的中心，它能将营养物质氧化产生能量，供给细胞一系列生理活动的需要，因此有"细胞的动力工厂"之美称。叶绿体是绿色植物细胞中重要的细胞器，主要功能是进行光合作用。内质网是细胞质中由膜构成的网状管道系统，作用是合成和运输细

胞内蛋白质及脂质等物质。

2.4.4　细胞功能的实现方式 *

生物体的生长过程是代谢过程，而生物体是细胞的聚合体，所以代谢的本质是细胞的代谢。细胞需要获得养分，同时它也产生代谢尾物。它必须有养分进入和废物排出的"通道"。对于多细胞生物体来说，作为一个系统，全体细胞必须协调工作，不能各自为政、一盘散沙。而协调就意味着大量信息的发生、传递与接收。这就需要细胞之间还必须具有通信联络的"通道"。这两个通道的工作方式，就是细胞功能的实现方式。

1. 细胞代谢功能的实现方式

细胞代谢过程中，新旧物质的正常交换是通过细胞膜进行的。细胞膜的半透性为既维持胞内环境的稳定又能完成细胞间物质交换提供了条件。物质经过细胞膜出入称为跨膜运输，跨膜运输有被动运输、主动运输和胞吞胞吐等三种。

(1) 被动运输

被动运输又称扩散，指小分子由高浓度区向低浓度区的自行穿膜运输。这是一种最简单的物质运输方式，浓的物质往淡处扩散、密的物质往稀处扩散，是物质浓度、密度的自然平衡。浓、密的物质本身具有能量趋势，不需要消耗细胞的能量，也不需要专门的载体。

在扩散的运输中，非极性的小分子如氧气分子、二氧化碳分子、氮气分子可以很快透过脂双层膜；不带电荷的极性小分子，如水、尿素、甘油等也可以透过脂双层膜，不过速度较慢。但分子量略大一点物质如葡萄糖、蔗糖等，就很难透过这层膜。

离子、葡萄糖、核苷酸等物质要通过运输蛋白即膜蛋白的协助或者通道来转运。膜蛋白协助转运也具备扩散性质，不消耗能量。而膜对带电荷的物质如各种金属离子，是高度不通透的。

(2) 主动运输

主动运输是指物质在细胞膜上的嵌入蛋白质的协助下，由浓度低向浓度高的方向运进或运出细胞膜的过程。这种运输需要消耗细胞内化学反应所释放的能量，所以嵌入蛋白质又称为"泵"。这个过程有点像爬山时有人往上推你一把一样，推你的那个人就是脂双层膜上的嵌入蛋白质(见图2－15)。

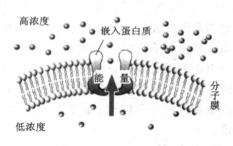

图 2－15　跨膜主动运输示意图

(3) 胞吞作用和胞吐作用

生物大分子是无论如何通不过细胞膜的，它们进入细胞就采用"胞吞"又称内吞的方法。图2－16说明了胞吞的过程。简单地说，胞吞就是细胞膜先呈现陷坑，再把物质包住，然后慢慢融入自身中。如果吞入的是固体颗粒，便称为"吞噬"。白血球细胞吞入细菌的过程就是吞噬过程。把这个过程逆过来，就变成细胞内物质离开细胞的过程，称为"胞吐"，又称外排。由于胞吞和胞吐过程中都会产生一个囊泡，故这种运输方式又被称为"囊泡运输"。胞吞的囊泡最终与溶酶体融合，成为细胞质的一部分。

囊泡运输需要消耗能量，广义上属于主动运输。

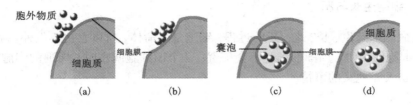

图 2 - 16　胞吞过程示意图

2.细胞连接功能的实现方式

细胞之间的连接是通过细胞膜实现的。这个连接既要维持组织的完整性，又要提供细胞通信的渠道。细胞膜的功用非同小可。

细胞连接有封闭连接、锚定连接、通讯连接三种类型。

（1）封闭连接

封闭连接又叫不通透连接，是相邻细胞之间的细胞膜紧密结合。它不仅连接相邻的细胞，而且把细胞间隙也封闭了，使得大多数分子难以在细胞间通透。这种连接保证了机体内环境的相对稳定。人体消化道上皮、脑毛细血管内皮等处细胞都采取封闭连接形式。

（2）锚定连接

锚定连接不像封闭连接那样肩并肩地紧贴在一起，而是通过细胞的骨架系统把细胞与细胞、或细胞与基质相连。这种连接使得细胞之间、细胞与基质形成手牵手的状态，相互之间有一个弹性的粘连支撑架，在拉力作用时，有足够的抵抗力。人体中承受强拉力等的组织中的细胞就采用这种连接，如心肌、皮肤等。

（3）通讯连接

通讯连接是一种特殊的细胞连接，除了有机械的细胞连接作用外，还在细胞间形成电偶联，用以传递信号。

动物细胞的通讯连接是间隙连接。这种连接是在相互接触的细胞之间建立管道，无机离子、代谢物、信息分子都可以从管道通过。图 2 - 17 右下角为细胞膜之间管道的示意图。植物细胞的通讯连接是胞间连丝（图 2 - 18）。这种细丝实际上是管状的，可以通过小分子。

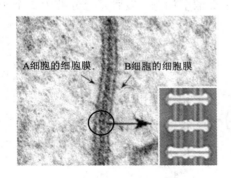

图 2 - 17　细胞的间隙连接显微图

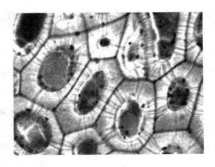

图 2 - 18　植物细胞胞间连丝显微图

2.4.5　细胞生长与凋亡

凡是生命体都有生、长、老、死的过程，细胞是生命体，所以它也不例外。和人不同的是，一个新细胞诞生时，周围的细胞不会庆贺；一个旧细胞凋亡时，周围的细胞不会悲伤。一切原本都是天经地义的事情。

1. 细胞周期

细胞的增殖方式是一个细胞分裂变成两个。在条件适宜时，细胞经过一段时间的合成代谢，细胞核和细胞质的量和比例超过一定值时，即引起细胞分裂。这两个细胞都是新生细胞，它们同时出现，而绝非一个是母亲、另一个是子女；这两个细胞又都是旧细胞，因为原先那个细胞并没有死去，只是变成两个而已。这样一来，使得细胞的年龄很难定义。所以我们不谈细胞的年龄，而谈细胞的周期。周期，就是周而复始的过程中反复重现的一段。

所谓细胞周期，指细胞分裂产生的新细胞从生长开始到下一次细胞分裂形成子细胞结束为止所经历的过程。在一个周期中，细胞复制其遗传物质，并最终裂变为两个细胞。我们称周期之始的细胞为亲代细胞或母细胞，周期之末的细胞为子代细胞或子细胞。

细胞周期分为间期与分裂期两个阶段（如图2－19所示）。

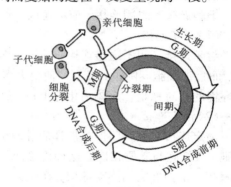

图2－19　细胞周期

（1）间期

刚分裂出来的细胞立即承担再次分裂的使命。间期就是细胞分裂的准备期。间期又分为DNA合成前期或称生长期（G_1期）、DNA合成期（S期）与DNA合成后期（G_2期）三段。在G_1期，刚分裂出来的细胞要继续完善自我，为下一次分裂做好前期准备。在S期，细胞中的DNA经过复制，含量增加了1倍。到G_2期，DNA合成终止，细胞器中中心体复制工作完成，分裂前的全部准备工作到位。

（2）分裂期

分裂期期间，先是染色质形成丝状并高度螺旋化，核仁与核被膜已完全消失，接着逐渐形成染色体并分为两组，如图2－20(b)。两组染色体向相反方向移动，细胞被拉长成哑铃状，如图2－20(d)。然后出现2个核仁，细胞中部缩窄加深，最后完全分裂为2个子代细胞，如图2－20(e)。这个过程称为有丝分裂。

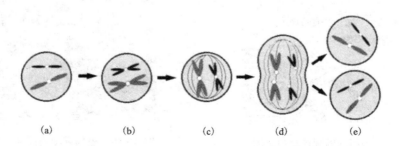

| (a) | (b) | (c) | (d) | (e) |

图2－20　细胞的有丝分裂

子细胞立即成为下个周期的亲代细胞,分别开始新一轮循环周期。图 2-19 左上方反映的就是这种关系。

2. 卵细胞

细胞的增殖方式是分裂,那么,对于多细胞生物,最终成为生物体的最初那个细胞是从哪里"分裂"出来的呢?

发育为生物体的最初那个细胞是卵细胞。卵细胞是生殖细胞,是细胞中一种很特殊的细胞——使命特殊,生成方式也特殊。这种细胞不是分裂而来,而是动植物自己"制造"的。所有哺乳类在出生时,卵巢内已经有一定数量的未成熟卵细胞存在,而且这个数量在日后不会再增加。母体发育成熟后,这些细胞依次成熟。一个卵细胞排出后可存活 2~3 天,此间如与精子相遇便形成受精卵,于是进入细胞分裂程序。如果此间不能与

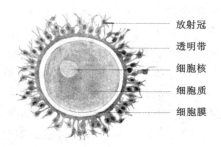

放射冠
透明带
细胞核
细胞质
细胞膜

图 2-21 人的卵细胞

精子相遇,卵细胞就自然死亡。1 个月后另一个卵细胞成熟并被排出,重复相同的过程。

与一般的细胞相比,卵细胞的细胞膜外多一层透明带,它的作用是阻止异种精子进入。透明带外还有一层放射冠,可以抵御来自外部环境疾病的侵袭。卵细胞受到如此高规格的待遇,可见它在细胞中不一般的重要地位。图 2-21 所示为人的卵细胞。

3. 细胞的分化

细胞分裂,结果出现 2 个子细胞,它们平均地得到母细胞的遗传物质。那么,子细胞与母细胞是否完全一模一样呢?对于单细胞生物,的确是这样。草履虫细胞分裂变成 2 只草履虫,一模一样,不会一左一右地配起一双草鞋来。但如果多细胞生物也这样,那么结果就会是一大堆卵细胞,而不会有各种器官。显然,卵细胞在分裂过程中生成的各层细胞逐步向自己的最终角色靠拢。

(1) 细胞分化

由一种相同的细胞类型经过分裂后逐渐在形态、结构和功能上形成稳定性差异、产生不同的细胞类群的过程,称为细胞分化。或者说,细胞分化是同一来源的细胞渐次发生各自特有的形态结构、生理功能和生化特征的过程。卵细胞的分裂是分化过程。

在分化过程中,细胞在发生变化,这个变化是有方向、有目的的,变化过程是稳定的、有序的。受精卵细胞是具有全能性分化潜能的细胞,在高度精密机制调控下执行细胞分化程序,分化出各种专门的细胞、组织。随着分化发育的进程,细胞的分化潜能逐渐丧失,从全能性到多能性,再到单能性,最后分化潜能全部丧失,成为成熟定型的细胞,此后就只有简单的分裂即有丝分裂了。

高等植物的细胞具有全能分化的特点,即任一个细胞都能按植物生存的需要分化为根、茎、叶等。扦插就是利用了这个特点,茎的截断口上的细胞会分化出根来。有些生命力强的植物,甚至只在土里插一片叶子,就能长成一个整株。壁虎的尾、海参的内脏、螃蟹的足等损失后可以再长。人体中的各种干细胞是多能干细胞,能分化为对应器官多种类型的细胞,例如造血干细胞可以分化为红细胞、血小板、淋巴细胞、树突状细胞等 12 种血细胞。

（2）癌变

如果细胞的分化、分裂失去控制，就会脱离正轨而变异为癌细胞。正常细胞转化为不受有机物控制的、连续进行分裂的恶性增殖细胞，称为癌变。癌细胞（见图2－22）是不断倍增的，所以越到晚期，癌症发展越快。生长失控的癌细胞除了破坏所在器官正常功能外，还会侵入周遭正常组织，甚至经由体内循环系统或淋巴系统移植到身体其他部分，这就是癌细胞转移。

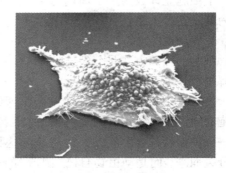

图2－22 肺癌细胞培基长出的单细胞

细胞内都存在与癌症有关的基因。在正常情况下，这些基因是个体发育、细胞增殖等生命活动不可缺少的。它们只在发生突变后才会产生癌变，变成癌基因。引起细胞癌变的因素大致有三类：辐射因素、化学因素和病毒因素。

4. 细胞凋亡

细胞死亡有细胞凋亡和细胞坏死两种形式。在一定的生理或病理条件下，细胞受内在遗传机制的控制自动结束生命的过程，称为细胞凋亡。"凋"的字义为衰落，因此凋亡更似生物体的"老死"，是正常的自然死亡。细胞坏死则是受到严重的刺激（物理的、化学的、病理的）所造成的细胞生命结束。坏死类似于生物体的"病亡"，属于非正常死亡。

细胞凋亡对于多细胞生物正常进行个体发育、保持自稳平衡以及抵御外界各种因素的干扰等方面都有重要作用。

机体细胞随着生命过程的进行会不断地磨损、畸变、过剩或衰老，这些无用的细胞不仅是机体的负担，甚至是机体的健康威胁，凋亡是将其清除的唯一方法。据分析，人体内每分钟有约1亿个细胞凋亡。凋亡的细胞经历细胞核浓缩、细胞逐渐缩小、最后散碎为细胞凋亡小体被吞噬细胞吞噬的过程。

2.5　能量*

什么是能量？我们都学过物理学，在物理学中，能量就是物体做功的能力的大小。那么，什么是做功呢？物理学里定义，如果一个力使得物体沿着力的方向发生了位移，那么这个力就做了功。例如，你推动一个箱子，你就做了功。箱子质量越大、移动速度越快，你做的功就越大，你付出的能量就越多。能使物体发生空间位置变化的因素很多，有势能、动能、热能、电能、光能、磁能、化学能、原子能、太阳能、生物能等。

在生命科学领域，我们说的能量专指生物体维持生命活动所需要的热能。这种热能主要在生物体内进行交换，往往不是通过推箱子来表现的，这与物理学中定义的能量有很大不同，不可混淆。生命过程，从大处看是生物体维持生命的活动过程，从小处看是细胞不断分化分裂的过程。动物之所以进食、植物之所以照光，都是因为只有这样做才能为细胞分裂提供动力，从而达到维持生命的根本目的。

生命的过程就是补充与消耗能量的过程，或者说得更具体一些，生命的过程就是补充和消耗热量的过程。支持生命的能量就是热能。

2.5.1　热能和生物代谢

生命需要消耗能量，但生物本身又不能创造能量，生命必需的能量只能从外部摄入，然后转换成能为自身使用的能量。一切地球生命所需的能量都来自太阳，或间接来自太阳。太阳是一个进行着猛烈核聚变反应的星球，它一刻不停地向四周发出辐射射线，其中有极其微小的一部分到达地球，为万物生长所依赖。

植物直接吸收利用太阳能进行光合作用，将无机物转变为有机物的过程，也就是把太阳辐射能转变为有机物分子化学能的过程。食草动物不直接向太阳要能量，而是通过摄食植物获得能量，同时也成为食肉动物的能量来源。植物只要有阳光，就能自己"养活"自己，所以是"自养生物"；食草动物以自养生物为营养源，食肉动物以食草动物为营养源，微生物则从动植物那里获取营养，它们都是"异养生物"。

1. 代谢

前文已多次提到"新陈代谢"。在汉语中，"陈"指"旧"，"代"为"替"之意，"谢"就是"凋"，例如花谢。新陈代谢的意思是，新的出现了，旧的衰亡了，指新与旧的更替。骆宾王有诗句"人事有代谢，往来成古今"，就是这个意思。生物学借用了这个词，并简称为代谢，指生物体内所发生的用于维持生命的一系列有序的、物质和能量转换的化学反应。似乎用得有点勉强，用惯了，姑且将就着了。

不论自养还是异养，活细胞的生命活动都需要能量维持，细胞每时每刻都没有停止过物质和能量的转换。这些转换就是代谢，代谢就是生物体不断进行物质和能量交换的过程。一旦代谢停止，生物体的结构和系统就会解体。通过代谢，生物体一方面能够生长和繁殖，另一方面能够保持它们的结构以及对外界环境做出反应。

生物体把从外界环境中获取的营养物质转变成自身的组成物质并且储存能量的变化过程，称为合成代谢或同化作用。合成代谢可以利用能量来合成细胞中的各个组分，光合作用是最典型的合成代谢过程。生物体把获取的营养物质或自身原有的一部分组成物质加以分解，释放出其中的能量，并且把分解的终产物排出体外的变化过程叫做分解代谢或异化作用。细胞呼吸是最重要的分解代谢过程。

2. ATP

一切生命的根本能源是太阳能，但太阳能是不能直接使用的。当我们咬紧牙关负重行走或者绞尽脑汁努力思考时，都临时需要大量能量，这能量不可能靠晒晒太阳就即刻获得。生物体的直接能源是体内一种叫 ATP 的物质。ATP 是生物唯一的直接能源。

我们持银行卡到商店购物，店家从卡上划走存款额后，银行卡成了空卡，我们到银行去充值便又可以用这张卡去商店购物。代谢过程与此有点类似。细胞中有一种类似于银行卡的物质，卡中存的是能量，机体内的能量消耗好比购物，能量一旦消耗，这张卡就成了空卡，必须存进从外界补充进来的能量才能继续使用。这张卡就是 ATP，所以 ATP 又被称为细胞的能量通货。

ATP 的学名叫腺苷三磷酸，结构简式为 $A - P \sim P \sim P$，A 是腺苷，P 是磷酸基，T 是前缀 tri 的首字母，3 倍的意思。3 个磷酸基通过 2 个高能磷酸键结合，如果高能磷酸键被断开，就会释放出能量。要打断这个键并不难，有点水就行。8.3×10^{19} 个高能磷酸键断开所释放出的能量相当于 1 卡的热量。按一个成人 1 天消耗 2200 千卡热量计算，就需要有 45

千克 ATP，近似于他的体重。实际上人体内 ATP 的贮存量不到 1 克，就是这 1 克 ATP 的反复循环使用，使人体能够消耗源源不断的能量。

ATP 在酶的帮助下经水解释放能量后，变成结构简式为 A－P~P 的 ADP 以及 1 个游离的磷酸，ADP 的学名是腺苷二磷酸，D 是前缀 di 的首字母，2 倍的意思。要使 ATP 能反复使用，就必须让 ADP 脱水、并接回 1 个磷酸还原为 ATP。这个还原是需要能量和酶的帮助的，能量来自于外界，途径是食物、呼吸或光合作用。图 2－23 是通过 ATP 和 ADP 之间的循环转换将外界能量转换成体内能量的过程，图中的 Pi 是磷酸。细胞

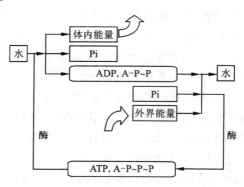

图 2－23　ATP 与 ADP 的循环转换

中这样的循环大约 1 分钟 1 次。ATP 转换为 ADP 的过程是分解代谢，反过来，ADP 转换为 ATP 的过程是合成代谢。ADP 转换为 ATP 的过程中由于结合磷酸，故又称磷酸化。我们看到，ATP 是充满能量的银行卡，向机体输送能量就是持卡消费，消费后的空卡就是 ADP，ADP 磷酸化就是充值。

机体所有需要的能量几乎都是 ATP 提供的。前文提到过的细胞分裂、跨膜运输等无不是 ATP 的利用。ATP 提供的能量转换成机械能(心脏跳动、肌肉收缩等)、电能(神经信号输送等)、化学能(生物分子合成、酶促等)、光能(如萤火虫发光)。在窒息状态下，ADP 没有氧气帮助合成 ATP，机体的组织和器官就会丧失功能，首当其冲的是心脏和骨骼肌(即肌肉)迅速死亡。医院给患者输氧、输葡萄糖，目的都是维持 ATP 合成，从而维持生命。在细胞中，葡萄糖彻底分解氧化以后，可产生 40 倍于高能磷酸键断开所产生的能量储存在 ATP。

体育锻炼能够增强体质的原理，就是体育运动加速体内能量物质的消耗，经过一段时间后，体内物质将恢复甚至超过原有的水平，称为"超量恢复"。长期进行体育锻炼的人，其肌肉、体质都优于缺乏体育锻炼的人，就在于前者得到超量恢复。

2.5.2　细胞呼吸

提到呼吸，自然是新鲜空气经由鼻腔、气管进入肺部，废气循原道又从鼻腔排出的过程。但细胞呼吸却不是这样的呼吸。细胞呼吸是指生物体细胞把有机物氧化分解、生成二氧化碳或其他产物，释放出能量并生成 ATP 的过程。虽然叫呼吸，却实实在在是一个化学过程，而不是拉风箱那种呼哧呼哧的物理过程。

再说氧化。化学反应中，凡是失去电子的过程都是氧化反应，而获得电子的过程就是还原反应。也就是说，氧化未必一定有氧气参加到反应中来。弄清这个概念很重要，因为在细胞呼吸中，就有一种没有氧气的呼吸。

1. 有氧呼吸

我们称呼吸反应中有氧气参与的为有氧呼吸。

以葡萄糖为例，有氧呼吸的过程为：第一步，葡萄糖被酶分解为丙酮酸和氢，并释放少量能量；第二步，丙酮酸被再次分解成二氧化碳和氢，并释放少量能量；第三步，通过呼

吸（不是细胞呼吸）得到并由血液送来
的氧与前两步分解出的氢结合成为水，
并释放大量能量。这些能量约有 40%
成为生成 ATP 的能量，其余的成为热
能失散。如图 2－24 所示。

　　这就是我们摄入的食物、吸入的
氧气转化为生命能量的过程。脂类化
合物、蛋白质也经历类似的过程。饮
食、呼吸的目的，就是透过释放食物里
的能量以制造 ATP 供生命活动使用。
从有氧呼吸过程我们还看到，有机物
的氧化分解是彻底的、能量被释放是
逐步进行而不是一下子就完成的，这
就使得能量可以最节约、最高效地
使用。

　　有氧呼吸是高等动植物进行呼吸
作用的主要形式。

　　2. 无氧呼吸

　　我们称呼吸反应中没有氧气参与
的为无氧呼吸。

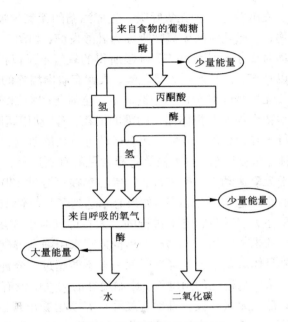

图 2－24　有氧呼吸过程示意

　　与有氧呼吸相比，无氧呼吸的过程要简单得多。反应的第一步是一样的，但第二步的
丙酮酸被分解为二氧化碳和酒精，或者是转化成乳酸，并且没有第三步，即没有氧气的反
应过程，也没有再次出现能量。

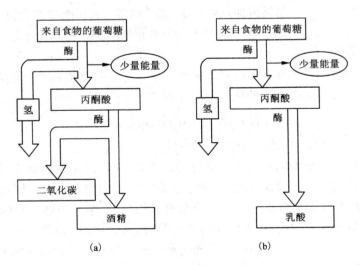

（a）　　　　　　　　　　　　　　　（b）

图 2－25　无氧呼吸过程示意

发酵就是一种无氧呼吸。生成酒精的无氧呼吸称为酒精发酵，如图 2 – 25(a)，多见于植物；生成乳酸的无氧呼吸称为乳酸发酵，如图 2 – 25(b)，多见于动物和人。人在大强度活动时属于半缺氧状态，呼吸所得的氧气不足以提供必需的能量，体内被迫动用无氧呼吸予以补充，于是产生大量乳酸，人就有肌肉酸疼的感觉。

无氧呼吸对于植物会造成不完全氧化产物如酒精的积累，对细胞产生很大的毒性；对于动物会加速对机体储存的糖的消耗，有"动用国库"的危险。所以，无氧呼吸不能长时间进行。经常性的、适量的无氧运动可以锻炼肌肉，促进肌肉的发达和爆发力。步行、慢跑、游泳、骑自行车、打太极拳等是常见的有氧运动，赛跑、举重、投掷、跳高、跳远、拔河等属于无氧运动。一般来说，保持心率在每分钟 130 次左右的运动为有氧运动，每分钟 130 次的心率也叫黄金心率；如果心率达到了每分钟 160 次甚至更高，就表明运动时的代谢方式是在无氧呼吸状态下进行的。人在屏气时依靠细胞的无氧呼吸维持生命能量。2009 年法国的米夫萨德以 11 分 35 秒创造了水中静态屏气的世界纪录，事后，他休息了两个月来恢复身体。正常人的屏气时间一般不能超过 1 分钟。

从生物进化的角度看，原始地球的大气中没有氧气，所以，最早期的地球生物的呼吸方式都是无氧呼吸。直到蓝藻等自养型生物出现后大气中才有氧气，有氧呼吸才有可能。因此，有氧呼吸是在无氧呼吸的基础上发展进化而成的。

2.5.3　光合作用

我们和动物、植物都是以有氧呼吸为主要呼吸形式的，细胞的有氧呼吸将糖、脂肪、蛋白质等"食物分子"氧化后获得能量以支持生命。那么，食物分子、氧气等有氧呼吸的原材料又是从哪里来的呢？如果说这全靠太阳光，你可能会很惊讶。

1. 集光色素

太阳光会变成糖类化合物吗？有一个魔术师会，只要有水和二氧化碳，再加一点太阳光，它就能变出葡萄糖来。如果再加点氮、硼、硫、磷等，它还能变出脂肪、蛋白质和核酸来。这位魔术师就是绿色植物。这个几乎令人不敢相信的神奇魔术，就是时时刻刻发生在我们身边的光合作用。

光合作用是绿色植物和藻类在可见光的照射下，将二氧化碳和水转化为有机物，并释放出氧气的生化过程。光合作用的化学反应方程式非常简单：

$$CO_2 + H_2O \xrightarrow{\text{光能}} (CH_2O) + O_2 + \text{化学能}$$

式中的 CH_2O 就是碳和水的化合物。

光合作用是在植物细胞的叶绿体中进行的。图 2 – 26(a)是显微镜下的绿叶细胞，其中的许多绿色点状物就是叶绿体。图 2 – 26(b)为叶绿体的构造示意。植物叶片细胞中含的叶绿体最多，每平方厘米面积的叶片上分布有大约 50 万个叶绿体。叶绿体中有许多像一摞摞硬币那样整齐排列的物质，因为每个"硬币"都是中空的，故称为类囊体，意思是像袋子一样的东西。光合作用的主角——集光色素——就分布在类囊体的膜上。集光色素一般有叶绿素、类胡萝卜素两种，分别对不同颜色的光敏感。从清晨的第一缕阳光投在绿叶上时，它们就开始努力捕捉光能并在量子级别上进行电子传递，光反应酶则埋头苦干，它的任务是酶促反应。这个反应无疑是世间最壮观、最神圣的反应，它是地球与太阳的无缝连接，它使零散飘游、毫无生气的化学元素最终聚成生灵、进化成敢向天地挑战的人类。

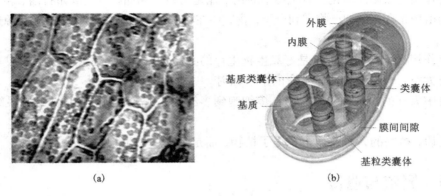

(a)　　　　　　　　　　(b)

图 2 – 26　叶绿体及其构造

2. 光反应和碳反应

光合反应由光反应和碳反应两部分组成。光反应发生在类囊体的膜上，碳反应发生在基质的位置。两个反应在功能上有相互联系，见图 2 – 27。

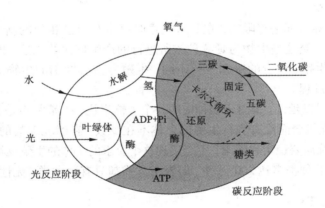

图 2 – 27　光合作用全过程

在光反应阶段，叶绿体的光解作用将植物根部输送过来的水分解，产生氧气和氢，并释放出能量。对于绿色植物来说，氧气是废气，所以被排到体外。能量用于形成 ATP，而氢将用于碳反应。碳反应原叫暗反应，事实上它的进行与光线明暗无关。碳反应的作用是利用光反应生成的氢，将无机的二氧化碳合成有机的碳水化合物，用这种方法把 ATP 携带的能量储存起来。在碳反应中有一个碳的循环过程，称为卡尔文循环，卡尔文(1911—1997)是美国植物生理学家。

3. 光合作用对生物的意义

绿色植物通过光合反应制造自己生长所需的能量，不依靠其他生物，是自力更生型的。仅这一点已经令人起敬，更何况它还为包括人类在内的一切异养生物准备了食物和氧气，故称其为精神崇高并非过誉。这些有机物还是化工轻工业等产业生产必不可少的原料，如纺织业的棉麻、造纸业的秸秆、建材业的木料。可见植树造林已不仅仅是美化环境的工程,而是生产氧气和有机化合物的工程。

光合作用将太阳能转化为有机物中的化学能是可以长期储存的,例如石油、煤等就是亿万年前的植物光合作用的产物。到今天,我们还在将石油、煤等作为最重要的能源进行开采利用。

光合作用产生的氧气不仅是好氧生物生存的必需物质,它还在大气层中形成臭氧层吸收了来自太空、严重威胁地球生命的紫外辐射。

空气中氧气的出现使生命有了从单细胞到多细胞、从海洋到陆地的进化,最终出现了人类。

因此说,植物的光合作用不止为了植物,而是为了一切生物。

2.6　繁殖与遗传

年已九十的北山愚公召开会议隆重地提出用铁锹和撮箕搬掉太行山的计划,计划能够实现的依据是"虽我之死,有子存焉;子又生孙,孙又生子;子又有子,子又有孙;子子孙孙无穷匮也"。愚公之愚在于他把简单问题复杂化,只想到搬山而没想到原本非常简单的搬家。但是他的生命传承理论是对的,他知道生物种类可以通过繁殖的方法延续,而没有打长生不老药的主意。

生物体个体的寿命都是有限的,在其未死亡时产生与自己相似的新个体,是保证本物种延续的唯一途径。繁殖是生物为延续种族所进行的产生后代的现象,即生物产生新的个体的现象。繁殖、生殖、生育的概念有所不同,生殖专指有性别的生物的繁殖,生育则指女性怀孕至分娩的过程。

物种通过繁殖得以延续,但对于物种中的一个个体来说,生殖并不是必有的。在自然界中,一生未获得交配机会而没有进行生殖的个体不在少数,在哺乳动物的雄性中尤为常见。这是因为生命的延续需要稳定和健康,不能实现这个要求的个体的生殖权将被自然剥夺。

地球已知生物的种类多达200万种,但繁殖方式却只有两大类:无性繁殖和有性生殖。

2.6.1　无性繁殖

无性繁殖是不涉及生殖细胞,不需要经过受精过程,由母体的一部分直接形成新个体的繁殖方式。无性繁殖在生物界中较普遍,有分裂繁殖、出芽繁殖、孢子繁殖、营养体繁殖等多种形式。

1.分裂繁殖

分裂繁殖简称裂殖,这种繁殖形式是由一个生物体直接分裂成两个新个体,这两个新个体大小形状基本相同(图2-28)。单细胞生物都采用裂殖的繁殖方式。

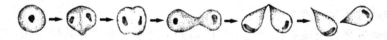

图2-28　焦虫的裂殖

2. 出芽繁殖

出芽繁殖简称芽殖。这种繁殖方式是先在母体上长出与母体相似的芽体,即芽基,芽基长大后脱离母体或不脱离母体长成独立生活的个体。水螅等腔肠动物、海绵动物、酵母菌等采用芽殖的繁殖方式(图 2 – 29)。

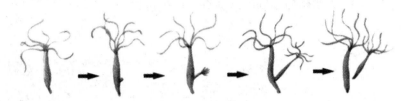

图 2 – 29　水螅的芽殖

3. 孢子繁殖

孢子是藻类、真菌和一些低等植物产生的一种有繁殖或休眠作用的生殖细胞,在适宜的环境下能直接发育成新个体。图 2 – 30 显示了衣藻的孢子繁殖过程。

图 2 – 30　衣藻的孢子繁殖

4. 营养体繁殖

营养体繁殖指脱离亲体的营养器官(根、茎、叶)或亲体的一部分经去分化后,直接发育成为一个新的个体的繁殖方法。如马铃薯的块茎、吊兰和草莓的匍匐茎等都能长出独立的植株,植物枝条的压条、扦插等也能培养出完整的植体来。

此外,还有单性繁殖、再生、克隆繁殖等无性繁殖形式,但都不具有普遍性,而且有一定的非自然性质。还有些动物是两性同体,如蜗牛、蚯蚓、水母、血吸虫、乌贼等,并非单性或无性。

无性繁殖的生物生长速度快,繁殖速度也快,且能保持母本的优良特性,但不易发生变异,外界环境条件适应性差。

2.6.2　有性生殖

我们称生物进行有性生殖时由生殖系统所产生的成熟性细胞为配子,卵细胞是雌配子,精子是雄配子。有性生殖是通过两性配子融合为合子,然后再发育成新个体的生殖方式。配子是生物的生殖器官中的成熟的性母细胞(雄性的精母细胞、雌性的卵母细胞)经过减数分裂而生成的。

1. 减数分裂

在讨论细胞周期的时候,我们说过细胞的有丝分裂。有丝分裂是成熟的、不再分化的体细胞的分裂方式,它每次分裂产生两个相同的细胞。但如果性细胞也是这样简单地复制、分裂,就只能不断形成配子,而不会形成生物体的各个不同器官组织。更重要的是,有性生殖需要两种配子的染色体结合才能完成遗传任务,所以每个配子携带的染色体只能是母细胞的一半,另一半由另一个异性配子提供。因此,性细胞有它特殊的分裂方式,就是减数分裂。图2-31说明精原细胞的减数分裂产生过程。

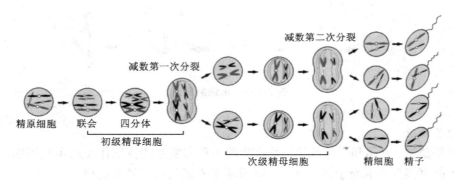

图2-31 精原细胞的减数分裂

精原细胞需要经过初级精母细胞、次级精母细胞两次分裂才能产生精细胞。两次分裂中,只有第一次分裂才复制DNA,第二次分裂是不复制DNA的。一个精原细胞分裂为4个精细胞,但是染色体总量只增加1倍,所以最终精细胞所含有的染色体数只有原细胞的一半,因此就有了减数分裂的名称。所谓减数,是细胞中的染色体数量减少,而不是细胞个数减少。等两个配子细胞结合后,细胞中的染色体数又恢复到正常的状态。

第一次分裂是一个非常复杂、时间也很长的阶段,在高等生物中可持续数周、数年甚至几十年。在这个过程中,染色体经历了配对、重组、变形、复制等一系列重大的变化,成为遗传的最基础阶段。第二次分裂是典型的有丝分裂,甚至比有丝分裂还简单,因为这个过程中没有染色体复制的过程。正由于染色体不复制但细胞要分裂,才有了"减数"的结果。

2. 四分体

在细胞中有许多染色质,它们的一半来自父本、一半来自母本。在细胞成熟过程中,它们发生形态变化变成染色体,并进行自我复制为两套。如果这时细胞将染色体分成相同的两份分裂,就是有丝分裂。但性细胞却走了另外一条路,在分裂前,这些染色体还要做许多事情。

首先,平时散乱分布的染色体要两两配对成组而靠在一起,成组的规则是2条染色体的形态、大小、结构均相似,且1条来自父本,1条来自母本。满足配对条件的染色体称为同源染色体,配对的过程称为"联会"。接着,每条染色体进行自我复制成两条单体,这2条单体是完全一样的,通过一个叫"着丝点"的地方相连,称为"姐妹染色单体"。每组联会在一起的2条同源染色体经过复制后成为4条染色单体,称为"四分体"。然后,四分体解散为4条染色体,随机地进入接下来的细胞分裂程序。联会是减数分裂特有的过程,具有极其重要的生物遗传意义。因为通过联会,四分体的同源染色体之间经常会互相缠绕,再分开时有可能发生同源非姐妹染色体之间部分DNA片段即基因的交换,也就是染色体进行基因重组。如果有基因疾病，就从这个时候开始。

联会并完成基因交换后，终使减数分裂最后产生的精细胞携带的染色体有多种类型。图 2-32 详细图示了减数分裂中染色体的复制及在各级细胞中的分配情况。

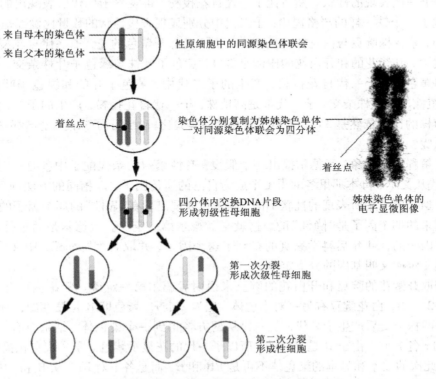

图 2-32　减数分裂过程中染色体的复制与分配

2.6.3　染色体遗传学说

要谈遗传学，如果不提孟德尔，就会谈不下去。一位出生于贫穷农民家庭的奥地利修道士，凭着对科学的强烈兴趣和一股韧劲，在一小片豌豆地上年复一年地做着别人看来是很无聊的试验，最终成为现代遗传学之父。不说别的，仅凭发现了"遗传因子"（后来改称"基因"）这一点，就让至今为止的所有遗传科学研究者只能跟在他后面。

1. 孟德尔第一定律

豌豆是一种闭花传粉、闭花受精的自花授粉植物，就是说，豌豆花还在含苞的时候，就已经完成了配子结合的过程，等到花瓣展开时，已经不可能有接受另一朵花送来殷勤的可能了。豌豆这一严格纯种的特性为遗传学研究提供了极好的材料。

孟德尔对 34 个品种的豌豆先栽培 2 年，选出性状稳定的 22 个品种作为纯合种，即实验出发株。这是实验成功的前提和保证。另外，在实验中只观察目标性状，例如研究花的颜色时就不去分析豆荚、叶子、植株等有无不同。要研究豆荚颜色，另有专门一组实验，在那组实验中，同样不管花是什么颜色的。孟德尔的实验是耐心的，统计分析工作是细致的。因此，他提出的理论经受住了历史的检验，成为举世公认的指导遗传学研究工作的基本定律。

孟德尔选了7组在性状上明显不同的豌豆,如开紫花的和开白花的、结黄色豆荚的和结绿色豆荚的、高植株的和矮植株的等等,用人工方法一组一组地使它们作为亲代进行杂交,观察子一代表现的性状。然后让子一代自花授粉,再观察子二代所表现出的性状。最终他发现了一个铁一样的严格规律:子二代中分别显现亲代性状的数量比例都是3∶1。

例如,紫花株豌豆与白花株豌豆杂交,子一代都开紫色的花,子一代自花授粉,产生的子二代中,开紫花的和开白花的比例是3∶1;黄色子叶株与绿色子叶株杂交,子一代的子叶都是黄色的,子一代自花授粉,产生的子二代中,黄色子叶的和绿色子叶的比例是3∶1;高植株与矮植株杂交,子一代都是高植株,子一代自花授粉,产生的子二代中,高植株和矮植株的比例依然是3∶1。7类不同性状的实验比较,到了子二代,全部都是3∶1。这是为什么呢?

为了解释这个现象,孟德尔提出一个假设:有性繁殖的亲代配子中各有一对"遗传因子",子代从父本、母本那里各取得1个成为自己的遗传因子,以相同的方法向后代传递。如果两个遗传因子中所表现的性状不同,则子代表现出具有"显性"的那个因子的性状,不能表现出来的那个因子是"隐性"的。这就是孟德尔第一定律。孟德尔是通过外表来推测存在遗传因子的,34年后科学家真的找到了这个因子,并取名为"gene",中文译为基因。孟德尔第一定律又叫基因的分离定律。

我们取开紫花的豌豆和开白花的豌豆来说明孟德尔第一定律。紫花豌豆有一对染色体,记为2个R,白花豌豆有另一对染色体,记为2个r。紫色即R是显性的,白色即r是隐性的。两株杂交后产生子一代,子一代从两方各得到一个染色体,结果只有一种可能,就是R和r各1个。由于R是显性的,所以子一代的花显示紫色。子一代自花授粉后产生子二代,此次的父本和母本的染色体不再是RR和rr,而是各1对Rr。从R和r中取1个,再从另一组R和r中取1个,进行组合生成子二代。子二代的染色体就有4种可能:RR、Rr、rR、rr,其中rR和Rr其实是一回事。由于授粉过程是随机的,所以4种可能在数量上是平均的,各占1/4。由于R即紫花是显性的,所以RR、Rr、rR都开紫花,共计占3/4,只有rr开白花,只占1/4。所以,结果是紫花∶白花=3∶1,见图2-33所示。

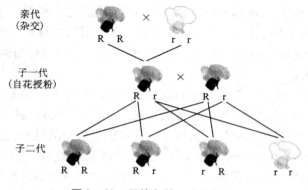

图2-33　孟德尔第一定律图解

2. 孟德尔第二定律

了解了孟德尔第一定律就不难理解孟德尔第二定律了。

通过单一性状试验，知道了黄色是显性，记为 A，绿色是隐性，记为 a；圆粒是显性，记为 B，皱粒是隐性，记为 b。第一定律是对一种性状的描述，如果同时考察两种性状呢？譬如说，将结黄色圆粒（AA/BB）豆子的豌豆和结绿色皱粒（aa/bb）豆子的豌豆杂交。孟德尔真的做了这个实验。他用 AA/BB 和 aa/bb 为纯种进行杂交，得到 Aa/Bb 的子一代，子一代外表是黄色圆粒的，但和亲代不同的是，它带有绿色皱粒的基因。然后让子一代自花授粉，所产生的子二代有 16 种组合。凡有基因 A 的，就表现为黄色，只在两个基因都为 a 时才呈现绿色。同理，凡有基因 B 的，就是圆

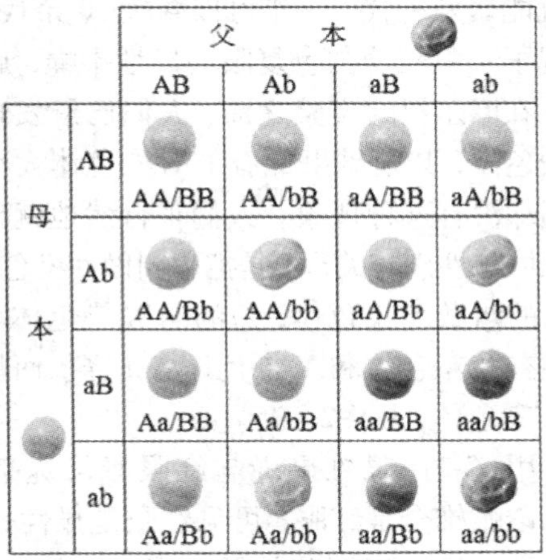

图 2-34　孟德尔第二定律图解

粒的，皱粒的情况只在 bb 状态时出现。据此，按第一定律的规则，子二代的性状分布就应当有图 2-34 的结果，即黄色圆粒∶绿色圆粒∶黄色皱粒∶绿色皱粒 =9∶3∶3∶1。

实验的结果令人激动：收获的 556 粒豌豆中，黄色圆粒有 315 粒，绿色圆粒有 108 粒，有 101 粒是黄色皱粒，还有 32 粒是绿色皱粒，与理论预算完全吻合。这不是第一定律的简单叠加，而是发现了多对基因在杂合状态下，可以自由组合实现各自的独立遗传，也就是说，实验揭示了不同的性状对应着专门的基因。这一规则被称为孟德尔第二定律，又叫基因的自由组合定律。

3. 孟德尔学说的重要意义

①孟德尔学说明确地提出，遗传不是"融合式"的，也不是"稀释式"的。开白花的茉莉和开紫花的茉莉杂交，得到的不是粉紫色的茉莉，黑种人和白种人生的孩子的肤色不是棕色。遗传是"颗粒式"的，这就是遗传因子。自从遗传因子学说确立，一切生物体的形状遗传问题不再捉摸不定，不再难以把握。

②孟德尔学说提出遗传因子是成对存在的，子代从父本和母本那里各取一半，形成自己的遗传因子再向下传递。这个提法为后来人们寻找和确定遗传基因提供了有益的启示。

③孟德尔所提出的选定相应性状亲代、进行一系列杂交实验后再对子代的性状表现进行分析的实验方法，成为科学有效的研究遗传的方法而被使用。人们运用这套方法在模型实验材料（豌豆，果蝇，粗糙链孢霉等）中确定了成百上千个遗传因子——基因。

4. 遗传学第三定律

1878 年，德国细胞学家弗莱明（1843—1905）发现细胞核内有一种物质能被碱性染料染成红色，在细胞分裂时会复制并均等地分给两个子细胞，这就是后来被称为染色体的物质。1883 年，比利时胚胎学家贝内登（1846—1910）发现原始生殖细胞在一次分裂前，染色体并不复制，分裂后每一个卵细胞或精细胞所含的染色体只为通常数目的一半。这就是后来所称的减数分裂。这个特征与孟德尔的定律是一致的。于是，科学家提出假说：遗传因子就在染色体中。验证这个假说的人，是美国遗传学家摩尔根。

　　孟德尔用豌豆做实验，一年只能产生一代。摩尔根用的实验材料是果蝇，果蝇是一种很常见的蝇类，我们在水果店、菜市场都能见到这种长着红色复眼的小苍蝇。它们不到两周就能繁殖一代，一年可以繁殖30余代，因此实验速度大大加快。而最关键的，是摩尔根发现了一只长着白色复眼的雄性果蝇，后人称这只果蝇为科学史上最著名的昆虫。

　　在摩尔根的实验之前，人们已经发现果蝇有4对染色体，其中雄果蝇有1对染色体大小不一，雌果蝇却没有这种现象。人们很自然地就猜测，这对染色体与性别有关，于是把它叫做性染色体。同时，把长的叫做Y染色体，短的叫X染色体。因此，雄果蝇有X染色体和Y染色体各1条，而雌果蝇有2条X染色体，见图2-35。

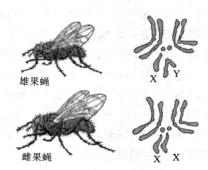

图2-35　果蝇及其染色体

　　用这只白眼雄果蝇与红眼雌果蝇杂交，子一代无论雌雄全是红眼，可见红眼是显性，白眼是隐性。子一代交配繁殖的子二代中红眼与白眼的数量是3:1，这个结果也完全符合孟德尔第一定律。但是摩尔根发现，子二代中，雌性果蝇全部都是红眼，而雄性果蝇中则红眼白眼各占一半。雌性中居然没有一只是白眼，这个现象是孟德尔定律不能解释的。按照孟德尔的自由组合定律，应该是不论红眼白眼，都应雌雄各半。

　　于是摩尔根假设，控制红眼和白眼的基因都位于X染色体上，它们的位置分别记为X^+和X^w，而Y染色体只有与红眼对应的基因却没有与w对应的基因。这样，杂交图就如图2-36所示那样了。凡带有X^+基因的都是红眼的果蝇，凡带有Y基因的都是雄性的果蝇。

亲代	雌性，红眼 $X^+ X^+$	×	雄性，白眼 $X^w Y$	
子一代	$X^+ X^w$ （雌性，红眼）	×	$X^+ Y$ 雄性，红眼	
子二代	$X^+ X^+$ （雌性，红眼）	$X^+ X^w$ （雌性，红眼）	$X^+ Y$ （雄性，红眼）	$X^w Y$ （雄性，白眼）

图2-36　果蝇杂交遗传性状示意图

　　这个假设如果对于眼睛颜色的遗传是正确的，那么对于其他性状的遗传也应当正确。摩尔根又对不同腿长、不同身长、不同翅长等各类果蝇作了实验，所有实验都和基于本假设的预测相符合。控制遗传的基因就在性染色体上，而且不同的特性有对应不同的基因位置，这一现象后来称为"伴性遗传"。

　　在此之前，人们都认为遗传现象之所以存在，是亲本双方"生殖液"混合的结果。摩尔根的实验之所以具有划时代的意义，在于这是人类把一个特定的基因与一个特定的染色体联系起来的第一次实验。这个实验彻底纠正了混合遗传说的错误，确立了染色体遗传理论。摩尔根于 1926 年出版了《基因论》，这是一部可与达尔文的《物种起源》相媲美的科学巨著。

摩尔根坚持"一切都要通过实验"的研究原则，有许多实验都走入了死胡同。他自嘲说，他搞的实验可以分成三类：第一类是愚蠢的实验；第二类是蠢得要命的实验；再有一类就是比第二类更蠢的实验。摩尔根知道，只要有一个实验有意义，那么一切劳动就都有价值，所以再"愚蠢"，他都坚持到最后。例如他为得到基因变异的果蝇，坚持两年用无光、酸碱、劳累等种种办法"折磨"它们经历了 70 代。最后得到的那只孱弱的白眼果蝇还很难说就是"酷刑"下的产物。摩尔根精心照料这只白眼蝇胜过关心家人，连睡觉时都把蝇瓶放在枕边。白眼蝇在死去前完成了一次交配，把基因留给了摩尔根，留给了遗传学研究。

在果蝇遗传实验中，摩尔根发现了许多孟德尔定律不能解释的现象。这是必然的，因为摩尔根研究的是动物，而孟德尔研究的是植物，两种对象在生命机理上区别巨大。除了前面说过的发现了白眼只遗传给雄性之外，摩尔根还发现遗传中出现了粉红色复眼的果蝇等。归纳各种现象，摩尔根认为，基因在染色体上是排成一条直线的，相邻位置的基因会"连"在一起相伴遗传，称为"连锁"，但这个连锁又不是铁链一条，而是可能发生错位交换的，称为"互换"。这就是遗传的"连锁与互换定律"，又称遗传学第三定律。

伴性遗传就是一种连锁遗传，而互换遗传会出现基因变异。

5. 人类染色体遗传

直到 20 世纪 50 年代中期，科学家才认定：人的每个体细胞中含有 46 条即 23 对染色体。其中编号 1 至 22 为常染色体，编号顺序就是它们的尺寸从大到小的顺序。编号 23 为性染色体。男性的性染色体为 X、Y 各 1 条，女性 2 条都是 X 染色体，见图 2 - 37。与果蝇不同的是，人类的 X 染色体比 Y 染色体长。

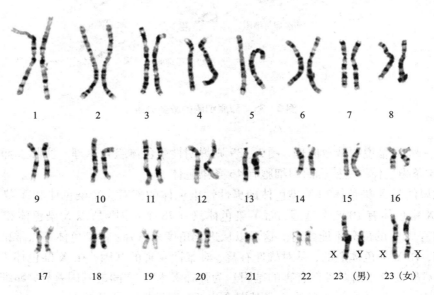

图 2 - 37　人类的染色体

　　不同的染色体上的不同位置上定位着不同的基因，有着不同的遗传功能。目前人们已经初步弄清楚了其中小部分，如白细胞抗原定位在6号染色体上等。但机体的大量功能是由多条染色体协同作用而完成的，要彻底揭开这个谜，仍是一件极其复杂的事情。

　　在自然界，决定性别的方式多种多样。例如有的是环境因素决定的，如果蜥蜴卵孵化时温度低于24℃，诞生的小蜥蜴绝大部分是雌性的，孵化温度高于32℃时出壳的多是雄蜥蜴。龟则相反，24℃以下孵出的是雄龟，30℃以上孵出的是雌龟。扬子鳄的巢穴若建在潮湿阴暗处可孵化出较多雌鳄，若建在阳光曝晒处则可产生较多的雄鳄。还有根据卵子是否受精决定性别的、根据基因差别决定性别的等等。

　　人的性别是由精子携带的性染色体决定的。精原细胞经过减数分裂后成为4个大小相同的精子，携带X染色体的和携带Y染色体的各占一半，见图2-31。而卵原细胞减数分裂后形成的下一级细胞的大小不是均等的，最终形成3个称为"极体"的细胞和1个卵细胞即卵子，卵子只带X染色体，见图2-38。带X染色体的精子与卵子结合，卵细胞的性染色体为XX，这是女孩；带Y染色体的精子与卵子结合，卵细胞的性染色体为XY，这是男孩，见图2-39。有一种说法，生男生女是由父方决定的，这话也对也不对。说它对，因为子代的性别确实是由精子携带的染色体决定的；说它不对，因为携带何种染色体的精子能完成结合是随机的，不是人的意志能够干预的。

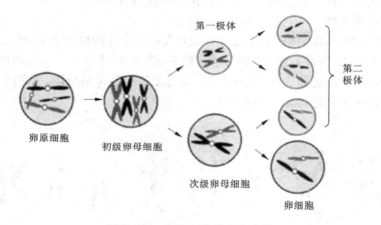

图2-38　卵原细胞的减数分裂

　　图2-38只是说明减数原理，图2-39则说明性染色体组合原理。实际上卵细胞和精子都有23条染色体，受精后的卵细胞有46条染色体。

　　有意思的是X染色体和Y染色体即男性性染色体的配对。X染色体和Y染色体的差别很大，X染色体有1098个基因，而Y染色体只有78个基因，所以X染色体和Y染色体之间大约有95%的部分不能配对。这可以从进化角度来解释：性染色体是由常染色体演变进化来的，在Y染色体上的，是对雄性有益、对雌性有害的基因；在X染色体上的，刚好相反，是对雌性有益而对雄性有害的基因。为弥补X和Y之间的基因差异，卵细胞在减数分裂过程中一条X染色质上的大部分基因会失活，即发生"异固缩"。

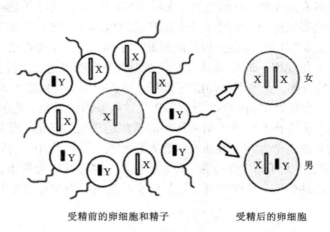

受精前的卵细胞和精子　　　　　　受精后的卵细胞

图 2－39　人的性别的决定

2.6.4　染色体遗传疾病

1. 性连锁遗传疾病

位于性染色体上的连锁基因称为性连锁基因。因为 X 染色体比 Y 染色体长，基因数量大，所以性连锁多指 X 基因的连锁。

（1）性连锁显性遗传疾病

这是一类由位于 X 染色体上的显性基因遗传的疾病，不论性别，只要有一个致病基因就会发病且遗传。临床上，男性患者的病情比女性患者严重得多，有人认为这是异固缩时 X 染色质上某些基因点没有失活所致。

抗维生素 D 佝偻病是典型的性连锁显性遗传病，患者对磷和钙的吸收差，出现骨骼发育畸形、生长迟缓、行走困难等症状。若母亲患有此病，则其子或女也患此病的概率各为 50%；若父亲患有此病，则其女的患病率为 100%，而其子不会患此病。属于性连锁显性遗传疾病的还有遗传性肾炎、脂肪瘤、脊髓空洞症等。

（2）性连锁隐性遗传疾病

这是一类由位于 X 染色体上的隐性

亲代	（母，携带者）XX^h	×	（父，正常）XY
配子	X　　X^h		X　　Y
子代	XX　　XX^h		XY　　X^hY
表型	（女）正常　（女）携带者		（子）正常　（子）患者

亲代	（母，正常）XX	×	（父，患者）X^hY
配子	X　　X		X^h　　Y
子代	XX^h　　XX^h		XY　　XY
表型	（女）携带者　（女）携带者		（子）正常　（子）正常

亲代	（母，携带者）XX^h	×	（父，患者）X^hY
配子	X　　X^h		X^h　　Y
子代	XX^h　　X^hX^h		XY　　X^hY
表型	（女）携带者　（女）患者		（子）正常　（子）患者

图 2－40　血友病遗传规律

基因遗传的疾病。当另一条染色体是正常的 X 染色体时，疾病不会表现出来。当另一条染色体是 Y 染色体时，这类疾病就会出现。因此，患性连锁隐性遗传疾病的几乎全都是男性。属于这类疾病的有血友病、红绿色盲、无眼畸形、夜盲症、肛门闭锁等上百种。

血友病的症状是凝血障碍，出现一个小伤口就流血不止，皮下、关节这些地方由于微血管容易受伤，常反复"自发"出血。如果出血部位在颅内，会导致死亡。我们可以用基因原理解释血友病的遗传规律，如图2–40，h代表患病基因携带者。男性要么正常，要么是患者，没有携带者的可能，女性则三种情况都有。分析说明，女性致病基因携带者与正常男性婚配的后代中，女儿表型均正常，但有1/2是致病基因携带者，儿子中1/2正常，1/2是患者。正常女性与男性血友病患者婚配所生的后代的表型均正常，但女儿都是致病基因携带者。女性致病基因携带者与男性血友病患者婚配所生的后代中，女儿有1/2是致病基因携带者，1/2是患者，儿子有1/2正常，1/2是患者。同样可以分析出，当女性是患者而男性为正常时，他们的女儿全是携带者，儿子则全是患者；当父母双方都是患者时，其子女将全部都是患者。

2.染色体畸变

染色体畸变有染色体数目改变和染色体结构改变两类，染色体数目改变又有多倍体和非整倍体两种。

(1)染色体数目改变

正常细胞中的染色体是两两成对的，称为二倍体。性母细胞经过减数分裂后形成的配子只带每对染色体中的一条，是单倍体，受精后的卵细胞是二倍体。如果在分裂过程中染色体复制后细胞却不分裂，就会出现二倍性的配子。

多倍体指染色体数目呈倍数增加，例如细胞中每一号染色体都有3条相同的个体，就成为三倍体。在植物中，多倍体是多见的，如甘蔗、香蕉、无籽西瓜都是三倍体。但对于人类和高等动物来说，多倍体造成妊娠早期自然流产或多种畸形，因而是一种灾难。

形成三倍体的原因有双精入卵、正常卵子和二倍性精子受精、二倍性卵子和正常精子受精等。如果二倍性卵子和二倍性精子受精，结果就是四倍性的受精卵。由于多倍体不能正常减数分裂，所以一般是不育的。

如果染色体只是增减少数几条，将形成非整倍体。出现非整倍体的重要原因之一是细胞减数分裂过程中某部分染色体联会后不分离，结果一个生殖细胞多了染色体，而另一个细胞却得不到。一般常染色体丢失都会导致胚胎死亡，而多一条常染色体所产生的遗传学效应要缓和许多。

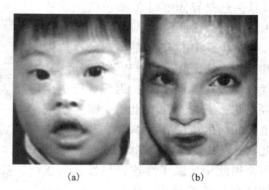

(a)   (b)

图2–41   唐氏综合征和猫叫综合征面部症状

唐氏综合征又叫先天愚型，患者面容呆滞，眼间距过宽，鼻根低平，口半张，见图2–41(a)，常为通贯手，智力低下，平均寿命16岁，50%在5岁前死亡。患病原因是该类患者比正常人多了1条21号染色体，所以又称21–三体综合征。唐氏综合征患儿的出生与其母亲初育年龄偏大关系较密切，35岁以后初育者尤应注意，卵母细胞老化极易造成染色体不分离。

增加或减少1条性染色体的情况要比常染色体好一些，但个体表型异常总是存在的，且不能缺失 X 染色体，YO 个体即只有 Y 染色体而没有 X 染色体的个体总是致死。属于本类遗传疾病的有先天性卵巢发育不全征、先天性睾丸发育不全征等，患者多伴随低智商。XYY 综合征患者比常人多 1 条 Y 染色体，他们身材高大，脾气暴躁，容易冲动，有暴力倾向，故有人将这条多了的 Y 染色体叫做"犯罪染色体"。X 多体综合征患者有多条 X 染色体，智力低下，发育障碍，且 X 染色体越多，病情越严重。

（2）染色体结构改变

在内外因素作用下，染色体的片段可能会发生断裂，断下的片段可能重新接上，也可能丢失。重新接上则可能错接。断裂片段的丢失或错接都会使染色体的结构发生改变。染色体结构改变有图 2 - 42 所示四种情况。

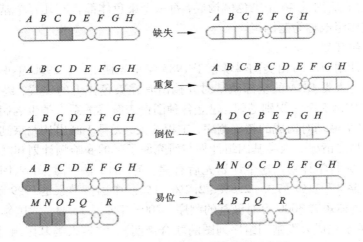

图 2 - 42 染色体四种结构改变示意图

染色体结构改变将引起不同程度的遗传学效应，其中以缺失为最严重。如 5 号染色体短臂缺失导致猫叫综合征，此类患者头小、眼距宽、鼻宽、手指长、音调高，婴儿时哭声似猫叫，见图 2 - 41(b)。

引起染色体结构变异的因素有过量接受辐射、接触化学诱变剂、病毒作用等。

2.6.5 人类基因组计划

1. 基因和基因组

我们已经知道，细胞核内有一种丝链状物质叫染色质，在细胞分裂期间会旋缠、缩聚成短棒状，就是染色体。染色质和染色体是同一个对象，只是空间状态不同，就像同一个人站着、蹲着的两种姿势。染色体或染色质是由 DNA 和蛋白质以及少量 RNA

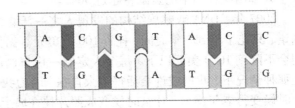

图 2 - 43 DNA 的碱基组

组成的复合物。DNA 呈双螺旋结构，好似一架双扶手的旋梯。旋梯的一级级横杆就是碱基对。碱基对只有两种，一种是腺嘌呤 A 与胸腺嘧啶 T 的组合，一种是鸟嘌呤 G 与胞嘧啶 C

的组合。每种组合都有两种"安装"方式(图2-43),所以碱基对一共有四种,即 A-T、T-A、C-G、G-C。这就是 DNA 的超微结构。我们也已经知道,DNA 具有遗传功能。但实际上并非全部 DNA 分子都具有遗传功能。DNA 上携带遗传信息的只是其上的一些片段。这些带有遗传效应的 DNA 片段就是基因,它是控制生物性状的基本遗传单位。基因中 A、T、G、C 的不同组合就是遗传密码。基因通过指导蛋白质的合成来表达自己所携带的遗传信息,从而控制生物个体的性状表现。

基因有两个特点。一是能忠实地复制自己,从而保持生物的基本特征,维持生物物种的性状。二是基因能够突变,大部分突变会导致生物疾病,一小部分非致病突变则给自然选择带来原始材料,选择出最适合自然的个体进化为新物种。

人类基因组由 23 对共 46 个染色体构成,每一个染色体都含有几百个基因。一个物种中所有基因的整体组成称为基因组。

2. 人类基因组计划

人类基因组计划(HGP)由美国科学家于 1985 年率先提出,于 1990 年正式启动。计划的初步目标是确定人类 DNA 的全部碱基对并搞清其在染色体上的位置,终极目标是阐明人类基因组全部 DNA 序列;识别基因;建立各种图谱来解读关系人类生老病死的遗传信息等。面对 30 多亿个碱基对构成的精确测序,工程浩大,无异于画出从北京到广州的路线中每隔 0.8 毫米之具体情况。人类基因组计划与研究原子弹的曼哈顿计划和阿波罗登月计划并称为 20 世纪三大科学计划。这个计划先后有美、英、日、法、德、中六国参加,分别承担了研究任务的 54%、33%、7%、2.8%、2.2%、1%。中国科学家是 1999 年加入工作的,任务是第 3 号染色体短臂 3000 万对碱基的测序。2003 年 4 月 15 日,六国领导人联名发表《六国政府首脑关于完成人类基因组序列图的联合声明》,宣告人类基因组计划圆满完成,其覆盖率为 99%,正确率为 99.999%。

随后,中国又参加了国际人类基因组单体型图计划(简称 HapMap 计划)工作。这是由加拿大、中国、日本、尼日利亚、英国和美国联合进行的项目,计划的目的在于建立一个免费向公众开放关于人类疾病及疾病对药物反应相关基因的数据库。研究工作已于 2006 年全部完成,中国承担了 10% 的任务。

2008 年,中国、英国、美国启动"国际千人基因组计划",建立包含来自全球 27 个族群的 2500 个人的全部基因组信息的数据库,旨在绘制迄今为止最详尽、最有医学应用价值的人类基因组遗传多态性图谱。中国承担了 400 个黄种人全基因组样本的测序和分析工作,在千人基因组计划中的贡献将超过 30%。

2007 年,DNA 双螺旋结构的发现人之一沃森拿到了他的私人基因组图谱。完成这份图谱,只花了不到 2 年时间,耗资 100 万美元。据估计,不久的将来,个人基因组测序的费用会下降到 1000 美元以下,每个人定制一份自己的基因组图谱完全是可能的事情。只是在那种情况下,我们或许会活得不太自在,因为我们已经知道自己什么时候开始掉牙、什么时候变得老年痴呆、什么时候变成照片挂在墙上享用后代的供果。

3. 人类基因组计划的发现

人类基因组计划的研究获得一系列重大发现。

研究结果表明,全部人类基因组约有 29.1 亿个碱基对,约有 39000 多个基因。这个结果令人惊讶,因为人们已经知道只有 959 个细胞的果蝇都有 13350 个基因,据此估算,人类的基因至少有 10 万个，甚至可能有 14 万个。而事实说明，人类的基因只是果蝇的 2 倍多一点点，难怪有人开玩笑地说，人类基因组计划的结果"有损人类尊严"。一些科学家指出，人类基因数少，不仅说明人类在使用基因方面比其他物种更高效，还说明人类某些基因的功能和控制蛋白质产生的能力与其他生物不同。这是对我们目前许多观念的重大挑战，也为后基因组时代中生物应用科学的发展提供了新的非凡的机遇。

研究发现，人与人之间 99.99% 的基因密码是相同的，不同人群仅有 140 万个核苷酸存在差异。在整个基因组序列中，不同"种属"的人与人之间的变异仅为万分之一，这说明人类内部的个体之间并没有本质上的区别，"人人平等"的法律公平原则得到了生物分子学的支持。

研究对有多态性的 140 万个单核苷酸进行了精确的定位，初步确定了 30 多种致病基因。据此，我们可以确定遗传病、肿瘤、心血管病、糖尿病等危害人类生命健康最严重疾病的基因原因，寻找出个体化的防治药物和方法。

研究发现男性的基因突变率是女性的 2 倍，而且大部分人类遗传疾病是在 Y 染色体上进行的。所以，在人类的遗传中男性可能起着更重要的作用。这又为在遗传疾病方面女性长期以来蒙受的"不白之冤"得到洗雪的根据。

研究还发现人类基因组中大约有 200 多个基因是来自于细菌基因，说明在人类进化晚期，寄生于机体中的细菌在共生过程中发生了与人类基因组的基因交换。人携带有和细菌相同的基因，这在再次"有损人类尊严"的同时，说明了生物之间存在共通性。

基因组计划发现的基因中，尚有约 40% 为功能不明。此外研究还发现，基因组上大约有 1/4 的区域没有基因片段，在所有的 DNA 中只有 1% ~ 1.5% 的 DNA 能编码蛋白，还有 98% 以上都是长片段重复序列的"无用 DNA"。这一切，只能说是暂时未知，其中蕴含的信息与奥秘，正待人们去探索与发现。完全读懂基因，或许是人类永远要努力的课题。

2.6.6　基因工程

1. 基因工程概述

基因工程指在基因的水平上，采用与工程设计类似的方法，按照人们的需要进行设计，然后根据方案创建出具有某些新的性状的生物新品系，并能使之稳定地遗传给后代，又称作遗传工程、基因操作、重组 DNA 技术、基因克隆、分子克隆等。

克隆一词的原意是以幼苗或嫩枝插条的方式培育植物，被遗传工程借用后，意为经过无性繁殖产生完全相同的遗传分子、细胞群体或遗传学上完全相同的生物个体。利用体外重组技术将某特定的基因或 DNA 序列插入载体分子的操作过程也叫克隆。

基因工程的过程主要有六步。第一步是获得符合人们要求的 DNA 片段，称为"目的基因"。第二步是在体外将目的基因切割，拼接形成重组 DNA。第三步，把重组 DNA 转移到适当的受体细胞中繁殖。第四步，获得重组 DNA 分子的受体细胞克隆。第五步是从这些细胞克隆中提取出已经得到增扩的目的基因。最后，也就是第六步，将目的基因导入寄主细胞，使之在新的遗传背景下实现功能表达，产生出人类需要的物质。理论上，基因工程可把来自任何生物的基因转移到与其毫无关系的任何其他受体细胞中，因此可以实现按照人们的愿望，改造生物的遗传特性，创造出生物的新性状。

2.基因工程的基本技术

因为 DNA 分子的直径只有 2 纳米,所以进行 DNA 的裁剪拼接必须有专门的剪刀和针线。有了剪刀和针线,手术才可能进行。这是基因工程的前提条件。20 世纪 60 年代,科学家先后发现了可以将 2 个 DNA 片段连接起来的"DNA 连接酶",以及能将 DNA 分子双链交错切开的"内切酶",前者成为缝合基因的"分子针线",后者则是"分子剪刀"。

要把"拼接"好的基因送到受体细胞中去,需要运输工具。这种运输工具是小分子的,能够自由进入细胞,而且进入细胞后不是简单地"卸货",而是要连车带货一起在受体细胞内进行复制。1973 年,美国科学家科恩从大肠杆菌中发现了适用的质粒。这一发现,人类基因工程的大幕可谓徐徐拉开。

人工分离或修饰过的目的基因必须导入到动植物的基因组中,才能引起生物体性状的可遗传性修饰,最终实现基因工程的蓝图。这个导入技术就是我们常常听到的"转基因技术",经转基因技术产出的生物体称为"遗传修饰生物体",简称 GMO。微生物、植物和动物的转基因技术是不同的。

植物转基因技术有电穿孔法、聚乙二醇法、基因枪法、农杆菌介导转化法等。基因枪法是将 DNA 包被在直径 1 微米左右的金属粉末上轰击植物组织或细胞,优点是转化率高,重复性好,受体广泛,在大豆、玉米、水稻、小麦等作物上得到广泛应用。基因枪法的缺点是需要基因枪等专门工具。农杆菌是使葡萄等植物发生冠瘿瘤病的细菌(图 2-44),菌体内有一种 Ti 质粒,其上的 T-DNA 片段易于转移并整合到植物细胞核中。于是,人们将目的基因插入到经过改造的 T-DNA 区,借助人为的植物伤口使植物感染农杆菌,从而实现外源基因向植物细胞的转移与整合,然后通过细胞和组织培养,再生出转基因植株。农杆菌介导转化法的优点是转化效率高、导入片段确定性强、转化 DNA 片段大、经济实用性好,已获得普遍使用。

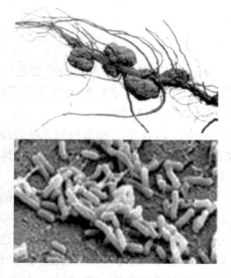

图 2-44　患冠瘿瘤病的葡萄根和农杆菌

图 2-45　转入大鼠生长激素基因的"超级小鼠"

转基因研究用于动物是 1981 年开始的，第一只转基因动物是小鼠。这只小鼠转入了大鼠的生长激素基因后，体型是正常小鼠的 2 倍，被称为"超级小鼠"，图 2 - 45 中居于左方的就是超级小鼠，右方的是正常小鼠。动物转基因技术有显微注射法、反转录病毒感染法、胚胎干细胞法、精子载体法等。显微注射法可靠，但成本高、效率低。反转录病毒感染法是把外源基因插入到反转录病毒的基因组中，通过病毒感染寄主细胞，实现外源基因整合到受体基因组中。"超级小鼠"就是通过反转录病毒感染法得到的。这种方法比较简单且效率高，缺点是需要几代选育才能获得纯系。精子载体法是让精子携带外源基因，产生具有新的基因组的个体。这种方法的优点是无损伤、成本低，缺点是结果不稳定。

3. 基因工程的应用

（1）在医学中的应用前景

从理论上说，基因疾病可以通过修补基因缺陷、更换致病基因的办法治疗。如果被治疗的是性细胞基因，那么其后代就从此再不会得这种遗传疾病。基因治疗又被称为"分子外科"。

由于人们目前还未能完全解释人类基因组的运转机制，未能充分了解基因调控机制和疾病的分子机理，基因治疗的安全性、临床试验的严密性及合理性都缺乏保障，所以进行基因治疗危险极大。但基因治疗的出现必将推动医学的革命性变化，这是不必存疑的。

（2）在医药工业上的应用

当前基因工程最重要的应用领域是基因工程制药。一些药物的天然产量非常有限，例如治疗糖尿病的胰岛素，如果从猪、牛等动物的胰腺中提取，每 100 千克胰腺只能提取 4 ~ 5 克。而将合成的胰岛素基因导入大肠杆菌，每 2000 升培养液就能产生 100 克基因工程胰岛素。又如有抗肿瘤、抗病毒功能的干扰素，过去从人血中提取，300 升血液才提取 1 毫克干扰素。基因工程干扰素 $\alpha - 2b$ 的工业化生产，在大大地满足了医疗需求的同时，还极可观地降低了成本。人造血液、人造干细胞、白细胞介素、乙肝疫苗等通过基因工程实现工业化生产，均为解除人类的病痛，提高人类的健康水平发挥了重大的作用。

（3）在环境保护中的应用

利用基因工程可培育能同时分解多种有毒物质的遗传工程菌。例如一种通过基因工程培制的能同时降解四种烃类的"超级菌"能把原油中 2/3 的烃分解。如果分解海面浮油污染，自然菌种要 1 年以上时间，而"超级菌"只要几个小时就能解决问题。可见这类基因工程菌在防治污染、保护环境方面的巨大潜能。

长期以来，大毒性化学农药的使用对环境造成了严重污染，也威胁着人们的食品安全。利用基因工程生产生物农药，是未来农药研究与生产的方向。例如我国学者研制的重组有蝎毒基因的棉铃虫病毒杀虫剂、兼有苏云金杆菌和昆虫杆状病毒优点的新型基因工程病毒杀虫剂，都具有无公害、高效率的特点。

基因工程做成的 DNA 探针能够十分灵敏地检测环境中的病毒、细菌等污染，自身却不易因环境污染而大量死亡。

（4）改良动植物品种的应用

在动物方面，我国培育出生长快、耐不良环境、肉质好的转基因鱼，阿根廷培育出乳汁中含有人生长激素的转基因牛。此外，还有导入人基因以作特殊用途的猪和小鼠。

在植物方面，转基因技术更是应用普遍，如转黄瓜抗青枯病基因的甜椒和马铃薯、转鱼抗寒基因的西红柿、不会引起过敏的转基因大豆等等。转基因植物具有抗虫、抗细菌、抗真菌、抗除草剂、抗逆境、品质改良等优点，还能调控生长发育以提高产量。

截至 2009 年底，全球已有 25 个国家批准了 24 种转基因作物的商业化应用。以转基因大豆、棉花、玉米、油菜为代表的全球转基因作物种植面积，由 1996 年 2550 万亩发展到 2012 年 25.5 亿亩，17 年间增长了 100 倍。美国 2012 年种植面积为 10.4 亿亩，是最大的种植国。中国同期的种植面积为 5870 万亩，在全球排第六位。中国与国际先进水平有很大差距，主要表现为拥有自主知识产权的基因很少、产业化滞后。尽管如此，中国毕竟是迄今唯一一个开发出自己的转基因作物并投入生产的发展中国家。

4. 转基因食品安全性问题

转基因食品是否存在安全隐患的问题，一直为公众所警觉。近年来，对转基因食品负面影响的报道时有出现。

以转基因玉米为例，2005 年英国的《独立报》、2007 年奥地利政府资助的一个研究小组先后报道喂食转基因玉米的小鼠的器官、血液有异常改变现象。2007 年美国《纽约时报》等媒体也报道说发现有两种转基因玉米种植导致伤害蝴蝶生存。为此，欧盟做出了初步决定，禁止该转基因玉米的种子销售使用。同年，法国科学家证实，孟山都公司出产的一种转基因玉米对人体肝脏和肾脏具有毒性。次年，美国科学家也证实了长时间喂食转基因玉米的小白鼠的免疫系统会受到损害。2009 年底，法国生物技术委员会最终宣布，转基因玉米"弊大于利"。这是一种被植入苏云金芽孢杆菌基因的"抗虫"玉米种子，对蛾、蝶等鳞翅目昆虫有杀虫活性。持不同意见的科学家认为，苏云金杆菌中的毒素是 Bt 毒蛋白，这种蛋白的作用对象是高度专一的，只对鳞翅目昆虫起作用，Bt 毒蛋白对于其他动物和人来说，只是一种普通无害的蛋白质。美国多年大面积种植转基因玉米，并未出现过 1 例人畜中毒的报道。

从本质上讲，转基因生物和常规育成的新品种生物没有差别，两者都是在原有的基础上或增加新性状，或消除原有不利性状。但转基因食品毕竟未经过代际实验，长期食用是否危害健康还是个未知数。我国对待转基因食品的态度是谨慎的。到目前为止，只允许六种转基因植物商业化种植，它们是棉花、矮牵牛、西红柿、柿子椒、杨树和木瓜，且只有抗虫棉在大规模种植，占总面积的 70% 以上。在 2012 年开始的"十二五"计划中，国家将分拨 150 万美元用于风险评估及公众参与。但即使现在是安全的，仍然要严格执行转基因作物研发、分子验证、田间种植的安全操作规定，毕竟转基因产品的安全性还没有经过较长历史时间的检验。

本章内容小结

生命的载体是物质的，糖类化合物、脂类、蛋白质和核酸是构成生物体的最基础的分子。

一层层地"剥"开生物体，最小单位是细胞。包括人在内，发育、生长实际上都是细胞的分化与分裂的结果。生物体是一堆细胞有组织地、分层次地协调工作的整体。细胞要吸收能量，代谢存活，还要相互沟通联络，传递生命信息。

植物通过光合作用获得能量，是自养生物。动物以植物或其他动物为食物得到能量，是异养生物。一切生命的根本能源是太阳，生物体的直接能源是 ATP。

因要实现的功能不同，细胞是多种多样的。对于有性繁殖物种，细胞最根本的划分是体细胞和性细胞两种。体细胞执行有丝分裂规则，实现机体的发育，维持机体的规模；性细胞执行减数分裂规则，完成遗传任务，并分化出机体的各个器官。成熟的性器官又生产出新的性细胞。

真核细胞的细胞核中有染色体，它是遗传物质的载体。染色体由脱氧核糖核酸 DNA 和蛋白质构成，DNA 呈双螺旋结构，其上有一些片段携带遗传密码，这些片段就是基因。遗传密码存放在基因的碱基对上。核糖核酸 RNA 负责将遗传密码转录、翻译，并向蛋白质转移，指导蛋白质的表达。

遗传学三大定律揭示了物种的遗传规律和变异原理，人们对基因的研究与认识日益深入。人类基因组计划全面地记录人的基因图谱，基因工程方兴未艾。

第 3 章　　生命的诞生与进化

本章导读：碳、氧、氢等都是极其普通的元素，在地球上却能构成糖类、脂类、蛋白质、核酸等生物大分子，成为生命的基础。这是一个什么样的过程？是什么"玄机"的设计、什么动力促成的呢？

接着又有个相仿的问题：这些大分子还不是生命，它们必须有机地组合在一起构成能代谢、能自我复制的细胞才是生命。那么，这些既无知识又无意识的大分子是怎么做到的呢？此"作品"之精巧、严密、合理到了极端的程度，连最细微处都不容再有一丝一毫的改动。

再接下来的问题还是相同的句式：本来可以独立存活的细胞又怎么会想起以及如何实施组合、结盟、分工、延续，成为松柏萍草、成为鲲鹏蜩鸠、成为万物之灵？

说到万物，其实动物和植物只是其中的很小一部分，还有不知其数的微小生物就在我们身边，更有不知其数的简单或复杂物种已经永远不会再现。

生命诞生与进化是用天笔地纸写出的大文章，而且改了又改，到今天已经很难辨识最初的墨迹。但我们还是要努力去辨识，这不仅仅是好奇心的驱使，而是为认识自己所必要。

对于生命，人类还有许多惊天之举。他们不但用汤药疗病，还要移植器官；他们不但驯养禽畜，还要亲手创造生命；他们不但制造机器人，还要去寻找太空亲友。

自从有了细胞，海洋就开始热闹了；自从有了多细胞生物，地球就开始热闹了；自从有了人类，整个太阳系都变得热闹了。

地球上发生过的伟大事件难以计数，但在宇宙世界中拿得出手、能让其他天体自叹弗如的，应首推产生了生物。在地球 46 亿年漫长的历史变迁中，生命是偶然却又必然出现的奇迹。从肉眼看不见的单细胞生物进化成今天的藻类菌类、植物、动物直至人类，期间经历了一次又一次无法想象的重大突破，地球也因此变得葱郁多彩、美不胜收。

3.1　生命的诞生

最初的生命从何而来？这是自古以来人们就没有停止过思考和探索的问题，并有种种假说，大体有神造论、自生论、有生源论、宇生说等。

神造论认为生命是神创造的。《创世记》写道，有一天上帝说："地要生出活物来，各从其类……事就这样成了。"后来有一位牧师还算出了这一天是公元前 4004 年 10 月 28 日。中国古代神话说人是伏羲的妹妹、长着人身蛇尾的女娲用黄泥造出来的，一开始这位慈祥的人类妈咪还认认真真地捏，后来捏烦了，就索性用绳子蘸着稀泥甩，用黏土捏出来的后来成了贵官富贾，用泥浆甩出来的后来成了百姓平民。自生论认为生命是随时自然产生的，它可以从其他物体包括非生命物体转变而来。亚里士多德就说过"有些鱼由淤泥及砂砾发育而成"，他还认为，绦虫（绦字读音如"涛"，一种寄生虫）是腐尸和排泄物变来的，蟹、蛙等是黏液变来的。《礼记》说"腐草为萤"，认为萤火虫是草木腐烂以后变成的。荀子也说"肉腐出虫，鱼枯生蠹"，鱼肉腐烂了就化为虫和蛆。佛教对生命起源的认识属于有生源论，即认为生命是固有的，其存在和宇宙一样是无始无终的、永恒的，从单细胞生物到人类，一切都在流转轮回之中。至于最早的人类，《起世经》说是原本生活在"光音天"的天人由于贪吃地面的食物，"食之不已"最终变得"身体粗涩"而无法再飞行，不得不在地上安居。宇生说则断言地球上的生命来自外太空，是宇宙太空中的"生命胚种"随着陨石或其他未知的途径跌落在地球表面，于是就有了最初的生命起点。先人这些想象力丰富的论说，反映了人类对生命起源认识不断进步的过程。

现代生命科学在天文学、地质学、考古学、生物学、分子生物学等基础上，提出了生命起源理论。需要说明的是，这是根据迄今为止所发现和掌握的材料形成的理论，随着新证据、新材料的不断增加，生命起源的面目将还原得越来越清晰、越来越准确。我们今天的理论，在几千年、几万年以后的人来看，依然是很粗糙、很模糊、或许还会有点幼稚的。令我们自豪的是，我们的每一步无论有多么笨拙愚钝，都是在探索真理的路上前进。

3.1.1　原始生物大分子的产生

大约 46 亿年前，刚刚诞生的地球温度为 1300℃。虽然相对于当时的其他天体而言，这是一个相当寒冷的星球，但这个温度仍足以将铸铁熔融。加上不断有陨石撞击地球，撞击能量转化为热能在地球内部大量蓄积，使得地球内部平均温度高达几千摄氏度，金属和矿物都呈现为熔浆状态。这些炽热的熔浆在地球内部涌动膨胀，在地壳比较薄弱的或有裂隙的地方猛烈喷出，形成火山爆发。火山爆发使地球内部一些气体源源不断地被释放出来，罩在地球上空，形成了原始大气。

原始大气的主要成分是一氧化碳（CO）、二氧化碳（CO_2）、甲烷（CH_4）、水蒸气（H_2O）、氨气（NH_3）等。而氧、碳、氮、氢是组成生命最基本的元素，以人体的组成为例，这四种元素的含量占 96.3%。因此说，没有原始大气就没有地球生命，原始大气的生成为地球生命的可能诞生奠定了万载难求的基础。然而，这些元素的简单存在不会形成生命。把这几种气体混在一起，这是中学的化学实验室也能做到的简单事情。生命形态的复杂不是构成成分的复杂，而是这些简单成分构成形式的复杂。结构决定性质，我们最熟悉的莫过于碳，当其具呈分层的平面结构时是石墨，而具呈立体的网状结构时，就成了钻石；前者是铅笔的笔芯和坩埚的配料，后者是财富的象征与爱情的信物。构成生命的分子的情况远比这复杂得多，仅相对分子质量就有上万，而水的相对分子质量是 18，甲烷的相对分子质量只是 16。

简单的气体分子要聚合成为足够复杂的生物分子，首先需要能量。值得庆幸的是，在原始地球上有各种形式的能量可供利用。首先，原始大气没有臭氧层，阳光中的紫外线可以畅通无阻地透过大气，为地球带来了能量。其次，原始大气中不断发生闪电，闪电是一种能量释放现象。另外，原始地球上火山活动频繁，火山喷发释放出大量热能。简单的气体分子在吸收了能量之后，变得异常的活泼，进而发生化学反应，促成了碳和氢结合，氨基酸、蛋白质、碳水化合物等各种各样的新物质争相涌现，"不久"，核酸碱基、核糖、磷酸也出现了,四种核酸碱基——腺嘌呤、鸟嘌呤、胞嘧啶和尿嘧啶——还构成环状,并和核酸在一起组成了一个长长的著名分子"核糖核酸",简称 RNA。某一天发生了一件事,那是极其平常的一天,有一小囊化学物质躁动了一下,结果一个胸腺嘧啶错占了尿嘧啶的位置,同一时间,核酸又不慎丢失了一个氧原子。殊不知这一错一失,竟形成了脱氧核糖核酸即 DNA 分子,这是一种能自我复制并有遗传功能的稳定分子。这一刻是一切地球生命——无论微生物、植物还是动物、自然也包括人类——的共同生辰。这一刻生命告别黑暗,迎来了第一缕曙光。至今已发现的最古老生物化石说明,这缕曙光至少出现在大约 38 亿年前。

美国芝加哥大学的研究生米勒在 1953 年做了一个很简单但对后来影响重大的实验。他把氢、甲烷、氨和水蒸气混合起来模拟原始大气并将其置于密闭容器中,然后又进行火花放电模拟闪电,数天后容器中合成出了多种有机分子氨基酸。这个实验成为生命起源研究的关键性实验。在其后的几十年里,科学家循此思路模拟原始地球条件,先后合成出核糖核苷酸、脱氧核糖核苷酸、脂肪酸等多种重要的生物大分子。这些实验证实了在一定的条件下,原始生命物质完全可以在没有生命的自然物质中产生出来。

3.1.2　生命秩序起源

我们已经认识到,生命是非生命物质在漫长的宇宙进化的某一阶段中,经过一个渐变过程演化而成的,最初形成的是原始生命大分子,其中蛋白质和核酸又起着特别重要的作用。人们不禁又想,在生物分子的忠义厅里,坐第一把交椅的究竟是蛋白质还是核酸?这就是生命秩序起源问题。关于这个问题,有蛋白质起源说、核酸起源说、共起源说。

在 20 世纪中期,人们找到了 DNA、RNA、蛋白质之间的关系即"DNA–RNA–蛋白质中心法则",就是"DNA 复制为 DNA,DNA 转录为 RNA,RNA 翻译为蛋白质",更简单的表述是"DNA 产生 RNA 产生蛋白质"。这个关系我们在第 2 章中已经介绍过。将细胞中的水分完全除去,所留的干体物质中约有 90% 是蛋白质、核酸、糖、脂等四类大分子,它们是生命的基础分子。

蛋白质起源说和核酸起源说都有相应的实验根据和合理性,但面对 DNA–RNA–蛋白质中心法则阐明的蛋白质和核酸(即 DNA 和 RNA)的关系,又都存在着不合理的成分。由 20 种氨基酸组成的蛋白质对核酸代谢的催化、新陈代谢的调节控制起重要的作用;核酸则控制蛋白质的合成、决定蛋白质的性质。核酸的合成需要蛋白质中酶的催化,而蛋白质的合成又需要核酸作为遗传模版。要评判两者对生命的贡献孰大孰小,无异于讨论"蛋与鸡孰为先"。20 世纪 40 年代奥地利生物学家贝塔朗菲(1901—1971)提出,生命是具有整体性、动态性、开放性的有序系统。当代美国理论生物学家考夫曼于 1993 年发表的《秩序的起源——进化中的自组织和选择》提出,应当把生命起源问题放在一个动力学系统中来思考,而不应割裂地从某个单一的成分来讨论。这一观点虽然还处在理论推导的阶段,但已得到当代生物学界的重视与接受,即生物大分子是简单的化学成分通过复杂的反应同时产生的,它们之间互相依赖、互相作用,使生命体成为一个统一体。至少,它在系统论理论上是合理的。

3.1.3　细胞形成

生物大分子的出现还只是生命的曙光，却不是朝阳。因为生命形态的最终确立，必须具备有封闭的外部形态和相对稳定的内部结构、具有自主代谢和生长能力、具有增殖或繁殖能力、世代之间表现出稳定的遗传性等。完全具备这些特征的是细胞，而游离于空间中的生物大分子还不完全具备这些特征。那么最原始的细胞是如何产生的呢？从裸露的大分子开始，慢慢演变成原核细胞，演变成真核细胞，又是怎样的一个过程呢？

在第 2 章我们说过，原核细胞与真核细胞的最根本不同在于有无细胞核。细胞核是真核细胞中最重要的细胞器，它主要由核膜、染色质、核仁和核质等组成。它的遗传物质 DNA、RNA 和蛋白质所形成的结构复杂的染色体，都集中在由核膜包裹着的细胞核中。而原核细胞没有以核膜为界的细胞核，没有染色质，其 DNA 为裸露的环状分子。原核细胞结构简单，体积也很小（图 3 - 1）。

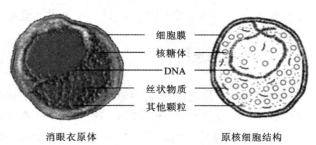

消眼衣原体　　　　　　　　　　　原核细胞结构

细胞膜
核糖体
DNA
丝状物质
其他颗粒

图 3 - 1　原核细胞结构示意图

从生物大分子到细胞，大体可以这样描绘：这些能自我复制的生物大分子赤条条地诞生于这个世界，它们的队伍不断扩大，终有一些大分子或许是由于不甘寂寞、或许是其他自然的原因而离开了出生地而去漫游。渐渐地，它们被比较容易形成的脂类膜包围，也因此得以披着这件有弹力的神奇"外衣"，随意地在宽阔的海洋中遨游。这种脂类膜是一种双层膜，能将里面的生命物质包裹起来，而且可以选择性地允许某些分子通过，同时又能将水隔离在膜外。这件神奇的"外衣"，我们今天叫它"细胞膜"，细胞膜连同包容物一起成为细胞。正是借助细胞膜，早期生命得以将细胞内部的基因信息保留下来，此后它们不断进化，一路高歌猛进，一直进化到细胞生命开始说话、写字，然后阅读到这些文字。

长期以来，人们都觉得最原始的细胞应该出现在非常温和、优越的如同一池温水的环境中，而且最先出现的是原核细胞，然后原核细胞经过能量利用方式的进步和细胞之间的融合进化为真核细胞。这从"常理"来看的确很合理很自然的，进化么，就是由简而繁、由陋而精的过程。但近年对地球早期生命的探察结果，迫使人们不得不重新认识细胞起源和进化问题。

近年对地球极端环境生命的研究结果让人大为吃惊，几乎无法想象。在太平洋东部水深 3000 米、水温高达 350℃的硫浓度极高的热水喷口附近，竟生存着大量极端嗜热细菌、蛤类动物、螃蟹和体长 2 米形状怪异的巨大管虫；在冰岛，也发现了有一种可在水温高达 98℃的温泉中生长的嗜热细菌。另一方面，人们在 2000 多米的地壳深处、在干旱寒冷的南极沙漠、在盐碱地等应该没有生命的地方发现有大量微生物存在。这些都暗示着一个信息：地球早期细胞完全可以诞生在恶劣的环境中。人们还在澳大利亚、南非、格陵兰等处发现了至少是 35 亿年前的细胞化石。而 35 亿年前的地球绝非丽日当空和风拂面，而是一个大水球，水温在 80℃以上，可以烫熟鸡蛋，要找到特立独行的一池温水，犹如想在蒸汽腾腾的澡堂池子里舀出一杯凉水，实是天方夜谭，远离实际。

20 世纪前期，人们认为真核细胞是原核细胞之间发生某种共生关系而形成的。到 20 年代中期，对地质学、古生物学、分子生物学等多方面证据的研究，人们发现从生物学属性角度来分析，原核细胞不可能通过兼并、共生等途径"进化"为真核细胞。于是提出了在 30 亿年前，生物界就已经表现为三个分支，分别是今天的原核生物古细菌、原核生物真细菌和真核生物的祖先的论点。到 21 世纪初，对蛋白质组学的试验研究又支持了原核细胞吞噬了古细菌产生真核细胞的内共生学说。

生物大分子出现、DNA－RNA－蛋白质秩序建立、细胞形成，这三个问题是当今关于生命起源千古之谜的焦点问题，人们正在为揭开谜底而努力探索。

3.2　生物进化

一提到进化，你可能马上会想到"人由猴变"，以及"物竞天择，适者生存"等，进化就是越变越高级、越变越复杂的过程，这也许是对进化最通俗、也是最狭义的理解。在汉字中，"进"字的意思是向前移动、发展，是 move forward 或 advance，与其相反的是"退"。但在英语中，进化一词是"evolution"，准确的意思是"演化"。生物长期变化的总趋势是进步，但有时退化也是一种进步。例如蛇等爬行类动物的祖先原来是有脚的，现在已经退化失去，如果画古蛇，是一定要添足的。尽管人类如果有尾巴可能会是一件很惬意、很浪漫的事情，但它毕竟已经完全退化。这些退化的本质是进化。生物学上的进化指的是"生物种类在长期传代中其形态等特性发生了变化"。严复(1854—1921)将 evolution 不译为"进化"而译为"天演"，可能更恰当。

了解地球历史上曾经发生过的事情，主要依靠当时形成的岩层以及岩层中所含的古生物化石。三十几亿年前出现的生物长期停止在很低级的状态，体积极小，主要是一些菌藻植物，能成为化石者微乎其微，还不能说明太多问题。此外，保存这些化石的岩层，绝大多数经过了程度不同的变质，破坏了化石的完整性。而最难的是要发现这些化石，要刚好采到样品，还要观察者在显微镜下独具慧眼，能在古岩石块中认出这是一个细胞化石残片而不是一粒碎砂。这种机会的罕有、工作的精细可想而知。所以，对于古地球的历史，我们的认识还是非常模糊、非常零碎、非常粗糙的。直到 6 亿年前出现了多细胞生物、并有大量未经变质的沉积岩层和动物化石保留下来，人们才获得比较多也比较可靠的研究材料。研究历史都是这样，越是久远的就越是简略。我们可以留一大堆文字、视频资料给后人去整理研究我们，而远古先人留给我们去研究他们的只是几个陶罐石斧，还不知埋在哪里，有幸挖到了也很难道得尽其中暗藏的信息。祖宗给我们出的考题真难。

3.2.1　地球生物演化略史

我们先粗略地描绘一下地球生物演化的过程，然后再稍微详细地介绍其中几个重要阶段。

类似于年、月、日的划分，地质学上将地球史划为宙、代、纪、世、阶，不过不是按时间长度平均划分，而是按地质气候变化和主要生物演化状况来划分的。46 亿年来，地球的地质、气候、植物、动物演化简况见表 3－1。图 3－2 为按时间长度比例表示的各代延递，该图有助于对各代时间长度的形象理解。

表3-1 地质年代及生物演化简表

宙	代	纪	距今时间（亿年前）	地球年龄（百万年）	年代长度	地质	气候	植物界演化 出现	植物界演化 繁盛	动物界演化 出现	动物界演化 繁盛	动物界演化 衰退
隐生宙	太古代		46~38.5	0~750	7.5亿年	地球形成	气温极高	晚期出现生物大分子				
隐生宙			38.5~20.0	750~2600	18.5亿年	地壳变化剧烈	气温较高	原核单细胞生物				
隐生宙	元古代		20.0~5.7	2600~4030	14.3亿年	地壳运动趋缓	大幅度冷热交替	真核藻类	蓝藻	海绵类、腔肠类		
显生宙	古生代	寒武纪	5.7~5.0	4030~4100	7000万年	海洋扩大	气候较暖		各种藻类	海洋无脊椎动物	三叶虫	
显生宙	古生代	奥陶纪	5.0~4.25	4100~4175	7500万年	浅海广布	气候湿暖	大型藻类、苔藓植物		甲胄鱼	三叶虫、贝类	
显生宙	古生代	志留纪	4.25~4.05	4175~4195	2000万年	地壳多隆起	气候转干	维管植物		无颌类、原始鱼类	三叶虫	
显生宙	古生代	泥盆纪	4.05~3.45	4195~4255	6000万年	陆地扩大	干旱炎热	裸子植物	蕨类植物	昆虫、原始两栖类	鱼类	
显生宙	古生代	石炭纪	3.45~2.80	4255~4320	6500万年		干燥		蕨类植物		两栖类、昆虫	三叶虫
显生宙	古生代	二叠纪	2.80~2.48	4320~4352	3200万年	造山运动频繁	干热		裸子植物	爬行类	昆虫	两栖类

续上表

宙	代	纪	时间			地质气候变化			植物界演化		动物界演化			
			距今时间（亿年前）	地球年龄（百万年）	年代长度	地质	气候		出现	繁盛	出现	繁盛	衰退
显生宙	中生代	三叠纪	2.48～2.13	4352～4387	3500万年	大陆隆起	干燥转湿		裸子植物	恐龙	无尾两栖类	
		侏罗纪	2.13～1.44	4387～4456	6900万年	出现内陆浅海	温暖潮湿	被子植物	裸子植物	原始鸟类	恐龙	
		白垩纪	1.44～0.65	4456～4535	7900万年	火山活动，大陆漂移	后期气候转冷	单子叶植物	被子植物	原始哺乳类	鸟类	恐龙
	新生代	第三纪	0.65～0.02	4535～4598	6300万年	各大洲定型，喜马拉雅山隆起	前期气温下降，后期又急剧上升		被子植物	类人猿	鸟类、哺乳类	洋底单细胞生物
		第四纪	0.02～0	4598～4600	200万年		冰川期反复出现		被子植物，草本植物		人类	某些大型兽类

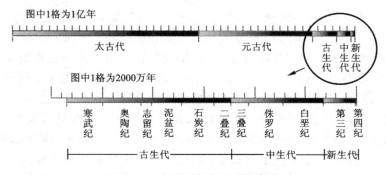

图 3 – 2　各地质年代延递示意图

在漫长的 46 亿年间，1/7 多的时间是无任何生命迹象的，5/7 的时间是单细胞生物占统治地位的。寒武纪初发生了生物大爆发，距今只有不到 6 亿年的时间。这 6 亿年中，植物走过了真核藻类 – 大型藻类 – 苔藓植物 – 蕨类植物 – 裸子植物 – 被子植物的演化路线，动物则沿着海绵类、腔肠类 – 海洋无脊椎动物 – 鱼类 – 昆虫类、两栖类 – 爬行类 – 鸟类、哺乳类的路线演化至今，最终出现了人类。新生代是地球历史上最新的一个阶段，从开始距今只有 6500 万年左右，此时的地球面貌已同今天的状况基本相似了。

3.2.2　单细胞生物的繁衍

顾名思义，单细胞生物就是只有一个细胞的生物。单细胞生物出现在大约 35 亿年前，是整个生物界最低等、最原始的生命体，包括古菌、真菌以及许多原生生物（如衣藻、眼虫、草履虫、疟原虫等）。俗话说，麻雀虽小，五脏俱全，单细胞生物虽然个体微小，却都能完成营养、呼吸、排泄、运动、生殖和调节等最基本的生命活动。

最早统治地球的是原核细胞生物，它们占领地球的时间长达 22 亿年。原核细胞的出现，带来了地球生物史上的第一次生态大扩张。原核细胞生物是无性的，它的繁殖方式是分裂，又称裂殖。一个细胞生长到一定时间，就会一分为二，成为两个与自己先前一模一样的新细胞，可谓分身有术。它们不停地对自己进行拷贝、翻版，每一次翻版的时间，只需要 20 分钟到 30 分钟，每一个翻版，都具备着和母体一样的形体结构和化学能量。然后这些翻版又继续进行新拷贝、新翻版……就这样一直不断地拷、不停地翻，无休无止，乐此不疲。单细胞生物的这种繁殖方式的最大优势就是稳定，因为新生成的个体与母体基本上没有变化。从数学上计算，这种呈几何级数的分裂，数量会疯狂增长。按每 30 分钟分裂一次计算，一昼夜之间，1 个细胞就发展成 2^{48} 个细胞。以长约 0.2 毫米、宽约 0.07 毫米、只在显微镜下才能观察得到的草履虫为例，让它正常裂殖，24 小时后就能平铺 4 平方千米的面积。或许 4 平方千米不算什么大数字，可怕的是几何级数扩张，照此速度，再过 7.5 小时后，这个面积将扩大为地球表面积的 2 倍。然而没有出现这样的事实，原因就是裂殖的最大劣势是太稳定。只要环境条件有细微的差异，细胞就无法适应而死亡。1 个草履虫如要在 1 天多时间内占领地球，除非把地球放到恒温恒湿的器皿中，还必须给这些单细胞生物提供足够的养料。

原核细胞生物消耗原始海洋中的有机营养物质，随着种群的扩大，营养物质日渐枯竭，原核生物生态体系走向衰落。于是，大约25亿年前，一种不但不需要异养而且只靠阳光、水和二氧化碳就能生存繁衍的"光能自养原核生物"(如光合细菌、蓝菌)崭露头角。过了将近5亿年后，即元古代开始之际，地壳运动的强度减弱，出现了相对以往而言温暖平静的气候，加上明显突出的多样化趋势，真核细胞生物开始走向兴盛和繁荣，形成第二次生态扩张。首先出现的真核生物是绿藻，它是一切植物的鼻祖。接着，红藻、褐藻、金藻等也出现了，它们和绿藻一起妆扮出一个诗意盎然的地球。这些藻类在通过光合作用自养的同时，放出大量氧气，彻底改变了当初地球大气中的氧气分布只有现在10%左右的状况。我们今天吸进的每一口新鲜沁肺的空气中，都有无数光合细菌或原始藻类在几十亿年前的努力。慢慢地，大气中形成了臭氧层，减弱了日光中紫外线对生物的辐射威胁，使水生生物有可能向陆地发展，也为低等动物的兴起提供了食物。如果我们设一灵牌，上书"光合细菌及原始藻类之位"而供奉，虽然有点滑稽，却也难说出错在哪里。

真核细胞的细胞器比原核生物复杂得多，对环境的适应能力也强得多。针对不同的环境条件，它们向植物和动物两条路分道扬镳。大约18亿年前，出现了有性生殖机制和生殖器官。有性繁殖的优势是从基因精度优化物种，使生物演化有了弹性。

真核生物的出现，预示着一个熙熙攘攘的、甚至有点嘈杂的生命大繁荣时期即将到来。

3.2.3 多细胞生物的出现

生命之所以成为可能，是因为物种学会了随机应变参与竞争、接受选择。在残酷的大自然环境面前，只有努力去适应环境，才能使生命之薪火长燃不熄。早期的地球生命，已经懂得了这一点，并采用各种办法使物种保存下来。今天，我们这些极高等的生命之所以存在，实应归功于当时细胞们摸索出的生存之道——相互结盟，通过"歃血为盟"，细胞进行基因混杂，多种细胞分工合作，互依共存，越来越能适应自然环境的变化。这是单细胞生物经过数十亿年的苦熬挣扎，才悟出的道理。

多细胞生物指生命开始于一个受精卵细胞、经过细胞分裂和分化，最后发育成由许多功能分化的细胞有机组成的生物个体。多细胞生物体能完成再生、免疫等一系列复杂的生命活动。所有植物界生物、除黏体动物外所有动物界生物都是多细胞生物。

多细胞生物带来的不仅仅是生物个体体积规模的增大，它出现了细胞的分化和由大量分化细胞相互协作形成的庞大的联盟，联盟中的各个细胞执行不同的任务，有的负责整个联盟的运动，有的负责放哨，有的负责消化食物，有的负责繁殖下一代，还要有细胞负责统领协调工作，使得生物个体所有行动都步调统一，生物体内精细的组织、器官、系统得以有秩序地运作，各项生命机能也有了明确的分工。多细胞生物对环境的适应能力极大地增强，生物个体间的交流方式也较之前迈出了质变的一步，由多细胞生物建立起来的生态系统的复杂性和规模更是单细胞生物所远远不能比拟的。多细胞生物将生命带上了一个新的层次，是生命演化史上的一次飞跃，其优越的动力学性质为生命奠定了新的、巨大的、价值不可估量的进化基础。

至今获得的明确的化石研究说明，多细胞生物至少出现在大约6亿年之前。但这并不是铁的答案。因为人们手中还有一些"疑似"多细胞植物的化石或生物印痕，如果可以确定，那么多细胞生物的形成时间要移到10亿年前甚至20亿年前。要是真是如此，那么现有的古生物史就得重新编写。

目前被认为最原始、最低等的水生多细胞动物是海绵。海绵是多孔动物，全身布满小孔，中部有一个大孔。它没有嘴，没有消化腔，海水从小孔流进又从大孔流出的过程中，微生物留在了海绵体内，便算是用膳完毕。海绵虽然简单，但有了细胞的分化，有的负责造骨，有的负责造皮，有的负责消化，还有的负责生殖。这些细胞已经相互依存，将任何一个割离出来都无法单独成活。有必要说明，海绵与海葵、珊瑚是不同的动物。海葵、珊瑚是腔肠动物，我们在水族馆中看到的那些色彩斑斓、随水流摆动琼肢的是海葵。珊瑚则是珊瑚虫的群体簇依在老珊瑚骨骸上，貌似一树怒放的春花。海绵是木头木脑的，像一块荒石，其貌实在不扬（图 3 - 3）。

图 3 - 3　海绵、海葵和珊瑚

3.2.4　显生宙的生物演进

从距今约 5.7 亿年的寒武纪开始，地球历史进入显生宙，也进入了海、陆、空各种生物大繁盛、一片生机盎然的时代。在这一时期，动、植物开始分化和发展。随着动物的出现，生物界形成了一个三极生态系统：绿色植物（真核植物和原核蓝藻）通过叶绿素光合作用制造食物，是自然界的生产者；动物是自然界的消费者；细菌和真菌是自然界的分解者。多细胞生物在约 6 亿年间的进化主要表现在两个方面：一、生物个体的结构与功能发生了一系列演进；二、大量新物种出现，生态系统爆炸性地扩张。

生物演进的开幕式令人瞠目结舌：当幕布拉开时，包括节肢类、腕足类、蠕形类、海绵类，甚至高等的脊索类等一系列与现代动物形态基本相同的动物居然都在台上。世界上几个著名的寒武纪化石群（澳大利亚的埃迪卡拉、加拿大的布尔吉斯、中国云南的澄江）展现给我们的，都是如此的景象。这对于"生物进化是从水到陆、从简到繁、从低级到高级的漫长的演变过程"的规律来说，简直是时空穿越。"寒武纪生命大爆发"至今仍被国际学术界列为"十大科学难题"之一。学者对此提出了多种假说，但在得到化石支持之前，假说只能是假说。总之，在寒武纪初期有过一次生态大扩张，这是生物史上的第三次大扩张。

寒武纪生命大爆发时期，统治天下的是各种海洋无脊椎动物，其中最众者是一种被称为三叶虫的节肢动物。三叶虫演化迅速、生态分异明显、身体结构精巧完善，分布遍及全球海洋，在动物界中占绝对优势，称霸地球长达3.2亿年，寒武纪甚至被称为"三叶虫时代"。现已发现的三叶虫化石数量不少（图3-4左），甚至在旅游摊点上也能见到兜售，至于是真是伪，非专业人士难以甄辨。在植物界，由于地壳发生了强烈的造山运动，海面缩小，陆地广

图3-4　三叶虫化石和裸蕨化石

泛出现，气候变得干燥炎热。在海水潮汐过程中，一部分藻类慢慢适应了陆地生活，它们顽强地与陆地上的狂风、干旱做斗争，终于给大地披上了第一次绿装。以裸蕨为代表的低等植物成功登陆，由此拉开蕨类植物大繁荣的序幕。裸蕨是一种极其原始的植物，既无根又无叶，光秃秃的茎上有一些刺，所以才有这么个名字。图3-4右为裸蕨化石。

三叶虫走向灭绝时，鱼类就称霸王了。到了距今4亿年的泥盆纪，发生了一件非常重要的事件：一种有鼻孔、能呼吸空气的鱼类，或许是产生了躺在沙滩上晒晒太阳的冲动，或许是潮汐忘了把它们带回海洋，或许是地壳的造山运动把海底连同它们一起顶出了水面。反正，它们登上了陆地，后来又长出了脚、气管、肺等器官，成为原始两栖动物。几千万年后，许多古代的两栖动物都灭绝了，只在地球的温带留下了它们的后裔，主要是青蛙、蟾蜍之类的动物。今天它们经常成为儿童故事的主角，日子过得有滋有味。鱼的上岸，出现了第四次生态大扩张，这次扩张引发陆地生态系统的建立，为后来陆生脊椎动物的出现开辟了道路。

距今2.7亿年（二叠纪）的那些日子里，植物界也大步地从水域向陆地转移并进化。高达40米的茂密的蕨类森林渐渐地被苏铁、银杏、水杉等裸子植物代替。而后被埋入地下的古蕨成了今天的煤矿。辽阔的大地上，到处是茂密幽深的原始森林。丛林沼泽中，只有行动呆板、眼神木讷的两栖类动物在懒洋洋地闲荡，空中偶尔有1米长的巨蜻蜓飞过。如此大的昆虫，后来再也见不到了。那时既没有鸟语，也没有花香，世界一片安静。即将拉下的古生代帷幕前，悄然出现了爬行动物的身影，它们将给地球带来一片喧闹和尘埃。

今天我们见到的爬行动物是鳄、龟、蛇、蜥，而在2.5亿年前的三叠纪到9000万年前的白垩纪，地球上的爬行动物是恐龙。特别是侏罗纪，恐龙统治了地球：陆上有霸王龙、南方巨兽龙、剑龙、三角龙、雷龙、甲龙、腕龙、梁龙、双冠龙、鹦鹉嘴龙，海里有鱼龙、蛇颈龙，空中有各种翼龙。根据不完全统计，已经被科学家命名的恐龙至少有650种。它们大都躯体庞大，形象不太招人喜欢。霸王龙身长有13米，体重7吨，前肢却小得可怜；大的翼龙翼展达16米，与一架战斗机差不多；雷龙、梁龙、腕龙身长都有二三十米，体重40~50吨，且都有长长的脖子和尾巴；甲龙全身披覆着厚重不堪的骨甲，剑龙则在脊梁上安放尖利的骨板，都用于御敌，但三角龙的巨大头盾却不知道究竟有何用处。谈到恐龙，很自然会想到"庞然大物"，其实它们之中也不乏小个子。例如安琪龙的大小就跟一头羊差不多，翼龙中有些种类小如麻雀。人们对恐龙发生了极大的兴趣，穿越时空的影视剧更是

让恐龙得到复生，各种恐龙的形象已家喻户晓。

在恐龙年代，从爬行动物队伍中发展出一种比狗大一些的、全身长着绒毛的四脚动物，名叫犬颌兽。颌字读音如"合"，指组成口腔的骨骼和肌肉。犬颌兽本质上还是爬行动物，但具备了一些哺乳动物的特征，如体温恒定、有横膈膜等。同时，还出现了长有羽毛的巴掌大的始祖鸟，被认为是鸟类的祖先，但学术界也有不同看法。

中生代晚期地壳运动强烈，大陆板块漂移，造山运动频繁，气候急剧变冷。首当其冲的是植物，大片森林枯萎死亡。原来有利于恐龙生存的环境遭到彻底破坏，先是植食性恐龙因找不到食物而灭绝，随后肉食性恐龙也灭绝了。关于恐龙灭绝还有陨石撞击说，在第 1 章中已经提到。

爬行动物退位后，地球进入新生代，距今大约 6300 万年。强烈的地壳运动继续发生，特别是在 3000 多万年前，喜马拉雅山一带从海底逐渐升起成为"世界屋脊"。现在去那一带，可以看到成堆的贝壳化石嵌在公路旁的堑壁上。严寒过后地球又恢复了温暖，曾目睹恐龙生活的银杏、水杉以及耐寒的松柏都存活下来。作为新生力量的被子植物开始发展，世界上第一次绽放鲜花，并迎来了百花争艳的植物繁荣景象。在动物界，依靠随气温改变体温而存活的变温动物（俗称"冷血动物"）在寒冷面前只有两种选择，要么冻死，要么冬眠。而全身覆盖了体毛、有恒定体温的恒温动物——哺乳动物和鸟类，则表现出了对地球环境更强的适应能力。恒温动物中的蝙蝠、黄鼠等也冬眠，但冬眠时体温只降低 1 ~ 2℃；熊、獾在冬天进入"假冬眠"状态，其实只是一种深度睡眠。随着一些四足有蹄、以吃植物为生的兽类迅速繁殖，食肉类动物也得到快速发展。

到距今 700 万年左右的第三纪后期，哺乳类动物进入了极盛时期。大地已经像现在一样丰富多彩，一派桃红柳绿、燕舞莺歌的欣欣向荣景象。哺乳动物在地球每个角落安家：高山上奔跑着羚羊，草原上有成群的牛马，灌木丛中藏着鼠兔，密林中虎、熊踞在树下，树上则是灵活攀援的猿与猴，空中蝙蝠飞翔，地下还住着鼹鼠，就连大海中都有鲸、海豚、海豹等哺乳动物。

后来由于地质变化、气候变化等原因，一支名叫森林古猿的灵长类动物不得不从树上下到地面寻找食物，到地面后它们又经历了从四肢行走到直立行走的演变，成为人类的祖先。关于人类起源问题，我们将在后文中介绍。

回顾整个生命起源和进化、演变的漫长历程，如果把地球生成至今的漫长岁月浓缩为 1 年，那么地球于元旦零时形成，3 月初原核单细胞生物出生，7 月底真核细胞上场，11 月中旬出现海洋无脊椎动物，11 月下旬是三叶虫说了算，鱼类、昆虫类和两栖类动物是 11 月底 12 月初那几天入住的，12 月 11 日是恐龙报到的日子，不过才两个星期它就走了，12 月下旬当家的是鸟类和哺乳类动物，最后一天晚上 9 点半，类人猿悄悄地掀开了生物大家庭的门帘。现在是第二个元旦零时。

3.2.5　生物大灭绝

在漫长的年月里，伴随着自然的选择和淘汰，地球的主儿换了一茬又一茬。新的物种不断涌现的同时，另外一些物种却走向灭绝，走得那么彻底，头都不回，对地球似乎没有一丝眷顾。

据统计，在过去的 2 亿年中，平均每 100 年有 90 种脊椎动物灭绝，每 27 年有 1 种高等植物灭绝。这是正常的进化表现。但由于极端原因，如陨石撞击、宇宙射线暴发、大规模火山喷发、气候异常、大气成分改变、海洋盐度变化、地磁变化等，会造成生物的集群灭绝。自寒武纪以来，突出的生物灭绝事件发生过15次，其中有5次为重大集群灭绝事件。

1. 第一次物种大灭绝

第一次物种大灭绝发生在距今4.4亿年的奥陶纪到志留纪的过渡阶段，约有85%的物种灭绝。造成大灭绝的直接原因是当时地球进行了大规模的造冰运动，使得海平面下降，大批物种不敌寒冷而惨遭冻死。让人困惑不解的是，为什么持续了几百万年热带气候的地球突然会被冰雪覆盖？主流的说法是，一颗长度为10千米到12千米大小的陨石或小行星撞击了地球，其威力相当于100亿颗广岛原子弹爆炸，由此掀起的巨大尘烟包裹了地球，使得阳光在以后的很多年中都无法照射进来，地球表面温度迅速下降。

2. 第二次物种大灭绝

第二次物种大灭绝发生在距今约3.65亿年的泥盆纪后期，海洋生物遭到重创，盾皮鱼、笔石动物在生命的地图上被完全抹掉。节肢动物在上一次的奥陶纪大灾难中差点遭到灭顶之灾，它们好不容易熬过来慢慢恢复元气，没想到在泥盆纪又再次遭难。珊瑚虫躲过了这一劫，部分菊石类也侥幸存活。人们还不太知道是什么原因造成了这次生命大浩劫。一些证据显示，问题可能来自太空，地球有可能又被一颗陨石击中。所以陨石还真可以称为"宇宙大流氓"。

3. 第三次物种大灭绝

第三次物种大灭绝发生在距今约2.5亿年的二叠纪末期，这可能是地球史上规模最大、后果最严重的一次生命浩劫，估计有90%的海洋生物和70%的陆地脊椎动物被灭门，共有95%的物种惨遭灭绝。这次物种大灭绝的原因，可能是西伯利亚地区的火山爆发，当时整个火山活动地域有700万平方千米，和澳大利亚差不多一样大。地上滚滚熔岩，天上滚滚浓烟，地球环境极端恶化，本来就比较脆弱的生态系统衰弱崩塌，到最后不可收拾。这次火山大爆发所释放的气体，在后来几千万年的时间中仍在缓缓地毒害着地球生命。陆地上的植物躲过了这次大浩劫，之后的海洋环境也变得日益复杂，出现了古代海蜗牛、古海胆、古螃蟹等越来越多的生物新物种。

4. 第四次物种大灭绝

第四次物种大灭绝发生在距今1.85亿年的三叠纪晚期，80%的爬行动物遭到灭绝。当时地球的统治者是兽孔目爬行动物，因为它们长得有点像哺乳类动物，因此又称"似哺乳爬行动物"。在这次大灾难中，恐龙的祖先——祖龙或古蜥幸运地逃过了灭绝的命运。造成这次生命浩劫的原因，一直以来都没有定论。说火山爆发的、说陨石撞击的都有。这次三叠纪和侏罗纪交界时期的物种大灭绝，给了恐龙登上历史舞台中央的机会。很难想象如果没有这次灭绝事件，侏罗纪世界会是一个什么模样。

5. 第五次物种大灭绝

第五次物种大灭绝发生在6500万年前的白垩纪，就是我们已经熟知的恐龙大灭绝。这次生命浩劫杀死了以恐龙为主的地球上近半数的生物。恐龙躲过了三叠纪灾难，却没有躲得过白垩纪灾难。幸运的是，包括鸟类在内的一些体型较小的动物却在这场浩劫中幸存了下来。导致恐龙家族彻底灭绝的原因，还是陨石或小行星的撞击。根据是，铱元素在地壳中的含量只有千万分之一，而在该年代的地层土壤中突然出现了大含量的铱元素，这种极不正常的现象只有陨石或小行星带来方可以比较合理地解释。这次物种大灭绝后，哺乳动物登上了历史的主要舞台。鲨鱼也扩大了家族的势力，成为海洋世界的新霸主。

　　回顾这五次物种大灭绝，不由得让人担心第六次生命浩劫发生。事实上，第六次物种大灭绝正在隐隐地发生。前五次灾难是天灾，第六次灾难将是人祸。自从人类出现以后，特别是工业革命以来，地球人口不断地增加，需要的生活资源越来越多，人类的活动范围越来越大，对自然的干扰也越来越强烈。大批的森林、草原、河流被公路、农田、水库取而代之，生物的自然栖息地被人类活动割裂得支离破碎。再加上滥捕和污染，如今全球每年约有 6 万物种灭绝，是物种自然灭绝速度的 1000 倍，现有动植物中已有 10% 被列入了濒危名单。如果物种以这样的速度减少下去，到 2050 年，目前的 25% ~ 50% 的物种将会灭绝或濒临灭绝。更要命的是，物种自然灭绝会生成新物种，而人类造成的物种灭绝极难产生新物种。不论是自然灭绝还是人为灭绝，结果都是破坏食物链，但自然灭绝造成的破坏能修复，人为灭绝造成的破坏却是不可修复的永久性破坏。坚持人和自然的和谐发展和可持续发展，保护我们的生态环境，维护我们的地球家园，绝不仅仅是一句口号。

　　生命有太多可能，自从生命侥幸在地球上出现以来，曾有过太多的物种出现，也有过太多的物种消失，生命道路上物种之车时疾时缓，一路过来换了一批又一批乘客，但没有停止过向前。我们无法说出时间之神将会如何安排生命的长短与去留，却可以肯定生命虽是脆弱的，却也是非常顽强的。这种亦柔亦刚的品质，让它度过了一个又一个难关。每次物种大灭绝之后，必有一些全新的、更高级、更能适应新环境的类群取而代之。如果由于人类行为真的造成又一次物种灾难，那么灾难之后定会出现一个能适应被人类弄得百孔千疮的环境的新物种。那位新主人会是什么样子呢？也许和我们人类长得很像，也许是三头六臂，也许是我们无论如何都想象不出来的怪诞可怖或妩媚动人的模样。

3.3　生物多样性

　　我们的地球，从高山到海洋，从两极到赤道，遍布形态各异特征不同的生命：细菌细如芒尖，蓝鲸却重达 190 吨，它的舌头上可以停放 2 辆轿车；蜗牛奋力爬行，每小时能走七八米，而一种叫游隼（隼字读音如"笋"）的鹰在俯冲捕猎时的速度可高达每小时 355 千米，能追上当今的高速列车；小鹿小羊的眼神无比纯洁，令人怜悯爱惜，而流浪猫的眼中始终透露出警惕和猜疑；有些动物羽衣霓裳，如天堂鸟，美丽绝伦，有些则疤面赘鼻，如长鼻猴，丑陋不堪。当然此中所谓的美丑是按人类审视角度来定的。植物界也一样，"贵贱"地位迥异，巨微差异悬殊。贵如牡丹芝兰，贱如野稗蕨菜，巨如高杉密榕，微如细藓小藻。

　　地球上不同的生态系统庇护着生命，为物种提供食物养能和栖息家园，使它们能够繁衍生息。神奇变幻的遗传基因，又使物种能够不断产生、延续和变异。生物多样性越丰富，地球生物的生命力就越旺盛。

3.3.1　物种及其分类

　　生命世界魅力的奥妙不仅在于物种数目庞大，更在于不同的生命形式各有自己的特征和所适应的生存环境。一个物种就像一个家族，每个家族里面还包括有许多单元家庭，它们之间存在着巨大的差异，同时也有着错综复杂的关系。例如，棕熊和黑熊同属熊科，它们的生殖也没有完全隔离，但棕熊的体色可能是黑色的，黑熊的体色也可能是棕色的。然而，正确区分黑熊和棕熊是非常重要的：如果遇到棕熊，你应该装死，但如果在一头吃腐尸的美洲黑熊面前也装死，你就会成为那具腐尸的备份。

所以，乍一看物种是很明显、很容易确定的生物实体，但事实上却并非如此。物种又称为种，是具有一定形态和生理特征、居于一定自然分布区的生物群类，它是生物进化和生物分类的基本单位。在有性别的动物中，一个物种的个体一般不与其他物种中的个体交配，即使交配一般也不能产生有生殖能力的后代。如马和驴交配所产生的骡子就没有生殖能力，人工饲养环境中，雄狮与雌虎生下的狮虎兽、雄虎和雌狮生下的虎狮兽存活率极低，且寿命很短，没有生育能力。每一个物种都具有特定的遗传基因，可代代相传，从而保持物种的稳定性，但物种也可以通过变异、遗传和自然选择，发展成另一个新种。物种一词是人类对生物多样性进行描述的关键概念，是对自然界所有生物进行分类的基石。为了更清楚地认识自然界千奇百怪、令人眼花缭乱的物种，就需要依据物种的进化过程和彼此之间亲缘关系的疏密，分门别类加以系统整理，建立一个类似"家谱"的科学系统，使每个物种在这个"家谱"中都有自己的位置，这个位置就叫物种。一旦放弃这个概念，大到整个生态系统，小到每个生物个体，大部分生物科学都会坍塌。目前地球上的物种数目究竟有多少，谁都无法给出一个确切的数字。有科学家统计，自生命在地球上诞生以来，在地球上生活过的生物(包括许多已经灭绝的物种)很可能在 10 亿种左右。但到目前为止，被科学家发现并命名的只有约 200 万种，也就是说，即便是地球上现存的生物中，绝大多数物种还是我们尚不了解或尚未发现的。

早期的物种分类是按照生物外表相似程度或功能相似程度为标准来进行划分的，如把植物分成水生植物和陆生植物，把病毒、细菌、真菌、单细胞藻类、单细胞原生动物等统统归并成一类个体微小的微生物，这样的分类是表面化的，丢失了许多本质性的元素。科学的分类应不仅能反映生物间的异同程度，还能反映物种在进化上的亲缘关系，且两者都要有层级。现在比较通用的自然分类系统中，生物自高而低被分为七个阶元，依次为：界、门、纲、目、科、属、种。任何一个已经鉴定的生物都有其分类位置，有其特定的地位。如狼的分类位置为动物界 - 脊索动物门 - 哺乳纲 - 食肉目 - 犬科 - 犬属 - 狼。为了更精确地表达种的分类地位，还可在每一级之下插入一个亚级，如亚界、亚门、亚纲、亚目、亚种等，也可在每一级之前可加上总级，如总纲、总目、总科等。如牵牛花的分类位置为植物界 - 被子植物门 - 双子叶植物纲 - 菊亚纲 - 茄目 - 旋花科 - 牵牛属 - 牵牛。窗外的喇叭花居然和餐桌上的茄子有亲缘关系，若比照人类家族关系，它们是同一个太公膝下的曾孙，这可能很多人都没有想到过，而在物种自然分类系统这本"家谱"中，确实白纸黑字，毫不含糊。

随着对生物形态行为研究的不断深入，分类层次不断细化，例如目和科之间，增加了亚目、次目(下目)、小目、总科四个层级。

科学之所以能成为科学，在于其永远处在修正与完善以不断接近科学真理的过程中。关于目前的自然分类系统的分类是否科学，还是有争议的。哲学家威廉·詹姆斯就曾经写道：如果螃蟹能够听懂我们的话，知道我们把它归到了甲壳类，它将会"充满了被侮辱的感觉"，它会说："我根本不是那样的，我只是我自己！我自己而已！"科学的发展观不否定发展中的科学的积极作用，在当今分类仍然是识别物种最佳的"归档条例"。例如，我国有三种金丝猴，即川金丝猴、黔金丝猴和滇金丝猴，它们都是自然界中独立的物种，这三个种组成了分类学上的一个属,即金丝猴属(或称为仰鼻猴属)。金丝猴属又与猕猴属、叶猴属等若干不同属所包含的物种组成猴科。猴科又与猩猩科、懒猴科等若干不同科的动物组成灵长目。灵长目又与食肉目、鲸目等若干不同目的动物组成哺乳纲。哺乳纲又与鸟纲、鱼纲等若干不同纲的动物共同组成脊索动物门。尽管中间有明显的人类意志,有点"强加"的作风,但如此勾画出的清晰物种脉络有益于我们理解世界。在当前,物种概念对于加强物种保护也有空前重要的意义。

图 3–5 从分类学上说明了人、猩猩、猿、猴的物种亲缘关系。由图可见,人和猩猩的物种亲缘关系最密,DNA 序列也说明,黑猩猩与人类有约 99% 的遗传物质是相同的。人猿和猴是并行关系,人不是由猴子进化的,而是由类人猿进化的。在动物园里冲着猴子叫兄弟,人家自然不会理睬。

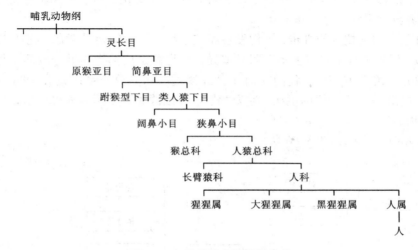

图 3–5　灵长目人猿总科物种

3.3.2　生物界类

生物分类按界、门、纲、目、科、属、种进行,那么生物总共有几个界呢?会抓苍蝇的捕蝇草不是动物,像蘑菇一样一簇簇长在一堆的海葵不是植物,藻类生物先被说成是植物,后来又被说成是微生物,再后来又都不是了,这是什么原因呢?

要说原因也很简单:随着科技水平的进步,人们对生物的认识不断深入,于是对生物的分界也在不断调整。最初,人们只能根据生物的形态特征来进行分类,后来考虑了细胞学特征、免疫反应能力、生态、行为等,最新的分类系统以生物大分子的结构和功能为依据。

1. 生物界类系统演变

(1)两界分类系统

从 17 世纪开始,根据固定生长与自由行动的明显区别,生物被分为植物、动物两大界。细菌类、藻类和真菌类归入了植物界,原生动物类则归入了动物界。这个两界分类系统使用了 200 多年,一直到 20 世纪 50 年代。

(2)三界分类系统

一种既有叶绿体能进行光合作用、又能自由行动而摄取食物的生物——眼虫的发现，虽然证明动植物同源，但也给分类学带来难题：植物学家说它是藻类，动物学家说它是原生动物。于是人们改用了三界分类系统，将细菌、藻类、真菌和原生动物另划为原生生物界。

（3）四界分类系统

人们又发现，真菌(如蘑菇、木耳、酵母、霉菌等)无论在细胞构造上还是生存方式上，都和细菌、藻类以及原生动物有明显的不同，于是将它从原生生物界中独立出来成为真菌界，形成四界分类系统。

（4）五界分类系统

随着对细胞进化和结构的了解，生物被按原核单细胞、真核单细胞、真核多细胞(真菌、植物、动物)的层次分类，于是就有了五界分类系统。生物分为原核生物界、原生生物界、真菌界、植物界和动物界的五界分类系统于1959年提出，至今仍在普遍使用。

（5）六界分类系统

随着分子生物学技术的进步，人们发现原核生物界中古细菌尽管在形态上与其他原核细胞很相似，但到了分子水平上却有明显差异，据此将原核生物界拆分成两个界：古细菌界和真细菌界。关于古细菌，我们在前文已经谈过。六界分类系统是在1990年提出的。这个系统又提出了高于"界"的层次，称为"域"，古细菌和真细菌各为一个域，另外4界合称"真核生物域"。

几种生物分类系统如图3-6所示。

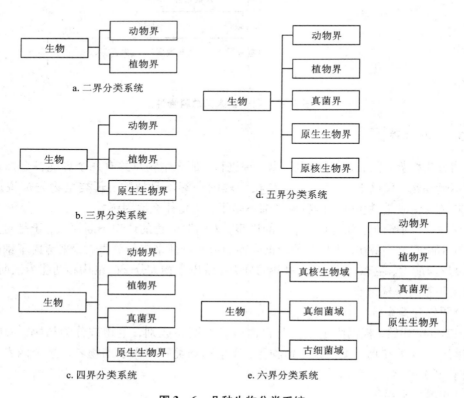

图3-6 几种生物分类系统

2. 病毒和类病毒

不论哪个系统都没有提到病毒，这是因为病毒是结构上极为简单的非细胞生物。说它是生物，是因为它具有生命的某些特征，如借助于宿主细胞可以进行繁殖。说它不是细胞，是因为它结构极其简单，所含的核酸要么是 DNA，要么是 RNA，没有宿主细胞就不能增殖，不具备细胞的最基本条件。病毒究竟是原始地球上的最初生命形式，还是原核生物退化的产物至今尚无定论，所以也还不能确定其分类地位。

自然界中还有一类比病毒更简单的分子生物，称为类病毒，它只含 RNA 一种核酸，寄生于细胞内。目前仅发现它在植物的植株间传染疾病。对这种极原始生命状态的研究对于揭示生命起源和进化可能有重大价值。

3. 古细菌界

此类细菌生存在极端条件的环境中。极端嗜热菌的最适生长温度为 100℃，有一些可以生活在 250℃ 的环境中；极端嗜盐菌生活在高盐度环境中，盐度可达 25%；极端嗜酸菌生活在 pH 为 1 以下的火山地区的酸性热水中，它的代谢产物是硫酸；极端嗜碱菌生活在盐碱湖或碱湖、碱池中，最适生活环境的 pH 为 8～10。此外还有甲烷菌、硫磺菌等。

4. 真细菌界

真细菌都是原核生物，结构简单，没有真正成型的细胞核，其遗传物质也没有结合的组蛋白。本界中的生物有细菌、放线菌、立克次体、支原体、衣原体、螺旋体等。

细菌个头极其微小，目前已知最小的细菌只有 0.15 微米长，也就是说 6500 个细菌列成单队只有 1 毫米长。但它是所有生物中数量最多的一类，广泛分布于土壤和水中，或自生，或与其他生物共生，繁殖迅速。人体表皮上、体内也带有大量的细菌，据估计人身上的细菌细胞总数大约是人体细胞总数的 10 倍。按形态细菌大致上可分为球状菌、杆状菌和螺旋状菌(弧菌及螺菌)三种。致病细菌侵入人体能引起疾病，这是常识。

放线菌是介于细菌与霉菌之间而又接近于细菌的一类原核生物，得到这样一个名字，是因为它们大多数有发达的分枝菌丝。多数放线菌不致病，且对细菌、霉菌有抑制作用，目前广泛应用的抗生素中，约有 70% 是各种放线菌所产生。链霉菌就是一种放线菌，我们对链霉素这个名字已经非常熟悉了，土霉素、卡那霉素等也是链霉菌的次生代谢产物。

立克次体、支原体、衣原体是介于细菌和病毒之间的原核生物，个头比细菌还要小。这些最简单的原核生物能导致人体罹患伤寒、肺炎、生殖器官炎症、淋病、沙眼等。

螺旋体(不是螺旋菌)在生物学上的位置介于细菌与原虫之间，结构比细菌复杂但仍是单细胞生物，有些螺旋体能导致人类的梅毒、脑膜炎等疾病。

5. 原生生物界

原生生物是最简单的真核生物，但比原核生物体积更大、功能更复杂。原生生物多为单细胞生物，小部分是多细胞生物，但不具组织分化。本界生物中包含至少 50 万种生物，主要是原虫、藻类和黏菌，在地球上分布广泛，可以说有水的地方就有它们的身影。

原虫具有动物的特征，能独立完成生命活动的全部生理功能，有的自生，有的腐生，有的寄生。疟原虫、阿米巴原虫、弓形虫、滴虫、锥体虫等是重要的致病原虫。阿米巴原虫会引发痢疾、脑膜炎、肝脓肿等疾病，治愈率低，危害性极大；弓形虫在中医上叫三尸虫，寄生入人体会引发各种疾病，统称弓形虫病，目前唯一确认的最终宿主是猫科动物，传染途径是通过食物摄入或血液传染，因此家有宠物猫者应特别留意；滴虫引发性器官炎症，由性活动或性器官接触到带有滴虫的水、器具等途径传染；锥体虫由苍蝇等昆虫携带传播，会引发昏睡病。

藻类生物能进行光能无机营养即光能自养，具有植物特征。但它没有真正根、茎、叶的分化，生殖器官多由单细胞构成，且合子不在母体内发育成胚，这与高等植物有极大的区别。有时我们称放在金鱼缸中的水草为"金鱼藻"，其实这是一种草本植物而不是藻类生物；有时我们看到墙角石边有一层湿湿绿绿的覆盖，就说："看，好多青苔。"其实它们倒往往是藻类生物。各种藻类生物的构造、大小相差很悬殊，小的有肉眼难以观察到的球藻，大的有和猪骨一起炖汤的海带。紫菜、裙带菜也都是藻类，海中的巨藻可长达200米。当水域中的营养盐过高时，藻类生物就会暴发性繁殖而产生藻华或红潮现象，最终造成水体缺氧变成臭水，包括昆明滇池等许多水域的污染就是这个原因。

黏菌既不是细菌，又不是真菌。黏菌被称为"真菌动物"，是因为它能够释放孢子的生活型态和真菌中的霉菌很相似，而身体构造又和原虫相近。

6. 真菌界

真菌包括各类蕈类（蕈字读音如"迅"）、霉菌和酵母，是由菌丝组成、利用孢子繁殖的真核生物，具有分解物质的能力，在生态系统中扮演分解者。现在已经发现了7万多种真菌，估计只是所有存在的少数。

蕈类分为褶菌类、非褶菌类、腹菌类、胶质菌类和子囊菌类共五大类，分别以香菇、灵芝、鬼笔、木耳、冬虫夏草为代表性生物。"菌"字有两个读音，分别为第一声读如"军"和第四声读如"俊"。表示细菌时读第一声，真菌、霉菌、酵母菌都读第一声；表示蕈类时读第四声，五个蕈类的菌字，还有香菌、菌子、干菌等读第四声。部分蕈类具有很高的美食用途、营养价值或药用功能。如竹荪，被称为"山珍之花"、"菌中皇后"，常出现在国宴上；有点大蒜气味的白松露荣膺"可食的钻石"之称号，是世界上最昂贵的食物之一，曾创下每克3.5美元的天价；灵芝则被认为能治愈万症、灵通神效而视为仙草、瑞草，雕刻在玉如意的柄端、绣在皇袍的褶边，现在还用于辅助肿瘤放化疗；冬虫夏草被《本草纲目》称为"功与人参同"，现时已价压黄金。不过蕈类中有不少是毒蕈，这也是世人皆知的，如白毒伞、毒鹅膏、网孢牛肝蕈等。误食毒蕈后的中毒类型主要有胃肠炎型、神经精神型、溶血型、中毒性肝炎型等，蕈中毒须及时抢救。民间有一些辨别毒蕈的小经验，但都不可靠。有些蘑菇素头素面却毒性十足；有些蘑菇分明在图谱上写的可食用，吃了却上医院，那是因为两种蘑菇的模样非常相似；有些蘑菇别人吃了没事我吃了却差点送了命，往往是因为我吃的没有彻底煮熟。在没有充分把握的情况下，管住嘴巴绝对是最好的解毒办法。图3-7为几种蕈的照片。

霉菌顾名思义是一种引起发霉的真菌。确实在潮湿温暖的地方，霉菌长出的绒毛状、絮状或蛛网状的菌丝，肉眼都能看到。一些霉菌侵入人体后，若在深部，可破坏全身脏器，严重的引起死亡；若在浅部，则成为各类癣，虽不危及生命，亦顽固异常，难以除根。霉菌在衣物用品、粮食饲料等处孳生，也会造成令人极不愉快的后果。不过，广谱抗生药青霉素却是用青霉菌培养液提制的。霉菌还被用在酒精、有机酸、酶制剂等的生产。

酵母菌是单细胞真菌，是人类文明史中最早被应用的微生物。在酿酒、造酱、制茶，以及发酵面包、馒头、果汁中，都用到了酵母菌。现在酵母菌还被用于发酵饲料、农田增肥，以及制药工业、石油工业。

竹荪(鬼笔目)　　　　　　　　松露

白毒伞　　　　　　　　毒蝇伞

图 3 – 7　几种蕈

7. 植物界

植物是几乎所有的动物和微生物直接或间接的食物来源。地球上可以有植物而没有动物，却不能有动物而没有植物。地球历史上的历次生物大灭绝都与植物类群的演化和消亡直接有关，毫不夸张地说，是植物在支撑着生命世界。植物是绿色的能量工厂，是地球生物圈活力的源泉。哪里有植物，哪里就生机勃勃、生气盎然。

植物的基本类群结构如图 3 – 8 所示。所谓维管植物，指具有木质部和韧皮部，可以通过其中类似于管道的结构(即维管系统)有效地输导水分及营养的植物。高等植物都是维管植物。

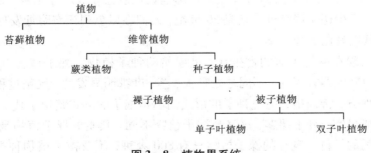

图 3 – 8　植物界系统

苔藓植物一般具有茎和叶,但茎和叶里没有输导组织,植株低矮,一般为2~5厘米,个别有30厘米左右的。它们生活在阴暗潮湿的环境中,精子必须借助水才能游到卵的近处进行授精,是从水生向陆生过渡形式的代表。苔和藓分属于两个纲,在形态和构造上都有很大不同,如从外形看,苔扁平而藓有较明显的茎。地钱是典型的苔(图3-9左),葫芦藓(图3-9右)是我国常见的藓纲植物。苔藓植物的生长对森林的水土保持和林木发育起着重要的作用,在改造地球恶劣环境中功不可没。它对二氧化硫等有毒气体特别敏感,因此适于作为监测空气污染程度的指标植物。

图3-9 苔纲植物和藓纲植物

蕨类植物是植物从水生环境向真正陆生环境过渡的中间类群,也是最原始的维管植物,在植物进化的过程中处于关键地位。蕨类植物只有根、茎、叶,不开花,没有果实和种子,多数生活在阴暗的环境,受精过程离不开水,属于孢子生殖。蕨类植物除桫椤为木本外其余都为草本。桫椤(桫字读音如"梭")在我国南部偶可见到,为国家一级保护濒危种。蕨类植物可用作草药、作肥料和饲料、作观赏植物、作指示植物,它的嫩芽可食用,俗称龙头菜,含有多种维生素。

种子植物又称显花植物,对应地,苔藓和蕨类植物为隐花植物。种子植物是植物界中进化更加高等完善的植物,能更好地适应陆地生活环境,分布在全世界的有20余万种,是分布最广泛的植物。它具有维管系统,能产生种子,并利用种子进行繁殖,这两点为植物的分布和繁衍创造了极为有利的条件。种子是一个处在休眠期的有生命的活体,有了种子植物就克服了因环境、气候等原因一时不能发芽的困难。有的种子休眠期极长,1951年在辽宁普兰店挖出一千三百年前的古莲子,壳都呈碳化状态了,后经培育,居然发芽开花,现已子孙满堂,不少还旅居海外。还是20世纪,人们在以色列死海附近发现了两千年前的枣椰种子,经栽培现已成树。

裸子植物出现在4亿年前的古生代,是原始的种子植物。裸子植物有蕨类植物的特征,例如它们的繁殖器官相同,不同之处是根、茎、叶都明显发达,受精过程不需要水,能生活在干旱的地方,特别是它通过种子的形式而不是孢子的形式繁殖子代。但裸子植物只形成种子不形成果实,种子裸露,这又与被子植物不同。因此,裸子植物是介于蕨类植物和被子植物之间的类群。现存的裸子植物只有800余种,不及被子植物种类的0.5%。裸子植物种类虽少,但种群却不小,尤其是北半球的大型森林中,80%以上的植株是裸子植物，如落叶松、华山松、冷杉、云杉等。银杏、苏铁、红豆杉、水杉等裸子植物属于国家一级保护树种，百山祖冷杉和台湾穗花杉被列入世界最濒危植物名单。

被子植物又称绿色开花植物，是地球上最高级、结构功能最完善、适应能力最强、出现得最晚的植物。现已知的被子植物有 25 万种左右，其中以草本为多。草本被子植物比木本被子植物具有更进化的特征。人们爱说"我愿做一株小草，默默地怎样怎样"以示甘心平凡，但在生物学看来，这种说法有点狂妄自大。被子植物具备根、茎、叶、花、果、种六种器官，种子外面有果皮包被，所以称作被子植物。它的受精过程不需要水，受精方式是双受精。双受精的过程很特别：两个雄配子进入雌配子体的细胞质内，其中一个与卵细胞授精结合，另一个形成胚乳核产生胚乳，用以贮藏养料。双受精是被子植物独有的繁殖方式。锦簇花团增添了人们生活的趣味，一支红梅足以勾起闲情逸致，情人节那天玫瑰的价格数十倍于平时是情理所在。花朵还吸引了蜂蝶，盎然春意尽由百花点缀。然而花朵带给生物学家的却是问号，在考古上花朵化石是突然出现的。这是对进化论的挑衅，进化论鼻祖称此现象为"恼人之谜"。我们知道，植物开花是为了吸引昆虫等为其传粉，然而有些花朵确实不够绚丽、不够奢华、也不够芬芳，或许它们有自己特定的粉丝团队。被子植物的果实哺育了无数生灵，在生物演化中贡献卓越。

被子植物尽管队伍庞大，却只有两个纲：单子叶植物纲（又称百合纲）和双子叶植物纲（又称木兰纲），后者约占 7 成。简单地说，它们的区别是发芽后是只有一片叶子，还是同时出现两片叶子。不过这不是绝对的，双子叶植物中的睡莲、罂粟等就只有一片子叶。两个纲的区别还与根、茎、花的特征有关。人类把生物分类将永远会遇到不太客气的似此又彼者，它们倒是悠然地过着自己的日子，而学者们却陷入了无尽的争论与烦恼中。

被子植物与人类生活关系密切。谷类、豆类、薯类、瓜果类、蔬菜类，都是被子植物。被子植物还广泛地为建筑、造纸、纺织、油料、饮料、食糖、香料、纤维、医药、橡胶等工业提供原料。我们没有一天不和被子植物打交道。

我国有 300 余种被子植物被列入珍稀濒危植物名录，如人参、天麻、雪莲、大王杜鹃、见血封喉（学名箭毒木）、胡杨、金花茶、黄牡丹等。珙桐（又称中国鸽子树，珙字读音如"巩"）、金花茶、人参和望天树是一级保护的被子植物。

8. 动物界

动物是一大类真核多细胞、异养生活、无细胞壁的生物的总称。动物种类繁多，现有40 余个门，150 余万种。多数门类为我们所不熟悉，如棘头动物门、内肛动物门、帚虫动物门等，它们要么居于深海要么个头很小。人们通常知道的只有十来个门。

（1）多孔动物门

多孔动物又称海绵动物，约有 2 万种，生活在海底，是最低等的多细胞动物，就像一个透水的罐，皮直接包着胃。说它是动物是因为它具备了动物的基本特征，实际上绝大多数海绵都是不动之物。

（2）腔肠动物门

腔肠动物又称刺胞动物，有 9000 种，全部生活于水中，且以海洋为主。本门动物有水螅［图 3 - 10（a）］、钵水母、海葵、珊瑚等。这些动物体形呈辐射对称，有的像伞、有的像花环。它们有口、触手、消循腔，没有肛门，吃和拉都通过口。

(3)扁形动物门

扁形动物体型扁平，约有1.3万种，有些生活在海水、淡水中，如涡虫；有些寄生在其他动物体表或体内，如血吸虫、绦虫。扁形动物出现了肌肉组织、神经主干和两性生殖系统，尤其是体形呈两侧对称，体现了进化的重要转折。

(4)线形动物门

线形动物有1.2万种，生活区域与扁形动物相同。大都体形细长，呈圆柱形。人体寄生虫中的蛔虫、蛲虫、丝虫、钩虫等都是线形动物。现在人们患线形动物寄生虫病的较上世纪大为减少，得益于环境卫生条件及个人卫生习惯的改善。线形动物出现了假体腔，有了后肠和肛门，消化系统有了重大进化。

(5)环节动物门

环节动物的身体就像是用许多环接起来的，因而得名。这个门的动物约有3.5万种，以蚯蚓、水蛭也就是蚂蟥为代表物种。环节结构既便于运动，内部的真体腔又能容纳各种器官，身体开始出现特化。环节动物的循环系统是闭管式的，血液有了专门的管道。环节动物身上还出现了类似于脑的神经节和类似于神经系统的神经索。

(6)软体动物门

软体动物的家族中有蜗牛、牡蛎、蛤蜊、螺、蚌、墨鱼、章鱼等，有8万多种，是动物界的第二大家族。它们的身体柔软，通常还背着一个坚硬且漂亮的壳，头足纲如墨鱼则把壳改成硬鞘放到体中。软体动物已经演化出了鳃、心、胰、肝等器官，还有眼、触角等感觉接受器。图3-10(b)为鹦鹉螺。

(7)节肢动物门

节肢动物是动物界的最大家族，约130万种，占了动物种类的85%。至于个体数就不是我们能想象的了。人们在巴西发现一个巨型蚁巢，用土量达到46吨，蚂蚁数量无法估计。发生蝗灾时，飞蝗遮天蔽日，犹如乌云。节肢动物体覆坚韧又轻巧的鞘，这是一种几丁质又称为甲壳素的外骨骼。它们都长有活动灵敏、功能繁多的分节附肢，我们常称其为腿或脚。节肢动物的另一特点是身体分为头、胸、腹三部分，分别负责感觉、运动和代谢，这是生物演化中质的飞跃。它们的各种感觉能力十分发达，往往不逊于人类。蝴蝶飞得并不快，但若想徒手逮住它绝非易事，至于蟑螂就更是敏捷有加。现有节肢动物有有爪纲、肢口纲、蛛形纲、甲壳纲、多足纲、昆虫纲六纲，前五纲的代表性动物有栉蚕、鲎(读音如"厚")[图3-10(c)]、蜘蛛、虾蟹、蜈蚣。昆虫纲则是动物界中最大的纲，有约120万种昆虫，分属于33个目。较常见的有鳞翅目如蛾、蝶，鞘翅目如金龟子、瓢虫等各种甲虫，蜻蜓目如蜻蜓、豆娘，双翅目包括蚊、虻、蝇等，膜翅目主要是各种蜂，直翅目则有蟋蟀、蝗虫等。鞘翅目[典型动物如图3-10(d)]又位列世界第一大目，有33万成员。

(8)棘皮动物门

棘皮动物现有6000种左右，全部生活在海洋中，有的固定不动，有的移动缓慢。它们虽然没有脑，却有完善的神经系统。海星、海胆、海参等都是棘皮动物。软体动物、节肢动物都披着外骨骼，而棘皮动物恰相反，它们周身纤毛上皮之下具有内骨骼，凭这点被视为无脊椎动物中的最高级类型。

(a)腔肠动物：水螅　　(b)软体动物：鹦鹉螺　　(c)肢口纲动物：鲎

(d)鞘翅目动物：独角仙　　(e)头索动物：文昌鱼　　(f)圆口纲动物：七鳃鳗

图3-10　几种形貌奇特的动物

（9）脊索动物门

脊索动物是动物界的最高等类型，有6万余种。脊索是动物背部棒状或链状的致密结缔组织，是支撑身体的长轴。脊索为动物提供神经管，有利于脑、脊髓系统的生成。体形左右对称，一般分头、躯干、尾三部分。水生动物用鳃呼吸、有鳍，陆生动物用肺呼吸、多有足。它们的血液循环已趋于完备，同时还出现了肾脏，增强新陈代谢作用，体外产生了附肢，使得运动方式更加灵活。依据进化地位，脊索动物分为尾索动物亚门、头索动物亚门和脊椎动物亚门。尾索动物的代表是海鞘，头索动物以文昌鱼［图3-10(e)］为典型。文昌鱼是脊索动物向脊椎动物进化的过渡物种，它不是鱼。脊椎动物是脊索动物中最高等的一个分支，它们的脊索进化为结构复杂、动作灵活的脊椎，身体各器官高度分化。现存的脊索动物有六个纲：圆口纲、鱼纲、两栖纲、爬行纲、鸟纲、哺乳纲。圆口纲的典型动物有七鳃鳗［图3-10(f)］、盲鳗等。其余各纲我们均比较熟悉。综前所述，我们平时去的动物园或野生动物园，准确地说是脊椎动物园。德国的西柏林动物园是世界最大的动物园之一，收集动物2400余种。我国最大的动物园是北京动物园，有近450种动物。

我国的大熊猫、金丝猴、白鳍豚、华南虎、朱鹮、褐马鸡、扬子鳄、黑颈鹤、藏羚羊和麋鹿等都是濒危动物，其中白鳍豚（又名白暨豚、白鳖豚等）已被正式公布为功能性灭绝。国家在1989年实施《野生动物保护法》，对"珍贵、濒危的陆生、水生野生动物和有益的或者有重要经济、科学研究价值的陆生野生动物"从法律的层面予以重点保护，该法明确了野生动物资源属于国家所有，禁止猎捕、杀害国家重点保护野生动物，禁止出售、收购国家重点保护野生动物或者其产品，对违反者追究刑事责任。

3.4　生命形态及进化规律

一花一世界，一虫一天堂，在这个美丽的星球上，每一段生命的轨迹都应该被赞美，每一种生命的状态都应该被尊重。每一朵花，每一只虫，都是鲜活的生命个体，都是一个自足的世界，都和我们一样，需要阳光，需要营养，需要实现自己的生命意义。

3.4.1　植物的形态结构

如人体是由多种器官组织精密配合完成复杂的各类生命活动一样，植物也有特有的结构来实现它的生命过程。它们各司其职，有着不同的功能。一般来说，植物有六大器官，分为营养器官和生殖器官两类，前者营自身生存，包括根、茎、叶，后者营物种延续，包括花、果、种。

1. 根

根是植物的营养器官，功能是吸收水分和无机盐，并将它们转化和合成营养，代谢活动异常活跃。根还有固着、支持植物的作用。我们常说命根，根是植物的命脉。根深则叶茂蒂固。在自然情况下，一棵一年生苹果树苗有38000多条根；一株8片叶子的玉米，不定根有近1万条；一株黑麦所有的根连接起来，其长度可达几十千米。

植物盆栽总不如地栽来得繁盛，而且生长缓慢，是因为其根系被束裹限制。根系在土壤中的分布直径可以比地上部分的直径大两三倍。一般来说，草本植物的根延伸在土表层2米左右的土层中，木本植物则基本是"树有多高，根有多深"，根系直径更是树冠的几倍。有的植物根的入土深度长于地上部分。一株棉花在沃土中根深3米以上；生长在干旱沙漠中的骆驼刺的根深达20米。陆生植物利用强大的根系深入土壤角落、抓实土壤颗粒的特点，被人们用来固定土壤，防止沙化。

根的外部形态形式多样，主要有直根系和须根系两类。直根系的中部是主根，比较粗，主根上伸出许多细一些侧根，侧根又有分支叫支根，支根上又有更细的小根，小根上还有根毛。大多数裸子植物和双子叶植物多为直根系，如松树、桃树、大豆、蒲公英等。须根系没有主根，像一把胡须，根根粗细都相仿，根上也有根毛。单子叶植物多为须根系，如稻、麦、竹、葱等。

在长期适应环境的过程中，有些植物的根的形态、结构和生理功能出现了很大的变化。我们熟悉的萝卜、芜菁（菁字读音如"净"，又叫大头菜）、红薯等，根部膨大，富存营养物质，是"贮藏根"，又称"块根"。玉米和高粱等除了土中有根外，靠近土壤的茎上还有几圈根，它们一半裸在地面，一半伸入土中，帮助稳固茎秆，是"支持根"。常春藤、凌霄等植物的气生根缠绕在其他物体上，使植株能牢牢地挂在屋墙或石壁上，这种根是"攀缘根"。高山榕等热带雨林大型乔木为避免头重脚轻，确保稳固站立，把根生得像一块块水泥预制板，是为"板状根"。同样为了稳定，有些植物不用板而用柱子，就是在树枝上长出根向地面悬垂，钻进土中，越长越粗，竟如同树干，一株树看上去就如一片林子，这是"气生根"，如被称为"独木成林"的榕树。还有些植物将根缠在其他植物身上吮吸现成的营养物质，由于不劳而获，称为"寄生根"，如菟丝子、桑寄生。图3-11为几种植物的变态根。

从植物的茎、叶等位置发出的根称"不定根"，人们利用不定根进行植物扦插种植，如红薯、菊花、甘蔗等。上文提到的支持根、攀缘根、气生根、寄生根都是不定根。

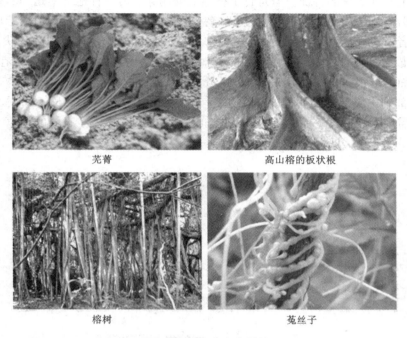

芜菁　　　　　　　　　　　　　　　高山榕的板状根

榕树　　　　　　　　　　　　　　　菟丝子

图 3－11　几种变态的根

2. 茎

植物的茎是种子植物的重要营养器官和支持器官。它输送水分和养料，支持叶、花、果等器官并合理安排它们的空间位置，它还有储藏营养物质的功能，有的茎还有光合作用或繁殖功能。茎上长叶的位置叫节，两个节之间的部分叫节间。节上的芽能够进一步发育为侧枝，就是通常说的"节外生枝"。"节外生枝"这个成语被用来形容在原有问题之外又岔出了新问题，再引申就是故意找茬设障，这可真是让植物背了黑锅。

茎的顶部有顶芽，顶芽不断向上生长，树株越来越高，主树干越长越粗，最后长成参天大树。这种分枝方式称为单轴分枝，其各级分枝则越往上越细，树株呈尖塔状即圣诞树的形状，多见于裸子植物。如果顶芽生长缓慢而侧芽生长迅速，树就往横处长，像一把巨伞，又像一座凉亭，这种分枝方式称为合轴分枝，多见于被子植物。

茎多为长圆柱体的棍状，随手折一段枯枝就是很好用的拐杖。但有些茎的形状颇为奇特（图 3－12）。有些植物茎的某些部分演化为"茎卷须"用以攀缘，如葡萄。爬山虎不但有茎卷须，在卷须的末端还有吸盘，以利于粘附在他物之上。皂荚、山楂等一些植物茎节的枝条长成刺状，称为"茎刺"。植物的刺还有"皮刺"和"叶刺"等，皮刺是表皮的尖锐突起，如玫瑰枝上的刺；叶刺则是叶片演化为刺状，如仙人掌上的刺。仙人掌的茎则演化成了"肉质茎"。有些植物的茎变形得更加离谱，如我们平时常见到的文竹，那羽状的细条其实不是叶而是茎，假叶树的侧茎也和叶子一模一样，这些都称为"叶状茎"，而真正的叶子已经退化为鳞片状，连光合作用都由茎来代庖了。

茎不一定长在地面上，也有长在泥土里的，称为"地下茎"。一种叫"根茎"，样子很像根，如藕、芦根、竹鞭分别是莲、芦苇、竹的地下茎。说它们是茎而不是根，因为它们有节和节间、节上有叶等茎的特征。笋是竹子根茎上的侧芽。另一种地下茎是"块茎"，如马铃薯、菊芋（即洋姜）、山药等。前文说过，红薯是块根，块根和块茎的区别在于后者有节和侧芽，而前者没有。洋葱、百合、大蒜等植物具有"鳞茎"，鳞茎呈规则的盘状，茎的顶端生有顶芽。最后一类是"球茎"，有荸荠（读音如"鼻齐"）、芋头（学名芋艿）、苤蓝等，球茎呈球状，上面的节很明显，很容易与块茎区分。

依据茎部中木质部的发达程度，植物又有木本植物（分乔木、灌木）和草本植物，区别并不难，只需用手捏一捏它们的茎和枝就能知道，坚硬的是木本、脆弱的是草本。此外还有禾本植物，稻、麦、玉米、甘蔗、竹都属这一类。

爬山虎   假叶树

竹鞭   苤蓝

图 3 – 12   几种变态的茎

3. 叶

叶是自然界最醒目的妆扮，窈窕绿水、妩媚青山，都用叶的笔触描绘。生命、健康、和平、宁静、希望、青春，都用绿色来象征，而绿色源于叶。翠羽丹霞，只是蘋天苇地的点缀；先有接天莲叶，然后才有映日荷花。就连姓氏也有此倾向，据 2008 年的人口普查统计，全国叶姓人口为 656 万，居第 49 位，而花姓人口仅 18 万，位于第 257。

植物的叶是通过光合作用制造有机物质的重要器官，它利用太阳提供的动力，将空气中的二氧化碳和来自水的氢原子转换成糖及淀粉等碳水化合物。这些产物溶解于水中，经由维管运送到植物的其他部位，同时向外界释放出氧气。这种制造食物的能力是只有植物才有的天赋，没有任何动物能做到这一点。因此所有的动物都直接或间接依赖了这里所制造出的食物，这是万物生命的基础，叶对生态系统所作的贡献莫可超越。叶还是异养生物最主要的营养来源，蔬、茶、药、烟都取材于植物的叶。

　　叶的形状多种多样,十分丰富。蕉、桐、莲、枫、松、柳、兰、芋、葱、蕨……它们的叶片形状、大小的差别何其之大!在山路上只要留意一下,就能发现叶子的五花八门,叶形的粗略分类就有四五十种。此外,叶子边缘形状、尖部形状、叶柄形状、叶脉分布、叶的质地、厚薄、颜色、缺裂、附绒等等,无一不是形形色色。和根、茎一样,叶也有许多变异形态(图 3 – 13),如滴水观音(学名海芋)靠近花部的叶子变为"佛焰苞"护卫着菩萨模样的花柱、豌豆有部分叶变态为叶卷须以帮助植株攀缘、捕蝇草张牙舞爪的叶子令蝇虻胆战心惊、光棍树(学名绿玉树)极度退化的叶子让有些人在每年 11 月 11 日更加着急、相貌平平的跳舞草的叶片会随声波而翩翩摆动。

滴水观音　　　　　　　　　　　　　捕蝇草

光棍树　　　　　　　　　　　　　　跳舞草

图 3 – 13　几种变态的叶

　　从叶和叶柄之间的关系来分,每个叶柄上只有一个叶片的叫做单叶,如苹果、南瓜、油菜、向日葵等;一个叶柄上有多个叶片的叫做复叶,如蚕豆、花生等。复叶中的每片叶称为小叶,按小叶排列方式的不同又分为羽状复叶和掌状复叶,这从名称就知道小叶之间的相对位置了。图 3 – 14 为单叶与复叶图片。

　　各种植物的叶在茎上都有一定的着生次序,称为叶序。叶序有五种基本类型,即互生、对生、轮生、簇生和基生(图 3 – 15)。在茎上每一节只生有一叶的叫互生叶序,互生叶序的叶子成螺旋状排列在茎上。茎的每一节上有两叶相互对生叫做对生叶序,对生叶序中有每两节对生叶之间常交叉成垂直方向、以避免相互遮蔽的,称为交互对生;有所有叶片排成整齐的两个纵队的,称为两列对生。茎的每一节上着生 3 个或 3 个以上的叶,排成轮状,叫做轮生叶序。如果有 2 片或 2 片以上的叶着生在节间极度缩短的茎上,粗看起来就像长在一堆,即称为簇生叶序。有些草本植物和蔬菜的茎极度缩短,它们的叶就像从根上成簇生出,称为基生。

单叶　　　　　　　　羽状复叶　　　　　　　掌状复叶

图 3 - 14　单叶和复叶

互生　　　　　　　　交互对生　　　　　　　二列对生

轮生　　　　　　　　簇生　　　　　　　　　基生

图 3 - 15　叶序

　　两列对生叶序和羽状复叶在形貌上有点相似，不同处在于前者是叶柄与茎的关系，后者是叶和叶柄的关系。叶柄着茎的地方有一个保护幼叶的膜质片状物，称为托叶(图3 - 16)，而叶和叶柄之间没有。

　　"碧云天，黄叶地"，秋声徐来，百忧感于心。乡魂牵萦，旅思唏嘘，概由草本植物和落叶植物惹起。原本如茵的草甸枯衰了，枝头的绿叶变得又干又黄，任秋风扫落。其实这是植物应对寒冬的策略，虽然做法有点极端。它们最大限度地停歇代谢活动。如果不这样做，那么在寒风冻雨中，叶片也会因冰凝而死亡。

小叶　叶柄　托叶　茎

图 3 - 16　托叶

凋落的树叶也不是无情之物，落地归根后，它们迅速腐烂并释放出组成成分中的养分，待植株回收利用。更何况在飘落前还呈现出紫红橙黄等无数种颜色，缀遍万山，染尽层林，将岭野谷峡打扮得一派流光溢彩，让人陶醉流连。

4. 花、果和种

（1）花

花是植物的生殖器官，由花柄、花托、花萼、花冠和花蕊（包括雄蕊群和雌蕊群）组成。其绚丽的颜色、芬芳的气味、甘甜的花蜜，主要是吸引虫类前来为其完成授粉。但在花朵面前，人们获得的主要是美感趣味和遐想情思。东篱采菊、踏雪寻梅、拈花微笑、葬花自怜……花中蕴藏着千百情感与哲思。人们还赋予各种花卉以人格化的象征意义，即花语。例如红玫瑰代表热恋，粉红玫瑰代表感动，白玫瑰代表尊敬，黄玫瑰代表嫉妒，黑玫瑰表示挑战。赠人一株花，其中的含义和情感表达数倍于言语表述。最初只是想引些蜂蝶帮做点事，却引来了人类的不尽忙碌，真让众花仙子始料未及。

花瓣只有 1 层的是单瓣型，2 层或 3 层的为半重瓣型，4 层以上的为重瓣型。有些花既有单瓣型也有重瓣型，如水仙、桃、茶等。单朵的花叫单生花，比较大，直接生在茎上，如牡丹、荷、玉兰、郁金香。多朵的花比较小，生在花轴上，称为花序，如樱花、稻、绣球花、剑麻。花序样式很多，常见的有：圆锥花序、头状花序、总状花序、穗状花序、伞形花序等。在没有专业知识可供借鉴的情况下，要辨认这些花序，我们只需形象地从字义上大体可以理解。向日葵、菊花、蒲公英不是单生花，而是头状花序，无花果则是隐头花序。图 3-17 从左至右依次为人参的伞状花序、南天竺的圆锥花序和千屈草（又称鞭草）的穗状花序。

图 3-17　几种花序

树开的花叫"木本花"，草开的花叫"草本花"。牡丹和芍药的花非常相似，区别在于前者是木本花，后者是草本花。同时具有雄蕊和雌蕊的花是"两性花"，如樱花、蔷薇、百合；只有雄蕊或只有雌蕊的花是"单性花"，且还分为"雌雄同株"（如玉米、黄瓜、南瓜）和"雌雄异株"（如苏铁、银杏、桑）两种情况。被子植物中单子叶植物和双子叶植物两个纲也可以通过其花瓣数加以区分：单子叶植物的花瓣数多为 3，6，9……双子叶植物的花瓣数则通常为 4，8，12……或 5，10，15……

花是一个说不完的话题。世上有 25 万种显花植物，就有 25 万种花，每一种花都有奇异的故事，每一种花都有深刻的花语。愿我们的世界永远花团锦簇，永远月夕花朝。

（2）果

果是被子植物的雌蕊经过传粉受精，由子房或花的其他部分（如花托、花萼等）参与发育而成的器官。果实是植物界进化到高级阶段才出现的。中生代裸子植物在地球上占优势时，其种子是直接暴露在外的。到了新生代，被子植物大量出现，才有满枝的累累果实。果实对种子是一种良好的保护结构，同时对种子的传播也具有重要意义。

和花一样，果也进入了人类文明。花是在文学、艺术、情感的层次，果则被引申为事物发展的最后状态、结局或归宿，到了哲学、政治、经济、法律、宗教的层次，成为最常用的关键词之一。

果实一般包括果皮和种子两部分，起传播与繁殖的作用。在自然条件下，也有不经传粉受精而结实的，这种果实没有种子或种子不育，故称"无子果实"，如无核蜜橘、香蕉、菠萝等。此外未经传粉受精的子房，由于受到某种刺激，也会形成无种子的果实，如无籽西瓜、无籽番茄等。

果实种类繁多，分类方法也多种多样。成熟果实的果皮肉质多汁的称为肉质果，脱水干燥的称为干果。肉质果又有浆果（葡萄、猕猴桃、草莓、无花果、石榴等）、核果（桃、李、芒果、杏、枣等）、柑果（柑、橘、橙、柚等）、瓠果（南瓜、冬瓜、西瓜、苦瓜、葫芦等，瓠字读音如"胡"）、梨果（梨、苹果、枇杷、山楂等）等几大类。干果则分为裂果和闭果，大豆、豌豆、八角茴香、棉等是裂果，榛子、松子、板栗、开心果、稻、麦、玉米等是闭果。依果实来源与发育的不同，可以分为真果、假果、单果、聚合果和复果。

从上面的简单举例就看出，植物果实在粮食、副食、油脂、香料、果品、酒、饮料、调料、纤维、药材中的地位果然显赫。要说从培养了灵长类到今天，高等动物包括人类没有一天能离开果实，果不其然。

（3）种子

植物的一生是从一粒种子开始的。小到体宽不及毫米的无根萍，大到号称"世界爷"、"猛犸树"的巨杉，最初无不是一粒种子。一般来说，植物的种子由种皮、胚和胚乳三个部分组成。种皮是种子的"铠甲"，起着保护种子的作用。胚是种子最重要的部分，将发育成新的植株。胚乳是种子集中养料的地方，不同植物的胚乳中所含养分各不相同。

种子的大小、形状、颜色因种类不同而异。椰子的种子很大，一个带着内果皮的椰子种子，可以重达几千克；油菜、芝麻的种子较小，而烟草、马齿苋、兰科植物的种子则更小，四季海棠的种子万粒重只有 0.05 克，不及芝麻的千分之一。大型的种子胚乳丰实，营养充足，萌发率高；微型种子则以数量取胜，哪怕只有千分之一能够发芽，结果也是春风吹又生的离离原上草。种子颜色一般以褐色和黑色较多，但也有其他颜色，例如豆类种子就有黑、红、绿、黄、白等色，还有很多是花斑杂色的，图案神秘离奇，惹人喜爱。

种子是要传播的，自然界中，植物传播种子的方式多种多样，归纳起来主要有风传、水传、动物传、自传四种。柳的种子搭乘柳絮、槐的种子自有膜翅、蒲公英种子撑开伞状的冠毛，青桐的种子把树叶当作飞船，它们都能随风飞到天涯。椰树给种子准备了轻舟和足够的粮和水，鼓励它们漂洋过海，自谋生路。睡莲的种子也是漂流高手。野燕麦的种子会自己"走"到土壤的缝隙中。更多的植物用奖励食物的手段，让鸟兽为其把种子带到远处；有些植物很吝啬，不但不给奖励，还强行免费快递，它们不由分说地把带有钩刺的种子挂到从此地经过的动物身上之后，就可以心安理得地向祖宗交差了。我们也有过同样的经历，在秋天的野外，当擦过一些枯枝后，毛衣上、裤脚边甚至头发上都会有许多让人恼怒的小毛球或小刺针，当你无可奈何地将它们逐个扯下的时候，你完成了一件工作——义务为苍耳和鬼针播种。如果你气得又狠踩一脚，那就更好了，这些种子终于被埋入土中。还有些植物的种子是由果荚弹发出去的，如凤仙。图 3 – 18 为几种植物的种子。

柳絮　　　　　　　　　枫杨　　　　　　　　　青桐

苍耳　　　　　　　　鬼针草　　　　　　　野燕麦

图 3 – 18　几种植物的种子

除食用等经济价值外，古人用种子来占卜，确定重大决策。红豆被赋予最相思的含义而愿君多采撷，莲子则因与"怜子"谐音表示爱慕之情。

3.4.2　动物的形态结构

千万种动物与我们人类在这个美丽的自然界里一起生活，从肉眼看不到的原生生物到巨无霸的蓝鲸。在海洋，在陆地，在天空，在江河湖泽、沼淖渊薮、密林大漠、地缝石隙，都有动物的家园。它们用自己的眼睛审视世界，用自己的肢翼接触世界，或许还在用自己的方式理解世界。我们不知道它们有没有喜怒哀乐，但知道这150多万种动物都有其适应特定生活方式的形态结构，只要我们不去干扰，它们都活得很好。鱼见到西施就往水底钻，其实不是惊艳而是避险；雁见到昭君就落地，也不是由于自惭而是觅食，那地方兴许刚好有片绿洲。动物们理智、知足、善良、节约，偶尔还会耍些小聪明，个个都是天使。人需要克服两个坏毛病，一是以自己的好恶为天地标准去衡量、议论、评判他物，二是自己都还没闹明白是怎么回事，就凭着直觉去规定、限制、改造他物。

本段我们讨论动物的外形结构，与动物感觉相关的内容讨论将在第 5 章中展开。

1. 眼

眼的作用是感觉光线，将周围环境转变为图像，属于感觉器官。动物从低等到高等，眼的构造在不断进化。

鱼类不具泪腺，没有流泪的功能，这是因为泪的主要生理作用是湿润角膜，一辈子生活在水中还要泪就多余了。鱼类还没有眼睑(睑字读音如"检")，连睡觉时都是睁着眼睛，即使死了也永不瞑目。爬行动物的眼睛一般有能活动的上下眼睑和瞬膜，并出现了泪腺，眼球的调节趋于完善。到鸟类、哺乳类动物，眼的结构就和人类差不多了。

2.鼻

鼻掌管嗅觉，嗅觉不仅与食物有关，还关联到领地主权的识别。凡嗅觉灵敏的动物，鼻子通常很发达，鼻孔也大而潮润。狗的嗅觉细胞甚至长到鼻尖外面来了。

鱼类的视觉不够好，但嗅觉很灵敏，连身体外侧都有能嗅味的侧线，可谓一身都是鼻。鲑鱼能通过分辨河水的"气味"，找到自己若干年前出生的河流，而人类则连刚坐过的椅子也不会感到有什么特殊。鸟类的嗅觉比较差，在农田、机场如果用异味的化学物质驱鸟，那是徒劳。值得加一笔的是大象的鼻，这是它们的手。说不出为什么要有如此不可思议的长鼻子，但如果一旦没了它，我们也很难想出补救的措施来。

3.口

口齿伶俐是说一个人能说会道，应对敏捷。其实口和齿的原本功能是摄食和碎食。动物可以少这缺那，唯独口是不能没有的，连最低等的海绵动物也知道这个道理。

昆虫的取食工具叫口器，食性的各异，造就了昆虫不同的口器。蝗虫、蚁等食用固体食物的昆虫的口器是咀嚼式口器；蝉、雌蚊一类刺入动植物体内吸食生物体内液体的口器是刺吸式口器；蛾、蝶一类昆虫的口器是像钟表的发条一样卷曲于头下，吃食时伸长了探入花心吸食花蜜，是虹吸式口器；苍蝇的口器专门用来舔吸液体食物，称为舔吸式口器；而蜜蜂那种既能咀嚼固体食物又能吸食液体食物的口器叫做嚼吸式口器。图3－19为几种昆虫的口器。

现有的鱼类多为硬骨鱼类，口位于头部的前端。鲨鱼属于软骨鱼类，口位于头的腹面，呈半月形。肉食性鱼类的口一般较大，上下颌坚硬有力，利于捕获并撕咬肉类食物，如鲅鱇。有些鱼类的口发生分化，如生活在海洋中雀鳝、颚针鱼，它们的口上下颌延长，形成长"喙"，内中生有尖锐的利齿。还有些鱼类的口呈管状，靠吸食为主，如烟管鱼。图3－20为几种鱼的口。

蛇能够吞食比它们的头大许多倍的食物，得益于上下颌由韧带相连而不是关节相连，因而弹性极大，蛇口一张，上下颌几乎位于同一个平面。毒蛇有毒齿，用来给猎物打针，有些毒蛇的毒齿还能喷毒液，甚是可怕。

鸟类的上下颌骨伸延构成喙。麻雀的喙粗短，呈圆锥状，利于啄食种子；家燕的喙短而基部宽广，利于在空中飞捕昆虫；雁、鸭的喙扁平具缺刻，可在水中滤食小鱼；鹈鹕的喙大而长，颌下发达的喉囊像一个兜，适于兜鱼；鹭类的喙长而扁直，利于捕食浅水中的鱼；啄木鸟的喙坚硬有力，像锥锤一样敲开树皮捕捉虫子；鹰隼类的喙尖锐而钩曲，是要命的凶器；犀鸟吃的也不过就是些平平常常的浆果，却有大得不可理解的喙，那喙竟占了体长的近一半，真不知有什么必要。

哺乳动物的口都差不多，有特色的是齿。食草动物只需解决割草和磨草问题，所以门齿、臼齿发达，却没有犬齿。从早到晚，整天都在磨，真是细嚼慢咽。食肉动物犬齿发达，集十八般兵器中的枪、戟、钩、叉于一身。大象是素食的，而雄象有一副威风的獠牙，那是

图 3 – 19　几种昆虫的口器

图 3 – 20　几种鱼的口

御敌的武器，与摄食无关。野猪、麝、獐、海象、角鲸等的雄性都有獠牙。獠牙还是动物个体在群体中地位的象征，人们却把它视为邪恶，凶神恶煞、妖魔鬼怪、僵尸邪蛊一律青面獠牙，这真是大错特错。图 3 – 21 为几种哺乳动物的獠牙。

4. 舌

人的舌主要用于感受味觉，辅助用于搅拌食物和丰富发音。对于动物而言，不需要复杂的语言，也没有百味可品尝，它们的舌主要作用是获得食物。

青蛙捕食时，舌尖突然向外翻出将飞虫粘着，然后卷回到口腔。蜥蜴的舌很长，变色龙的舌长可抵身长的 1.5 倍。它们可以在瞬间弹出长舌，准确地粘住远处的昆虫。食蚁兽的舌头像又细又长的鞭子，伸进白蚁穴，让白蚁自己爬到舌头上来。蜂鸟舌前端呈管状或刷状，能悬停空中取食花蜜。啄木鸟的舌很长且前端具倒钩，能把树皮下的虫子钩出。蛇的两岔舌不停地吞吐，这是在嗅知环境气味。企鹅的舌头长满了肉刺，能稳稳地抓住滑溜溜的鱼。蚂蚁的舌头长在胸部，蜗牛的舌头上长有万余颗牙。狗的舌头是散热器，牛的舌

疣猪　　　　　　　　　海象

角鲸　　　　　　　　　裸鼹鼠

图3-21　几种哺乳动物的獠牙

头是给小牛洗澡的淋浴头。猫科动物的舌上长满倒钩舌突,能把骨头上的肉刮得干干净净,奇妙的是这种像锉刀一样的舌头又能软得舀水喝。

　　5.肢

　　人的上肢是手,下肢是足。动物不能这样分,它们只有肢或足,就是灵长类动物,也只有前肢和后肢。手是人类向大自然申请的专利。

　　昆虫全身分为头、胸、腹三部分,作为运动中心的胸节又分前胸、中胸、后胸三部分,各长有1对足,分别称前足、中足、后足。前胸和中胸还各长有1对翅,为前翅和后翅。昆虫的足有细长均匀、行走如飞的"步行足"(如叩头虫的足);有粗壮发达、适于弹跳的"跳跃足"(如蝗虫的后足);有进化成折刀一样的"捕捉足"(螳螂的前足);有变成桨一样的"游泳足"(龙虱的后足);有能像铲子般掘土钻洞的"开掘足"(蝼蛄的前足);还有便于采集花粉的"携粉足"(蜜蜂的后足)等。节肢动物的足都很多,蜘蛛、蟹有4对足,蜈蚣少则15对足,多则191对足。这还不算最多的,俗称千足虫的马陆,每蜕一次皮就增加许多足,可谓自给自足,目前发现最多的有345对足。令人感到欣慰的是,这么多足被管理得步伐协调、秩序井然,从未有后足踩到前足的情况出现过。蜘蛛结网粘住飞虫,自己却能在网上健步如飞。虾有多少对足?这个问题很难回答。在物种分类中,虾属于"十足目",所以一般认为它有10对足。但如果我们拿起一只虾来观察就知道,它不止10对足。仔细数一数,头肢5对(包括2对触角和3对颚)、胸肢8对(3对颚足,5对步足)、腹肢6对(5对泳足,1对尾

颚足
步足
泳足
尾肢

图3-22　虾的附肢

肢），应当是 19 对肢。所谓十足目，是只算了它的步足和泳足。如果不算用于感觉和咀嚼的 5 对头肢，虾用于捕食和运动的肢有 14 对，见图 3－22。

鱼类的肢进化成了鳍，鸟类的前肢进化成了翼，爬行类和哺乳类是真正称得上四足的动物。爬行动物大多四足着地，行动敏捷。其中有的足的结构也相当奇特。壁虎的趾上有成千上万微钩状的鳞片，能轻易地抓住物体表面的细小突起，在我们看来十分光滑的玻璃，对它而言是粗糙一片，所以它能在直立的墙壁上甚至在天花板上自如地爬行。蛇的四肢严重退化却不减灵活行动，袋鼠的前肢小得可怜，而后肢一跃就有 13 米，百米距离不需8 步，且不说跳起的高度还能达到 4 米。

动物的形态结构是非常多样的，这都是进化的结果。一种动物既有的器官都有其功能，对于这种动物是不可或缺的。例如尾，除了最主要的平衡功能外，对于啄木鸟、袋鼠等还有支撑身体的作用，鳄的尾是武器，牛马的尾在驱赶蚊蝇中大起作用，鱼的尾又是推进器又是舵，天寒的季节松鼠将尾当围巾，绵羊的尾是储能柜。研究动物形态结构，可以给人类以启发，仿照着制作人类需要的生产工具和生活用品。这就是仿生学的任务。

3.4.3　生物进化的基本规律

38 亿年来，生物在默默地演化之中，如大江流水，不舍昼夜。演化过程中充满了艰辛曲折，几次险遭灭顶之灾，然而它不仅走过来了，而且留下无数成就和不断辉煌。让人眼花缭乱的进化，仔细去分析，可以发现其中存在若干基本规律。

1. 进化不可逆

在漫长的岁月中，一些生物遗传信息发生了随机突变。在变化的自然环境中，这些并无设定目标的突变起了关键作用，有的能适应变化了的环境，有的不能适应。于是适者胜出、滞者淘汰，就是通常说的"优胜劣汰"。此中的优劣是相对于当时特定的条件而言的，没有绝对的标准。换一种环境条件，优劣的含义或许恰恰颠倒。总之，一切能顺应环境改动的突变赢得了自然的青睐，否则就下课，自然界是铁面裁判，从不吹黑哨。生物遗传信息的突变是进化的根本动因，这种突变是分子水平的，一点一滴地发生，自然则一点一滴地选择。选择贯穿在每一时刻，稍有不适者，立即出局，严厉而苛刻，从不讨价还价。因此，进化是退不回去的，进化不可逆。

现在的猴子将来会变成人吗？如果它们能退回到类人猿，然后重新进化，更换掉 1000个基因，就能变成人。然而这个"退回"是不可能实现的，进化不可逆。

2. 进化有基本形式

生物的进化形式大体有四种。

（1）顺序进化

顺序进化指突变一步步地发生，自然选择一步步地进行，新物种陆续出现。顺序进化孕育出一个新物种的时间很长，往往以百万年为单位，且新物种较少。

（2）跳跃进化

跳跃进化指数百年甚至数十年就从原物种中产生新物种。这种进化出现在有性杂交中，如今在种植领域中有一些成果。人类过量使用抗生素，致使病菌耐药性迅速变得越来越强，也是跳跃进化。

（3）分支进化

原始种群发生的不同突变分别适应不同的环境,同时向多个方向演化,形成多个新物种,称为分支进化。如原始哺乳动物向地下、沙漠、海洋、空中适应,分别进化出鼹鼠、骆驼、海豚、蝙蝠等新物种。分支进化是生物界最常见的进化方式,由此形成了大量的新物种。

(4)协同进化

生物在一定的自然环境中存在,为使物种不灭,必须反淘汰。这里所说的自然环境,既包括地质气候,也包括生物链。食肉动物必须发展掠食器官和掠食能力,否则就会饿死;食草动物必须发展感觉能力和奔跑速度,否则也会绝门。就这样,你牙越来越尖、爪越来越利,我则眼越来越明、腿越来越快,你出一招我有一应,如此相互淘汰弱者,在物种共赢中协同进化。

3. 进化非匀速

各物种的进化进程不是均匀一致的。这中间既有内因又有外因。内因就是基因突变。按常规理解,基因突变对于原状态而言是一种病态、一种干扰,原状态对于突变有自我修复的内动力。只不过恰好出现了一个新环境,这种病又刚好变成适应。进化需要基因突变,突变不是匀速出现的。所谓外因就是环境,引起环境变化的因素太多,顺境或逆境的出现,也不是匀速的。因此有些物种虽无进化,却仍能存活到今天,成为活化石,而有些物种则来也匆匆去也匆匆。

3.5   人类起源与进化

我们是谁?我们从哪里来?又将向何处去?研究这样的终极问题,与杞人相比,似乎有过之而无不及。但我们要说,这确实是我们应当去探索的问题。因为一个人如果知道了我们是谁、我们从哪里来、将向何处去,那么不论再遇到什么问题、矛盾或者烦恼,他都能用最宽广的视野去看待、用最理智的态度去思考、用最智慧的方法去处理;他就能脱离庸俗、虚荣与狂妄,他的生活就有目的、有情趣、有质量,他的生命价值就成倍地增加。难道不是吗?对于人类,难道还有比这更根本、更深刻的问题吗?

3.5.1   人类起源研究

最早的人类起源说是想象的,如古代神话中的描述。后来从哲学的角度来建立,如一些宗教的告诉。今天,关于人类起源的话题已经成为一个重大科学热点,并取得很大进展。古人类学所有证据虽然都来自化石,但已经从较简单的形态比较、化学分析进步到放射元素鉴定和分子水平的 DNA 分析。科技手段在继续先进,将不断得到新的发现,但研究的直接对象只有两种:已经发现的化石和将来发现的化石,包括遗体化石和痕迹化石。

人类起源问题包括时间和地点两个方面,即人由类人猿进化,那么什么时候才出现完全意义上的人,他又是在哪里出现的。这两个问题只有化石能回答。令人有所遗憾的是,人们当今获得的化石太稀少、太零星,又没有形成化石链。因此,当前的人类起源学说都有假说成分。假说不是臆造,而是推测,是建立在一些证据基础上的逻辑演绎。假说是科学的婴儿,他可能夭折,也可能长大成人,没有假说便没有科学。大到宇宙大爆炸,小到以太的存在,都是假说,结果前者至今站着,而后者则被抛弃了。

从猿到人的进化有几个最关键的阶段，即下地、直立、制造工具。下地意味着猿群中出现了独树一帜的一类与伙伴们分道扬镳，直立意味着手足分工，制造工具意味着人类意识的出现。制造工具促进了脑的发达、手的灵活和语言的丰富。

目前对人类起源的认识是：5000 万年前出现了最早的灵长类猿猴，3600 万年前出现了类人猿，它们身高仅 1 米左右，体重不到 20 千克，相当于现在 4 岁的儿童。500 万年前，在非洲树林的类人猿中有一个小系从树上走下。人们发现了 300 万年前已经适应直立行走的阿法南猿的化石，200 万年前已能制造工具的能人的化石。能人是早期猿人，它们的手骨及足骨与现代人相似，脑容量为 680 毫升，是现代人脑容量 1400 毫升的一半。接下来直到二三十万年前的是晚期猿人，又称直立人，它们平均身高 160 厘米，下肢结构与人类已十分相似，脑容量增大到大约 800~1200 毫升。它们能制造工具，也有用火经验，但从生物学构造看，依然兼有猿的特性，并未完全脱离动物的范畴。从分类学看，它们具有人科特征却不完全具备人属的特征，因此有人认为它们不应是"猿人"而是"人猿"。著名的印度尼西亚爪哇猿人、德国海德堡猿人、中国蓝田人、北京猿人都是比较典型的晚期猿人。

古猿为什么要下地、下地后为什么要直立、它们又是从哪里学会制造工具的，这些都可以设计出许多理由，演绎出许多故事。至少化石不否定这些理由，也不反对这些故事。

3.5.2　现代人类起源学说

不论能人是猿人还是人猿，终归脱不掉一个猿字。从能人那里接班的是智人，智人已经具备人属的所有特征，是我们的直系祖先。

智人的进化分成早期智人和晚期智人两个阶段。

30 万年前（或 20 万年前）至 5 万年前（或 4 万年前）为早期智人，又称古人。他们的体质特征和现代人已十分接近，但还保留一些原始的痕迹，如前额低斜、颏部不明显等，脑容量平均为 1300 毫升，脑组织也比较复杂，属于人类社会发展史上的原始氏族时代。他们打制的石器比猿人的作品规整得多，能人工生火，开始有埋葬习俗。他们已经开始用兽皮、树叶等遮蔽身体，至于这样做是为了遮羞、是为了保暖、还是为了象征地位，都有可能。

早期智人之后至距今 1 万年前为晚期智人阶段。晚期智人又称新人，他们在解剖结构上已经属于现代人，骨骼结构上的原始特征已经消失。晚期智人打制的石器相当精致，器形多样，在使用上已有分工，并且出现了骨器和角器。他们甚至进行绘画、雕刻等艺术活动，还会制造装饰品，有了美的认识。同时，晚期智人已开始分化出四大人种，即蒙古人种（黄色人种）、高加索人种（白色人种）、尼格罗人种（黑色人种）、澳大利亚人种（棕色人种）。

图 3-23 从左至右为能人、直立人、智人的头骨化石和复原图。

当前的现代人类起源学说有两个主要学派：非洲起源说和多地区起源说。

非洲起源说认为目前生活在世界各地的现代人类的祖先在大约 20 万年前起源于非洲，然后在距今 10 万年以内离开非洲，向亚洲和欧洲扩散，并完全取代了其他地区的古人种，这一取代过程并没有明显的与原住人群的基因交流。由此而论，非洲以外的直立人和早期智人都是人类演化树上的旁枝，地球上所有现生人群均为非洲晚期智人的后裔。非洲起源说的根据是在非洲出土的众多化石构成了相当完整的进化体系，近年分子生物学证据似乎也支持非洲起源说。但同样是基因测序的结果，却得到了对非洲起源说不利的证据。有科

图 3－23　古人类头骨化石和复原图

学家发现，澳大利亚出土的 6 万年前的人类化石中提取的 DNA，与非洲早期现代人化石中提取的 DNA 在遗传上没有联系。

多地区起源说认为，目前生活在世界各地的现代人类的祖先是多个支系的，他们居住在不同地区，相邻地区的人群进行基因交换，共享遗传特征，导致现代人类进化的发生。多地区起源说尚缺乏足够的证据支持。

关于人类的进化，还有许许多多的疑问：为什么我们的进化是沿着这个方向发展，而不是另一方向？为什么我们是唯一存留下来的人类物种？我们在过去的进化过程中，还曾沿着其他方向发展过吗？人类仅有很少体毛的现象是进化的结果吗？人类的性行为在相当程度上与生殖不相关的现象也是进化的结果吗？未来人类将向什么方向进化？……这些悬而未决的奥秘正留待人们去进一步探索。

3.5.3　人类的生物品格与社会品格

据说国外某动物园的最后一个展位是"最危险的动物"，屋内只设一面镜子，创意可谓独特。人是动物吗？比较基因组学的研究显示，大约 2 亿年前的各物种基因中，约有 5% 的比例保留在人类，化石也依稀地给我们勾画出一条从能人演化过来的路线图。更甚者，黑猩猩的基因组与人类的基因组之间有 98.77% 是相似的。从生理解剖学看，人身体的组织结构与灵长目的动物并无太多不同。英国媒体称伦敦帝国学院的研究人员已经在制造实验用的"人心猪"方面取得成功。不久以后，人类有望通过基因技术，培育出拥有不会被人体免疫系统排斥的器官的动物，给人类提供充足的心脏、肾脏、肝脏等器官进行异种移植。因此，在生物界系统中把人放在哺乳动物纲下的灵长目中，这在自然科学领域有其道理。不过，还有一个领域，就是社会科学领域。在那里，人与一切动物有天壤之别；在那里，人就是人。

1. 人类与动物的区别

直立、制造工具等，不是人类独有的能力。企鹅也直立，袋鼠、暴龙等算疑似直立，黑猩猩也能"制造"简单工具。语言、感情、思维、智慧、合作精神等现象在动物界颇多存在。"鸣蝉长吟，油蛉低唱，蟋蟀弹琴"那是它们的私语，翠柳上的黄鹂或许正在商量终身大事，母羊的深情呼唤和小羊的天真应答都让人感动不已。至于动物对存在危险的判断、对觅食路线的分析，不能一律归为无条件反射。社会性也不专属于人类，从蜂群、蚁群、雁群到猴群、狼群、象群，都是身份地位清晰、分工职责明确、管理制度严明的小型社会。为了种群利益，动物中间不乏具有自我牺牲精神的勇士。

人类与动物的根本区别，是人类创造并拥有文化，其整体构成了文化系统。文化是一个极其宽泛的概念。广义的文化指人类在社会历史发展过程中所创造、积累的物质财富和精神财富的总和。一切与人有关的都是文化，金戈铁马是文化，子曰诗云是文化，婚纱钻戒是文化，淡饭粗茶也是文化。狭义的文化指意识形态所创造的精神财富，包括哲学、宗教、信仰、风俗、道德、伦理、法理、学术思想、艺术、科技等。狭义的文化可以用符号或文字表达。文化就是文明，不论广义的文化还是狭义的文化，都是其他一切动物所没有的。

实现人类文化需要三个条件：一、智力高度发达的大脑；二、行为高度灵巧的双手；三、组织高度文明的社会。类人猿具备获得这些充分条件的基础，所以它拿到了朝人类演化的入场券。如果没有如此的大脑、双手，没有文明的社会秩序，没有深厚的文化积淀，那么人只能是一种眼不如隼、耳不如豚、齿不如虎、腿不如麋、敏捷不如兔、攀援不如猱的中等进化水平的哺乳动物。

2. 人的双重品格和双重制约

人兼有生物个体和文明社会成员双重品格，就必定受到生物法则和社会法则的双重制约。对于同时存在的两种法则，很自然地就有协调问题，这个协调渗透在人类社会的所有领域，贯穿于人类社会的自始至终，并以文化的形态出现。人的所有生存问题都会反映到社会秩序中，所有社会问题又都涉及人的生物属性问题。例如修建利于民生的各项工程（生物属性要求）涉及国家财政计划安排（社会属性应对），又如战争（社会性问题）的最基本形式是毁灭敌对方的生存条件直至生命（生物性问题）。

通常来说，处理与人的本能和个体利益直接相关的事务，适用生物法则，处理有利于社会整体利益发扬的事务，或者是突出个人权益的尊严且不妨碍他人利益的事务，适用社会法则。这是人类全部文化的基本精神。

3. 生物与文化的协同进化

人类的生物进化与文化进化是相互促进、相互制约的，生物性需要和文化性需要也是对立统一的。

人类文明的开始不但没有终止其生物性进化，反而把生物性进化引上了新路。火的使用使人体的各个系统都发生了变化，包括对大脑发育都有正面作用。大脑增容又使文化建树走上快车道。医学的进步、医疗保健事业的发展使社会成员的生存机会趋于平等、人类平均寿命不断延长，但又造成人口剧增导致生存资源紧张和环境问题突出。一夫一妻制限制了人类的性选择和性竞争的生物学效应，却提高了对后代的健康保证。社会文明可能会降低人的环境适应能力，提高心脑血管病、癌症、糖尿病、骨质增生等文明病的发病几率，却又提供了开发人类潜能的机会。电脑、微波炉、粘合剂、防腐剂、美容术、激素、移动终端、磁悬浮列车、核电站等现代文明产品的使用,极大地方便了人类的工作、生活、通信与出行,但积年累月地暴露在微波辐射、有机挥发物、强磁场的环境中,人类的神经系统、呼吸系统、内分泌系统、生殖系统等会受到何种影响,越来越引起人们的重视。

人类的历史就是一部文化进化与生物进化协同发展的历史。文化不断地在创造,人类的体质体格不断地在提升,同时又面临一系列新的、需要解决的问题。

3.6 生命体形成的人工介入

所谓生命体形成的人工介入,是指用非自然的人为方式,强行改变器官的用途,或干预生命的形成,包括器官移植、"试管婴儿"、人体干细胞培育、杂交、克隆等。

1. 器官移植

器官移植是将健康的器官移接到另一个人体内、用以替代因致命性疾病而丧失功能的相应器官。常见的移植器官有肾、心、肝、胰腺与胰岛、甲状旁腺、心肺、骨髓、角膜等。人与人之间的移植称为同种移植;不同的物种间进行移植,如将黑猩猩的心或狒狒的肝移植给人,属于异种移植。

目前,器官移植面对三大问题。一是移植排斥反应。因为移植的器官是异体的,移植受者的机体会视植入器官为侵入物体而产生强烈的排异反应。使用免疫抑制剂可降低抗体免疫反应,但免疫抑制剂有很强的副作用,长期使用所带来的并发症也是致命的。在我国,目前移植受者术后1年的生存率已经达到90%,有些甚至高达95%,但长期生存率并不理想。二是动物异种器官移植,不仅存在排斥反应,而且还要冒着将动物特有的病毒传染给人类的危险。三是移植器官的来源极其有限,供体严重缺乏,许多病人等不到获得供体那一天。

2. "试管婴儿"

试管婴儿的医学名称是体外受精联合胚胎移植技术(IVF)。大体过程是将卵子与精子分别取出,置于试管内使其受精,然后将刚开始分裂的受精卵移植到母体子宫内,继续妊娠至分娩。试管婴儿不是在试管中发育的婴儿,只是其受精过程是在试管中完成的,而正常受孕是在输卵管中完成的。试管婴儿技术让不能自然受孕的夫妇看到抱上孩子的希望。

世界第一个试管婴儿于1978年在英国降生,是女婴;我国首例试管婴儿于1985出生在台湾,是男婴;内地第一个试管婴儿则诞生在1988年,是女婴。目前全球试管婴儿有1万名左右。30多年的实践,这方面已经积累了一些经验,国内不少大型医院都能提供试管婴儿手术服务。

但这项技术仍然问题多多。首先是成功率只有15%～20%,这远不是理想的数字。其次是风险大,包括基因变异、胎儿畸形(先天心脏缺陷、唇裂)等的发生概率数倍于正常受精发育的婴儿,流产率也高于自然怀孕。第三,原本是为了保证成功率而增加胚胎,结果导致多胞胎的现象十分普遍,影响胎儿发育质量。第四,容易诱发卵巢过度刺激症,穿刺取卵细胞时容易损伤脏器,出现大出血或者引起感染。第五,有些试管婴儿需要赠卵或赠精支持,因此存在伦理争议。第六,有可能催生非法的代孕灰色产业,即商业化的"租腹生子",我国已规定代孕母亲的试管生产为非法。最后,手术费用高,每次需要数万元。

3. 人体干细胞培育

组成人体的 60 万亿～70 万亿个细胞分属 220 余种细胞类型，各自执行不同的任务。其中有一类是干细胞，包括全能干细胞、多能干细胞和单能干细胞。

全能干细胞就是受精卵细胞，可分化出所有的组织和器官。多能干细胞能定向分化出多种专门细胞，例如骨髓造血干细胞可分化出至少 12 种血细胞，但不能分化出造血系统以外的其他细胞。单能干细胞能分化为一种类型或密切相关的两种类型的功能细胞，如神经、肌肉、骨骼、皮肤等。多能干细胞和单能干细胞合称成体干细胞。

成体干细胞进行"不对称分裂"，所分裂出的两个细胞中，一个是替补细胞，另一个仍然是成体干细胞。这样，在不断生成替补细胞的同时，成体干细胞的数量基本保持不变，保证人一生的用量。干细胞研究已成为自然科学中最为引人注目的领域之一，其理论和技术成果，是对传统医疗手段和医疗观念的一场重大革命。比如，替补大脑中与记忆和思维有关的神经细胞，有可能逆转或治愈老年痴呆症；牙齿不全者可望重新长出牙齿；因心肌梗塞缺血死亡的心肌细胞可望被新的心肌细胞替代，使心脏恢复活力；用新的神经细胞连接损伤了的脊髓，有望使瘫痪病人重新站起来。当前，造血干细胞移植是根治白血病的最有效方法，即用正常的骨髓干细胞来取代患者的骨髓，生产出正常的白细胞。

干细胞有生成身体内所有类型的细胞的能力，让科学家们雄心勃勃，他们不满足于细胞再生，而希望利用干细胞实现组织或器官再生。如果这个目标能实现，那么我们每个人都应该储存一些自己的干细胞，以便在需要的时候培养出指定的细胞组织甚至器官安到身上来。这就好比是建立一个人体的雏形器官库，方法是从体内取出尚未发育成形的囊胚内层的干细胞，将其平摊在培养皿里，一边给予充分滋养让它增殖，一边又限制其增值的速度，强令其保持幼年的不成熟体态，直到有朝一日接受指令方可继续变为上皮、神经、肌肉等特化细胞。这便是在当今生物学界和政坛赚足眼球的人类胚胎干细胞分离培养。

干细胞有极大的应用价值和前景，但除了技术上的困难外，其潜在的风险也不可忽视。既然看中的是干细胞的分化功能，那么很自然，干细胞能分化成的细胞类型越多越好，从细胞分化的意义上说就是干细胞的状态越原始越好。这样，想要什么细胞，就能请干细胞分化出什么细胞，而且还希望干细胞分化出来的前体细胞要有强大的繁殖能力，即低度分化状态和高繁殖能力。然而让人感到棘手的是，低度分化状态和高繁殖能力正是癌细胞的特点。在许多重要的性质上，干细胞与癌细胞也很相似，而且癌细胞也从它们的干细胞而来。在人工克隆羊和用诱导干细胞形成胚胎时，常常得到畸胎瘤，而不是正常的胚胎。各式各样的体外操作，表面上看是达到了目的，但这样取得的细胞和人体内的细胞有何差别，一旦植入人体后的结果如何，还不是可以拍胸脯的问题。另外，对胚胎干细胞的医学应用，也涉及一些伦理、法律方面的问题。

4. 杂交

不同品系生物结合而产生兼有不同品系特征的后代，称为杂交。

说到杂交，我们最熟悉的是将野生稻和常规稻进行杂交而大幅提高产量的"杂交水稻之父"袁隆平。植物的杂交在生物学上优势明显，已成为农业生产中培育优良品种的最常用的手段。除了杂交水稻外，小麦、玉米、高粱等粮食作物，辣椒、黄瓜、萝卜等蔬菜，牡丹、菊、百合等观赏花卉，都有大量的杂交品种。杂交品种高产、抗病，可兼有父本和母本的优点，食用安全，而且可以按照人们预先设计的方式成长，因而被大力推广。植物杂交技术较简单，就是人工授粉。但要培育出一个体系，则要通过数代、数十代的稳定和改良。从理论上说，要生产出带椰香的玉米、花斑的西红柿等，都能实现。

动物的杂交比植物难得多，要求两个品系的基因一致、染色体数目匹配。较著名的杂交动物是骡，父马母驴者为"驴骡"，父驴母马者为"马骡"。骡的染色体不成对、生殖细胞不能正常分裂，故无生殖能力。狮虎兽、虎狮兽、豹狮等杂交动物都产生于动物园，有些是将动物麻醉后由人工实施授精手术，这些"新种"抵抗力差，成活率极低，无生育能力。动物杂交对于人类而言是科研，但对动物而言，恐怕没有这么"简单"。

狼和犬在生物学中是同一物种，只不过前者是未驯之犬，后者是已驯之狼。所以狼犬不是杂交品种。

5. 克隆

我们从小就知道孙悟空会用毫毛变出无数替身，猪悟能也学了这门本领，结果忍痛拔下的鬃毛变出一窝猪仔向他讨吃的。用今天的话来说，他们都是在克隆自己。

克隆一般定义为前体通过无性繁殖而形成的基因结构相同的后体。只看这个定义中的关键词"无性繁殖"，"基因结构相同"，意思就非常明白了。按照这个定义，我们在前面说过的单细胞生物裂殖就是克隆。今天，我们说的克隆强调的是"原本是有性繁殖"的前体通过无性繁殖而形成的基因结构相同的后体。这样，就必须有人工介入了。简单地说，克隆就是一种人工诱导的无性繁殖方式。

1996 年 7 月 5 日，世界上首次利用体细胞克隆的绵羊多利诞生，它掀开了生物克隆史上崭新的一页。发育成多利的细胞来自两只羊，一只苏格兰黑脸羊提供卵细胞但被抽去了核，一只 6 岁的多塞特白面母绵羊提供体细胞的核放到这个卵细胞中。第三只羊提供子宫负责怀孕。所以，多利有线粒体母亲、基因母亲和生育母亲共 3 个母亲，但没有父亲，因为发育成多利的卵细胞没有受过精。有人说，多利的父亲应该是坎贝尔博士，他是这一研究项目的直接负责人。多利是一只母羊，它继承了多塞特母绵羊的全部 DNA 的基因特征，是多塞特母绵羊百分之百的复制品。多利和它的基因母亲就像是一对时隔了 6 年的双胞胎。多利告诉我们，原先我们认为只能分裂为专门组织的细胞，其实和受精卵一样具有发育成完整个体的潜在能力。也就是说，动物细胞与植物细胞一样，也具有全能性。多利因患肺病于 2003 年 2 月 14 日被处以安乐死，它生育过 6 只小羊。随多利之后，克隆猴、克隆猪、克隆牛等纷纷诞生，不由得使人再次想起孙悟空、猪悟能和牛魔王。

克隆技术有可能挽救濒危物种，或使一些高附加值和优良品种的牲畜扩大繁殖，在癌生物学、免疫学、人的寿命等研究领域都有不可低估的作用。有的人很超前，有的人很现实。前者在埋头研究之时，后者开始考虑如何用于自己。例如能否创办克隆人工厂，用户可以提出长相、身高、气质类型、性格特点、智力商数等要求，签约付款后便可以得到一个与你设想完全相同的孩子。又如能否将自己的体细胞克隆一个胚胎，在其成形前就冰冻起来。在以后的某一天自身的某个器官出了问题时，就从胚胎中取出 ta 的器官进行培养，然后替换自己病变的器官，用克隆法为人类自身提供"配件"。这种想法让人莫衷一是。克隆人——如果有的话——究竟是人还是非人？我们能够坦然地从与我们一样四肢健美、感情细腻、言谈风雅的克隆人身上摘下一只肾、挖走一只眼、割下一条腿吗？如果克隆的供体细胞发生变异，或者培养基因开了不恰当的玩笑，克隆出一个废品，到时候我们是养 ta 还是不养 ta？依样画葫芦克隆出的新生命，究竟是我的儿子、弟弟，还是自己？如果面对一群面貌、体态、风姿完全一样的克隆人，我们将如何确认他们的身份？如果他们犯罪，我们又有什么手段缉拿真凶？我们能否对自己来一番重新设计，拥有一个崭新的、完美的我，然后将旧的、有缺陷的我毁掉？这一系列的伦理、道德、法律以及社会问题，使人们对克隆人或许有一天降临人世而感到惴惴不安，担心滥用克隆技术可能给人类自身带来危害。为此，世界各国纷纷立法，禁止进行人体克隆。

　　人类在探索生命奥秘的路上前行，越走想法越多。今天，他们不但想制造器官，他们还想制造生命。如果上帝听到这个消息，不知道是喜是忧。从技术层面上说，生物工程技术可以初步做到将一种生物的遗传基因植入到另外一种生物的细胞中，干预生物的遗传特性，按照人类的愿望创造出新的生物。

　　2010 年 5 月 20 日，美国分子生物学家文特尔的团队宣布，他们已成功地合成了世界上第一例人造生命———一个细胞，这个细胞具有真核细胞的基因和原核细胞的细胞膜和细胞质。文特尔替这世界上第一种以计算机为"父母"，并可自我复制的人造生命取了个名字叫辛西娅。人造生命的出现是生命科学研究的一个里程碑，但和生命技术一样，也引起社会界一些不同的看法。有人忧心于"这样的技术如果落在恐怖主义者手中该如何是好"，而一些宗教人士则警告"人类不应试图扮演神的角色"。2013 年 5 月 17 日英国《每日邮报》报道，有科学家在实验室培养的人体胚胎中成功提取了干细胞，这意味着人们在克隆人体的技术上又向前走了一大步。但这些研究人员被反对克隆人体的人士抨击为"疯子科学家"，呼吁要在全球范围内全面禁止开发人体克隆技术。

　　6. 3D 打印器官

　　3D 打印技术又称增材制造，出现在 20 世纪 90 年代中期。近二十年来，3D 打印在汽车、服装、食品等行业先后制出产品。2012 年 11 月，苏格兰科学家首次利用人体细胞用 3D 打印机打印出人造肝脏组织。

　　3D 打印的基本工作原理是通过电脑控制专门的打印机把粉末状或液胶状的材料逐层"打印"并叠加，最终成为三维实物。例如打印皮肤，打印机有两个"喷墨阀"，一个喷出凝血酶，另一个喷出细胞、胶原蛋白以及纤维蛋白质，一层一层地打印，最后再打印一层称为角化细胞的皮肤细胞，于是，一张人体皮肤就打印出来了，可用于移植治疗。

　　打印其他器官的原理有所不同。以一种打印耳朵的技术为例：第一步，获得耳朵的三维信息并输入电脑；第二步，电脑控制打印机打印出有耳朵形状空腔的模子；第三步，在模子中注入含有能生成软骨的牛耳细胞的胶原蛋白质凝胶；第四步，凝胶中的细胞逐渐发育并取代凝胶；第五步，3 个月后，去除模子，获得功能和外表均和正常人耳相似的具有柔韧性的人造外耳，见图 3 - 24。2013 年美国《大众科学》网站梳理出目前已有耳朵、肾脏、血管、皮肤和骨头 5 种人体器官可以通过 3D 打印制造完成。

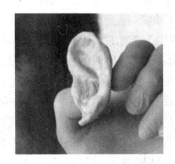

图 3 - 24　3D 打印的人耳

　　目前这些 3D 生物打印技术使用的材料都是先期培养的细胞，产品在形貌上可以替代人体器官，但在包括神经、循环等系统在内的全面功能上还有许多差距，若说真正用于临床，这段路还相当长。例如 3D 打印的肾脏仍然无法发挥作用、3D 打印的血管的柔韧性还比较差,成品的精度也未能让人满意,但这些都只是暂时的问题。2013 年 2 月,英国科研人员在《生物制造》杂志上发文称将把 3D 打印拓展到人类胚胎干细胞范围,并估计在 20 年内有望获得成功。人类胚胎干细胞是全能细胞,能分化为人体各种成体干细胞,即能发育为任何一种组织或器官。

在看到 3D 打印器官技术无量前途的同时,人们也对其中的伦理道德问题提出疑问。此外,这个技术成本太高,在推广中存在障碍。

必须说明的是,关于生命,我们还远没有达到可以随心所欲地、像拼积木一样把一堆特定基因凑在一起就得到特定生命形式的目的。而如果要在无机物中创造生命——就像用泥土造人,则连想都没有想过。如何认识、理解生命的问题比如何用技术改造、创造生命的问题来得更重要。

3.7　对外星生命存在的探索

仰首遥望繁星点点,很自然地就会去想,或许那颗微微闪烁却不太明亮的星星上,此刻也有"人"在抬着头望着我们。近些年来一些影视片塑造的外星生命形象,更把这种想象具体化。《阿凡达》中潘多拉星球上长着尾巴的蓝色纳威人妮特丽给人印象极为深刻,一曲幽徊低回的"心依依,眼涟涟,穿行于魂乡梦泽,我在你身边……"让我们这些地球人惭愧难当。

近几十年间,科技、考古和航天事业飞速发展,科学家不仅在某些原来认为是生命禁区的地方发现了生命,还从太阳系外星球接受到可能是植物发出的谱线。所有这一切都隐约透出星外文明也许真的存在的信号。

人类是有点孤独,他们渴望在双鱼座、天秤座或其他星座的星球上找到伙伴,温一壶浊酒叙说千年沧桑。·

1. 外星生命的家园

地球之所以生机盎然,皆因它的表面有 2/3 是海洋。大量的液态水可以充分溶解和输运生命所需的电解质,有效地调节温度和气候,提供适宜生命长期存在的保障,使地球成为孕育滋养百万生灵的暖床。如果外星生命的形态和我们差不多,那么他们应该就在那些很像地球甚至比地球更为舒适的星球上。这样的星球在宇宙中可能并不是只有地球一个。离我们最近的,就有火星、木卫二、土卫六、土卫二,它们是否具有、或曾经具有、或将会具有和地球类似的生命环境呢?

在第 1 章中我们已经说过火星。虽然对火星的认识已经越来越深入,但人们依然执著地寻找火星生物,无意中还在网络上发明了火星文字。哪怕能证明火星上曾经有过生物,也是太空生命探索的伟大成就。1984 年,科学家发现了一块于 1.3 万年前撞击地球的疑似含有细菌化石的火星陨石,其上有相似于蠕虫的化石体,被称为"火星细菌"(图 3 - 25)。有人怀疑这不过是矿物晶体,但借助高分辨率电子显微镜做出的分析显示,该陨石晶体结构中约有 25% 极可能是由细菌形成的。但要凭此就断言火星上有过生命还为时过早。

木卫二非常寒冷,似乎并不适合生命生存,不过科学家认为木卫二上不仅有简单的微生物,还可能会有某种复杂的生命形态。在过去的数年里,科学家一直推测木卫二的冰层之下可能隐藏着一个海洋,甚至还含有氧气。电影《阿凡达》中的潘多拉星球就类似于木卫二的环境条件。

土卫六除了缺少阳光，其他的环境比较接近于地球，其浓密的大气主要由氮气和碳氢化合物组成，应该能很好地保护地表免受辐射和陨石的冲击。根据美国宇航局卡西尼号探测器发回的数据，土卫六上可能存在某种未知生物消耗着该星体周围的大气，并以该星体表面的甲烷为主要食物来源。考虑到这些条件，如果土卫六上真的存在生命，它将推翻我们所有关于生命是如何生存

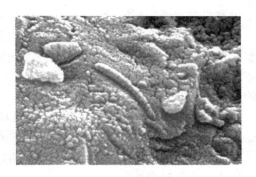

图 3 – 25　"火星细菌"化石

的认识，因为这一发现意味着生命可以在与地球完全不同的化学环境中存活，或许它将带来第二个创世纪。

2005 年，当卡西尼号探测器飞过土卫二上空时，发现这个星球上有正在喷出冰和气体的间歇泉，并从中检测出了碳、氢、氮和氧，所有这些都是支持有机生物体生存的重要基础。除此之外，科学家还发现土卫二表面下的环境可能非常温暖和潮湿，但是仍然没有证据表明这颗卫星上有生命存在。不过，在地球上一些海洋热液喷口处和光线无法达到的北极冰层之下，科学家也曾发现了某些极端微生物的生命形态。这种生命也存在于土卫二上的推测，不算太离谱。

这些星体都只是在太阳系之内的，那么银河系中呢？河外星系中呢？人类会继续探索的。美国芝加哥大学的研究人员通过大量数据的研究后，报告说"银河系中可能存在多达600 亿颗的行星可适合生命的存在"，英国科学家正在筹备架设一个搜寻外星智慧的网络，设法跟外星人说句话。证明外星生命存在固然很难，但要证明外星生命不存在则更难。外星生命可能完全是另一种状态、另一种机制，按照地球生命的模式去找，恐怕会进入盲区。

2. 外星生命的模样

外星生命究竟是什么样，慈眉善目？血盆大口？像机器人？像幽灵？我们现在无法知道。

从地球生命来看，在最开始时可能有过使用不同机制的生命，但是后来有一种在自然选择中胜出，最后成为地球上所有生物的共同祖先，现今地球上所有的生物彼此都是或近或远的亲戚。得出这个推断的依据是，今天地球上的生命虽然看上去千差万别，但基本的生命机制却完全一样，这个相同的基本生命机制就是构成所有生命的生物大分子都以碳为骨架。煤和石油证明了一切地球生命均以碳为基础的事实。煤和石油就是过去地球上的生物被埋在地下，经高温高压分解后遗留下来的碳骨架。

如果外星生命也以碳为基础，那么他们的基本模样就应该和地球生命相似，只是由于环境原因会有局部差异，再奇特也不过是人长了十几条腿还会飞之类。但一些天体生物学家推测，外星生命可能以硅而不是以碳为生命基础，因为硅原子与碳原子一样，也能排列成环状和长链状，形成生物分子的骨架。之前的探测就表明，火星上有些区域富含硅石。硅石一般在高温的水或蒸汽冲击岩石后沉积形成。地球上类似的地方，比如温泉或火山口附近一般都寄居着大量依靠热量生存的微生物。火星上的温泉如果能维持足够长的时间，同样会进化出大量微生物，例如以硅作骨架的古细菌。除了硅以外，某些元素在一定的条

件下也有搭起生命的可能性。

除了碳还有水，液态水是地球生命存在的关键因素，水为生命提供氢、氧和能量，没有水就没有地球生命。但外星生命却不一定依赖于水，他们有可能借助其他液体作为生化反应所需的溶剂，如土卫六表面就大量存在着液态碳氢化合物等物质，或许也滋养着那上面的生命。

地球的生物几乎都利用常见的 20 种氨基酸构建蛋白质，但化学家们能合成许多非天然氨基酸，因此外星生命或许能利用不寻常的氨基酸组建生命的基本构成。

所以存在于其他星球的生命——如果有的话——可能以人类看来是极其怪异的形态。

3. 外星生命的食粮

地球上所有的生命都有相同的基本结构单位。比如所有的细胞生物都用相同的四种核苷酸来组成遗传物质 DNA，都有由 20 种氨基酸组成在生命活动中起关键作用的蛋白质，都有类似的细胞膜组成，都使用碳水化合物和脂肪作为能源和储存能量的物质。也就是说，从最简单的生物到最复杂的生物，所用的"建筑材料"都相同，或者说基本的"零件"相同，所以也就可以到处通用。就像有限的几种积木可以搭建出多种结构一样，有限种类的"生物积木"可以组建成地球上千万种生物。地球生命要存活就得吃。吃的本质就是"拆"别的生物的积木，来构建自己的身体。这个"拆"，就是食物在我们胃肠中被消化。比如蛋白质被分解为氨基酸，淀粉被水解为葡萄糖，脂肪被消化成甘油和脂肪酸。这些氨基酸、葡萄糖、脂肪酸就是三种基本的"积木"或"零件"。它们和其他的小分子如甘油一起，被小肠吸收，又被用来建造我们自己的身体。

从这个意义上说，地球上的任何生物在原则上都可以"吃"这个星球上任何其他生物而生存，只要实际上办得到，而且能把食物里面的毒性物质去掉。所以动物可以吃植物(植食类动物)，也可以吃别的动物(肉食类动物)。植物也可以吃植物(如菟丝子)甚至动物(如捕蝇草)。细菌、真菌和霉菌"吃"死亡了的动物和植物，但也吃活的生物。就连病毒，也是用我们身体细胞里面的"零件"来建造新的病毒。

如果地外星球上存在生命，他们依靠什么来存活呢？外星生命可能与地球生命截然不同，比如遗传物质就不一定是 DNA 或 RNA，执行催化功能的酶也不一定是蛋白质。这样的生物与地球上的生物由于"零件"不同，彼此不能通用，也就不能互为食物了。就算他们的"零件"也是有机物，燃烧也能产生热量，我们的身体里也没有利用它们的酶。所以外星人也许无法享受到肉类等蛋白质食物的美味，也不会消化吸收淀粉等多糖类食物，而是以石头为粮；呼吸的不是氧气，而是其他气体，这些气体对于人类可能是毒气；它们身体内循环的不是以水为主体的血液，而是其他液体，例如液态甲烷。之所以得出这样一些结论，是因为科学家在探索地球生命的过程中，发现了这样一些生命存在的线索：一些微生物能以硫磺矿或者硫铁矿为食物，通过氧化这些矿石，获得生长和繁殖的能量，这就是前文提到的古细菌。如果把地球上的这些生物移送到环境条件类似的外星球，就可能具备在地外星球生存的能力。例如生活在寒冷干旱沙漠中的一种蓝细菌，它可以耐受巨大的温差，适应火星上昼夜变化带来的为真核生物和原核生物无法接受的恶劣环境条件，还能进行光合作用，固定二氧化碳，产生多糖等有机物，这种蓝细菌也许能成为火星上的先驱生命。

2001 年印度西部落下了神秘的血红色大雨，被认为是彗星碎片带来的大量红色颗粒，科学家对红雨成分进行分析，发现红雨中红色颗粒主要由碳和氧组成，自然属性像微生物细胞，通过透射电子显微镜还可以看到正在进行分裂繁殖的细胞。但这些红色颗粒没有地球生命的基本物质 DNA。假如红雨是某种外星生物登陆地球的痕迹，就预示着外星生命可能具有不同于地球生命的形式：它们没有 DNA，可能有其他形式的化学再生代码，可以分裂和复制。那么由此推论这些外星生物具有不同于地球生物的生活方式也就不足为奇了。

4. 外星生命的邮箱

对于外星生命而言，地球人最感兴趣的莫过于外星人和不明飞行物 UFO。许多科幻电影都曾演绎过乘着 UFO 而来的外星人与地球人之间交往的幻想，著名科幻电影《ET》里那个有着一双深邃怜人双眼和硕大脑袋的 ET 让人至今记忆犹新。许多媒体报道都曾描述过 UFO 的一些特征，如快速地移动或盘旋，外形如碟子、雪茄、球形、环形或椭圆形，移动时悄然无声、灯光熠熠，飘忽不定或轰鸣异常。由于 UFO 现象无法用逻辑的、常规的方法来解释，它们不仅迷惑了最初的发现者，而且连相应领域的专家在经过对可靠证据的仔细检查之后也无法对那些现象做出一个明确的解释。所以不明飞行物一直都以充满神秘的方式吸引着大众的眼球，数以千万计的地球人声称自己是 UFO 的目击者。究竟他们看到的是真实的存在还是幻觉？抑或在谎言与真实之间存在着某些东西？

如果仅凭太空漫游，也许永远找不到这些问题的答案，因为恒星间的距离远得令人不可思议。而我们在太空火箭方面最先进的构思，如光能推进、核能推进、太阳帆、物质 – 反物质发动机等，也要许多许多年后才可能变成现实。当然，外星人也可能在我们找到他们之前先来摁下地球的门铃，虽然不一定是乘着 UFO 来，但来自外星人的广播电波却有可能被人类接受和破译。人类也在不断向外星球发送无线电信号以呼唤外太空生命的回应。

我们不妨大胆地假设外星人的科技水平允许他们到达地球并已经发现地球上的生命，那么他们不和我们联系的原因也许是：地球的生态环境不适合外星人，因为地球大气会使他们窒息；他们正在恶补人类语言课程，因为人类还没有开始培养外星语言翻译人才；他们对我们心存恐惧，因为他们看到了人类宰杀动物，鲜血淋淋；他们认为地球人只是忧郁的哺乳类动物，因为他们同时还看到了快乐的黑猩猩；他们没有在星际间进行种族交流的兴趣，因为他们性格非常内向自闭。这些推测纯属笑谈，也许。

1972 年和 1973 年美国先后发射了"先驱"10 号和 11 号、"旅行者"1 号和 2 号宇宙飞船，拜访深邃的外太空。它们带着简要但全面介绍地球和人类的镀金盘和"地球之音"镀金唱片，作为赠予外星智慧的问候和礼物。旅行者 1 号、2 号的飞行速度约为每年 5 亿公里，如一切顺利的话，在 2015 年之前仍会把途经的有关宇宙资料送回地球。之后，它们便会因电力用尽而关闭所有的仪器，但仍旧默默地向着太阳系外的太空深处飞去。最后的希望来自对未知的期待。如果旅行者 1 号、2 号有幸遇到具有智慧的外星人，希望外星朋友能够知道：在太空深处极其遥远的一颗恒星旁围绕着 8 颗大行星，从中心数起第 3 颗上有许多寂寞的智慧生命，他们盼望着能在浩瀚的太空中找到一些和他们一样寂寞的宇宙知心人。

本章内容小结

由于地球的自然环境和地质气候变迁，一些无机物质产生化学反应和能量交换，促使碳氢结合，这事件在生命发展史中具有盘古开天辟地的意义。随后，一连串的事件接踵而来：生物大分子、原核单细胞生物、真核单细胞生物、多细胞原生生物、植物、动物先后出现。

在地球上诞生生命是必然的，生命以进化状态演化到今天的万物欣欣向荣也是必然的。如此的环境条件，如此的物质准备，必然有如此的结果。这是自然进程，与宿命无关。

一切生物都有适应其特定生活环境的内部基因与外部形态，凡是不能适应的都被淘汰。今天，从蛰居于泥沼中的微细生物到寄生于其他动物体内的线虫，从笑面野火的小草到屹立千年的巨树，从深海之底的海绵到书桌旁边的你我，都是生物中的佼佼者。在蜗牛面前、在蟾蜍面前，甚至在介于生命与非生命的病毒面前，人类都没有可以傲慢的理由。

人类创造了文化，文化又让人类脱离了动物的蛮昧。人类的一切行为都有文化背景，即便是生物性的行为，也不可能没有文化的色彩，人类应该高呼文化万岁！

人类介入生命形成、改造生命乃至创造生命的行为，最终还须迈得过文化这道坎，过得了文化这个关。倒是寻找外星生命的热情，既符合生物法则又符合社会法则，只是要记住：外星人是我们的朋友——如果真能找到的话。

第 4 章　人体的结构与人类健康

本章导读：人体应是被人类研究得最深入、最透彻的对象。关于人本身，谁都知道，这是手，那是脚。所以本章不想过多地重复已经成为常识的那部分内容。本章的重点是健康问题，健康不仅仅是"不生病"，但肯定至少是少生病、不生大病。为了不生病，就要知道如果怎样就会生病；为了知道如果怎样就会生病，就要知道哪里会生什么病。哪里会有什么病，这就是本章第一部分要说的内容。

如何衡量一个人的生命质量？这是一个很大、很复杂的问题，它牵涉人生观、价值观的多元性。但有一点是可以统一认识的，那就是健康。说到健康，又遇到了怎样才算健康的问题，这又是一个会引起争论的问题。但也有一点是可以统一的，那就是身体健康。本章第二部分就站在这个很小的平台上，讨论微生物、遗传、食物、食品安全以及生态环境与人类身体健康的关系。

树欲静而风不止，疾病的威胁是客观存在的。第三部分介绍几种重大疾病的致病机理和预防措施。由此，做到知己知彼，纵然风不息，树也不会乱摆。

衰老、死亡是不可回避的生命过程，在这个过程中同样有健康问题值得拿出来研究。这是最后部分的内容。或许"衰"字本身就缺乏健康的色彩，但在找不到更好的词汇时，我们只好将就着用了。

4.1　人体的结构与功能

嵯峨的连峰绝壁，旖旎的蟹屿螺洲，都是天造地设，自然山水的鬼斧神工，总令人大有不可思议之感。然而真正位居造化万物之最上乘者，非人体莫属。以健美的大卫和窈窕的维纳斯为代表的人类，在天地间无愧于万物之灵的称号。人类不仅有至美的外表，其内部组织之简洁与完善、结构之精巧与合理、功能的全面与协调，亦是世间一切物质组合体的顶峰杰作。

从外观上看，人体可分为头、颈、躯干和四肢四大部分。头是人体机器的电脑部分。颅骨是人体活动的最高统帅——大脑——的坚固城堡，它运筹帷幄，通过脊髓指挥并协调人体的各种活动，眼、耳、口、鼻、舌是它的左辅右弼。由 7 块颈椎骨排列加上周围的肌肉等构成了类似弹簧管状的脖子，这里面既有大脑与身体保持信息联系的通道，又有大脑和身体获得营养补给的通道，所以脖子是不能随便割断的。躯干是身体的中心部分，它包括前部的胸腹、后部的背腰和下部的盆腔，以及其中的各个器官。相比之下，四肢比较简单，除了每天支持我们行走、生产劳动和娱乐外，它们基本是抱胸手、二郎腿。

对于人体内的器官，古来就有"五脏六腑"的说法。脏，指实心的脏器，包括心、肝、脾、肺、肾；腑，则是空心的"容器"，包括小肠、胆、胃、大肠、膀胱和三焦。实际上，脏器并不完全实心，腑器也不只是简单的装东西用的购物袋。"三焦"有点独特，它不是专门的一个器官，而是从功能上对体腔的划分：心、肺为上焦，脾、胃为中焦，肝、肾、大小肠、膀胱为下焦。人体器官其实远非这么简单，"五脏六腑"仅针对体腔而言，且没有包含淋巴、脉管、胰、网膜等重要器官。稍微细一点分，人体器官有100多种。它们各司其职，相互配合，各自发挥着精准的功能，共同担负着维持人体生命活动的重任。只要给予足够的支持，人体可以随时调集全身的各种细胞和器官发动战争、进行防卫、清理垃圾、发展生产、维护通信、修复受损组织。

下面我们分别讨论支撑人体生命活动的主要器官组织。

4.1.1 消化系统与泌尿系统

论到百姓的头等事，无非是吃喝拉撒睡，这五件事竟有四件和消化系统与泌尿系统有直接关系。"民以食为天"，就连君子对于饮食也是津津乐道的。夫子"食不厌精，脍不厌细"；"故人具鸡黍，邀我至田家"，有好吃好喝的，孟浩然应邀欣然前往；元稹更是因坦言"酒熟脯糟学渔父，饭来开口似神鸦"，而给后人留下一个经典成语。吃喝和拉撒中间的过程在生理学中称为消化。

1. 消化系统

消化系统由消化道和消化腺两部分组成。消化道是一条起自口腔延续咽、食道、胃、小肠(十二指肠、空肠、回肠)、大肠(盲肠与阑尾、结肠、直肠)，直到肛门的很长的肌性管道；消化腺包括唾液腺、胃腺、肝脏、胰腺、肠腺，其主要功能是分泌消化液，参与代谢。

一个成年人每天要食用近1千克的食物，消化系统分两步来处理这些食物。

第一步是"消"，即对食物进行物理研磨。送进口腔的食物，由牙齿进行咀嚼，唾液腺分泌唾液润滑食物，舌头进行搅拌，变成糊状的食物经咽、食管步步向前推进，通过胃的蠕动进一步将食物磨碎，并通过胃酸作用初步消化为食糜。

人有32颗牙齿，其中切齿又称门牙8颗，犬齿4颗，还有20颗是臼齿，俗称大牙，最靠近咽部的4颗臼齿又称智齿。人一般在22岁前后长出智齿，也有五六十岁才长的，也有一辈子就不长智齿的，还有的人智齿只长一半，比旁边那颗明显矮了一截。有的人长智齿过程顺利，有的人长智齿的时候肿了半边脸，痛苦不堪。这是人类饮食精细化引起颌骨骨量减少，从而使得智齿无处"生根"的结果。每个人的智齿最终究竟如何是由遗传决定的，问题严重者应及时求医拔除。

胃真的像一个囊，位于人的左上腹腔，上接贲门(贲字读音如"奔")食道，下通幽门十二指肠。一方面，胃的强劲收缩和蠕动能磨碎食物；另一方面，胃分泌含有胃蛋白酶和盐酸的胃液分解食物。胃液呈强酸性，实验证明它可以溶解锌、铝等一些轻金属，所以还有灭菌作用。有人问，胃酸如此厉害，为何不会把胃也消化掉？一种解释说这是因为胃壁表面有一种黏液细胞分泌黏液覆盖了胃壁，使之免遭腐蚀。生物进化中这一类无微不至的"周到"安排，在人体中比比皆是。

第二步是"化"，即对食物进行化学分解并吸收。酸而又酸的食糜从胃部进到小肠。首先到达十二指肠，十二指肠长约25厘米，近似于12个手指排起的宽度，因而得名。在这里，胰腺注入了大量胰液以中和胃酸。胰液中有许多消化酶，它们联合起来的强大消化力能使淀粉、脂肪、蛋白质等营养物质分解。同时，胆也向十二指肠排入胆汁去乳化脂肪，使脂肪酸易于吸收。

　　食糜再往下走的通道便是空肠和回肠，这两个部分合在一起有近 6 米长，通常也合称小肠，肠壁上密布着绒毛，绒毛上还有微绒毛。小肠的内表面积为 5 平方米左右，绒毛和微绒毛使小肠的有效面积扩增到约 200 平方米，足有 50 张双人床大。这是吸收营养的地方，食糜在此处停留的时间较长。小肠除了吸收有机分子，也大量吸收无机盐和水分。然后，食物残渣进入大肠。先是来到结肠，结肠的任务是进一步吸收水分和部分维生素，并暂存残渣。最后通过直肠排出粪便。"夕阳西下，断肠人在天涯"，其实肠子之所以九转百结，为的是充分消化吸收营养，而不是去承载那许多的愁。

　　在整个消化过程中，肝脏不但没有闲着，而且忙得不亦乐乎。它要把小肠吸收的杂单糖转化为葡萄糖、要把蛋白质及核酸等分子的代谢尾产物转氨成尿酸及尿素、要合成蛋白质、要降解转运脂类、还要分泌胆汁。此外，肝还要负责解毒、贮存维生素的工作任务。看来，常说的"心肝宝贝"，将肝脏的重要性与心脏并列，并非没有道理。

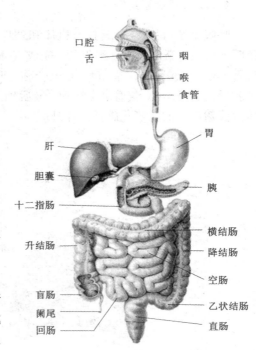

图 4－1　人的消化系统

　　图 4－1 为人体的消化系统图。

　　2.泌尿系统

　　泌尿系统由肾、输尿管、膀胱、尿道组成。人体在新陈代谢过程中，不断地产生二氧化碳、尿酸、尿素、水和无机盐等代谢产物。这些物质在体内积聚多了，就会影响正常生理活动，甚至危及生命。排出这些废物主要依靠肾脏来完成。肾脏是形成尿液的器官，它长在腹后壁脊柱两侧，左右各一个。大量血液流经肾脏，经过肾脏的处理，其中的代谢尾产物及其他人体不需要的可溶性物质和多余的水一起形成尿液。尿液沿输尿管下行至膀胱暂存，最后经尿道排出体外。

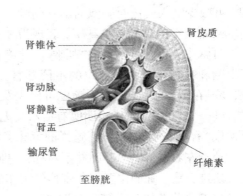

图 4－2　肾脏的结构

　　肾脏是人体的血液净化器，它把血液中的所有成分全部拣一遍，然后重新吸收其中对人体有用的有机或无机小分子以及足够的水，剩下的就是尿液了。如果人体肾脏损坏而不能将体内代谢产生的废物和过多的水分排出体外，就形成尿毒症。病症严重者只能定期利用血液透析仪(俗称人工肾)除去血中的有毒代谢尾产物。肾脏除了在排泄中担负重任外，还有调节机体内环液中水、无机盐和酸碱度的平衡的机能。图 4－2 为肾脏的结构图示。

4.1.2 呼吸系统

呼吸系统(图 4-3)是执行机体和外界进行气体交换的器官的总称,人体通过呼吸系统呼出二氧化碳,吸进新鲜氧气,完成气体吐故纳新。呼吸系统包括呼吸道(鼻、咽、喉、气管、支气管)和肺。鼻、咽、喉又合称上呼吸道,气管和支气管合称下呼吸道。气体进入鼻腔后,经咽、喉、气管、支气管,最后到达肺,在肺泡中进行气体交换,氧气进入体内,体内代谢产生的二氧化碳排出体外。

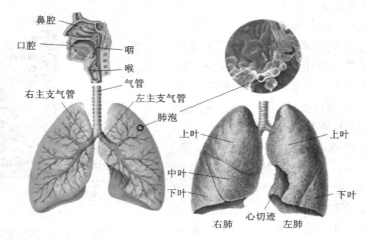

图 4-3 人的呼吸系统

鼻腔除一般的通气道功能外,还具有加温、湿润、清洁呼吸气体的作用。通过这种处理,可减少吸入气体对肺泡的不良刺激。若受凉感冒等,可使鼻腔黏膜发炎、充血、肿胀,使本来就狭窄的鼻腔更加狭窄,表现为鼻塞,影响通气。

日常中,我们习惯于说"咽喉",并将它喻作要害,如"汉中咽喉"、"扼住咽喉"等。实际上咽和喉是两个不同部位的不同器官:咽位于口腔与食管之间,也就是舌根往里的部位,是"吞咽"的地方,张大嘴巴可以视及;而喉位于颈部,下方就是气管,不借助喉镜无法看到。"有鲠在喉"比喻明明有话却又无法说出的那种"不吐不快,吐之实难"的感觉,如果换成"有鲠在咽",就没有这样的意味了。

肺有左右两叶,两叶肺并不对称:左肺分上下两叶,而右肺分为上中下三叶。左肺还有心切迹,是心脏的位置。负责换气工作的是肺泡,肺泡与毛细血管的血液之间有一道呼吸膜相隔。薄薄的呼吸膜只允许氧气和二氧化碳通过,其他的一律禁行,呼吸的吐故纳新得以实现。成年人有 3 亿~4 亿个肺泡,展开后总面积可达 90 平方米。长期吸烟者的肺被大量烟雾颗粒充塞,使肺泡的有效面积锐减,加上烟雾颗粒所含化学物质对细胞的作用,他们发生肺癌的概率是一般人群的 10 倍以上。

有的人睡眠时总打鼾。1994 年的国际鼾症研讨会把打鼾确定为"睡眠呼吸暂停综合征"。打鼾的原因很多,其中有一种是由于睡眠时肌肉松弛造成咽部组织堵塞引起。打鼾严重时呼吸会暂时停止,从而影响人的身体健康,如白天嗜睡、疲惫、高血压、脑血管意外等。最简单的减轻打鼾症状的方法是:睡觉采取侧卧位,改变习惯的仰卧位睡眠;睡前不饮酒，不喝浓茶，不吸烟，不服用镇静剂及抗过敏药物；养成锻炼的习惯，减轻体重，增强肺功能。打鼾严重者应到医院检查治疗。

4.1.3　循环系统

循环系统指的是人体内运送血液的器官和组织，包括心脏和血管（动脉管、静脉管、微血管）。

人的血液略重于水，总量大约是体重的 1/13。血液由血浆、血细胞和血小板组成。血浆是呈淡黄色的半透明黏稠液，除去其中的血纤维蛋白原就是血清。血细胞由骨髓中的造血干细胞制造，骨髓位于人体内许多骨骼中。血细胞有红细胞和白细胞两种，另称红血球、白血球。红细胞的功能是运送氧气和二氧化碳，相当于快递公司；白细胞又分为好几种，分别起噬菌、免疫等作用，是城管和公安。血小板也由骨髓产生，它的主要功能是封堵破损血管，是农民工建筑队伍。红细胞、白细胞和血小板如图 4 - 4 所示。血液中还有脂蛋白、无机盐、氧、激素、酶、抗体、细胞代谢物等各种成分。人体失血 10% 以内，对健康没有大的影响，失血达到 20% 时，脏器会严重受伤，达到 30% 时会危及生命。

血液循环就是血液在心脏与全部血管的完整封闭式管道中作周而复始的流动。心脏是血液循环的动力器官，血管是血液运行的主要干道。人体除角膜、毛发、指（趾）甲、牙质及上皮等处外，血管遍布全身。成人的血管总长约 16 万千米，如果首尾相接，可以绕地球赤道 4 圈。动脉起自心脏、不断分枝，口径越分越细，管壁则越变越薄，最后分成大量的微血管，又称毛细血管，分布到全身各组织和细胞之中。毛细血管再逐渐由薄渐厚、由细渐粗汇合成静脉，最后返回心脏。动脉和静脉是输送血液的管道，而微血管是血液与组织进行的物质交换的场所。

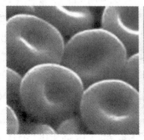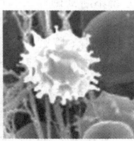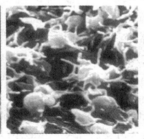

图 4 - 4　红细胞、白细胞和血小板

血液循环又分体循环和肺循环。血液由左心室泵出，流经大、中、小、微动脉直至组织细胞周围的毛细血管网，将氧和营养物质输送给全身的组织细胞，并将组织细胞的局部代谢尾产物运走，再通过微静脉、小静脉到上、下腔静脉，流回右心房。这部分的血液循环称作体循环。体循环的结果是鲜红色的动脉血变成了暗红色的静脉血。肺循环是将流回右心房的静脉血经右心室泵至肺动脉，在肺毛细血管部位与肺泡进行气体交换，摄取氧气，弃去二氧化碳，再由肺静脉流回至左心房。肺循环的结果是将右心房排出的静脉血变成了富含氧气等的动脉血。体循环和肺循环在心脏处连通在一起，组成身体的一条完整的环形运输线。图 4 - 5(a) 为心脏的解剖图，(b) 为血液循环过程的示意图。血液循环一旦停止,会造成运输障碍,脑、心、肾等是对缺血缺氧最敏感而耐受力又低的重要器官。尤其是大脑,缺血3～10秒就会丧失意识,缺血5～10分钟就会出现不可逆性损害或死亡。

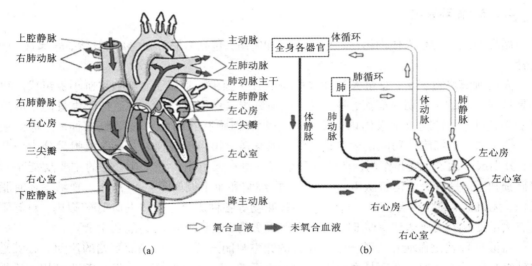

图4-5　人心脏的剖面及血液循环过程

4.1.4　免疫系统

一个人的身体是否健康,很大程度上取决于人体内部免疫系统的功能是否正常。免疫二字从字面看已经意义明了,就是"免除疫病"。在生理学中,免疫指机体免疫系统对一切异物或抗原性物质进行识别和排斥清除的一种功能。正如一个国家的内外安全要靠军队和警察系统来保障一样,人体的免疫系统不断抵御外来病毒、病菌和各种有害物的入侵,并消除体内病变、衰老和死亡的细胞,终使人体平安无恙,喜庆有余。人体的免疫系统主要包括免疫器官和免疫活性细胞。骨髓、胸腺、脾脏、淋巴结、扁桃体等都是重要的免疫器官组织,免疫细胞中起核心作用的是淋巴细胞,它是白细胞的一种。

人体有两道免疫防线:非特异性免疫、特异性免疫。

非特异性免疫防线又分两道。第一道是体表屏障,指人体外表及某些器官的表面以细胞紧密排列的方式对病原体形成的屏障。除了"细胞墙"以外,体表的分泌液、附生微生物、纤毛等,也各守雄关,严阵以待。例如皮脂腺分泌的脂肪酸、唾液和眼泪中的溶菌酶、鼻腔和胃肠黏膜的分泌物等,都具有杀菌作用。第二道防线由某些白细胞和血浆蛋白构成,它们擅长于识别外来异物,不畏牺牲与之抗战,直至将异物清除干净。非特异性免疫对一切病原体都起作用,"哪里有不平哪有我"是它恪守的天职。由于它是先天的,经遗传获得,故又称先天性免疫、固有性免疫。

特异性免疫任务由人体的免疫活性细胞来承担。造血干细胞、淋巴细胞、巨噬细胞等都是免疫细胞。当强有力的入侵者突破非特异性免疫防线,随血液和淋巴液向身体纵深处进发时,特异性免疫系统就紧急启动了。特异性免疫是后天的,故又称后天性免疫、获得性免疫。

特异性免疫具有记忆性和特异性两大特点。记忆性指免疫系统会记住初次抗原刺激的信息,当再次与进入机体的相同抗原相遇时,会产生与其相应的抗体,避免第二次得相同的病。特异性指针对一种抗原所生成的免疫淋巴细胞分泌的抗体，只能对同一种抗原发挥免疫功能，而对变异或其他抗原毫无作用。抗原是指进入机体内能刺激机体产生抗体的外来物质，如细菌、病毒、花粉、粉尘等，同种异体间的物质也可以成为抗原，如血型等。抗体指机体的免疫系统在抗原刺激下产生的、可与相应抗原发生特异性结合的免疫球蛋白。形象地说，特异性免疫系统在每次战役结束后都会记录敌人（抗原）的信息，并建立了专门对付这种敌人的部队（抗体），当敌人二次来犯时，部队即出击迎敌，但只和他们认识的敌人作战（特异性），凡是不认识的，一律视为无辜良民而放过。

　　从一个人摔跤可以看到免疫系统工作的全过程。某个人行走时脚下一滑，当他即将要摔倒时，神经系统、内分泌系统和运动系统已经在瞬间就进入防御和应对的准备工作了。他突然间一改平素的迟钝笨拙而变得灵敏迅速，皮肤、肌肉、骨骼都已为这次跌倒可能遇到的挑战做出准备。他的心脏跳动明显加快，升高了的血压促进血液加快流动速度，各种信息的传递速度随之加快。接下来，他的手自动地、不假思索地向前伸出，并首先接触到地面，手臂由直而屈的动作缓释了巨大的冲击力。接着，当身体撞向地面的力量可能太大的时候，为了保护体内脏器官不受损害，在万分之一秒的瞬间，大脑当机立断，决定以手的前臂骨骼也许会折断的风险，换取减少冲击力对内脏挤压的回报。虽然这次摔倒只造成手臂上一道划破，身体却不敢大意懈怠，它即刻迅速调集血小板到伤口处集结。血小板浑身长满了刺一样的触角，它们彼此缠绕形成一张坚固的大网，拦在微血管的破损处，阻止宝贵的血液白白流失。紧接着，免疫系统的白血球大部队开过来了，它们的誓言是壮士一去不复还，与伤口上的致病细菌不共戴天。它们前仆后继，所向披靡。然而，还是有些病菌躲过了白血球的剿杀而进入了这个人的身体。特异性免疫系统立即发现了它们，与黑名单上的敌人种别迅速进行比对后，派出了专门的作战部队"风雨兼程"赶到病菌所在处，又是一场鏖战。在伤口处，血小板和纤维蛋白已经造起一个厚厚的坚固保护层，那就是痂。痂谈不上好看，然而坚实可靠，决不会是豆腐渣工程。在痂的保护下，伤口各部分组织进行自我修复，谁先谁后，哪跟哪接，它们都清清楚楚，不用人们费心。到内部修复完成后，痂会自然脱落。阳光下皮肤上一条浅浅的疤痕，记载了此次摔跤的自豪。而一旦把痂强行剥离，免疫系统会按又一次损伤来处理，它再次调来血小板，再次为伤口修复工地建造一个同样不太好看的工棚。

　　提高人体特异性免疫能力的意义重大，提高的渠道有多个。一种是被动免疫，包括胎儿从母体血液中获得的"自然被动免疫"和注射免疫球蛋白等途径获得的"人工被动免疫"，另一种是主动免疫，包括患某种传染病痊愈后人体自动产生的"自然自动免疫"和接种减毒活性病原体后获得的"人工自动免疫"。

　　正常的免疫是适度的、及时的、在高级神经中枢调控下进行的，如果调控失常就会出现不正常的免疫反应而形成新的疾病，这种病称为自身免疫性疾病。常见的自身免疫性疾病有系统性红斑狼疮、类风湿性关节炎、甲状腺机能亢进、自身免疫性溶血性贫血、溃疡性结肠炎以及许多种皮肤病、慢性肝病等。

4.1.5　神经系统

　　神经系统是人体主要的调节系统，是人体内结构功能最复杂的一个系统。神经系统由脑、脊髓和它们所发出的许多神经组成，脑和脊髓是神经系统的中枢部分，叫做中枢神经系统。脑和脊髓所发出的神经是神经系统的周围部分，叫做周围神经系统。脑神经和脑相连，脊神经和脊髓相连，这些神经和植物性神经(内脏神经中的运动神经)一起，分布到全身各部分。中枢神经系统通过周围神经系统与全身各部分联系，调节全身各部分的活动。

脑是中枢神经系统的高级部位，是生命机能的主要调节器，是思维的器官，是心理和意识的物质本体。人脑堪称是宇宙间结构最复杂、功能极其完善的物质。有了人脑，便有了伊甸园的果子和潘多拉的魔盒，便有了"对酒当歌"的喟叹和"楚雨纷蒙"的唱和，便有了哲学、科学、艺术、美学、宗教和情感。

成年人的脑重1.4千克左右，约占体重的2%。人脑约含1400亿个细胞，其中神经细胞占10%，集中在厚度约为2毫米的大脑皮质上，剩余的九成称为胶质细胞，就是俗称的脑浆。脑浆的作用是为神经细胞提供营养。以往人们常用"人脑有效使用的部分仅仅占1/10"的说法来激励学习，这是对胶质细胞机能的误解，误认为在脑中所有细胞都是神经细胞。实际上，人类大脑细胞的使用率是100%，大脑中没有闲置的、所谓待开发的细胞。我们有时说人糊涂就说他"脑子进了水"，其实人脑的主要成分就是水，占80%，不论谁都是一脑子的水。小小的脑的耗氧量达全身耗氧量的25%，血流量则占心脏输出血量的15%，1天内流经大脑的血液为2000升，这么多的血液，如果不是循环流动可以重复计算的话，要用105个装纯净水的塑料桶来装。大脑消耗的能量若用电功率表示大约相当于25瓦，若是脑力劳动者或是喜欢整日胡思乱想的人，则消耗的能量要更多。这有点像电脑，数据量越大、计算速度越快，电脑的温度就越高。

人脑可分为五个部分：大脑、间脑(包括丘脑、下丘脑、垂体)、脑干(包括中脑、桥脑、延脑)、小脑、脊髓(图4-6)。大脑由左右两个大脑半球组成，两个半球中间有纤维状的胼胝体相连(胼胝二字读音为 piánzhī)。大脑皮层是人体的最高司令部，处理一切信息并向全身发布命令，它还有想象、推理、演绎、综合、归纳、判断等逻辑能力。丘脑是嗅觉以外的各感觉器官上报给大脑的信息的预处理部门。下丘脑辅助管理各脏器的生理机能。中脑是视觉、听觉的顶头上司，同时分管肢体的协调运动。桥脑(或称脑桥)掌管脑和脊髓的联系。延脑(或称延髓)领导呼吸和心搏，因而有"活命中枢"的外号。小脑的任务是保持身体平衡。位于椎管中的脊髓则直接支配全身肌肉、腺体和脏器的活动和代谢，属于低级处理中枢。

人的脑部发出12对脑神经，脊髓发出31对脊神经，这43对神经及大量分支构成了周围神经系统。周围神经系统沟通中枢神经系统和各个感受器、腺体及器官的联系，保证机体各项机能正常运转。

4.1.6　内分泌系统

每个人体内每时每刻在进行着千变万化、错综复杂、绝非人的意志能干涉的生理活动，例如人体的新陈代谢、生长发育、青春期的形态生理变化、受精卵的分裂与发育、人的衰老死亡等等。这些活动安排得如此有条不紊、次序分明，一切功劳非内分泌系统莫属。

内分泌系统所统辖的各种内分泌腺体能产生各种各样的激素，就像化学信使，通过血液循环运行至全身，作用于相应的组织或器官，调节着它们的生理活动，从而保证生命活动持续而有规律地进行。凡具有内分泌功能的腺体，即为内分泌腺。内分泌系统由体内的

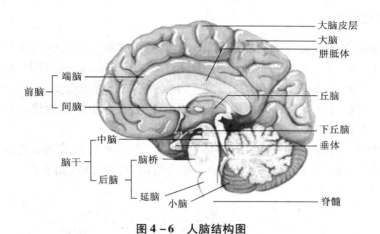

图 4-6　人脑结构图

各种内分泌腺,如松果体、下丘脑、脑垂体、甲状腺、胸腺、胰岛、肾上腺和性腺等一起构成。人的激素分泌量一般在每 100 毫升血液中仅含几微克(百万分之一克)或几毫微克(十亿分之一克),就是这毫微级的内分泌激素,从根本上影响着乃至决定了人体的代谢、生长与生殖。

　　脑垂体一度被公认为是人体腺体的总指挥,但近来发现下丘脑才是调节内脏活动和内分泌活动的高级神经中枢。下丘脑就是丘脑的下部,它分泌 10 余种神经激素,调节着体温、摄食、水平衡、内分泌腺活动等重要的生理功能,调节着心跳、呼吸、肠蠕动等内脏功能,它还调节人的情绪反应与生活节律。近年来,科学家还证明了下丘脑是爱情的中枢。下丘脑分泌的苯乙胺神经激素是使人进入爱情妙境的物质,热恋者的苯乙胺分泌会明显增多,而失恋者的苯乙胺分泌会明显减少。脑垂体位于丘脑下部的腹侧,大小像豌豆。它分泌的激素既直接作用于人体,也激发其他腺体产生激素,是一个非常复杂而且非常重要的内分泌器官,但它的活动是按下丘脑的指令进行的,所以它是中级神经中枢。

　　甲状腺位于颈前部,喉和气管的两侧,是人体最大的内分泌腺。主要功能是合成甲状腺激素,调节机体代谢。人体一旦缺碘,甲状腺就会膨大,引发"大脖子病"。而如果摄入的碘过多,就会患甲状腺机能亢进,俗称甲亢,甲亢患者多饮多食多汗,易激动。有点奇怪的是,甲亢和缺碘一样也表现出粗脖子症状。

　　胰岛分散在胰腺的腺泡间,由 α、β、δ 三种细胞组成,是胰的内分泌部分。正常人无论饥饱,一般保持在每 100 毫升血液中有 100 毫克血糖的水平。如果 β 细胞的活力下降甚至失活,人会患糖尿病,患者的典型症状是"三多一少",即多饮、多尿、多食、体重减少。视网膜症、肾病和神经障碍被称为糖尿病的"三大并发症"。

　　肾上腺位于肾脏上方,左右各一。肾上腺控制人体的应激反应。肾上腺髓质制造肾上腺素和去甲肾上腺素两种激素,前者约占 80%。人每当愤怒或恐惧时,肾上腺髓质就分泌大量激素涌入血流,使身体组织作好应付紧张或紧急情况的准备。肾上腺素能增加心率,扩张气道,去甲肾上腺素则能增强心搏,提高血压。两种激素都使人目眦尽裂、怒发冲冠。

4.1.7　运动系统

运动系统顾名思义其首要的功能是运动。运动指身体部位之间自主地发生相对的空间关系变化。行走、劳动、语言等都是运动，即便是饭来张口，这一张便是运动。运动是在神经系统支配下，肌肉收缩而实现的。运动系统的第二个功能是支持，包括构成人体体形、支撑体重和内部器官以及维持体姿。运动系统的第三个功能是构建颅腔、胸腔、腹腔和盆腔等空间，安置并保护脑、感觉器官和众多脏器免受冲击。

运动系统由骨、骨连结和骨骼肌三种器官组成。骨由不同形式的骨连结联结在一起，构成骨骼，支撑起人的身体，保护内脏器官，并为肌肉提供广阔的附着点。

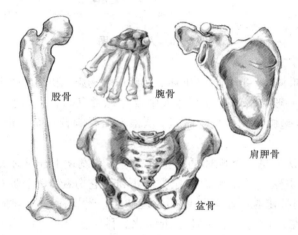

股骨　　腕骨　　肩胛骨　　盆骨

图4-7　人的骨骼形态

人体内共有206块骨，其中头颅骨29块，躯干骨51块，还有126块是四肢骨。根据骨的形态，可以把骨分为长骨、短骨、扁骨和不规则骨（图4-7）。长骨分布在四肢，如股骨、肱骨等（肱字读音如"工"）。短骨主要位于手、足等运动灵活、承受压力且构造较复杂的部位，如指骨、腕骨等。扁骨搭起体腔，还为肌肉附着提供宽阔的骨面，如肋骨、颅骨、肩胛骨等。椎骨、盆骨等是不规则骨。全身骨的重量约占体重的20%。

人极累的时候觉得骨头要散架，这当然只是文学夸张。206块骨通过骨连结形成了牢靠的骨骼，要散架还真不容易。骨连结按照运动的需要，有的不能活动，如脑颅骨间的连结、肋骨与椎骨的连结；有的能做有限活动，如脊椎骨之间的连结；还有一种是能自如活动的，就是一般说的关节，如肩关节、肘关节、膝关节等。

骨骼肌又叫横纹肌，就是通俗说的肌肉。人的全身有600多块骨骼肌，约占体重的40%。把骨骼肌附着在骨骼上的那部分结缔组织是肌腱。骨骼肌是人体运动的"发动机"，是运动系统的主要动力装置。在神经系统支配下，肌肉收缩，牵拉其所附着的骨，以可动的骨连结为枢纽，产生杠杆运动。体育锻炼可促进肌肉的发育，增强肌力，这是因为日常生活中的动作仅部分肌肉参与活动，而进行体育锻炼时，可使全身的肌肉都参与活动，肌肉中的毛细血管网大都开放，以供给肌肉更多的营养，使肌肉逐渐锻炼得粗壮有力。健美比赛比的就是骨骼肌。

从外到内，骨由骨膜、骨质和骨髓构成，骨质是骨的重要部分，主要成分是磷酸钙、碳酸钙、胶原纤维、凝胶等。中老年人骨中无机盐的比例较大，骨质疏松，易骨折且不易愈合。人类挑食和过分精食使骨质疏松症多发，补钙应引起重视。骨髓是充满在骨髓腔内的可流动性组织，具有造血功能。病变的骨髓会超常地生成大量不成熟白细胞，导致白血病。目前治疗白血病的方法只有置换健康骨髓，但是能找到与患者免疫系统最大限度匹配的供髓者的几率极低。

4.1.8　生殖系统

生殖系统是和生殖密切相关的器官成分的总称。生殖系统的功能是产生生殖细胞，繁殖新个体，分泌性激素和维持副性征。

男性生殖系统分为外生殖器官（包括阴茎、阴囊、尿道）和内生殖器官（包括睾丸、附睾、输精管、前列腺）。尿道是人体排出尿液的通道，属于泌尿系统的器官。但由于男性的精液也是由尿道排出体外的，所以也被列为生殖器官的一个组成部分。

女性生殖系统分为外生殖器官（包括大小阴唇、阴阜、阴蒂、处女膜等）和内生殖器官（包括卵巢、输卵管、子宫、阴道等）。有些分类将乳腺也归入女性生殖系统，理由是它在妊娠期、授乳期有特殊的作用。

4.2　人类健康

生命、生存、生活是有所联系但又有明显区别的概念，对应的质量评价系统也不同。生命质量从健康和卫生角度来评价人的生理状况和心理状态达到的水平；生存质量是医学临床中对患者病痛及治疗结果的评价，与医药、医疗有关；生活质量属于社会学范畴的问题，着重考察经济、文化等因素对人们生活水平的影响。

本节主要从生理健康视角讨论生命，因此是生命质量问题，但也会涉及生存质量和生活质量中与健康有关的内容。

4.2.1　生命质量

生命质量在不同的学科视野下有不同的解读。有共识的是，生命质量就是对幸福感的主观体验，这是与个体感觉状态、生活目标相关的体验。世界卫生组织（WHO）将生命质量定义为"不同文化和价值体系中的个体对与他们的生活目标、期望、标准以及所关心事物有关的生活状态的体验"。这就意味着生命质量是一个比较主观的评价指标，如果一个人觉得自己活得幸福快乐，那么他的生命质量就不会低，反之他的生命质量就不会高。然而，怎样才算幸福快乐呢？这又取决于个体所处的文化价值体系和社会标准，以及个人期望与实际生活状态的差距。一个人的个人期望与实际生活状态的差距越小，他的幸福感就越强，他的生命质量就越高。因此，对于同一个状态，不同的人可能有不同的感受、不同的质量评价。例如从事相同的工作拿到相同的报酬，有的人很满足，有的人会很失望，仅从这一点看，前者的生命质量高于后者。

不论生命质量有多大的主观性和差距性，在健康要求方面却是高度一致的。健康是生命质量的基础，是生命存在的最佳状态，是生命质量的重要构成部分，是生命质量的核心和主要决定因素。健康者的生命质量必定是高的，身体不健康的人难有较高的生命质量。我们在这里说的健康不是传统中那种简单的"身体好"、"不生病"，而有着广阔的、丰富的、多元的内涵，这就是世界卫生组织提出的，"健康不仅是躯体没有疾病，还要具备心理健康、社会适应良好和有道德"。现代人的健康内容不止是躯体健康，它还包括心理健康、心灵健康、社会健康、智力健康、道德健康、环境健康等，也就是说，健康的人要有强壮的体魄和乐观向上的精神状态，并能与其所处的社会及自然环境保持协调的关系和良好的心理素质。

生命数量即寿命长短无疑是生命质量的重要指标，但不是决定因素。生命质量和生命数量是相互联系、相互制约的关系，是人类生存的两个方面，我们追求并为之不懈努力的是两者的统一。然而，两者有时会出现对立，此时人们可能不得不牺牲一定的生命数量来换取更好的生命质量，反之亦然。

生命质量评价具有主观性，并不否认同时也存在相对的客观标准。WHO 列出了健康标准，包括：①精力充沛，开朗从容；②处事乐观，态度积极；③善于休息，睡眠良好；④适应性好，应变力强；⑤免疫力强；⑥身体均匀，体重适当；⑦眼睛明亮，反应敏锐；⑧牙齿清洁；⑨头发光洁；⑩肌肉丰满，活动轻松。评价生理健康，一般从睡眠、进食、躯体活动、性功能、移动、便溺控制、发育、体质、免疫、自我照顾、操持家务、胜任工作、体育锻炼、娱乐等项目入手。我国提出的健康老人标准为：①躯干无明显畸形，骨关节活动基本正常；②无偏瘫、老年性痴呆等，神经系统基本正常；③心脏基本正常；④无慢性肺病疾病；⑤无肝肾疾病、内分泌代谢疾病、恶性肿瘤；⑥有一定的视听能力；⑦性格健全，情绪稳定，无精神障碍；⑧能适当地对待家庭与社会的人际关系；⑨能适应环境，有一定的交往能力；⑩具有一定的学习、记忆能力。

生命科学、临床医学主要从生理健康的角度研究生命质量，把生命质量理论和医学实践结合起来，探索疾病与治疗对生命质量的影响。它不仅关心病人存活时间，而且关心病人的存活质量，不仅考虑客观的生理指标，而且强调病人的主观感受和机能状况，不仅用于指引临床治疗，而且还用于指导病人的康复和卫生决策。

4.2.2 微生物与人类健康

1. 微生物的组成

地球上的生命形形色色，它们与人类一起点缀着这个星球的绚丽姣好，共同描绘着这个世界的多彩多姿。它们中间，除了两个黄鹂一行白鹭和接天莲叶映日荷花外，还有一个体系庞大然而个子微小的生物群体——微生物。

在生物分类系统中，不论是几界分类法，都没有"微生物界"，可见微生物不是分类学中的一个生物类别。微生物是人们要通过显微镜才能看到的极细小的生物的总称，即真细菌域的生物、原生生物中的黏菌和单细胞藻类，以及真菌界中的酵母菌和霉菌，但一般不包括古细菌。在医学卫生领域，微生物通常还包括病毒，但不包括藻类，见图 4—8。

在地球生物史中，微生物的出现比植物和动物早许多。微生物是地球上元老级的居民，是地球生命的先驱，广泛存在于自然界的角角落落，上至大气层，下至岩石圈，微生物简单外表下蕴藏着最本质的、最有代表性的、因而是最复杂的生命密码。约 35 亿年前，单细胞生物就出现了，而最早的动物海绵出现在大约 6 亿年前，植物的出现还要晚，最早的陆生植物裸蕨的出现距今不过 4 亿年。由此足见微生物在生物体系中的重要性。为多细胞

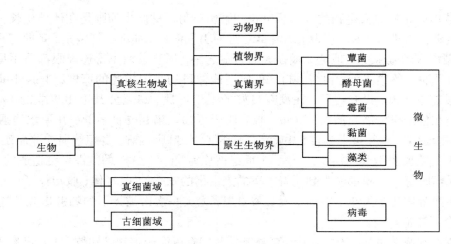

图 4 – 8　医卫领域微生物的范围

生物准备生存环境并向多细胞生物进化，是最初的微生物对地球生物的最大贡献。当动植物纷纷出现后，各类生物在地球生态系统中重新分工。在太阳能的推动下，它们进行着物质能量的生产（植物）、消费（动物）、分解（微生物）三个环节的循环，同时在循环中进化。于是，在生态系统中，碳循环了，氮也循环了，能量活了起来，生命奇迹不断被创造。

　　因为微生物实在太小，所以对它们的研究是随着科技的进步而深入的。荷兰科学家列文虎克用自己磨制的显微镜代表人类第一次看到了细菌"小人国"，并于 1683 年发表了人类第一张细菌图。300 多年后的今天，我们已经有了电子显微、扫描电镜、近场光学显微、X 射线显微、扫描探针等现代生物显微技术和设备，分辨率达到千分之一纳米，可以看到原子的排列，发现了约 10 万种微生物。我们在前文提到过支原体是介于细菌和病毒之间的单细胞微生物，也是目前世界上已知最小的微生物，大小只有 0.1 微米。目前存在的最大的微生物是一种球状细菌，直径达 700 微米，跟萝卜种子差不多大小，14 个细菌就排成 1 厘米长，肉眼可以清晰看到。

　　微生物除了体积小、结构简单外，还有数量大（每克土壤中含有 20 亿个微生物，人手上的细菌数在 40 万个左右）、吸收多（例如大肠杆菌每小时消耗的糖 2000 倍于自身体重）、繁殖快（例如大肠杆菌每 18 分钟分裂一次）、分布广（从图 4 – 8 可见，微生物涉及三个界的生物，还涉及病毒）、种类多、适应性强、容易变异等特点。目前人们对微生物的研究还很不深入，甚至还有大量的微生物未被发现，有估计认为目前已知的微生物种只占地球上实际存在的微生物总数的 20%。

　　2. 微生物与人类生活

　　微生物与我们的生活息息相关。如果我们经常不洗手，吃没有洗干净的水果，就容易患腹泻；不注意添衣就容易患感冒；蔬菜水果保管不好会烂掉；夏天里饭菜容易变馊；花生和玉米贮藏不好就会产生剧毒和强致癌的黄曲霉素……如此种种其实都是微生物在作祟。微生物的致病过程可以分为两种类型。一种是微生物在人体的体表或体内生长，引起感染而致病，如感染性病原或寄生微生物。这些微生物通常从呼吸道或消化道进入人体，有时也可以由伤口或动物如蚊虫叮咬而感染。一旦进入体内，这些病原微生物便掠夺宿主的营养、生长繁殖或利用宿主的合成体系合成病原体自身，引起宿主动物的死亡或产生免疫应答从而防止病原微生物的进一步生长和繁殖。另一种微生物则是在体外生长，产生毒素，经由消化道进入人体，引起食物中毒，继而引发疾病，如肉毒杆菌素、黄曲霉素等。

传染疾病的微生物是地球上最强大的力量之一，尽管它们小得连肉眼都看不见，但是却能阻止军队、终结王朝、锐减人口。但愿还能像科幻小说描述的那样，击退外星人的入侵。在没有下水道、没有厕所、在没有良好的卫生习惯、缺乏公共卫生事业的19世纪之前，人类在传染病传播面前束手无策，唯有听天由命。诸葛亮征孟获，在泸水边遇到弥漫瘴气、阴森毒雾，蜀军染上瘟疫，中毒者"咽喉红肿、呼吸困难、身躯软弱如绵而死"，这瘟疫实际上是疟原虫引起的疟疾；公元14世纪被称为"上帝之鞭"的欧洲鼠疫造成约2500万人死亡，当时每天傍晚都能听到拉着木车的人沿街的吆喝："收尸体，收尸体了！"；清代顺治、同治两帝均死于天花。在那些漫长岁月里，人类一次次被无形的魑魅屠戮却连如何躲避都完全不知道。

建立在细菌学说基础上的现代医学终于使我们有可能做到知己知彼，天花已经灭绝，曾经严重威胁人类的多种传染病也得到了有效预防与控制。人们研究出了形形色色的抗生素来对付形形色色的细菌。然而，微生物猜透了人类的意图，和人类玩起了捉迷藏游戏。它们此消彼长，新的种类、新的突变类型不断出现。层出不穷的新种微生物在我们还来不及了解它们、还未能找到能够正确地与它们相处的方式的时候，便开始对我们表示"亲昵"：肝炎、艾滋病等病的广泛流行，对人类构成了巨大的潜在威胁，近年来疯牛病、口蹄疫、SARS、手足口病等的发作，1997年8月中国香港报告了全球首个感染H5N1禽流感病毒患者后继而在亚洲多国出现，2012年9月世界卫生组织证实一种新型冠状病毒被发现，2013年3月中国首次发现人感染H7N9禽流感病毒病例后又在各省散见感染者。这一切都使企图征服它们的人大伤脑筋，人们心头上依然笼罩着微生物的浓浓阴影。

对于微生物可能造成的大面积危害，有效的办法是联防和预防。联防是指利用地区力量、国家力量乃至国际力量，及时通报疫情苗头，及时联手防范。预防是指培养良好的卫生习惯、提高机体免疫力。不喝生水、不吃不洁物、慎待剩饭残菜、勤洗手、坚持早晚漱口、疫情出现时戴口鼻罩且勤换衣等，这些简单的行为均能有效地阻断致病微生物攻入机体的渠道而避免致病。

微生物也并非一无是处，单就细菌而言，在我们已知的几千种细菌中，只有约10%危害人类和动植物。我们平时吃的馒头、面包、蛋糕、奶酪、烹饪中用到的酱油、醋、各种酱料味精，以及平时喝的酒、红茶、酸奶、果奶等，都有微生物的贡献。没有微生物我们将食不甘味，更不可能有对于食物色、香、味、形、器的追求，我们的生活会少了一大乐趣。更重要的是，不少微生物还是人类健康不可或缺的，例如大肠杆菌。我们的肠道就像一个密闭、恒温的微碱性发酵罐，人体代谢尚未完全吸收的营养残留物、纤维素和水分为大肠杆菌提供了适宜的生存场合，而它们也帮助我们消化食物，包括维生素、糖和纤维，同时，它们还合成一些我们自身无法合成的维生素。这类微生物经过长期的进化和适应，已经和人类之间实现了一种平衡和互利的关系。它们适应了人类提供的环境，而人类的健康也离不开这些微生物，一旦没有了它们，我们的机体会有不良反应，出现营养不良或者为其他细菌感染而影响我们的健康。到了近现代社会，微生物被广泛用来生产抗生素、激素、疫苗等药品，人们还利用细菌来进行矿物溶选、利用细菌生产石油、利用细菌发电、利用细菌处理生活污水等。

除了致病微生物和有益的微生物外，还有许多微生物依附在我们的体表、消化道、呼吸道上，甚至生存在我们机体的各种组织中。但它们与我们是和谐共处的。它们利用我们的机体提供的场所生存繁殖，以我们的代谢尾产品为营养，而不危及我们的健康。

4.2.3 遗传与人类健康

1. 遗传病概述

人体由约 65 万亿个细胞构成，每个细胞核中有 46 个染色体，两两结合成 23 对，其中 1 对为性染色体。染色体由蛋白质和脱氧核糖核酸即 DNA 构成，DNA 呈细长的双股螺旋长链状，长度约 2 米。DNA 长链中存储了遗传密码的某些片段就是基因。每对染色体上有 2000 多个基因。每个基因都有固定的位置和固定的遗传"任务"。如果基因发生变化，即发生基因突变，就有可能导致人体的功能和性状发生变化，从而引起疾病。

遗传病指人类遗传物质染色体或基因发生异常变化，导致胎儿机体结构和功能异常的疾病。亲代的染色体和基因是通过受精卵细胞遗传给子代并自我复制的，如果染色体和基因变异扰乱了正常的复制活动，就会表现出遗传病病理现象。显然，遗传病具有垂直传递和终身性的特征。所谓垂直传递，指由亲代向后代传递的特点。这种传递不仅是传递疾病，最根本的是传递致病基因。所以，遗传病的发病表现出一定的家族性。父母的生殖细胞(精子和卵细胞)里携带的致病基因传给子女并引起发病，而且这些子女婚后还可能把致病基因又传给下一代。

遗传病既能明显表现出来，也可以呈隐性遗传，常为先天性，如先天愚型、多指(趾)、先天性聋哑，也可后天发病，如假肥大型肌营养不良要到儿童期才发病，慢性进行性舞蹈病则一般要在中年时期才出现病状；既有一个家族中有多人发病的家族性遗传病，也有一个家族中仅有一个病人的散发性遗传病，如苯丙酮尿症(低能儿综合征)。

2. 遗传性疾病种类

按照致病基因分类，遗传病有单基因遗传病、多基因遗传病和染色体异常遗传病三种。

单基因遗传病指一对等位基因的突变导致的疾病，又分为显性遗传病、隐性遗传病和连锁隐性遗传病。显性遗传病指亲代只要一方有显性基因，就必有发病的子代，而且世代相传的遗传病，如多指、多趾、结肠息肉、抗维生素 D 佝偻病、遗传性肾炎、原发性青光眼等。隐性遗传病只有亲代双方的等位基因同时发生了突变才能致病的遗传病。隐性遗传病患儿的双亲外表往往正常，但都是致病基因的携带者。先天性聋哑、高度近视、白化病、低能儿综合征等都是隐性遗传病。还有一类伴性遗传的单基因遗传病，它的发病与性别有关，例如红绿色盲是一种交叉遗传，男性红绿色盲基因只能从母亲那里传来，以后只会传给女儿。伴性遗传的隐性遗传病一般有隔代遗传、男性患者多于女性患者的特点。

多基因遗传病由多种基因变化影响引起，没有显性和隐性的区分。因为每个基因只有微效累加的作用，所以由于涉及的致病基因数目的不同，不同的人的病情就会轻重不一，如先天性心血管疾病的重轻并非人人一样，又如唇裂、腭裂就有程度之分，严重者为唇腭裂。多基因遗传病有家族聚集现象。此外，多基因遗传病的发病往往受环境因素影响，如哮喘、癫痫、精神分裂症等。

染色体异常遗传病又称染色体综合征、染色体病，是由于染色体数目异常或排列位置异常等产生。由于染色体病涉及的基因数目较多，所以症状通常都很严重，累及多器官、多系统的畸变和功能改变，如无脑儿、21 - 三体综合征、原发性小睾症、先天性卵巢发育不全症、两性畸形等。

目前已发现的遗传病超过 4000 种，估计每 100 名新生儿中有 3～10 个患有各种程度不一的遗传病。但我们并没有觉得问题有如此严重，这有几个原因：第一，隐性遗传病基因携带者不表现出病态；第二，有些遗传病要待机体生长到一定年龄才发作；第三，有些遗传病需要环境因素影响才发作，所以人们多从环境条件考虑，而忽视了其中的遗传因素，例如乳腺癌、胃癌、肺癌、前列腺癌、子宫颈癌等，大多有多基因遗传病的特点；第四，有些遗传缺陷不影响人们正常生活，故不被视为病。

一般认为高血压是后天性疾病，这个看法正在动摇。经调查统计发现，若双亲均患高血压，则子女患高血压的几率为 45%；双亲一方患高血压，则子女患高血压的几率为 28%；双亲均无高血压，则子女患高血压的几率仅为 3%。糖尿病尤其是Ⅱ型糖尿病具有明显的遗传敏感性，亲代二人均有糖尿病的，其子代患糖尿病的几率是正常人的 15 至 20 倍。如果有一位近亲患乳腺癌，则其亲属患病的危险性增加 3 倍，如果有两位近亲患乳腺癌，那么其亲属患病的几率将增加 7 倍。

秃发也有遗传。造物主似乎偏袒女性，只让秃发传给男子。父亲是秃发，遗传给儿子的概率有 50%，女儿则可把心思放在如何使头发更加柔顺光滑上。就连母亲的父亲，也会将自己秃发的 25% 概率留给外孙们。这种传男不传女的性别遗传倾向，让"不幸"的男士们无可奈何地把理发的钱用去买人造仿真头发。《诗经》说"鬒发如云，不屑髢也"，鬒字读音如"枕"，就是假发，髢字读音如"剃"，意思也是剃，看来解决秃发遗传问题自古就得到重视。

3. 通过优生实现健康的遗传

现代医学还做不到改变已经发生的人类基因，所以只要致病基因还在，遗传性疾病就无法彻底治愈。

临床上使用药物改善患者病情，调整机体代谢，减少患者痛苦。例如疼痛患者给予止痛针药、先天性低免疫球蛋白血症患者注射免疫球蛋白制剂等。手术矫治方法可以切除某些器官或修补具有形态缺陷的器官。目前，基因疗法也在积极研究中，并有了一些成果。其原理是向基因发生缺陷的细胞注入正常基因。但基因治疗受到极大的技术挑战，一方面要能找到缺陷基因，另一方面要制备相应的正常基因，最后还要能把正常基因准确转入并能正常表达，每一个环节都是纳米级的浩大工程。最大的问题还不在这里，而在于这种治疗只是"表现型治疗"，即只能消除被治疗者本人的疾病，对他的致病基因本身却没有丝毫改变，他还会将致病基因原封不动地传给他的后代，除非治疗受精卵的病态基因。

解决由于遗传疾病给人类带来的痛苦与负担，最有效、最彻底、也最经济的方法是阻止基因缺陷遗传。而基因缺陷遗传的唯一通道是性细胞结合，所以选择优生是解决遗传病的最有效、最彻底、最经济，乃至最人道的方法。

人口是素质和数量的统一，也是生物属性和社会属性的统一。人口素质的高低决定于先天的遗传和后天的培养教育。社会生产方式对人口素质水平有决定性的作用，但不能忽视先天遗传对人口素质的影响。我国智者早在先秦时期就指出"男女同姓，其生不蕃"（《左传·僖公二十三年》），意思是近亲结婚者，其后代不会健康繁盛。"优生"一词是由英国人类遗传学家高尔顿(1822—1911)于 1883 年首次提出的，原意是"健康的遗传"。他主张通过选择性的婚配，来减少不良遗传素质的扩散和劣质个体的出生，从而达到逐步改善和提高人群遗传素质的目的。通俗地说，优生即是生优，就是运用遗传原理和一系列措施，使生育的后代既健康又聪明。提倡优生就是防止有遗传疾病和先天畸形婴儿的出生。随着社会生产力的发展和科学技术的进步，特别是医学科学的进展，优生日益为人们所重视，并在婚姻关系中遵循优生原理。

优生是我国计划生育政策"晚婚、晚育、少生、优生"的基本要求之一，也是提高国家和民族的人口素质的重要措施。我国婚姻法规定，直系血亲和三代以内的旁系血亲，以及患麻风病未经治愈或患其他在医学上认为不应当结婚的疾病者，禁止结婚。这一规定的基本目的就是防止有先天遗传性疾病婴儿的出生，以便生育身心健康和聪明智慧的后一代。

通过健康的遗传保证优生的最为有效的方法有：禁止近亲结婚；忌带病结婚；进行产前诊断；有遗传病史的夫妻还要进行遗传咨询；在适合的生育年龄生育（24～29 周岁）；忌怀孕期滥用药物；忌怀孕期病毒感染；忌怀孕期间性生活无度；忌怀孕期过度疲劳；妊娠期定期检查身体；忌妊娠期酗酒；忌妊娠期接触有害有毒物质。做到了这些，遗传病就完全可以预防。

4.2.4　食物与人类健康

1. 食物提供给人的营养

说到饮食，话题太多。例如欢庆宴、婚喜宴、祭祀宴、迎宾宴、祝寿宴，近来又流行谢师宴等，桌桌都令人激动无比，大开眼界，可回味数日。中国的八大菜系、十大名酒，足令西餐洋酒望尘莫及。还有鸿门宴刀戟相逼的政治角斗，兰亭会清雅脱俗的文化聚集。四大名著里，妖怪为吃唐僧肉玩尽花样，梁山好汉逢三隔五就大碗小碗，曹操发明了把青梅搁到酒里面煮，大观园里就更不用说了，烧两个茄子要十来只鸡做配料。其实，饮食的最基本作用是为机体补充能量和营养、保持机体的电解质平衡。一位英国作家说："如果没有好好儿的吃，我们就没办法想得准、爱得对和睡得好。"最令人羡慕的，是"吃得下，笑得出，睡得着"的日子。快快乐乐、健健康康地享用粗茶淡饭，实在比醉醉醺醺、勉勉强强地吞咽茅台鱼翅好得多。

为了保持健康，人体每日必须从食物中摄取至少 42 种营养素。这些营养素可为人体提供从事各种活动所需要的能量，参与人体身体成分的构成，通过参与许多重要物质的组成，调节人体的诸多功能。据统计，人在一生中通过一日三餐要消耗近百吨的水、粮食、蔬菜、水果、肉、禽、蛋、奶等食物，一个人一年的平均饮食消费量达 1 吨之多。人类吃的食物不外乎以下五类：第一类是谷物粮食，富含碳水化合物；第二类是动物性食物，包括富含动物蛋白质的瘦肉、禽、蛋、鱼类等；第三类是乳类和乳制品，以及富含植物蛋白质的豆类；第四类是富含维生素和植物纤维的蔬菜、水果；第五类是油脂。这些食物含有人体生长发育、新陈代谢和抵御疾病所需营养素的六大类最基本物质，即蛋白质、脂类、糖类、维生素、矿物质、水。各类营养素有各自特有的功能。这些物质，除了矿物质，在第 2 章中已经讨论过，此处我们再简单复习一下。

蛋白质主要有两方面的功用：一是维持人体组织的生长、更新和修复，以实现其各种生理功能；二是提供能量。蛋白质是生命的物质基础，从最简单的病毒到最复杂的哺乳动物，都离不开蛋白质，机体中的每一个细胞和所有组成部分都有蛋白质参与，所以没有蛋白质就没有生命。蛋白质占人体重量的16%，一个体重70千克的成年人其体内约有蛋白质11千克。

脂类包括油脂和类脂。油脂学名甘油三酯，是油和脂肪的统称。油是常温下呈液态的油脂，呈固态的就称为脂肪。脂肪主要功能是供给能量。类脂即磷脂、糖脂、胆固醇及其脂的总称，其中胆固醇和磷脂是构成细胞膜及参与各种生理功能活动所必需的物质。

糖类又称碳水化合物，是人们生理活动和劳动、工作所需能量的主要来源，人体约70%的能量由它提供。糖类包括单糖(如葡萄糖、果糖等)、双糖(又称二糖，有蔗糖、麦芽糖、乳糖等)和多糖(如淀粉、纤维素等)。

维生素在以往曾译为"维他命"，它是为维持正常的生理功能而必须从食物中获得的一类微量有机物质，在人体生长、发育、代谢过程中发挥着重要的作用。如果长期缺乏某种维生素，就会引起生理机能障碍而发生某种疾病。现已发现有几十种维生素。维生素 A 为抗干眼病维生素；维生素 B_1 又称抗脚气病因子、抗神经炎因子等；人体如果缺少维生素 B_2 就易患口舌炎症等；维生素 C 的作用是抗坏血酸；维生素 D 又称骨化醇、抗佝偻病维生素；维生素 E 又称为生育酚；维生素 K 则又名凝血维生素。从它们的别名，我们就知道它们对于人体健康的重要作用。

矿物质又称无机盐或无机物，包括金属元素及这些元素组成的各种化合物。矿物质主要有构造人体组织和调节生理机能两大类功用。矿物质是人体自身无法产生、也无法合成的，而且人体在新陈代谢过程中每天都有一定量的矿物质随各种途径(如粪、尿、汗、头发、指甲等)排出体外，因此必须从食物中摄取。人体必需的矿物质有钙、磷、钾、钠、氯等需要量较多的宏量元素，以及铁、锌、铜、锰、钴、钼、硒、碘、铬等需要量少的微量元素。人体内矿物质不足可能出现许多症状，一旦摄取过多，容易引起过剩症及中毒。

钙是保持心脏健康、止血、神经健康、肌肉收缩以及皮肤、骨骼和牙齿健康的营养素。摄入不足会发生肌肉痉挛或颤抖、失眠或神经质、关节痛或关节炎、龋齿、高血压。摄入过多可能会引起肾脏、心脏以及其他一些软组织的钙化，且易形成各种结石。

磷是骨骼和牙齿的构成物质，是乳汁、肌肉组织构成的必需物质。磷还有助于保持机体酸碱的平衡、协助新陈代谢以及能量产生。摄入不足会出现肌肉无力、缺乏食欲，骨骼疼痛、佝偻病以及软骨病等症状。摄入过多可能会造成钙缺乏，从而引起神经兴奋和抽搐。

钾可将营养素转入细胞，并将代谢物运出细胞，还有促进神经和肌肉的健康、维持体液平衡、放松肌肉等作用。摄入不足会出现心跳过快且心律不齐、肌肉无力、手脚发麻和针刺感、易怒、恶心、呕吐等症状。摄入过多可能发生中毒。

钠的作用是保持体内水分平衡，防止脱水，有助于神经活动和肌肉收缩，也利于能量产生。摄入不足会出现眩晕、低血压、脉搏加快等症状。摄入过多可能会出现浮肿、高血压、肾病。

铁是血红蛋白的组成成分，并参与氧气和二氧化碳的运载和交换。摄入不足会出现贫血、面色苍白、舌痛、疲劳、无精打采、缺乏食欲等症状。

锌是人体生长发育的必需物质，对于伤口愈合有重要作用。锌还调节来源于睾丸和卵巢等器官的激素分泌、促进神经系统和大脑的健康。摄入不足会出现味觉和嗅觉迟钝、至少有两个手指甲出现白斑点、易感染、痤疮或皮肤分泌油脂多、生育能力低等症状。摄入过多会导致胃肠不适、呕吐、腹泻、发育迟缓、缺乏食欲，甚至死亡。

碘是甲状腺的重要组成部分，具有促进蛋白合成、活化多种酶、加速生长发育、促进伤口愈合等重要生理作用。人体缺碘导致甲状腺肿大，发育停滞、痴呆等症状。

硒可保护机体免受自由基和致癌物的侵害，还可减轻炎症反应、增强免疫力，是男性生殖系统以及新陈代谢的必需物质。摄入不足会产生未老先衰、白内障、高血压、反复感染等症状。摄入过多则会影响头发、指甲和皮肤中蛋白质的正常结构和功能。

我国人群中比较容易缺乏的有钙、铁、锌等元素。在特殊地理环境或其他特殊条件下，也可能有碘、硒等元素的缺乏问题。

水在人体内所占比例最大，约占体重的70%。在大脑组织中，水占80%，在血液里更是高达90%。水是人体内液的主要来源，它与无机盐一起构成盐溶液，维持人体的内环境，使体内细胞生活在一个稳定的环境里，并参与平衡体温等生理功能的调节。

2. 合理的膳食保障人类健康

食物关系到人体的健康和疾病的防治，日常生活中必须特别注意，并加以调理。

饮食调理原则的第一条是要多样化合理搭配。天然食物中，没有哪一种食物能提供我们所需的全部营养素，因此了解各种食物的营养构成及功用等知识，是拥有健康的基本前提和重要保证。"五谷为养、五果为助、五畜为益、五叶为充"（《黄帝内经》），即是说谷类为食品，肉类为副食品，用蔬菜来充实，以水果为辅助。五味为酸、苦、甘、辛、咸，辛指的是辣。五味和五脏相联系，"五味入胃，各有所喜，心欲苦、肺欲辛、肝欲酸、脾欲甘、肾欲咸"（《黄帝内经》）。所以酸先入肝，苦先入心，甘先入脾，辛先入肺，咸先入肾。只有五味调和才能滋养五脏，促进身体健康。表4-1列出人体需要的各种矿物质的最佳食品来源。

表 4 - 1　人体所需矿物质最佳来源

元素	最佳食物来源
钙	杏仁、玉米油、南瓜子、煮熟晾干的豆类、卷心菜、小麦
磷	所有食物
钾	西洋菜、芹菜、小黄瓜、萝卜、南瓜、蜂蜜
钠	泡菜、橄榄、小虾、火腿、芹菜、卷心菜、螃蟹、西洋菜、红芸豆
氯	食盐、酱油、腌制肉、酱菜
铁	南瓜子、杏仁、腰果、葡萄干、胡桃、猪肉、芝麻、山核桃
锌	牡蛎、羔羊肉、山核桃、小虾、豌豆、蛋黄、燕麦、花生、杏仁
铜	鱼、虾、蟹、玉米、豆制品
锰	西洋菜、菠菜、生菜、葡萄、草莓、燕麦、芹菜
钴	甜菜、卷心菜、洋葱、萝卜、菠菜、西红柿、无花果、荞麦、蘑菇
钼	西红柿、麦芽、猪肉、羔羊肉、小扁豆和其他豆类
硒	牡蛎、蜂蜜、蘑菇、金枪鱼、卷心菜、牛肝、小黄瓜、鳕鱼、鸡肉
碘	海带、紫菜、海白菜、海鱼、虾、蟹、贝类
铬	牡蛎、土豆、青椒、鸡蛋、鸡肉、苹果、黄油、玉米粉、羔羊肉

饮食不当是引发疾病的重要原因。长期偏食会缺乏某种营养素，导致营养不良、水肿、肝硬化、缺铁性贫血、坏血病、脚气病、夜盲症等；常吃霉变食物或黄曲霉毒素污染的粮食，易患肝癌；经常食盐过量，会出现高血压；经常食盐不足，会出现低血压和无力症、肾病。

饮食调理原则的第二条是饮食要有节制，切忌过饮过食甚至暴饮暴食。改革开放以来，我国人民生活水平迅速提高，健康总体水平有了长足进步，人均预期寿命大大延长。但是另一方面，高热量、高脂肪、高蛋白质的"洋快餐"和高糖饮料的食用日趋普遍，"生活方式疾病"(俗称"富贵病"、"文明病")大幅度上升，成为城市流行病、常见病。卫生部对生活方式疾病定义为"与生活方式密切相关的疾病，指高血压、糖尿病、肥胖、高血脂等通过改变不良生活方式能预防和控制的疾病"。不良生活习惯中除了吸烟、酗酒以外，主要是膳食不合理。

膳食不合理的主要表现有：第一，大量吃油腻食物，脂肪、胆固醇摄入量过高，而维生素、矿物质、纤维素等摄入过少，容易患胆囊炎、胆石症、胰腺炎、动脉硬化和冠心病；第二，各种营养素之间搭配比例不合理，食物中偏重于肉食和高蛋白、高胆固醇、高脂肪食品，却罕见五谷杂粮的身影；第三，一日三餐的热量分配不合理，饮食不规律、无节制，大吃大喝、暴饮暴食、食盐摄入量过高等等。饮食中摄入过多脂肪、糖和碳水化合物，热量过高而又不运动，会造成体重超重和肥胖，这是一种"自己创造的健康危险因素"。超重和肥胖还会引起高血糖、冠心病、脑血管病、脂肪肝等慢性非传染性疾病。饮食过饱过饥或不定时，还容易得胃病。

我国政府于1989年首次发布了《中国居民膳食指南》，后在1997年、2007年两次修订。《中国居民膳食指南(2007)》提出，一般人群在膳食方面应做到：一、食物多样，谷类为主，粗细搭配；二、多吃蔬菜水果和薯类；三、每天吃奶类、大豆或其制品；四、常吃适量的鱼、禽、蛋和瘦肉；五、减少烹调油用量，吃清淡少盐膳食；六、食不过量，天天运动，保持健康体重；七、三餐分配要合理，零食要适当；八、每天足量饮水，合理选择饮料；九、如饮酒应限量；十、吃新鲜卫生的食物。该指南还对孕妇、乳母、婴幼儿、学龄前儿童、儿童青少年和老年人群提出专门的指导原则。

4.2.5　食品安全与人类健康

1.食品安全的概念

食品安全指食品无毒、无害，符合应当有的营养要求，对人体健康不造成任何急性、亚急性或者慢性危害。其实这在动物世界都已经是生活常识：凡是有毒、有害的食品都不能吃。问题是我们有时候不知道打算买下来提回家的，或者手上拿着准备往嘴里送的，或者已经通过嘴送到了肚子里的食品是否有毒有害。

近些时间以来，食品安全问题不断暴露，如阜阳劣质奶粉事件、三聚氰胺奶粉事件、"苏丹红"事件、含孔雀石绿水产品事件、福寿螺事件等等，引起政府和人们对食品安全的高度重视。2009年国家将原《食品卫生法》修改为《食品安全法》颁布，对食品安全监管体制、食品安全标准、食品安全风险监测和评估、食品生产经营、食品安全事故处置等各项制度进行了补充和完善，以保证食品安全，保障公众身体健康和生命安全。但食品安全问题尚未完全杜绝，其后又出现了地沟油、化学火锅、尿素豆芽、皮革奶粉、明胶鱼翅等事件。2010年9月，最高人民法院、最高人民检察院、公安部、司法部公布了《关于依法严惩危害食品安全犯罪活动的通知》，2012 年 7 月，国务院发布《关于加强食品安全工作的决定》，食品安全问题得到空前重视。食品安全问题是一个长期性的问题。

2. 食品存在的安全问题

归纳起来看，食品主要存在下列五个方面的安全问题。

（1）食源性疾病

食品中带有致病因素，进入人体引起感染性、中毒性等疾病。这是当今世界食品安全领域中最突出的问题。目前对人类健康影响最大的食源性病源菌依次为沙门氏菌、副溶血弧菌、金黄色葡萄球菌、肉毒杆菌，食用了带有这些细菌的禽、肉、蛋、鱼、奶类及其制品即可导致食物中毒，出现腹痛、呕吐、腹泻、发热等症状。

（2）农业污染

种植业中各类化肥、高毒高残留农药、剧毒鼠药，以及养殖业中使用的各类抗生素、激素等兽药、瘦肉精等饲料添加剂的滥用和残留，会对人体产生致癌、致畸、致基因突变的作用。

（3）违法生产劣质食品

使用不合格的原料生产食品，如"人造蜂蜜""阜阳奶粉"等，对特定人群的健康产生严重危害。

（4）滥用添加剂

如过分使用食用色素、增香剂、塑化剂，使用甲醛泡制海产品、火锅中添加罂粟壳、用硫磺熏馒头等。长期摄入会在身体内大量积累，导致机体出现多种慢性疾病甚至癌症。2010 年 4 月，国家公布了《食品添加剂新品种管理办法》，2011 年 5 月又公布了《食品添加剂使用标准》，从法律层面规范了添加剂的使用。

（5）工业污染

如水污染导致水产品的不安全问题，空气污染导致周边作物的不安全问题等。

除了上述问题外，还有一类是个体本身原因造成的。例如食用毒蕈、河豚鱼、毒蚌、苦杏仁、发芽的马铃薯、变质的剩饭剩菜、过期食品等，都会导致中毒或感染疾病。生食湖海产品感染疾病、酒精中毒（酒醉）、不卫生习惯、烹调不当、餐具不洁、生熟食品交叉污染等，也威胁着健康。这些问题虽不属食品安全范畴，但对人体健康会造成急性、亚急性或者慢性危害，仍应引起高度重视。

3. 强化食品安全意识

国家已经颁布《食品安全法》，从法律的高度规范食品行业和食品相关行业的行为，为食品安全提供了保障。但一部法律从颁布到成为全民共同遵守的行为，还有一段时间。在《食品安全法》颁布后，还是出现了瘦肉精猪肉、膨大剂西瓜、"染色馒头"等事件。因此，强化食品安全意识仍然不可忽视。

人们的食品来源只有非商业渠道和商业渠道两条。非商业渠道包括自产自用、馈赠等，从这些渠道获得的食品的安全只有用户自己负责。从商业渠道获得食品就是购买，安全购买食品应注意下列事项。

①注意经营者的主体资格是否合法，即是否有营业执照。

②注意食品包装标识是否齐全（包括商品名称、配料表、净含量、厂名、厂址、电话、生产日期、保质期、产品标准号等）。

③注意食品的生产日期、保质期或失效日期。

④看产品标签，注意区分认证标志。图4-9从左到右为无公害农产品、绿色食品、企业食品生产许可、有机食品的认证标志。

图4-9 我国食品安全认证标志

⑤看食品的外观，注意食品的外观是否太鲜艳太好看。

⑥看散装食品经营者的卫生状况，注意有无健康证等相关证照。

⑦理性购买"打折""低价""促销"食品。

⑧慎购游商销售的食品。

⑨妥善保管好购物凭证及相关依据，以备维权时作证。

4.2.6 生态环境与人类健康

一塘春水映着树丛，树丛围着一座小村庄，村里有一个小园，园中正"桃花红，李花白，菜花黄"；远处好像有座草亭，亭侧的粉墙上爬满了鲜苔，绿坡旁的小桥插着青旗，坡上正"莺儿啼，燕儿舞，蜂儿忙"。这是宋代词人秦观笔下的家乡——江苏高邮。而今天的高邮正努力在强化治污工程减排、结构优化减排和环境监管减排中。曾有"四围香稻，万顷晴沙，九夏芙蓉，三春杨柳"美誉的滇池，从上个世纪后期以来受到严重污染，水质猛跌为劣Ⅴ类，和当时上海的黄浦江同一水平，为最差水质，连作为农业用水都成问题。每到夏暑，蓝藻暴发，水质益劣，恶臭数里。地方政府已斥百亿元巨资进行十年治理，方称初见效果。欲还其清澈，尚任重道远。

在工业、建筑业兴起的城市长大的孩子，见到积云就会欢叫："快看，那朵云像棉花一样!"难怪他们，平日里看惯的是尘霾和灰霭。以往路两旁行道树上恼人的知了高鸣没有了，取而代之的是更恼人的通宵达旦的车流声。车流上方是暗红色的夜空，想看银河和两情久长的牛郎织女唯有上网去搜图片。更潜在的问题是，环境污染的加重，造成空气、水源的污染，进而直接导致人类的生存条件变差，免疫防御功能下降，对人类健康造成新的威胁。

1. 生态环境对人类健康的影响

生态环境从水污染、空气污染、生活垃圾污染等方面影响人类健康。

(1)水污染

现代医学发现，人的疾病80%与水有关，饮用水卫生质量的优劣，直接影响到人的身体健康。饮用受污染的水，会导致胃炎、皮肤病、内分泌紊乱、肾结石、肝炎、心血管病、霍乱、伤寒、痢疾、胃肠炎等多种疾病。据统计，我国年均废水排放总量为440亿吨，超过环境容量的 82%，七大江河水系（松花江、辽河、海河、黄河、淮河、长江、珠江）中Ⅴ类水质占 41%，75% 的湖泊出现不同程度的富营养化，3 亿农民喝不到干净水。在饮用水受到多重侵蚀的地区，皮肤病、肠炎、肝肿大、癌症的发病率很高。

（2）空气污染

人离开水 2 天估计问题还不会太严重，但如果离开空气，2 分钟就不行了。成年人平均每天需吸入近十千克空气，是食物和水需要量的几倍。一旦受污染的空气进入人体，便可导致呼吸、心血管、神经等系统疾病或其他疾病，严重时还可引发肺心疾病、癌症等。汽车排放的尾气中所含的苯可能引起白血病。工业废气中的铅进入人体导致智力底下、痉挛、抽搐，甚至引起死亡。国家环保部《2012 中国环境状况公报》指出，我国有 76.1% 的环保重点城市和 59.1% 的地级城市空气质量不达标。

往更大处看，大气污染产生的臭氧空洞导致地球上紫外线辐射危害增加，使得人类患皮肤癌的几率增加。特别是大气污染后带来的温室效应使全球温度升高，极地冰川融化，海平面上升将会大量淹没沿海的城市和田地，如不能及时制止，后果不堪设想。

（3）生活垃圾污染

生活中常见的垃圾污染有三类：一是塑料。焚烧塑料会释放出多种化学有毒气体，对人体的毒害很大。人体吸收了这些有毒物质后，会出现消瘦、肝功能紊乱、神经损伤或诱发癌症等病变。二是废旧电池。非环保干电池中含有汞、镉等多种重金属，若被废弃在自然界中，会通过污染的土地和水体，侵入到人体。其中，汞中毒造成精神 – 神经异常、齿龈炎，金属镉使人体骨质松软并造成骨骼变形，使肝和肾脏等器官受损。三是防腐剂、胶水、油漆和颜料等。这些由建筑工程产生的废弃物中含有有毒有机溶剂，挥发性高，易被人体吸收，从而引起人的头痛、过敏、昏迷等反应，严重的还能致癌。此外，颜料中含有的重金属铅，会使人的神经、消化和泌尿系统受伤害，造成女性生殖机能改变，异常生育率上升，婴儿出生体重减轻，儿童智能下降。

2. 保护生态环境

环境是历史的大舞台，没有地球就没有人类，没有资源、生态、环境也就没有人类历史。然而近一个世纪以来，人类砍伐森林、开采矿藏能源、冶炼金属、生产系列化工产品，对自然界进行了无休止的索取和自以为是的征服。在创造了巨大的社会财富，使人类的物质文明取得了空前发展的同时，人类也付出了沉重的代价：资源枯竭、瘟疫流行、洪水泛滥、生态环境严重恶化……人类生存的美好环境遭到空前破坏的同时，被破坏、被污染了的环境反过来严重地损害人类的身心健康。人类必须重新审视自身与自然的关系，必须吸取教训，学会尊重自然、善待自然。从生物学角度看，人不过是自然界整体生物链中的一个普通环节；从物质形态角度看，人不过是一种特殊的分子组合体。人类自我意识的膨胀必然招致生物链的错缠甚至破断，打乱了物质世界原有的平衡，而迫使自然界多种形式的重新平衡。这个重新平衡，对于人类往往是灾难。由环境因素引起的人类多种疾病就是自然界对人类肆意妄为的不得已回应。

因此，从一定意义上讲，人类与环境的关系，也就是历史与未来的关系。历史与未来能否通过今天协调地连接在一起，一个决定性的因素即是今天的人类应该如何处理与环境的关系。所有的人，无论是今天活着的还是即将出生的，都被赋有保护生存环境使之不受污染和破坏的义务。保护生态环境，就是保护我们的健康，就是保护我们自己。

关于生态环境问题，在第 7 章中将专门讨论。

4.3　重大疾病预防

　　生理健康本是人们生活的基本权力和基本要求，但事实上常常变成美好追求，根源就在于有一个和人们如影随形的幽灵，总是不断地来进行干扰，这个幽灵就是疾病。从古到今，人们从来没有间断过对疾病的研究和斗争，但是疾病似乎也有点"不屈不挠"的态度，甚至变换着花样来挑战。医学基础研究越来越深入，医疗水平越来越高，医疗设备越来越先进，然而疾病也以同样的速度在更新。以往没有听说过的疾病，现在出现了；以往只出现在很小人群中的疾病，现在流行起来了。因心脑血管疾病、感染性疾病、癌症而死亡的人数占全部死亡人数的 70%。预防疾病，尤其是预防重大疾病，是摆在人们面前的重大而艰巨的任务。

4.3.1　主要致病因素和病原体

1. 主要致病因素

　　患病总有原因即致病因素，找到原因才能采取有效的医疗措施或预防方法。主要致病因素有生物感染性因素、理化因素、营养性因素、遗传性因素、先天性因素和免疫因素，以及精神、心理、社会因素。

　　（1）生物感染性因素

　　生物感染性是最主要和最常见的致病因素。导致感染疾病的生物有病原微生物（细菌、病毒、真菌、支原体等）和低等动物（寄生虫、蚊等）。由细菌感染引起的疾病有肺炎、痢疾、结核、鼠疫、炭疽、梅毒、破伤风等；由病毒引起的疾病有艾滋病、流感、非典型性肺炎、麻疹、天花等；一些真菌常导致皮肤、指甲的感染；支原体感染可引起类胸膜肺炎等疾病。由原生动物和低等动物感染引起的疾病有血吸虫病、蛲虫病、阿米巴痢疾、疟疾等。

　　生物感染性疾病往往呈现传染性、流行性、地方性、季节性、免疫原性、暴发性等特点。

　　（2）理化因素

　　此类病因包括机械力、温度（如灼伤、冻伤）、气压（高气压与低气压）、噪声、电离辐射、强酸、强碱、化学毒物或动植物毒性物质等。理化因素致病常发生在一些突然事故、特殊环境中，如机体组织伤害、中毒等。

　　（3）营养性因素

　　此类病因包括维持生命活动物质的缺乏或过剩而引起疾病。这些物质包括基本物质（如氧、水等）、各种营养素（如糖、脂肪、蛋白质、维生素、无机盐等）、某些微量元素（如氟、硒、锌、碘等）以及维生素等。如缺碘引起的甲状腺肿大、缺钙引起佝偻病、过多摄入热量引起的肥胖病等。

　　（4）遗传性因素

　　遗传性因素致病的原因是遗传物质基因的突变和染色体畸变。由基因突变引起的遗传性疾病有血友病、镰形红细胞贫血症等；染色体畸变引起染色体病，如自发流产、先天愚型等。

　　某些携带遗传缺陷或基因多态性变异的个体容易发生某种疾病，这称为遗传易感性。例如某些家族成员具有易患精神分裂症、高血压、糖尿病等的倾向。

　　（5）先天性因素

　　先天性因素不是指遗传物质的改变，而是指那些能够损害胎儿健康的因素。某些化学物质、药物、病毒等，特别是孕妇的不良习惯如吸烟、酗酒等可作用于胎儿而引起某种缺陷或畸形。造成胎儿在子宫内发育障碍的原因还可能是外伤、胎位不正。

　　（6）免疫因素

　　人类由于免疫因素产生的疾病主要有三类。第一类是免疫缺陷疾病，如艾滋病（AIDS）就是由人类免疫缺陷病毒（HIV）引起的获得性免疫缺陷综合征。失去了免疫能力的艾滋病患者一旦受到哪怕是最轻微的感染，都会迅速危及性命。第二类是自身免疫病。有的人会对自身抗原发生免疫反应并引起自身组织的损害，称为自身免疫性疾病，常见有全身性红斑狼疮、类风湿性关节炎、风湿性心脏病、溶血性贫血等。第三类是过敏反应。某些人的免疫系统对一些抗原刺激会发生异常强烈的反应，从而导致组织、细胞的损伤和生理功能的障碍，如某些药物（青霉素等）、花粉、特殊食物在某些免疫异常的个体中引起的过敏性休克、哮喘、荨麻疹等。

　　（7）精神、心理、社会因素

　　由于精神、心理、社会因素引起的疾病如应激性疾病、变态人格、身心疾病等现在正逐渐增多，是现代社会必须重视的现象。长期的忧虑、悲伤、恐惧和精神刺激等可使人产生忧郁症、神经衰弱、酒精依赖、精神分裂症、强迫症、痴呆症。同时，长期精神过度紧张还容易引发高血压、消化性溃疡等疾病。

　　2. 病原体

　　可造成人或动物感染疾病的微生物或其他媒介统称病原体。每个人一生中可能受到150 种以上的病原体感染。一个人遭病原体侵袭后是否发病，既与其自身免疫力有关，也取决于病原体致病性的强弱和侵入数量的多寡。细菌和病毒是两类最主要的病原体。

　　（1）细菌

　　细菌是一类单细胞有机体。大多数细菌的大小为 0.15～4 微米，只在显微镜下可以看见。细菌根据形状不同可分为球菌、杆菌和螺形菌三类，螺形菌的样子并不像螺，而像弹簧，其中只有一个"弯"的，称为弧菌。图 4-10 从左至右为肺炎球菌、双歧杆菌、霍乱弧菌和幽门螺旋菌。细菌广泛存在于土壤、水和空气中，同时它们也存在于植物、腐烂或变质的物体表面，并可以在人类和其他动物的体表和体内寄生繁殖。

　　细菌进入人体有多种方式。空气中的细菌通过皮肤创口进入人体，或直接进入鼻腔、喉咙或肺部，造成诸如白喉、百日咳、葡萄球菌感染、链球菌性喉炎、破伤风和肺结核一类疾病。其他细菌通过食物或水进入人体，造成伤寒、痢疾、霍乱和肉毒杆菌一类疾病。还有一些疾病如淋病、麻风病、梅毒等，是与病菌携带者密切接触而感染。

　　用物理、化学或生物学的方法使细菌生长的环境发生剧烈的变化，可以抑制细菌的生长和杀灭细菌。用化学药剂进行搽洗或喷洒来杀死物体表面病原菌的过程称为消毒；用剧烈的物理方法如煮沸、焚烧、滤菌器过滤、紫外线照射、电离辐射等杀灭物体上所有细菌的方法称为灭菌。

　　临床中使用抗生素来抑制或杀死机体内的病原菌，从而使患者痊愈。抗生素又称抗菌

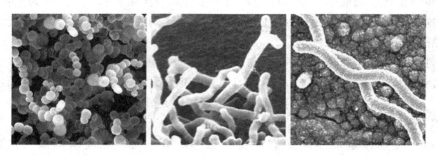

图4-10 球菌、杆菌和螺形菌

素,它通过特异性破坏病原菌的细胞结构和代谢过程,达到灭菌治病的目的。重复使用一种抗生素可能会使致病菌产生抗药性,迫使抗生素用药剂量越来越大,最终无效。2011年4月7日世界卫生日的主题是"抵御耐药性:今天不采取行动,明天就无药可用"。中国是抗生素使用大国,人均年消费量为138克左右,是美国的10倍多。近年来,中国医院的抗生素使用率高达74%,其中外科患者使用抗生素的比例高达97%。抗生素被滥用和病原菌的抗药性,已成为我国目前医药卫生中面临的严峻问题。

虽然很多传染病是由细菌引起的,但是能引起疾病的细菌种类还是少数。大部分细菌对人类无害,甚至是有益的。例如细菌可以将有机肥料分解为对植物有用的养料;厌氧菌可用于发酵生产醋、酒和一些药品的物质,并用于软化奶酪。对人体健康有益的叫益生菌,以乳酸菌、双歧杆菌等为代表,它们数量的多少,直接影响到人的健康。

(2)病毒

没有人会对感冒陌生,尤其到了季节交换或气温变化稍大一些的时候,大家就会相互提醒:"小心,别感冒了。"如果一个房间里有人不停地打喷嚏,周围的人就会很紧张——一场感冒的灾难已经逼近。引起感冒和流感的,不是细菌,而是病毒。病毒还是很多其他严重疾病甚至可能致命的疾病的罪魁祸首,包括艾滋病、埃博拉出血热、传染性肝炎、疱疹等。

生物病毒是一类个体极其微小(纳米级)、结构简单、必须在活细胞内寄生并以复制方式增殖的非细胞型微生物。病毒不是细菌,它没有细胞组织,只由一个核酸分子(DNA或RNA)与蛋白质外壳构成。如果离开宿主细胞,病毒只是一个可制成蛋白质结晶的化学大分子,是一个非生命体;一旦遇到宿主细胞,它就会依赖宿主细胞的能量和代谢系统,体现出遗传、变异、进化等典型的生命体特征。所以,病毒是介于生物与非生物之间的一种原始

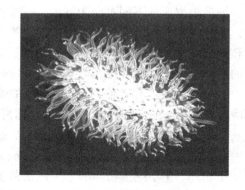

图4-11 天花病毒

生命体。图4-11为天花病毒。比病毒更简单的还有类病毒(只含RNA分子)和朊病毒(只含感染性的蛋白质颗粒),此二者合称亚病毒。

无论宿主细胞是何种类型,所有病毒的裂解步骤都是相同的:首先是病毒颗粒吸附宿

主细胞，然后颗粒将其遗传指令释放入宿主细胞。接着被注入的遗传物质募集宿主细胞的酶，再往下是这些酶制造更多新病毒颗粒的组分，新的颗粒将这些组分组装成新的病毒，最后是新颗粒从宿主细胞中释放出来，病毒的裂解周期完成。一旦新病毒合成完毕，它们就离开宿主细胞，并立即攻击其他的细胞。一个病毒可以复制出上千个新病毒，病毒感染就在人体内迅速蔓延，见图 4 – 12。

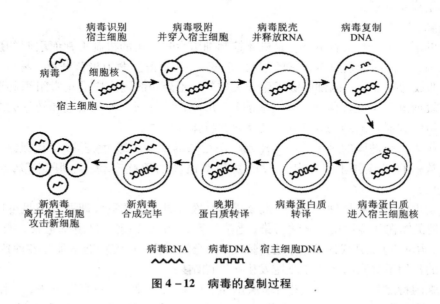

图 4 – 12　病毒的复制过程

　　所有病毒在其外部衣壳或包膜上都有可以"感觉到"或"识别"正确宿主细胞的某种蛋白，这种蛋白将病毒吸附于宿主细胞的膜上。一些可以溶入细胞的病毒在进入宿主细胞后释放它们的内含物（遗传指令、酶），而不进入细胞的病毒会将它们的内含物注入宿主细胞内。无论哪种方式，结果都是一样的，都是病毒自身的酶接管宿主细胞的酶，然后利用病毒的遗传指令和细胞的酶装置，复制病毒的遗传指令和新的病毒蛋白。新复制的病毒遗传指令在新合成的蛋白质衣壳中被包装，以得到新的病毒。

　　以流感或感冒为例：一名感染者打了个喷嚏，病毒颗粒随飞沫散布在空气中。附近的另一人吸入了病毒颗粒，颗粒吸附在他鼻窦壁的细胞上。该病毒攻击这些鼻窦壁细胞，并迅速复制出新的病毒。鼻窦壁细胞即宿主细胞破损，新生病毒蔓延至血液和肺。同时，由于鼻窦壁上的细胞破损，体液流入鼻腔，感染者开始流涕。带有病毒的体液流到喉部，喉咙壁上的细胞又被病毒攻击，患者感到嗓子疼痛。进入血液的病毒随血液移动，并攻击肌肉细胞，引起患者肌肉疼痛。患者的免疫系统对这种感染产生应答，在斗争过程中产生称为热原的化学物质，它引起患者体温升高，体温升高有利于降低病毒增殖速度。人体的免疫应答一直持续到体内的病毒被清除。但是，患者打喷嚏时，又会把上千个新的病毒散布到环境中去，等候下一个倒霉的宿主。可见，感冒患者打喷嚏时用纸巾或手帕捂住口鼻真是功德无量。

4.3.2　几种重大疾病简介及其预防

危害人类健康的疾病种类很多，其中发病率高、危害极大的一些疾病属于重大疾病。癌症、心血管疾病、糖尿病、艾滋病、流行性强的呼吸道传染病等都属于重大疾病。认识重大疾病的发生、扩散规律和机制及患病机体相应的代谢与功能变化，对于我们维护自身健康具有重要实践意义。

1.癌症

癌症的医学术语称恶性肿瘤，是机体控制细胞生长增殖的机制失常而引起的疾病。由于某种原因，机体内个别原本正常的细胞"叛变"了，变得生命力极其旺盛、易于变异、易于转移，即成为癌细胞。癌细胞除了生长失控外，还会局部侵入周遭正常组织甚至经由体内循环系统或淋巴系统转移到身体其他部分，形成新的肿瘤。肿瘤增大和转移的结果是严重地损害组织和器官的结构与功能，最终导致机体的死亡。

癌症作为人类健康的杀手，是一种死亡率很高的疾病。20世纪80年代以来，全球癌症发病人数一直呈逐年上升趋势。我国发病率最高的癌症有胃癌、肝癌、肺癌和食管癌等。

癌症发生的原因和机理很复杂，迄今仍然是医学界面临的重大课题。但是可以证实的是：癌症是机体在环境污染、化学污染(化学毒素)、电离辐射、自由基毒素、微生物(细菌、真菌、病毒等)及其代谢毒素、遗传特性、内分泌失衡、免疫功能紊乱等各种致癌物质、致癌因素的作用下导致身体正常细胞发生癌变的结果。

癌细胞的特点是：第一，它按倍增法增生，1变2，2变4，一直变下去，无限制无止境，是永生的细胞；第二，它是富集营养的，使患者体内的营养物质被大量消耗；第三，癌细胞释放出多种毒素，使人体产生一系列症状；第四，癌细胞可转移到全身各处生长繁殖，导致人体消瘦、无力、贫血、食欲不振、发热，严重的会导致脏器功能受损等。

如果在发病早期就发现并开始治疗，70%以上的癌症是可以治愈的。例如发现排便和排尿规律有变化、无法康复的酸痛、不正常的流血或流脓、乳房或者睾丸处皮肤增厚或长有增生物、消化不良或吞咽困难、有突然间增大或颜色加深的痣、疼痛的咳嗽或声音嘶哑等，在发现这些征兆中的任何一项时都应立即前去就医，这一点相当重要。同时，避免在不必要的情况下暴露于X光下、限制暴露在强烈阳光下的时间、在有致癌物质的场所工作时要穿上防护服、避免抽烟、保持低脂肪的饮食习惯、常吃水果和蔬菜等措施可以减少患癌症的几率。

当前环境污染日趋加剧，人类的生活环境不断恶化，与致癌因素的接触越来越紧密。人体细胞的稳定性只能是相对的，人体细胞基因的改变是必然的和难以避免的，但这并不意味着癌症无法克服和人们对癌症无能为力。事实上，我们每个人体内都存在着数量不一的部分癌变细胞，但是只有极少的癌变细胞能够发展成癌症，大部分癌变细胞或被机体及时清除，或没有自主分裂能力而长期潜伏，不会危害人体健康。随着医学的进步与发展，以及对癌症研究的深入，人们对癌症的病因已有空前的了解，越来越多的癌症不再是绝症，职业性肿瘤已经基本能够预防，某些普通人群的癌症也已能预防和治愈。

对于早期癌症，手术疗法比较成功。化学疗法主要用于各种类型的白血病以及用于无法手术而又对放疗不敏感的病人，但现有的化学药物在杀伤癌细胞的同时对正常人体细胞也有损害。普通放射疗法对白血病等对放疗敏感的癌症疗效较好，但对胰腺癌、结肠腺瘤等对放疗不敏感的癌症效果不好。此外，普通放疗也对人体正常细胞造成损伤。无创性立体定向放射疗法是目前世界医学界治疗肿瘤的领先技术，它将所有放射线集中在肿瘤组织上进行精确治疗，对正常组织的损伤极其微小。免疫疗法通过各种手段来提高机体免疫功能，虽难以达到根治癌症的目的，但仍不失为一种辅助手段。治疗癌症的方法还有很多，如内分泌疗法、导向疗法、冷冻疗法、加温疗法、基因疗法等，在对付癌症的统一战线中各有千秋，也各有所限。人们在为战胜癌症继续努力，中医也作了一定的贡献。

近期有研究人员研究出"饿死癌细胞"的方法，即"勒死"癌细胞周围的血管使癌细胞得不到营养而"活活饿死"。利用转基因技术治疗癌症也提出了各种思路和方法，一种方法是把能够制造抗原性蛋白质的基因(不是抑癌基因)转入肿瘤细胞，傻乎乎的肿瘤细胞以为这些基因都是宝贝，就把它们全"佩戴"在细胞膜表面晒宝炫富，却不知这样做引来了大量抗体，直到这时，肿瘤细胞才醒过来：玩完了。这种方法被称为是诱使癌细胞"自杀"的方法。还有一种方案是转入让肿瘤细胞"倒戈"的基因，肿瘤细胞接受到这种基因后会"丧失理智"地去攻击它们的魁首。这种方法被称为是诱使癌细胞"内讧"的方法。

2. 心血管疾病

心血管疾病又称循环系统疾病。以高血压和动脉粥样硬化为主的心血管疾病是全世界最常见和最严重的疾病。心血管疾病的死亡率非常高，每年死于心血管疾病的人数占死亡总人数的近 1/3，全球平均每 10 万人口中就有约 160 人死于心血管疾病，它是危害人类健康的撒旦。

(1)高血压

心肺是人体内最劳累的器脏。人们说要休息的时候，是从来都不包括心和肺的。心肺没有作息表，只有加班通知单。别的器官都进入静息状态时，它们还在忠实负责地、一丝不苟地工作，真是任劳任怨，公而忘私。如此说来，控烟减酒的必要性就很明白了，因为吸烟增加肺的劳动，饮酒则增加心的负担。

高血压是一种以动脉血压增高为主要表现的心血管疾病，常伴有心脏、血管、脑和肾脏等器官功能性或器质性的改变，为心血管疾病中的第一危险因素。高血压有一定的遗传因素，但后天的环境作用也是巨大的。

心脏的跳动实质上是一缩一张的泵血动作。心脏收缩，把血液泵入血管，此时血管壁会受到血液的压力，称为心脏收缩压，又称高压；心脏舒张，准备下一次收缩，此时血管壁受到的血液压力减轻，舒张末期的血压称为心脏舒张压，又称低压。对于 40 岁前后的成年人，如果高压高于 140 毫米汞柱，或低压高于 95 毫米汞柱，便是高血压。男性的血压略高于女性，年龄越大则血压会越高。因此，高血压的发病率会随年龄的增长而增高。

血压升高意味着血液在平滑流动的过程中遇到了较大的阻力，不加大压力就不能正常流动。这样就带来了一系列的问题。首先是心脏泵血要更用劲，这可能导致心脏体积增大而引起心肌肥厚、心力衰竭等病变；其次是因为血管壁承受了额外压力而使血管变得脆弱，而更易于受损；最后是流到身体各个器官中的血液的流速会相应减慢，这可能导致肾病、中风、心脏病或其他危及生命的疾病。

造成血压升高的原因很多，除了遗传因素外，后天因素有：由于肥胖，过多的脂肪挤压血管，使管道变狭；某些原因引起的血栓或血管内部积垢对管道造成一定的堵塞；老年性管道硬化、疾病性和外伤性毛细血管堵塞等降低了血管质量;高血糖、过高摄入盐分等使血液黏稠干涸;人长期处于强烈的精神紧张、焦虑状态,或多年从事注意力须高度集中的职业,大脑皮质兴奋抑制过程易平衡失调,引起全身小动脉痉挛;吸烟、嗜酒等不良生活习惯等等。形象地说,血管好比道路,血液好比道路上的车流,血压高就是车流缓慢,原因或者是路变窄了、或者是发生交通事故了、或者是路况差了、或者是路上的车破旧而跑不起来了、或者是乱穿马路的人太多了。

减肥和戒烟是降低血压的两种最快最有效的方法,即使血压值可能并不是太高的人也应注意。此外,合理膳食、适量运动、平衡心理,都能有效预防高血压。所谓合理膳食,指食用低饱和脂肪、低胆固醇类食品,并且强调多食水果、蔬菜和低脂含量的食品,适量食用肉类、甜品和含糖饮料,控制摄入食盐。高血压病情严重者,须及时就医,不可大意。

(2)动脉粥样硬化

动脉粥样硬化是大、中动脉壁上沉积了一层黄色物质,使动脉弹性减低、管腔变窄变粗糙的病变。黄色物质是由胆固醇、类脂肪、纤维蛋白(一种用于凝血的蛋白质)、钙等组成的,状如小米粥,因而有此名称。

动脉粥样硬化是一个渐进的过程。正常状态下,存在于血液中的脂肪是能量储存以及生成某些组织激素所必需的成分。但当脂肪浓度大大增加时,就会沿着动脉壁形成脂肪条纹。这些条纹会导致脂肪和胆固醇不断沉积,沉积物依附在原本平滑的动脉内膜上,形成小结。这些小结下面会长出纤维化的瘢痕组织,导致钙沉积。沉积的钙逐渐演变为无法除去的白垩状坚硬薄膜,称为动脉粥样斑。动脉粥样斑会阻碍动脉的正常扩张和收缩,从而减缓动脉内的血流速度,造成容易形成血块、妨碍或阻止血液流经动脉的结果。

动脉粥样硬化症往往要到与体内某个重要器官相连的动脉被堵后,才会被发现。例如,如果心脏供血动脉部分受阻,人们就可能感到心绞痛,但是如果完全被阻塞,就可能导致心脏组织死亡等心脏疾病;冠状动脉粥样硬化(冠心病)会导致心肌梗塞、心脏骤停(猝死);如果动脉粥样硬化影响到脑部动脉,人们就可能会感觉眩晕、视线模糊和晕厥,甚至可能因由受阻动脉供血的脑组织死亡、继而受死亡脑组织控制的肢体出现瘫痪,也就是常说的中风;通向肾部的动脉受阻可能导致肾衰竭;通向眼部的血管受阻可能导致失明;四肢动脉阻塞可能导致各肢体的病变。

目前尚不能确定动脉粥样硬化的确切原因,但是人们已经发现,高血脂、高血压、糖尿病、有吸烟史、有动脉粥样硬化家族史等都是重要的致病因素。高血脂症能促进脂肪条纹的形成,高血压因动脉受到一定的恒力而加速了动脉阻塞和硬化过程,糖尿病促进高血压进而造成动脉粥样硬化,抽烟可以引致动脉收缩而限制血液流动。

除了临床药物治疗外,改变生活方式包括戒烟、减少饱和脂肪和胆固醇的摄入量、减肥以及进行适度的锻炼,均对预防动脉粥样硬化有积极作用。

3. 艾滋病

艾滋病全称获得性免疫缺陷综合征,是一种由人类免疫缺陷病毒(HIV)引起的疾病,它是目前全球最可怕的流行病之一。HIV病毒(图4-13)最初于1981年在中非的一个偏远地区被发现,此后迅速在全球蔓延,在短时间内感染了上百万人。统计数据显示,截至2011年,全球因艾滋病死亡的人数累计已经达到2900万人,这其中还不包括大量没有记录在案的艾滋病死亡者,显然艾滋病已经在全球范围造成了巨大影响,而这种影响还远未结束。在我国，1985 年 6 月发现第一个艾滋病患者，他是一名境外旅游者；据国家卫生计生委公布的数据，到 2013 年末，我国共有存活的艾滋病患者及感染者 43.4 万人。

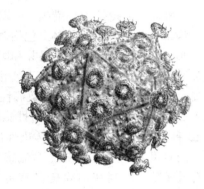

　　感染 HIV 病毒让人闻之色变，因为艾滋病目前无法治愈、没有有效的疫苗、传播速度很快、死亡率极高。在当今世界，同时具备这四种特征的疾病极为罕见，故被称为"史后世纪的瘟疫"、"超级癌症"和"世纪杀手"。HIV 病毒与其他病毒相比有两个与众不同的特性：一个是它通过与被感染者的"亲密"

图 4 – 13　艾滋病病毒

接触传播，包括性交传播、血液传播、共用针具的传播和母婴传播；另一个特性是它侵入人体免疫系统的细胞，并改变这些细胞的结构，使它们最终成为 HIV 病毒的"生产车间"，被感染者体内的免疫细胞数量逐渐减少而最终失去免疫能力。HIV 病毒还会发生变异，逃过免疫系统的识别而长期存在于机体之中并向外传播。艾滋病患者最终并非死于艾滋病，而是因失去免疫力而死于其他疾病，可能是癌症，也可能只是一般的感冒。

　　艾滋病病毒不会通过空气、食物、水等一般日常生活接触传播，共用办公用品、共用厕所、游泳池、共用电话以及接触打喷嚏者等行为，甚至照料 HIV 病毒感染者或艾滋病患者都不会被感染艾滋病。男性同性恋者、吸毒者、血友病患者、接受输血或血液制品者、与高危人群有性关系者才是艾滋病的易感人群。艾滋病的传播与人类的社会行为有关，虽不能治愈，但是完全可以预防。人们可以通过采用下列方法来降低感染艾滋病的可能：在性交中使用避孕套；维持单一的性关系；避免与他人共用剃须刀、牙刷和皮下注射器或针头及其他可能会沾有被感染血液的物品。

　　艾滋病歧视是对艾滋病患者的一种严重的人格侮辱。要公平对待艾滋病患者，对他们要关心、有爱心、有热情，给予他们精神上的信心。尤其要关注艾滋孤儿的成长，维护他们健康成长的权力。所谓艾滋孤儿，是指其父或其母或其父母因艾滋病死亡而遗留的 14 岁以下的儿童，他们可能已经感染艾滋病病毒，也可能是健康的儿童，因其父母的原因，他们往往被歧视、排斥，生存情况相当恶劣。据《中国儿童福利政策报告 2011》估计，2010 年底我国约有 70 万艾滋孤儿。

　　4. 传染性疾病

　　传染性疾病就是我们通常说的传染病，是许多种疾病的总称。它是由病原体引起的，能在人与人、动物与动物或人与动物之间相互传染的疾病。传染病是最常见的一类疾病。从历史上看，它们是引起世界范围内疾病和死亡的主要原因。今天，人们已经学会预防传染病的传播，有些曾经造成瘟疫的传染病如天花、黑热病、脊髓灰质炎等已经绝迹或已在一些地区绝迹，许多疾病已经没有曾经那么大的破坏性。但是在发展中国家，传染病仍然是一个严重的健康问题。

　　传染病具有四个特点：第一是传染性，即传染病的病原体可以从一个人经过一定的途径传染给另一个人；第二是有免疫性，即大多数患者在疾病痊愈后，都会产生不同的免疫力；第三是可以预防，传染病在人群中流行必须同时具备三个基本条件，即传染源、传播途径和易感人群，缺少其中任何一个，传染病就流行不起来。通过控制传染源、切断传染途径、增强人的抵抗力等措施，可以预防传染病的发生和流行；第四是有病原体，每一种传染病都有它特异的病原体，包括微生物和寄生虫。

2004 年通过的《中华人民共和国传染病防治法》根据危害程度将传染病分为甲类、乙类和丙类。甲类传染病是鼠疫和霍乱。乙类传染病有传染性非典型肺炎、艾滋病、病毒性肝炎、脊髓灰质炎、人感染高致病性禽流感、麻疹、流行性出血热、狂犬病、流行性乙型脑炎等 25 种。丙类传染病有流行性感冒、流行性腮腺炎、风疹、急性出血性结膜炎、麻风病等 12 种。虽然鼠疫、霍乱等传染性疾病似乎已经离我们远去，但高枕无忧的时代并没有来临。面对世界范围内 SARS、禽流感等新型传染病的暴发，了解预防传染病的健康知识，对于有效预防、控制和消除传染病的发生与流行，保障公众的健康和公共卫生依然很有必要。

只要破坏传染性疾病流行中的任何一个条件，传染病就不能流行。因此，预防传染病要做到：一、及早发现传染源，对病人和疑似病人要早发现、早报告、早隔离；二、切断传播途径，平时注意隔离、消毒、杀虫等，要消除带菌媒介，搞好食品及环境卫生，个人养成勤洗手的良好习惯；三、感冒患者外出时要戴口鼻罩，打喷嚏时要用纸巾掩住飞沫；四、保护易感人群，在传染病流行期对易感染的人要预防接种疫苗，加强个人防护。

4.4　衰老与死亡

秦始皇为寻找长生不老的"神药"而巡游，然而由于一路劳顿，病死在途中；唐太宗服用了天竺方士炼制的"延年之药"不足一个月便驾崩，死时年仅 51 岁；"退之服硫黄，一病迄不痊，微之炼秋石，未老身溘然"，说的是韩愈和元稹饮服"长生丹膏"而亡的事情。当然也不乏在衰老面前依旧乐观、奋发的英才。"七十而随心所欲，不逾矩"，孔子看得真透彻；"老冉冉其将至兮，恐修名之不立"，屈原牵挂的是美名；"烈士暮年，壮心不已"，曹操不愧为一代英雄。"我真的还想再活五百年"，谁都这样想，何止是康熙。随着社会生产力的发展、医疗保健事业的进步和生活条件的改善，人们关于延年益寿的美好愿望更是不断强化。然而，"神龟虽寿，犹有竟时"，衰老和死亡是所有生物体的必然经历和必然结果，是不可回避、无法超越的天规。

世界上确实存在有条件的永生生命，例如细菌、草履虫、木本植物，还有人体的造血干细胞、癌细胞等，但这个条件是理论性的，在现实中并不存在。对于动物来说，它的基因已经描述了它将会经历的机体功能变化情况和大体寿限。例如体内含基因变异体 E - 4 的人与长寿无缘，因为这类人群血液运送脂肪的能力差，易患心血管疾病和心肌梗塞；而体内含基因变异体 E - 2 者的机体细胞和组织能有效抵御疾病的袭击，其寿命长达百岁左右。

4.4.1　人体的衰老

在不同的研究领域中，衰老有不同的解释。生物学认为，衰老是生物随着时间的推移而自发的必然过程和自然现象，表现为结构和机能衰退，适应性和抵抗力减退。生理学认为，衰老是从受精卵开始一直进行到老年的整个个体发育史。社会学认为，衰老就是个人对新鲜事物失去兴趣，超脱现实，喜欢怀旧。

至今的科学研究对衰老机制提出一些解释,主要有以下几种。

①人的发育成长过程是细胞不断分裂、DNA 不断复制的过程。但是这套复制系统并不完美,许多受损的 DNA 也被复制。有缺陷的 DNA 的反复复制,其缺陷越来越多、越来越强化,功能则越来越差,这就是衰老的过程。例如人脸部的细胞大约每两年就全部更换一次,60 岁人的脸已是他来到世上以后的第 30 张脸了。每次更换,好比是用质量不太高的复印机复印一次,然后再用第 n 张图像去复印第 n + 1 张图像,质量自然一次比一次差。

②人体细胞内有一种叫线粒体的物质,它的作用是将氧与营养结合转化为人体需要能量,就像是一个能量生产机。在线粒体生产能量产品的同时还生产自由基,自由基的工作是搬运能量。自由基非常活跃,非常不稳定,不安于无所事事的状态。随着人的年龄增长,自由基就越来越多,一部分无事可做的自由基便成为“有害分子”。它们不断堵塞线粒体并损坏细胞的 DNA,致使 DNA 最终失去了复制能力,身体各器官的损坏不但得不到修复反而被继续损坏,最后衰竭。

③机体中蛋白质、核酸等大分子通过共价交叉结合,形成难以酶解的巨大分子堆积在细胞内。这些巨大分子一方面会改变基因,另一方面还会干扰 RNA 聚合酶的识别结合,从而使得基因的转录活性逐渐丧失,促使细胞、组织发生进行性和规律性的表型变化乃至衰老死亡。

④细胞分裂有一定的极限,达到这个极限即会衰老死亡。美国科学家研究发现,人体细胞从胚胎开始分裂,连续分裂 50 代左右便全部衰老死亡,人的生命也就此了结。

⑤在生物体的一生中,物理因素(如电离辐射、X 射线)、化学因素(如化学药剂、食物)及生物学因素等诱发和自发的突变破坏了细胞的基因和染色体,这种突变积累到一定程度导致细胞功能下降,达到临界值后,细胞即发生死亡。

此外还有线粒体遗传基因变异、激素失衡、钙化作用、脂肪酸不平衡、非消化酶不平衡等种种说法。总的原因都是细胞分裂终止或 DNA 复制中止,不同的说法只是对这些终止的原因解释不同。

不管怎么说,享受生活、推迟衰老是人们的共同愿望。从地震废墟中获得第二次生命的人说得最多的一句话,就是“活着真好”。吉尼斯世界纪录记载的最高寿者为 114 岁。据科学家研究认为,人类的自然极限寿命应该是 150 岁左右。科技发展与健康养成,加上基因的“努力”,都可能使这个研究结论成为事实。上个世纪初,由于大规模推广种痘预防天花病,世界人均寿命一下提高了 10 岁;上个世纪三四十年代以来普遍使用各种抗生素,又使人类平均寿命提高了近 20 岁。我国人口平均寿命是:东汉时期 24 岁,唐朝 28 岁,清朝 31.5 岁,民国时期 35 岁,1957 年 57 岁,1981 年 68 岁,2000 年 71.5 岁,2010 年第六次全国人口普查数据反映我国男性人口平均寿命 72.38 岁,女性人口为 77.37 岁。这些都说明,推迟衰老是有空间的,并不是说基因图谱就是判决书。基因突变并不是只会朝着不利于健康的方向变。保持良好的心理状态、遵循科学的健康生活、营造有利于生命的环境,基因就会被我们“感化”。若是如此,我们的子子孙孙将会对我们感激不尽。

4.4.2　人体的死亡

生命的尽头是死亡。诞生与死亡是同时确立的,是生命中最确定的事情。然而,在大多数人的眼中,死亡又是最恐怖的事情。至今为止,世界上尚没有哪一个人能够恰当地描述出死亡的感觉。道理很简单：活着的人从未经历过死亡，而已经死亡的人又无法述说这种感觉。正因如此，探寻死亡的奥秘，成为古往今来许多人孜孜以求的努力。东汉王充《论衡》中有《论死篇》，柏拉图把哲学归结为学习死亡，培根著有《论死亡》，叔本华写了《谈死亡》，近年来又有死亡哲学、死亡美学等概念的提出。

在悠悠的历史长河中，不乏具有死亡意识的个体，他们对死亡的思考与体悟相当深刻。司马迁慨言"人固有一死，或重于泰山，或轻于鸿毛"，陶渊明诗云"死去何所道，托体同山阿"，文天祥吟道"人生自古谁无死，留取丹心照汗青"。人在无底的死亡深渊前，在死亡突然降临时，会深刻领悟生的意义。有学者反用孔子的话，说"不知死，焉知生"，是有其道理的。人先有了死亡的生命意识，才会格外珍惜生的种种可能性，这种珍惜人生的价值意识支配着人创造人生，并采取不同于其他自然物种的生的姿态和生的方式，从而确立不同的生存信念。

从社会意义来说，旧个体的死亡是新个体生存的要求，旧个体的离去是整个种系发展的活力和动力。如果古人永不离去，今天的我们就不知能在何处立足，同理，到了以后某个时间，我们就在古人的行列中。旧一代离去时，留下了有用的、积极的经验和成果，也带走了陈旧的、过时的甚至可能是新生事物成长桎梏的思想和行为。未来永远属于新生的一代，世界归根结底是朝气蓬勃的青年人的。由此而言，客观规律下的死亡乃是社会发展、人类自身发展的需要。科学地、正确地认识衰老和死亡，有利于提高我们的精神生活和社会生活水平。

1. 死亡各阶段

（1）濒死期

濒死期又称临终状态、挣扎期等。这个阶段内，人体主要器官生理功能趋于极度减弱即衰竭，脑干以上的神经中枢功能处于深度抑制或丧失状态，意识和反应逐渐消失、呼吸和脉搏渐次停止。

（2）临床死亡期

临床死亡期又称躯体死亡期、个体死亡期。这个阶段内，人的心搏停止、呼吸停止，各种反射完全消失。处于临床死亡的人，从外表看机体的生命活动已经停止，但机体组织内微弱的代谢活动仍在进行。

脑干功能是否停止是本阶段最主要的判断标准。如果脑干功能尚存，还有自主呼吸，则称为"植物状态"。"植物人"的昏迷只是由于大脑皮层受到严重损害或处于突然抑制状态，病人可以有自主呼吸、心跳和脑干反应，有的甚至能微笑、咳嗽、打嗝，最长可活 30 多年。

（3）生物学死亡期

这是死亡过程的最后阶段。这个阶段内，整个中枢神经系统和机体各器官的新陈代谢相继终止，出现不可逆变化。

处于生物学死亡期的人体作为整体已经死亡，但由于构成人体的细胞、组织以及人体各脏器和组织对缺氧的敏感程度不一致，因而它们进入生物学死亡也有先有后。近年来的研究表明，血液供应停止后，大脑皮质在 4 分钟后永久损坏，听觉是最后消失的感觉。因此，在心脏停止跳动后数分钟里继续在死者耳边和他说话，他是有感觉的。在缺血情况下，肝脏能坚持半小时左右工作，肾脏则到 1.5 小时后才失去活力，肌肉组织的真正死亡要到 8 小时以后。这种现象使得器官移植成为可能。

　　2. 死亡的标准

　　由于临床死亡期仍有微弱的机体组织代谢活动，即便生物学死亡期中也并非所有器官都停止活动，于是就有了一个问题：怎样才确定死亡，或者说死亡的标准是什么。

　　国际上使用的死亡标准有两种：心肺死亡标准和脑死亡标准。

　　心肺死亡简称心死亡，指可以感觉到的心跳、呼吸、血压到了不可逆转的终止或消失的状态。将此状态作为死亡标准的，称为心肺死亡标准。心肺死亡标准也就是民间所说的"咽气"，这是传统的死亡标准。脑死亡指因脑组织缺氧、缺血、受损或坏死而致使脑组织功能和呼吸中枢功能达到不可逆的消失阶段。与心肺死亡相比，脑死亡显得更为科学，标准更可靠。执行脑死亡标准的积极意义还在于避免为"抢救"那些实际上已经死亡的人进行的安慰性、仪式性医疗活动而发生巨额支出。

　　两者的区别是巨大的。脑死亡者的包括大脑、小脑、脑干在内的全脑功能已不可逆地完全停止，而心跳、血压可以不正常，也可以正常，在呼吸机支持下心跳甚至有可能维持很长时间。心脏没有停止跳动、人还没咽气，却宣布他已死亡，这是极富挑战的观念，需要人们有必要的人体解剖学知识，否则无法接受事实。

　　在联合国 193 个成员国中，目前已有 80 余个国家采用脑死亡标准。我国目前使用的是心死亡标准，日后是否使用脑死亡标准，需要立法。

4.4.3　生命伦理问题

　　1. 安乐死

　　安乐死的原意是指人无痛苦地、幸福地死亡，是一种理想的死亡方式。现代的"安乐死"已经超出了原先的含义，通常是指身患绝症的患者，于治愈无望、生命垂危、极度痛苦的情形下，自愿要求结束生命，由医生协助，实施尽可能保持人的尊严与安详的死亡处置方式。安乐死按其结束接受安乐死者生命的方式，可以分为两种。一种是主动安乐死，即通过医生之手运用药物等手段加速结束患者的生命；另一种是被动安乐死，即撤除患者赖以维持生命的医疗措施，使患者自然死亡。

　　与一般的死亡相比，安乐死应该具有以下几个特征：首先，安乐死执行者的动机和意图必须是道德的，是为了解除病人在不堪等待自然死亡中身体接受的剧烈痛苦，而非精神上的痛苦或厌世；其次，安乐死必须由医学专业人员参与实施而非人人皆可为；第三，安乐死的对象必须是在当前医学条件下身体品质无法复原的绝症患者；最后，安乐死必须由病人或家属自己提出要求。

　　对于安乐死，存在伦理学范围的争议。支持方的理由是：第一，使用安乐死符合病人自身利益，无意义地延长他们的生命实际上是延长痛苦；第二，安乐死可使有限的卫生资源得到合理应用，减轻社会和家庭的负担；第三，符合人类生命价值观，采取安乐的死亡方式结束这种质量极低且根本不可能逆转的生命，不违背现代道德；第四，反映了人类无痛苦死亡的愿望，给病人以尊严的、无痛苦的死，完全符合人道主义思想。反对方的理由是：第一，生是人的最根本权利，生命是神圣和宝贵的，是至高无上的，在任何情况下都应该尽力保存人的生命，这是古今的铁律；第二，安乐死是变相杀人，医师只能"救生"，而不能"促死"，如果他们对病人施以致死术，完全违背了救死扶伤的神圣职责；第三，医学的成功总是建立在失败基础之上的，如果认为现在没有效果显著的救治方法就不去救治，无益于医学的发展与进步；第四，不可逆的诊断有误判概率；第五，求生欲望是人的本能，病人的安乐死愿望可能是在某些极度痛苦和绝望的逼迫下作出的，当痛苦相对缓解后许多人会改变主意，所以安乐死愿望不一定真实；第六，安乐死会使病人家属不顾亲情孝道，放任甚至加速自己亲人的死亡，违背了传统的血缘亲情观念。

对安乐死的讨论目前还局限在医学伦理学界、法学界及部分关注这一问题的医务人员之中，从社会角度看，多数人对此尚不太了解。因此，准确了解安乐死这一概念的含义对于正确认识安乐死十分必要。树立正确的死亡观、加强安乐死的立法研究，对安乐死的前景有决定性的作用。目前世界上一些有安乐死法规的国家(荷兰、比利时、卢森堡、瑞士和美国的几个州)都为安乐死制订了极为严格的限制性条件，提示我们在进行理论探讨的同时，必须深入研究安乐死的实施条件、实施程序等问题。

2. 临终关怀

临终病人由于生理变得不便不适和自己对个人生命即将终结的预感，心理上呈现出与一般病人不同的特点，如焦虑、抑郁、孤独、消极、恐惧、绝望等。他们在生理上的要求主要是克服疾病所造成的诸如疼痛、憋闷等身体不适，在心理上的要求主要是对生存安全感的需求。临终关怀在香港称为"善终服务"，在台湾称为"安宁照顾"。

临终关怀的出现只有二三十年的时间。它不是一种治愈疗法，而是对临终患者及其家属提供包括医疗、护理、心理和社会等各方面的特殊照护，使临终患者的症状得到控制，痛苦得以缓解，生命受到尊重，生命质量得以改善，最终使患者能以最小的痛苦、没有遗憾地、安详地告别亲友和自己。临终关怀作为近代医学领域中新兴的一门边缘性交叉学科的出现，是社会的需求和人类文明发展的标志。临终关怀的本质是对救治无望病人的照护，它不以延长病人的生存时间为目的，而以提高病人的临终生命质量为宗旨；对临终病人主要采取生活照顾、心理疏导、姑息治疗等措施，着重于控制病人疼痛，缓解病人心理压力，消除病人及其家属对死亡的焦虑和恐惧，使临终病人活得尊严，死得安逸。

临终关怀具有以下特点：一、它的主要对象是临终病人，特别是晚期肿瘤等身心遭受折磨的病人；二、它不以治疗疾病为主，而是以支持疗法、控制症状、姑息治疗与全面照护为主；三、它不以延长病人的生存时间为目的，而以提高病人临终阶段的生命质量为宗旨，用各种切实有效的办法使病人正视现实，摆脱恐惧，认识生命价值及其弥留之际生存的社会意义，使临终病人保持人的尊严；四、它提供家庭式的关怀，既为病人提供服务，又为病人的家属提供服务。临终关怀以其对临终病人的爱心、关心、同情、理解和尊重，体现了人道主义的精神。

由于临终关怀不促使病人死亡，不缩短临终时间，而是在充分控制病痛症状及心理安慰的前提下，让病人舒适宁静地自然死亡，因此避开了安乐死在伦理、法律上遇到的许多未解决的问题。个人尊严不因生命活力降低而被贬抑，个人权利也不因身体衰竭而被蔑视，临终也是生活，最后生活的价值更显珍贵，更需要得到最有效、最到位的服务，可以说，临终关怀建立了体现人类社会进步的关于人类死亡的最佳模式。

本章内容小结

本章介绍了人体消化、泌尿、呼吸、循环、免疫、神经、内分泌、运动、生殖等九大系统的主要构成及其主要功能。这些系统是相互联系、协同工作而不是独立的。例如泌尿系统的加工对象是运动系统获取、消化系统和呼吸系统生产、循环系统运输而来的，其工作受神经系统制约、被免疫系统保护，它自己又是生殖系统的组成部分，并协助内分泌系统的工作。

人类的健康是提高生命质量的基础。为保证人类健康，应当通过预防为主的办法避免感染传染病，通过优生的途径杜绝遗传病，通过合理膳食结构和良好的膳食习惯提高体质，用食品安全法和食品安全知识保护健康，此外在建立友好的生态环境以促进健康方面也应有所作为。

人生病的原因很多，但不论有多少原因，都是可以预防的。就连遗传因素、先天性因素，也可以在亲代那里预防。而一旦患病，就应积极治疗。癌症、心血管疾病、艾滋病、传染性疾病是当前在死亡人数中占比例最高的疾病，这些病也同样是可防的。已经患病者，应早发现，早治疗，这是最积极的态度。

衰老和死亡是生命的必然归宿，需科学理解、坦然面对。做到这样，就会益加珍惜时光、热爱生活，身心俱健康，生命的质量也就提高了。

第5章   生物信息传递与处理

本章导读：生物体是复杂的自组织自适应系统。一切系统都有三个条件：有一定的目的性，由若干要素组成，各要素间有相对稳定的联系方式和组织秩序。关于生命系统，我们已经在第2章和第4章中讨论了前两个条件，即目的和组成要素。本章讨论第三个条件，即生物体个体系统各组成要素之间的联系方式，以及生物体与环境的联系方式。

我们见过机器人，它们除了传感器和芯片，全身都是电线光纤，用以传输信息。生物体内也要传输信息。以动物为例，动物是一堆有序组合、相互联系的细胞，用有机的方式接收、处理信息，并据此产生行为，也就是说，动物行为是细胞群的协作反应。组织起这种反应的是信息，细胞只有接收到信息才有反应。但细胞之间并没有电线光纤，那么，信息是通过什么渠道在细胞之间传递交流的呢？细胞之间使用的又是什么语言呢？

从生物体系统外部的世界看，我们之所以知道这杯水有点烫、知道那座山有点远，知道明天可能会下雨，还是依靠信息。信息把我们与世界相连。信息使我们从不得不被自然选择进化为可以与自然沟通、直至有"主宰"自然的欲望的生物。但我们是否想过，我们真的做到完全真实、全面地感觉自然了吗？我们对世界自以为正确的信息，难道就没有一点变形、没有一丝缺失？

5.1   生物信息概述

1. 生物信息概念

奥地利科学家薛定谔(1887—1961)独辟蹊径地以热力学、量子力学和化学理论解释生命现象，在《生命是什么》一书中说："生命的本质在于信息。"什么是信息？美国数学家、控制论的创始人维纳(1894—1964)说："信息就是信息，既非物质，也非能量。"由于研究领域、研究对象不同，信息的定义有许多版本，但都离不开"信号和消息"的主题词。信息具有可量度、可识别、可转换、可存储、可处理、可传递、可再生、可压缩、可利用、可共享等特征，而物质和能量不同时具备这些特征。

物质、能量、信息是构成生物体的三大要素。非生命物质内部也有能量，非生命物质也有平衡运动，例如星球、流星体、火山、海洋暖流等，但它们运动的原因是分子的热平衡或万有引力，所以在敞开的环境中热空气总是往高处升、水总是往低处流。这些运动中不存在信息处理，也没有信息需要处理。在那里，一切都没有选择的可能。但生命要做的事情就是选择，选择的依据和决策都以信息形态呈现。生命与非生命物质最显著的区别，在于生命是一个完整的、自然的信息处理系统，生物体通过这个系统，维持既有的性状、保持内部的稳态、向环境做出于自身最有利的应对。生物信息就是调节和控制生命活动的信号和消息，以及与种系或个体的生存质量和生死存亡有关的信号和消息。前者是生物体内部的信息，后者是外部信息。生物的行为本身也含有信息，人的一举手一投足，甚至一个眼神，都包含了许多特定的意义，这些特定的意义向外传输，就成为信息。

由生物种系构成的生物世界是一个大系统，系统中每一个生物个体生命活动的基本内涵是维持生命和延续种系。都是种系，鹰要活，鹊要活，虫也要活。问题在于：鹊要活就必须吃虫，虫要活就必须躲过鹊喙；鹰要活就必须捕鹊，鹊在逮虫的同时还必须防备鹰爪。所谓生物链，本质上就是食物链，在不断进化的、充满生气的生物世界中，食或被食是铁的规律。在维护一切物种、调和并平衡生物世界矛盾方面，物质和能量都无能为力，唯有信息，它既帮助强者，也帮助弱者。所以说，生命的本质在于信息。

2. 生物信息的内涵

生物个体内部信息传递和处理的过程，有遗传进化、生长发育、饥饿反应、新陈代谢、免疫应答、应激反应等。生物体还要接受与处理声、光、电、热、磁等的物理信息，以及毒素、性外激素、芳香类化合物、示踪信息素、警告信息素等化学信息。生物个体之间需要传递和接收信息。对于人而言，还有社会的、心理的信息。生物体对这些信息都要做出反应，不反应也是一种反应。

生物信息一般可分为遗传信息、神经感觉信息及化学信息三大类。从本质上说，信息的载体是物质的，遗传信息和神经感觉信息的载体都是化学物质，但通常将它们单列研究。遗传信息以碱基对排列的密码形式存储在基因上，通过 DNA 的复制传递给子代。神经感觉信息靠电脉冲和神经递质携带和传递，调节和控制机体各部分功能。化学信息是除上述两类物质外由化学介质传递的信息。

广义地说，生物体向环境作出的反应也是生物信息，例如狮子向闯入其领地的狒狒发出吼声、雄麝分泌麝香吸引雌麝、蜜蜂舞蹈通报蜜源方位、人们购物时讨价还价等，都是生物信息的传递与处理。

3. 细胞通讯

生命的最小单位是细胞，组成多细胞生物体的所有细胞构成一个系统。生命维系和活动的根本保证是细胞统一协调地"工作"。为了统一协调，细胞之间必须传递信息，细胞内部必须处理信息。细胞之间的信息传递与接收又称为细胞通讯。这些信息或者来自外部，如环境的刺激；或者来自生物体内部，如神经中枢的指令。信息通过放大引起快速的细胞生理反应，或者引起基因活动，然后复合成一系列的细胞生理活动，产生机体各组织的协调活动，最终是生命整体自身系统稳定或对外界环境做出综合反应。细胞通讯是高度精确和高效的，丝毫的"误传"和"漏传"都会造成面目全非的后果，甚至会殃及生物体的生命。

人类传播信息有三个途径：声音、图像、符号。利用声音为信息载体的，有语言、乐音、声效等，乐音是有规律、有固定音高的声音组合，如器乐、歌曲等，声效指具有特定含义的声音，例如车辆的鸣笛、上下课的铃声。利用图像为信息载体的，有图片、动画、视频等。文字则用书写符号来传递信息。然而这些方式都是人类的发明，细胞通讯根本不使用这些看似精确完美而实质上是既粗糙又杂乱的方式，细胞通讯是通过化学的或生理的方式完成信息传递的。所以我们不能用日常习惯的信息传播方式去理解细胞通讯。

细胞通讯的方式有两大类，一类不依赖于细胞接触，另一类依赖于细胞接触。不依赖于细胞接触的细胞通讯从信息通讯过程的形式看，与人类社会的通讯有相似之处。以打电话为例，我们发出的以声音形态表达的信息输入话筒，被转换为电信号后送到受话方，受话方的话筒又将电信号还原为声音，然后给予回答。在细胞通讯中，信号发射细胞发出信号，通过信号分子(受体蛋白)送达到信号接收细胞，接收细胞又称靶细胞，靶细胞接收信号分子并进行识别，最后做出应答。依赖于细胞接触的细胞通讯则很难在我们日常生活中找到类似的情形，它是相邻的细胞间表面分子的粘着或连接，或者是细胞与细胞外基质的粘着，通过粘着的分子或外基质传递、接收相关的信息。两个细胞挨在一起，就能交换信息，颇有点像手牵手就能"灵犀"相通的两个人。

5.2   化学信号

5.2.1   信号分子

在生物体内细胞间和细胞内传递信息的化学物质称为信号分子。多细胞生物中有几百种不同的信号分子，独立地或组合地传递各种生物信息。在细胞间通讯的信号分子又称为"第一信使"，最主要的有激素、神经递质、抗体、淋巴因子等；在细胞内通讯的信号分子又称为"第二信使"，有 cAMP(环磷酸腺苷)、cGMP(环磷酸鸟苷)等。这些名词的确很专业，一下弄不明白不要紧，只要知道细胞之间的信息传递靠第一信使、细胞内部信息传递靠第二信使就行。信号分子既不是营养物，又不是能源物质，也不是结构物质，而且也不是酶。信号分子就是信号分子，它们唯一的功能是同细胞受体结合，传递细胞信息。

第一信使和第二信使在功能上是密切合作的：多细胞生物受到刺激后，第一信使首先响应，携带着信息到达靶细胞，与靶细胞表面或胞内受体结合，然后第二信使将信息传递到胞内的特定部位，完成整个通讯过程。第一信使是名副其实的信使，而第二信使实际上是机要秘书。

5.2.2   激素

1. 激素概述

激素在先前音译为荷尔蒙。最早的时候，人们只知道荷尔蒙跟性欲、性活动有关，几乎成了性的代名词。随着研究的深入，人们了解到激素还对代谢、生长、发育等起着重要的调控作用，并且是由一种高度分化的内分泌细胞合成的高效能物质。激素总量极少，一个人全身的激素加起来不过 1 克左右。就是这"一点点"激素，调节着人体各种组织细胞的代谢活动和应激适应，代谢影响生物体的生长、发育和繁殖，应激维持内环境的相对稳定。代谢和应激是激素的两大作用。

腺是生物体内能分泌某些液汁的组织，人体内有两种腺。有导管，分泌物由导管流出的是外分泌腺，如肝脏分泌胆汁通过总胆管流到十二指肠，肝是外分泌腺，唾液腺、汗腺、皮脂腺、胃腺、乳腺等都是外分泌腺。外分泌腺不分泌激素。没有分泌管的腺体称为内分泌腺，内分泌腺的分泌物就是激素。合成激素的内分泌细胞有的集中在内分泌腺中，激素直接进入周围的血管和淋巴管中。垂体、甲状腺、甲状旁腺、胸腺、胰腺、肾上腺、性腺（睾丸、卵巢）等是人体重要的内分泌腺，下丘脑也存有内分泌细胞；还有的分散在体内各个部位，如消化道黏膜、心、肾、肺、皮肤、胎盘等部位。

大多数激素由血液和淋巴液"长途"输送到靶细胞发挥作用，这就是内分泌，又称为远距分泌；有些激素不用走得那么远，只靠组织液扩散就能完成向邻近的靶细胞起作用，称为旁分泌；还有些激素在局部扩散后又回到原来的内分泌细胞起反馈作用，这称为自分泌。下丘脑通过神经细胞分泌激素，是神经分泌。

2. 激素的生理作用

任何一种激素都不直接参与物质或能量的转换，它们都只能直接或间接地促进或减缓体内原有的代谢水平，它们的作用都只能用调节、维持、影响、促进等词进行描述。但这并不是说激素可有可无，激素分泌不足或过剩即分泌失衡都会引发疾病，有的疾病还会很严重。例如胰岛素分泌不足会导致糖尿病，男性雌激素过剩会造成不育。又如生长激素不足则人的生长发育迟缓，过多则引发巨人症、肢端肥大症、早衰等。

归纳起来说，激素主要有五个方面的生理作用。第一，通过调节糖类化合物、脂肪和蛋白质、水、盐等的代谢，维持生命代谢的动态平衡。第二，控制细胞的增殖、分化、更新与衰老，确保机体各组织、各器官的正常生长发育。第三，促进生殖器官的发育成熟，控制生殖功能以及性激素的分泌和调节。第四，影响中枢神经系统和植物性神经系统的发育及其活动。植物性神经是支配内脏器官的肌体和腺体的神经。第五，调控内分泌系统和神经系统。

激素具有高度的专一性：一种激素只作用于特定的靶细胞、靶组织、靶器官，即组织专一；一种激素只调节某一机体代谢过程的特定环节，即效应专一。人体内有近 80 种激素，以下介绍几种重要的激素。

（1）甲状腺素

甲状腺素由甲状腺分泌，主要功能是使 ATP 生成量增加，控制人体新陈代谢的速度，促进骨的钙化，对生长和发育有很大影响。如果甲状腺机能不足，儿童易患"呆小病"，身材矮小，智力低下；成人则易患黏液性水肿、记忆力和性机能减退等症状。如果甲状腺激素在体内的量过多，则物质氧化过程中产生的能量不能合成 ATP 却变成热能而散失，人会变得消瘦。

（2）胰岛素

胰岛素由胰岛的 β 细胞分泌，主要功能提高细胞氧化、吸收葡萄糖的能力，加速血糖转变成脂肪。如果胰岛素分泌不足，血糖含量就会升高，过多的葡萄糖由尿中排出，称为糖尿病。在临床上，胰岛素除了用于治疗糖尿病外，还常用来治疗慢性肝炎、肝硬化及心肌损害等。

（3）胰高血糖素

胰高血糖素由胰岛的 α 细胞分泌，主要功能是促进肝糖元分解，推动血糖浓度上升。它的作用与胰岛素刚好相反，所以又称为抗胰岛素。胰岛素和胰高血糖素的分泌都受血糖浓度的调节，血糖低时，胰高血糖素分泌增多，血糖高时胰高血糖素的分泌就减少。对于低血糖的危重病人可用本激素药物，但应警惕引起血糖过高。

（4）肾上腺素

肾上腺素由肾上腺髓质分泌，其主要功能是促进糖元分解，增加血糖及血中乳酸，此外，它能使心脏兴奋，收缩血管，从而提高血压，加速心律。临床上，肾上腺素是急救药，在心脏停止时用于刺激心脏，以缓解心跳微弱、血压下降、呼吸困难等症状；在哮喘时，肾上腺素可用于扩张支气管。其副作用是可能引起血压过高，心律失常。

　　麻黄素又称麻黄碱，是从中药麻黄中分离的一种生物碱，它可直接激动肾上腺素受体，产生与肾上腺素类似但更持久的药理作用，是国际奥委会严格禁止的兴奋剂。麻黄素还是制造冰毒的前体。

　　(5)肾上腺皮质激素

　　这是一类由肾上腺皮质分泌的激素，由胆固醇转化而来，按其生理作用主要分为糖皮质激素、盐皮质激素两类。

　　糖皮质激素能促进组织中的蛋白质分解为氨基酸，又能抑制组织细胞对血糖的氧化利用，结果使血糖含量升高。糖皮质激素有强大的抗炎作用，还具有抗过敏、抗休克、退热等作用，但糖皮质激素降低了机体的防御和修复功能，可导致感染扩散和延缓创口愈合，此外还可能产生骨质疏松、神经精神异常、诱发癫痫等副作用。

　　盐皮质激素的主要生理作用是维持人体内水和电解质的平衡。如盐皮质激素分泌过多可引起低血钾、组织水肿、高血压；若分泌水平过低会导致水钠流失和血压降低的症状出现。

　　(6)性激素

　　性激素有两类，即男性的睾丸分泌的雄性激素和女性的卵巢分泌的雌性激素。

　　雄性激素促进男性生殖器的发育和精子的生成，又促使男性特征的出现和维持，能促进蛋白质的合成和骨骼肌的发育。

　　雌性激素有雌激素和孕激素两种。雌激素促进和调节女性副性器官即卵巢以外的性器官的发育，并促使副性征的出现。孕激素促进子宫及乳腺的发育，帮助受精卵着床及胚胎正常发育等。

　　临床上，常用一种叫黄体酮的孕激素防止流产及子宫的功能性出血等。口服避孕片1号的原理是抑制下丘脑促黄体素释放激素或垂体促性腺激素的分泌，从而阻止排卵，达到避孕目的。

　　(7)脑下垂体激素

　　脑下垂体激素又称为垂体激素，是脊椎动物的垂体分泌多种激素的总称，它们调节动物体的生长、发育、生殖、代谢，控制内分泌腺体以及器官的活动。

　　人体主要垂体激素见表5－1。

表5－1　人体主要垂体激素

激素名称		主要生理功能
垂体前叶激素	生长激素	促进肌肉及骨骼的生长
	促皮质激素	促进糖皮质激素的合成和分泌
	催乳素	促进乳腺分泌乳汁
	促甲状腺激素	促进甲状腺发育
	促黄体素	促进睾丸间质细胞发育或促进卵细胞分泌雌激素
垂体中叶激素	促黑激素	促进皮肤黑色细胞分泌黑色素
垂体后叶激素	催产素	促进子宫及乳腺平滑肌收缩
	加压素	抗利尿和升高血压

（8）下丘脑激素

内分泌系统有上下级关系，上级激素控制下级腺体的分泌，下级激素向上级腺体反馈机体的各种水平，同一层次的多种激素又往往是相互关联地发挥调节作用。

下丘脑是内分泌系统的最高中枢，它通过分泌神经激素来支配垂体的激素分泌。图 5 – 1 为下丘脑和垂体结构图。外界刺激传至下丘脑，下丘脑下部不同类型的神经细胞立即分泌并释放多种激素物质，它们通过下丘脑与垂体前叶之间的局部血循环，迅速而有效地调节控制前叶各种激素的合成和分泌，转而控制全身的内分泌腺活动，内分泌

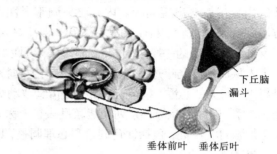

下丘脑
漏斗

垂体前叶　垂体后叶

图 5 – 1　下丘脑和垂体

腺又分泌激素调节人体的代谢、生长和应激。下丘脑激素是控制激素的激素。人体主要下丘脑激素见表 5 – 2。

表 5 – 2　人体主要下丘脑激素

激素名称	主要生理功能
促甲状腺激素释放激素	促进垂体生成和释放促甲状腺激素，刺激垂体分泌催乳素
促性腺激素释放激素	激发垂体生成和分泌促性腺激素
生长激素抑制激素	抑制垂体生长激素、促甲状腺激素等的释放
生长激素释放激素	刺激垂体释放生长激素
促肾上腺皮质激素释放激素	刺激垂体释放促肾上腺皮质激素，协调全身在应激情况下作出反应

3. 激素的分泌调节

在中枢神经系统的作用下，激素的分泌与释放有一套很复杂的系统。有些激素是以相对恒定的速度分泌释放的，如甲状腺素；有些激素是以一定节律分泌释放的，如性激素；还有些激素在应激时超量分泌释放的，如肾上腺素。

激素都有生命，不同激素从分泌、释放，经过代谢到消失的过程所经历的时间长短不同。衡量激素更新速度的指标是半衰期。半衰期指某种特定物质的浓度经过某种反应降低到剩下初始时一半所消耗的时间。例如某种激素的半衰期为 4 小时，就是说，4 小时后该种激素在血液中的浓度只有原先的一半，再过 4 小时，浓度就只有原先的一半的一半即 1/4 了。人体有些激素的半衰期长达几天，有些则只有几秒钟，如临床作为升压药的去甲肾上腺素的半衰期只有几分钟。代谢灭活后的激素经肝与肾，随尿、粪排出体外。

在正常情况下，各种激素是保持平衡的。但如因某种原因打破了这种平衡，造成某种激素过多或过少，就导致常说的内分泌失调，引起相应的临床症状。环境、生理、情绪、生活等因素都会引起内分泌失调。人类的生活环境尤其是城市的生活环境正在日趋恶化，糟糕的空气中漂浮着许多对人体健康有害的化学物质，它们经由呼吸道等各种途径进入人体，经过一连串的化学反应造成内分泌紊乱。生理因素引起的内分泌紊乱可能源自于遗

传，也可能源自个体自身的生长调节剂，生长调节剂往往随年龄增长而失调。心理原因对内分泌的影响越来越突出，一个人如果始终不能摆脱因压力而生成的紧张，就只能以激素分泌失调为代价。关于生活因素，主要是营养因素，如果人体缺乏足够的、适度的营养，身体的内分泌就会出现问题。内分泌失调于男性和女性都是存在的。最有效的调节内分泌的方法是合理的饮食、科学的生活规律、保持愉快的精神和必要的运动。

女性绝经前后的一段时间(45~55岁)、男性55~65岁这一阶段称为更年期。更年意味着一个人从成年向老年过渡。更年期的突出生理特征是性激素分泌量开始下降,由此造成女性容易出现潮热、心悸、精神表现异常、情绪波动烦乱、腰酸背痛，男性则会出现浑身燥热、眩晕、心悸、四肢发凉等一系列功能紊乱表征，称为更年期综合征。每个到了更年期的人都要注意加强自我保健，包括饮食调整和心理调整，以顺利地渡过这个人生转折时期。

4.激素类药物

激素类药物就是以人体或动物激素为有效成分的药物，与激素结构、作用原理相同的有机物为有效成分的药物也属于激素类药物。激素药物具有抗炎、抗毒、抗过敏及抗休克等多种作用。常见的激素药物有胰岛素、避孕药、基因重组人生长激素，以及肾上腺皮质激素类的可的松、泼尼松(又叫强的松)、地塞米松等。带"松"字的药多为糖皮质激素一类的药，松字是译音。肾上腺皮质激素对于治疗系统性红斑狼疮、血管炎、类风湿性关节炎及与免疫有关的过敏性疾病等都有肯定效果。

激素类药物药理作用复杂，如果应用不当，会带来各种不良反应，甚至是严重的后果，例如心力衰竭、肾功能衰竭、精神病、青光眼、骨质疏松症、重症高血压、身体发胖、影响儿童发育等等。激素药物还有致畸作用，孕妇严禁使用。有一些药品从药名上看不出含有激素成分，如皮炎平、肤轻松、肤炎宁等，使用前应仔细阅读药物成分的说明书。

激素药物虽有较好的治疗效果，但其作用大都仅仅是治标，不能治本，不能消除病因。这种药物一旦停止使用，疾病常会复发，而且一次重于一次，形成依赖性、成瘾性。激素药物是一把双刃剑，原则上应小剂量、短疗程治疗，使用时一定要遵循医嘱，不可随意加减药量，也不可觉得已经痊愈而自行停药。

5.3 神经信号

除了激素等化学信号外，一种物理的生物电信号对机体内的信息传递起着重要作用，这就是神经信号，又称神经冲动。

机体各器官、各系统的功能都直接或间接地受控于神经系统。神经系统是机体内起主导作用的调节系统，它对机体进行不断地、迅速地、完善地调节，使机体适应内外环境的变化。

5.3.1 反射弧

神经反射活动过程要经历接受刺激的感受器、传入神经纤维、神经中枢、传出神经纤维和发生反应的效应器五部分，这个神经结构叫做反射弧。反射弧就是从接受刺激到做出反应的全部神经传导途径。感受器是接受刺激的器官，如眼、鼻、耳、舌、肤、肌梭(分布在骨骼肌内的梭形小体)等。效应器是生物体在信号刺激下做出反应的部位，机体的所有部位都可能是效应器，如血管(兴奋时扩张、紧张时收缩)、腺体(流泪、分泌唾液等)、骨骼肌等。

人与蚊子较量的过程，就是反射弧的多次应用。当蚊子细细的喙插进你腿部某处的皮肤时，分布在皮肤中的感觉神经末梢会马上产生神经冲动，并通过传入神经把信号传到神经中枢大脑，人就产生了轻微的痛感，大脑马上做出可能受到蚊子侵袭的判断，并发出命令处理异常。这个命令发到了四个地方，内容各不相同。大脑通过延脑要求呼吸系统暂停工作，屏住呼吸，避免干扰本次出警的隐蔽性，以提高破案率；腿部则接到由脑干传达的通知，它被要求保持现场，不可乱动；通过传出神经传到眼睛的命令是立即开始搜寻引起痛觉的原因，于是眼睛将视线投向指定范围；通过传出神经传到手的肌肉群的命令是撑出巴掌并向痛觉的部位匀速缓移，准备解决问题，于是肌肉有的收缩、有的舒张。眼睛在指定范围的扫描信息持续不断地传回大脑，大脑则据此不断调整眼和手的动作，使它们越来越接近出现异常的精确位置，事故原因的分析也由粗略而变得精细。终于，眼睛发现了正在用餐的蚊子，大脑一声令下，巴掌从较盲目的移动转变为迅速、精准的直击蚊子的有效行为。眼在接到搜寻蚊子指令时是效应器，在将搜寻信息报告神经中枢时是感受器。腿部感到有外侵异常时是感受器，接到静止指令维持原状时是效应器。这是一个复杂的过程，如果编写出程序，绝不是一时半刻就能完成的。但神经系统指挥这一系列生理活动只用了不过几秒钟。这一反射过程如图 5 - 2 所示。

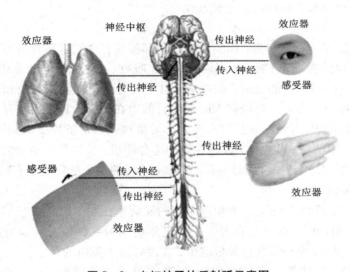

图 5 - 2　击打蚊子的反射弧示意图

反射弧的实质是信息传递的编码、输入、处理、输出、解码过程。人对外界的感受与响应的过程都是如此。传入神经又称为感觉神经，传出神经又称为运动神经。介于前两种神经之间的称为中间神经。动物越进化，中间神经就越多，人的神经系统中有 99% 是中间神经，构成了中枢神经系统内的复杂网络。

5.3.2　神经元

1. 神经元

神经细胞通常称为神经元，是神经系统的基本结构和功能单位，它具有感受刺激和传导兴奋的功能。神经元的构造很特别（图 5 - 3），它的细胞体延伸出许多突起，它们像树枝一样，不断分叉，体干随着分叉而越来越细，所以称为树突。其中有一个突起特别长，称为轴突。各种神经元轴突的直径都在微米量级，但长度范围因类型不同而差异巨大，短的只有几微米，而最长的轴突可长达1米多，例如坐骨神经，有一些轴突从脊椎一直延伸到脚趾。树突可接受刺激并将冲动传向细胞体，轴突则将冲动从细胞体传向终末

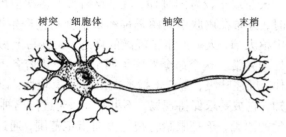

图5-3 神经元

向外传导。一个神经元可建立起1000～10000个突触联系。

就是这种长有轴突和树突的神经元的排列接触，通过电信号传导呼应，构造出迄今为止地球上最复杂、最精密、最有效的信息处理系统。据估计，人类中枢神经系统中约含1000亿个神经元，其中约有1/7即140亿个在大脑皮层中。人对自然、社会以及自身的认识，人的七情六欲，人的思考与记忆，都是这个系统运行的结果。如果系统受损或老化，就会出现神经疾病。

2. 几类相关意识和感知的神经系统疾病

（1）植物人

如果人的大脑皮质功能丧失，而脑中枢中心部位的自主功能依然存在，病人就会呈现意识障碍或永久性昏迷，但呼吸、体温调节、消化吸收、分泌排泄、新陈代谢、心跳循环等能力均正常，还有一些本能的反射，如咳嗽、打哈欠等。这样的病人呈植物状态，与脑死亡完全不同，故称为植物人。对植物人的救治目前尚在研究阶段，还未有特效的药物。据估计，我国每年新增10万名左右植物人患者。对植物人日常护理要做到勤观察、勤翻身、勤按摩、勤擦洗、勤整理、勤更换，改善他们的生存质量，最终目的是努力使他们的各项生存功能得到最大限度的恢复或代偿。植物人被"唤醒"的例子毕竟还是有的。

（2）老年痴呆症

随着我国向老龄社会的逼近，老年痴呆症的发病率在逐年增高。老年痴呆症又称阿尔茨海默病，或称"AD症"，是发生在老年期及老年前期的一种原发性退行性脑病。患者的大脑皮层萎缩，记忆性神经元数目大量减少，在没有意识障碍的状态下，记忆、思维、分析判断、视空间辨认、情绪等方面出现了障碍。患者日常生活能力严重下降，他们不认识亲人朋友，衣食住行均不能自理，有的还有幻听幻视。老年痴呆症起病隐潜，发展缓慢。按照病情的发展，可大致分为健忘期、混乱期、极度痴呆期三个阶段。健忘期的表现是记忆力尤其是近期记忆力明显减退，例如刚想做的事突然就想不起来了、刚想说的话稍被打断就忘了想说的是什么了、想表达意思却久久找不到合适的词，慢慢地连远事也遗忘了。到了混乱期，除了健忘期的症状加重外，很突出的表现是视空间辨认障碍明显加重，即见到曾经熟悉的人和物都不知为何人何物了，连自己的名字也想不起来。到了极度痴呆期，病人进入全面衰退状态，生活不能自理，一切需人照顾。老年痴呆的病因有生理原因，也有生活方式和心理孤独的原因。对于这种病，目前没有有效的药物，预防是最积极的办法。除了子女应经常探望、陪陪老年人外，老年人自己应注意忌酒戒烟、调节饮食、保持精神愉快、坚持学习新知识、保持与社会广泛的接触、定期进行体检、经常户外活动等。

（3）瘫痪

由于神经系统疾病以及颅脑外伤、肿瘤、炎症、脑血管病、中毒以及内科某些疾病的原因，身体任何部位运动的感觉或功能部分丧失或完全丧失，即为瘫痪。四肢中的一肢瘫痪称为单瘫，同一侧上下肢瘫痪称为偏瘫，双下肢瘫痪称为截瘫。孕妇因感染疾病或病理性难产，可能导致婴儿脑损伤和发育缺陷所致的综合征，即脑性瘫痪，简称脑瘫，主要表现为运动障碍及姿势异常。对于瘫痪病人，除了积极施与治疗外，家庭护理非常重要。护理瘫痪病人一定要有耐心，他们生活不能自理，往往忧郁自卑，心理负担已经很重，此时给他们以鼓励和使他们有信心尤其重要。

（4）癫痫

癫痫俗称羊癫风，痫字读音如"闲"。癫痫患者在正常的生活状态中会突然倒地抽搐，意识丧失，常伴尖叫，口吐白沫，瞳孔散大，持续数十秒或数分钟后状态自然停止，患者对发作过程不能回忆。癫痫具有反复性，即过一定时间就会再次突然发作。这种疾病是脑部神经元反复突然过度放电，使中枢神经系统功能失调所致。病人发作时，应使病人平卧，松开衣领，头转向一侧，防止呼吸道分泌物及呕吐物流入气管引起呛咳窒息，不可强制性按压病人四肢，过分用力可造成骨折和肌肉拉伤等更大的伤害。灌药、掐人中等均无助于解除痉挛，一定要等到脑部神经元放电终止，抽搐才能结束。癫痫持续状态是一种急危重症，如不及时救治可出现危险甚至死亡。

（5）酒精中毒

酒精学名乙醇，醇是一类化合物，食用白酒的乙醇浓度在60%以下。酒精中毒俗称醉酒，指一次饮用大量的酒类饮料后对中枢神经系统产生了先兴奋后抑制的作用。酒精中毒从轻到重的表现可分为三期。第一期为兴奋期，中毒者因结膜充血而眼睛发红，面部毛细血管怒张而脸色潮红，轻微眩晕，口无遮拦，举止失态。第二期为共济失调期，中毒者动作笨拙，行走摇晃，语无伦次，出现幻觉。第三期为昏睡期，中毒者脸色苍白，心跳加快，瞳孔散大，乃至昏迷抽搐，两便失禁。酒精中毒会使神经中枢暂时被麻醉，如果呼吸中枢也被抑制，中毒者就会窒息死亡。不论在哪一期，都是大脑皮层被抑制，使得皮层下神经中枢失去皮层的控制而出现行为失控，这种失控往往被误认为是兴奋。醉酒的本质不是兴奋，而是抑制。对于重度酒精中毒者，要密切观察，必要时送医院施救。

2011年修正发布的《中华人民共和国刑法修正案（八）》将醉驾入刑，其中第一百三十三条规定"在道路上醉酒驾驶机动车的，处拘役，并处罚金"。这项规定很明确，在醉酒的情况下，只要在道路上实施了驾驶行为就是违法。不论法律界对此有何争议，该法对醉酒驾驶状态的高度危险行为的惩治，必须执行。同年修订的《中华人民共和国道路交通安全法》第九十一条对饮酒后驾驶机动车、醉酒驾驶机动车等行为作出了具体的处罚规定。而国家标准《车辆驾驶人员血液、呼气酒精含量阈值与检验标准》（GB19522-2004）的相关定义是：车辆驾驶人员驾驶时，体内每100毫升血液中的酒精含量小于80毫克但不小于20毫克即为"饮酒驾车"，不小于80毫克则为"醉酒驾车"。按成人全身血液量5000毫升算，含4克酒精（这是2钱52度白酒中的酒精量）即达到醉酒程度，有人计算出不至于达到饮酒驾车的饮酒量的"酒驾对照表"并公布在网络上。经过志愿者的试验证明，该计算与实际检测结果相差很大，原因是计算中没有考虑不同的人对酒精吸收、分解水平的差异。所以，一定要从法制的高度认识酒驾和醉驾的危害，万勿挑衅法律而期盼侥幸。

5.3.3　神经信息的传递 *

动物体受到外界刺激产生的神经冲动，通过两个过程即神经递质传递和电位变化来实现。

1. 突触

神经元的轴突末梢也有反复分支，最终级的末端有一个球状或杯状的膨大部分，叫做突触小体。突触小体可以与多个神经元的细胞体或树突相接触，形成突触。突触是神经细胞的一种特化连接方式，而不是神经细胞的某个部分。它由三部分构成：神经元突触小体形成的突触前膜、受体细胞(另一个神经元靶细胞)与突触小体相接处形成的突触后膜、两个膜之间的突触间隙，见图 5 - 4。前膜和后膜的厚度只有 7 纳米左右，突触间隙的厚度为 5 纳米左右。

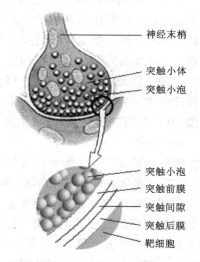

图 5 - 4　突触的超微结构示意图

2. 神经递质

突触小体中有大量直径为 5 纳米左右的突触小泡，小泡中含有高浓度的化学传递物质，称为神经递质。重要的神经递质有乙酰胆碱、儿茶酚胺等。当神经信号通过神经元来到突触小体时，突触小泡内的递质即从前膜释放出来进入突触间隙，突触后膜立刻受到作用，引起靶细胞发生兴奋或抑制反应。

神经递质和激素不同：首先，它是由神经元产生而不是由内分泌腺体产生的；其次，神经递质在突触间隙间完成信号传导，而不需要像激素那样经过血液或淋巴液的长途运输；第三，神经递质产生作用时往往伴随着生物电的作用；最后，神经递质作用过程极短，效应一旦发挥立即终止，以保证突触传递的高度灵活。

3. 电信号及传导

(1)神经细胞内的电位

神经纤维在静息时，细胞内的电位是 - 75 毫伏，这个电位称为"静息电位"，处于静息电位状态的细胞膜称为"极化"。极化状态下的神经细胞的电位是内负外正。

图 5 - 5　神经细胞内的电位与细胞膜状态

如果神经细胞内的电位升高到 0 伏，便是细胞膜"去极化"。而神经细胞内的电位升到 + 35 毫伏，便是细胞膜的"超射"状态了，此时的电位称为"动作电位"。机体的神经感受与冲动的传递，主要是神经细胞电位的变化的传递。不同电位下神经细胞膜的状态如图 5 - 5 所示。

(2)电信号的传导

当前神经元的冲动传到轴突末梢时，原先的极化状态被打破而去极化，即电位从 - 75 毫伏变为 0 伏。于是，许多金属离子(主要是钙离子)通过细胞膜进入突触小体，产生了一个动作电位，即电位升到 + 35 毫伏。动作电位使得突触小泡分泌神经递质。神经递质被释放到突触间隙中，与突触后膜也就是后神经元的表面接触，导致后神经元产生电冲动。整个过程的电位变化幅度约为 110 毫伏，持续时间 1 毫秒左右。接下来就是前神经元恢复到极化状态，而后神经元将此冲动向下一级神经元传递。神经冲动只能朝一个方向前进，而不能反过来向相反方向传播。

神经信号在突触上的传递过程图示见图 5 – 6。

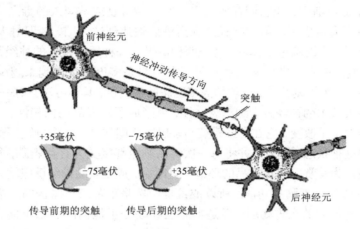

前神经元

神经冲动传导方向

突触

+35毫伏　　　－75毫伏

－75毫伏　　　+35毫伏

后神经元

传导前期的突触　　　传导后期的突触

图 5 – 6　神经信号在突触上的传递

神经信号传递实际上是动作电位的传递。神经信号或动作电位按上述途径一级一级地向后传递，传入神经的终端是神经中枢，传出神经的终端是效应器。最终形成了学习、思考、判断、决定、记忆、情绪、态度等复杂的智力现象。

脑内细胞膜良好，就有益于协调神经传递功能的正常，人的情绪稳定、反应敏锐、记忆力强。如果脑内细胞膜去极化困难，神经就不容易兴奋，包括疼痛在内的神经感觉都受到抑制。因此，降低神经细胞膜的去极化，对于抗焦虑、抗抑郁、抗燥狂、稳定情绪等，会有一定作用。但若长期服用此类药物，会使人的情绪一直处于低落，兴趣感下降，思维能力强度也被抑制，还会产生抑郁的情绪。

5.3.4　远离毒品

有一种神经递质叫多巴胺，由大脑边缘区域内的神经元释放。它的主要作用是传递亢奋、欢愉等神经感觉，是传递"快乐机制"的神经语言，因此被称为大脑的"奖赏中心"。多巴胺是人的机体不可缺少的物质，缺少了多巴胺，人对疼痛会非常敏感，情绪焦躁，冷酷仇恨，无法自已。

在正常情况下，多巴胺寄居在大脑神经的游走细胞中，一旦受令释放，便与神经系统的多巴胺受体结合，搭载着多巴胺受体到达神经细胞，然后，挨个向神经细胞传达快乐的信息。一个人要是缺少多巴胺受体，就会抑制兴奋，什么喜事好事都乐不起来。所以多巴胺受体又有"快乐接受器"之称。

毒品通过不同的方法激发大脑的快乐神经化学系统，其作用是针对着多巴胺的，都是刺激多巴胺大量释放以强行制造愉悦感。而且，毒品对大脑中"快乐机制"的刺激远远比人类正常活动中的刺激快速、强烈，乃至奇特得多。《中华人民共和国刑法》第三百五十七条规定，毒品是指鸦片、海洛因、甲基苯丙胺(冰毒)、吗啡、大麻、可卡因以及国家规定管制的其他能够使人形成瘾癖的麻醉药品和精神药品。可卡因原是一种麻醉药，安非他明则是治疗气喘、嗜睡症、过动症的药物，但它们进入机体后，会把多巴胺"挤"出游走细胞，迫使无家可归的多巴胺进入神经系统与多巴胺受体结合而使人产生强烈的快感。海洛因来源于鸦片，是吗啡的衍生物，而吗啡主要用于镇痛和麻醉。海洛因的作用原理是直接刺激多巴胺所在的神经游走细胞，让它们释放出多巴胺。被吸食或被嗅入的毒品突破黏膜快速到达大脑，海洛因则借由皮下注射的途径进入血液后快速到达大脑，随即对大脑产生刺激。

由于毒品刺激，多巴胺过量释放，造成两种后果。一种后果是人的神经系统迅速适应了刺激，没有毒品刺激就不再产生多巴胺。另一种后果是多巴胺受体越来越少、越来越迟钝，快乐感越来越平淡，为恢复快感，必须加大多巴胺的生产量，具体方法只有一个，就是加大毒品吸食量来刺激大脑中的神经游走细胞。这样，就形成了对毒品的依赖性，也就是成瘾。毒品使大脑的机能发生了改变，它在神经系统与多巴胺之间加进了一个"吸食毒品"的环节。人体也调整到了对这种状态的适应，并将每一次毒品刺激都接受为有益刺激，每次吸毒时体内都会释放巴多胺作为奖赏。吸食毒品的环节一旦断裂，成瘾者的神经反应就失去常态。

由于吸毒改变的是人脑的功能，所以戒毒也定然是艰苦乃至痛苦的。吸毒者难以戒掉毒瘾，并不完全是他们的意志薄弱，而是毒品已经改变了他们的大脑机能，修改了大脑的多巴胺系统。对任何一个系统，要破坏它非常简单，然而要修复它，恐怕就极其艰难了。毒瘾是一种大脑疾病，不可能对它说停止它就停止。或许最初吸食毒品只是好奇，然后是为了舒服，但到后来，吸毒只能是暂时躲避悲观和绝望的一种自我麻醉了。

请记住：为了生命，为了生活，一定要远离毒品。

5.4　感官和外界信息输入

动物及人生活在自然环境和群体环境中，他们接受外界传来的及发自体内组织和器官的刺激，这种客观的、与心理因素无关的刺激称为感觉。感觉主要有味觉、嗅觉、视觉、听觉和触觉，另外还有平衡、速度、电击、体内不适等感觉。味觉和嗅觉是化学刺激，其中味觉是近感，嗅觉是远感；视觉、听觉和触觉是物理刺激，对应于光、声、力和温度等。感受外界事物刺激的器官称为感官。

我国古有"五官"之说。在日常说到一个人五官端正时，"五官"是脸部相貌的泛指，并不具体指哪五个器官。在中医学理论里，《黄帝内经》说的五官指耳、目、鼻、唇、舌，认为这五个器官分别反应了肾、肝、肺、脾、心即"五脏"的康或疾。而在内心感知研究方面，荀子在《天论》中说："耳、目、鼻、口、形，能各有接而不相能也，夫是之谓天官。"形就是体，或者说是肤，这和现在的神经理论所说的感官是一致的。

5.4.1　味觉

1.味觉受体与味觉类型

脊椎动物的味觉感受器是味蕾中的味细胞。但其他动物尝味道的器官不一定都是舌头，或者不只是舌头。例如昆虫在足的末端也长着有味觉感受细胞的味觉毛，它们的脚是可以用来尝味道的，而且脚对甜味的敏感程度大大高于口。一般鱼类的味蕾甚至可分布于体表，如鲶鱼、鲤鱼等的体侧和尾部都分布有味蕾。

　　哺乳动物类的味蕾集中在舌表面。正常成年人有几千个味蕾。而兔子却有 1.7 万个味蕾，牛甚至有 2.5 万个味蕾，不过没有事实能说明它们对味道比人类敏感。鸟类的味蕾很少，一般不到 60 个，但它们的味觉分辨能力似乎并不弱，例如家鸽的味蕾能分出淀粉质和蛋白质。谷粒的胚芽富含蛋白质，家鸽不吃剥去了胚芽的谷粒，而人类吃饭时却从来感觉不到米粒中居然有两种不同味道的物质。马、狗、熊、猴等对甜味尤其喜好乃至渴望，要它们学好把戏，最有效的奖励品是糖果，价格高一点低一点都无所谓，甜甜的就行。鸟类、昆虫也喜欢甜味。但猫对甜觉反应迟钝，即便把糖浆抹到它的舌头上，它的味蕾依然没有什么兴奋的消息。昆虫对苦味几乎都有厌惧感，在最吸引昆虫的糖浆中只要放进一点点奎宁之类带苦味的东西，所有的蜂、蝶、蝇就都不会再光顾了。

　　传统说法中，人的味觉类型有五种，就是甜咸酸苦辣。人们常用"酸甜苦辣"比喻生活上的坎坷境遇和复杂感受；"满纸荒唐言，一把辛酸泪"，辛就是辣，所以劳累又叫辛苦。说到中国菜系口味，则有"东辣西酸，南甜北咸"的说法，还有哪里的人不怕辣、哪里的人辣不怕、哪里的人怕不辣等说道。实际上，辣不是一种味道，而是舌部的一种痛觉和烧灼感。第五种味道应该是鲜味。近期的研究发现，除了上述的五种味觉类型外，还有其他一些，如未成熟水果的涩味、舌头接触到生血或金属时感觉到的金属味、薄荷的清凉味、花椒的麻味，等等。人对咸味的感觉最快，对苦味的感觉最慢。

　　一段时间以来，人们接受了舌面对各种味觉有如图 5-7 所示的敏感区的说法。例如品尝葡萄酒时特地将舌头的两侧卷起，避免舌侧接触酒液，减少酸味的干扰等。但最近的研究证明，这种敏感区实际上并不存在。人的每一个味蕾包含大约 100 个味觉感觉细胞，每个细胞对化合物所引起的五种基本味道都能产生相应的反应。

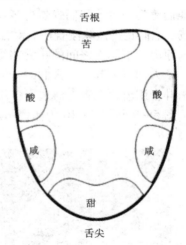

图 5-7　流传的"味觉图"

　　近年来国内新兴一个以"品尝"为特点的职业——品酒师。高级品酒师不但能鉴定出酒精度的细微差别和所属香型，而且能品出酒的原料产地、生产年份、酿造工艺、发酵容器等所有与酒体有关的元素。类似的，还有品茶师、糖果品尝师、巧克力品尝师等往往让人羡慕不已的职业。和寻常的人相比，品尝家就是更具味觉敏感的人，他们味蕾上的味觉细胞较常人要多一些。高味觉敏感性可以使人避免误食变质有毒食品，但也缩窄了适口食物的范围，容易变得挑食而导致摄入营养紊乱。

　　不能因为食物进了胃肠就只剩酸苦而认为味觉多余。味觉对于提高生活质量的巨大作用是显而易见的，美食是一种生活情趣，能做出几道拿手好菜是一件很值得自豪的事。但因人而异的味道习惯，让名厨也有众口难调的时候。有些味道只吸引对它有偏爱的人群，像臭豆腐、鱼腥草（又叫壁虱菜）、芦蒿、酸笋、皮蛋、豆豉，还有榴莲、别名"鸡屎果"的番石榴，等等。我们不知道往朱古力里倒进咸菜汤后会是什么味道，但在日本确有西瓜蘸盐的吃法。有味物质混合后，不会失去原有味道，只能是多种味道的杂合并存，例如怪味豆就兼有甜、咸、麻等味道，同时还有辣感。

味觉还与嗅觉、视觉、口感、心理等直接有关。例如又称潜水甲虫的龙虱，味道不但不苦而且是很鲜的，但因往往被误认为是和蟑螂同类的虫子(图 5－8)，所以未食先苦，虽然谁都没有真正吃过蟑螂。不久前被曝光的所谓血燕原来都是燕子粪便污染而成，然而历来被认为是极补之品而被精细烹食，也未见有人尝出什么异味。情绪对味觉的干扰是明显的，孔子在齐国听过韶乐后，"三月不知肉味"。失恋者吃什么都不可口，而初恋者在一起的时候，

龙虱　　　　蟑螂

图 5－8　龙虱和蟑螂

哪怕是小摊上的冰糖葫芦也甘甜有加，回味无穷，终生不忘。饥饿者的味觉灵敏度降低，对他来说，什么都足以垂涎三尺，所以只有饥者才能做到不择食。

2. 人的味觉产生与传导

味觉体验过程是一个神经刺激反应过程。口腔内的味觉感受体主要是味蕾。婴儿的味蕾有 1 万个左右，成人只有几千个，味蕾数量随年龄的增大而减少，对呈味物质的敏感性也降低。尝到同样的药片，成年人只是皱一下眉头，婴儿却连哭带吐，这不能怪孩子，因为他们感到的苦比我们强烈得多。同样，我们也不能批评老人口味重，在我们尝来是很咸的汤，他们觉得盐味刚合适。女性的味觉敏感超过男性，可能这就是她们喜欢零食和小点心的原因。不同人之间的味觉感受差异很大，例如有的人尝到青桔子会酸得五官变形，而另一个人却若无其事。人们的味觉还会受到外来影响的干扰，比如，同是一罐猪肉，在青海湖畔食用就比在青岛海边上食用来得味道鲜美，因为味觉在低气压情况下比较灵敏。

图 5－9 和图 5－10 为味蕾示意图。

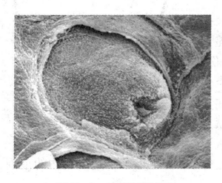

图 5－9　味蕾纤维图

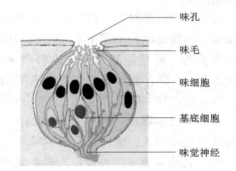

味孔

味毛

味细胞

基底细胞

味觉神经

图 5－10　味蕾结构示意图

人的舌头表面有许多突起结构，称为舌乳头。舌乳头的样子有的像蘑菇，有的像细丝，有的像叶子。味蕾大部分分布在舌乳头上，一个味蕾上有 40～150 个味觉细胞。呈味物质刺激味蕾上的味觉细胞，然后通过神经感觉系统传导到大脑的味觉中枢，再由大脑的综合神经中枢系统分析，从而产生各种味觉。味觉传导过程如图 5－11 所示。

3. 味觉失调

味觉失调有味觉减退、味觉丧失、味觉错乱等情况。味觉减退、味觉丧失俗称口淡，

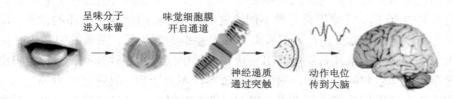

呈味分子
进入味蕾

味觉细胞膜
开启通道

神经递质
通过突触

动作电位
传到大脑

图 5 – 11　味觉产生及传导过程

不管什么美味入口均如同嚼蜡，这种情况预兆着人体可能患了疾病，如炎症、消化系统疾病、神经系统疾病、缺乏维生素及微量元素、蛋白质及热量摄入不足等，应予以重视。久病之人或大病初愈的人也常有口淡的症状。味觉错乱多见口中泛酸、口苦、口辣等，这些也都与机体某些疾病有关。有一种味觉错乱叫"口香"，患者口中常觉有果味萦绕，这种现象多见于糖尿病人。

　　味觉有疾病报警作用，我们可以通过它来识别健康状况。最近的癌症研究发现，相当多早期癌症患者有味觉减弱的现象。同时，味觉异常还会导致厌食，从而加重病症。

5.4.2　嗅觉

1. 嗅觉受体

　　味觉是近距离的、接触性的化学刺激，非要尝到才知道其味。而嗅觉是远距离化学刺激，"遥知不是雪，为有暗香来"，这是人的嗅觉感受器与墙角几枝梅花的远程沟通。朱自清在月下荷塘边感受到"微风过处，送来缕缕清香，仿佛远处高楼上渺茫的歌声似的"，这种嗅觉与听觉的通感，如果不是顶级的文人恐怕很难酿就。

　　一般昆虫身上都长有触毛，能感受到气味，但最灵敏的远嗅觉感受器长在触角上，如果触角折断，它们的嗅觉就会大打折扣。大多数鱼有 4 个鼻孔，鱼的鼻孔单纯就是嗅觉感受器，而不用来呼吸，水从它们的两个前鼻孔流进，又从两个后鼻孔流出，鱼就"闻"到了远处的"气味"。蛇类、蜥蜴类动物不停地吐出分叉的舌头，捕捉空气中的气味分子，然后送进口腔上腭的"犁鼻器"中进行分析。人也有犁鼻器，不过已经高度退化，只在胎儿和新生儿中能明显看到。脊椎动物的嗅觉感受器通常位于鼻腔内，在呼吸的同时捕捉气味。

　　图 5 – 12 为几类动物的嗅觉感受器。

触角　　　　　鼻孔　　　　　犁鼻器

飞蛾　　　　　金龙鱼　　　　　蛇

图 5 – 12　昆虫、鱼、爬行动物的嗅觉感受器

动物的嗅觉敏感性非常高。狗的嗅觉是出类拔萃的,它鼻内嗅黏膜上大约有2亿个嗅细胞,是人类的40倍,可嗅出百万种不同浓度的气味,狗的世界是气味的世界,即便在睡梦中,它也不停地抽动鼻翼。在人们看来是几无差别的孪生子,在狗的嗅觉中是完全不同的两个人。狗能在一大堆乱石块中找出一块在人手中仅握过2秒钟的石头,能嗅出藏在汽车橡胶轮胎内严实包封的海洛因。猪的嗅觉敏感性不亚于狗,嗅觉记忆力还超过了狗,目前有些国家正在试图训练猪协助查毒。以后,我们不但可以见到威风凛凛的可怖警犬,还能见到憨态可掬的可爱警猪。动物的嗅觉除了觅食需要外,还有求偶、定向、通讯、警告等的需要。在发情期,许多雌性动物通过分泌外激素来吸引雄性;生物链上的被捕食者通过辨认气味躲避捕食者;哺乳动物依靠嗅觉辨认母子亲缘,还利用尿液的气味圈定自己的一方乐土,即便是与人类共居的宠物犬依然改不了这个本能。

2. 人的嗅觉和嗅觉传导

人类的嗅觉敏感性很高,普通人能辨别约3000种不同物质的气味,可嗅出每升空气中0.04微克的人造麝香,这相当于国家游泳中心"水立方"建筑和2小袋速溶咖啡的比例。气味不像味道那样可以分类,所以一般都用引起嗅觉的物质的名称来描述气味,如水果气、花香气、香料气、树脂气、腐烂气、焦臭气等等。同样是花香气,桂花、茉莉花、姜花等的差别很大,但却无法定量描述,只能使用馥郁、芬芳、清雅等形容词来表达,只能意会。又如香水,可分为花香、东方、自然三种类型,其中东方香型是"厚重且浓郁甘味的香气,具妖艳感的特色",自然香型则是"除神秘感之外另有雅致的香甜"的香气,看完这些告知只能引起恍惚的联想,而难有嗅觉反射。

嗅觉有一个极为显著的特点,就是适应,人对一种气味的适应并不只是感受性降低了一些,而是完全感觉不到这种气味的存在。气味之间还有掩蔽现象,一种气味可以压住另一种气味,只要它的强度足够大。当两种气味的强度相当时,会混合为一种新的气味,而味觉是没有这种现象的。

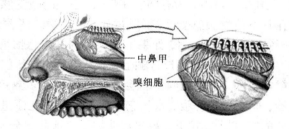

中鼻甲

嗅细胞

图5-13　嗅觉感受部位

嗅觉是机理最复杂的感觉。人的上鼻道及鼻中隔后上部的嗅上皮内有约1000万个嗅细胞(图5-13),嗅细胞的纤毛上有一类蛋白称为气味受体。气味受体有1000余种类型,但每个嗅细胞只有1种气味受体。气味受体被进入鼻腔的气味分子激活后,嗅细胞就会产生电信号传输到大脑的嗅小球中。人有2000多个嗅小球,也分为1000余种,每种嗅小球只接收1种气味受体的信号,然后向大脑传送。1000余种气味受体可以产生大量组合,从而形成各种气味识别模式,所以,不同气味能够被辨别和记忆。

3. 嗅觉障碍

嗅觉障碍的类型大致有嗅觉减退、嗅觉丧失、嗅觉缺失、嗅觉倒错、嗅觉过敏、幻嗅等,其中嗅觉缺失多为先天性的,其余的则往往与急慢性鼻炎、鼻甲肥厚等疾病有关,感冒患者会因大量分泌的黏液淹塞嗅纤毛而产生嗅觉减退,肾上腺功能低下者则会出现嗅觉过敏症状。

5.4.3　视觉

1. 视觉受体

视觉就是对光刺激的感受，光刺激是物理刺激，感受光线的器官称为眼。人们对眼的研究比对其他器官的研究来得深刻，这是因为视觉是人和动物最重要的感觉，不少于80%的外界信息是通过视觉获得的。视觉不仅传达外界物体空间形状的信息，还传达此物体的颜色、位置和运动状态等一系列信息，对于生存，这些都是至关重要的信息。在人类社会，文字的发明与使用、生产工具的设计与制造，概莫能脱离视觉。视觉是人类文明进步的重要基础。望远镜、显微镜以及各种成像技术又将不可自然目视的物体转换为可以目视的场景，人们看到了遥远的星系，看到了细胞和染色体，看到了自己的骨骼和心脏，因此而登上了百灵之主的龙椅。

低等动物的眼很简单，许多无脊椎动物只有单细胞的光感受器，例如眼虫只有"眼点"，在蚯蚓身上就找不到专门的眼睛。在地球上出现得比恐龙还要早的水母的感光器官是感光棍，分布在"伞盖"的边缘，按不同种类少的有8个，多的有20多个。这些简单的眼只能感受光线明暗，就像我们闭上眼睛时那种感觉。所以它们的运动是趋光运动。昆虫通常长有3只单眼外加1对复眼，单眼只能感受光线强弱的变化，形成物像要靠复眼。复眼由许多柱状的小眼体紧密结合组成。苍蝇的复眼中有4000个小眼体，蛾、蝶的复眼由2.8万个小眼体组成。复眼和单眼一起只产生一个影像，而不是人们想象中那样会把一个人看成一大群人，要是那样的话，它们一定找不到自己的家门口。

所有脊椎动物都有两只眼睛。大脑把两只眼睛各自看到的物像信号交叠结合，就产生了立体视觉。交叠部分越多，立体视觉就越好，例如人类、猴、猫头鹰等，双眼是长在同一个面上的；交叠部分少的眼睛，立体视觉就差，例如鸡、马、兔等，双眼长在头部的两侧。不过前者视野较窄，看左右要转头，看后面还得转身；而后者无须转头，前方后方即一览无余。锤头鲨的视野几乎可达360度。兽类中捕食者的眼睛往往朝向前方，虽然视觉领域狭窄，但是立体视觉好，更容易发现猎物，如虎、狼等。而被捕食者的眼睛往往朝向侧面，牺牲了立体视觉能力，却扩大了视觉领域，可以及时发现任意位置的捕食者并逃之夭夭，如鹿、羊等。这是进化的结果，进化有自然在理的构思。

蜂猴长着很夸张的大眼睛，这是夜行的需要。夜行动物的眼睛都很大，以便接受尽可能多的光线。绝对体积最大的，是巨鱿鱼的眼，直径达40厘米。从大类上说，与身体大小比较，鸟类的眼睛最大，因而远视能力很出色，这与它们飞翔定向的生活方式有关。鹰在几千米的高空可以轻易发现地面上活动的野兔或蛇，相当于一个人要在10米之外看清缝衣针的针眼。更令人咋舌的是，在向猎物俯冲那刻，鹰的眼睛瞬即从远视调整为近视，不必像远视眼的人那样要眯缝起眼睛看近物。

图 5 - 14 为几种动物的视觉感受器。

在色彩分辨力方面，各种动物的色觉感受存在较大差别，它们眼中的色彩世界是不一样的。一些昆虫眼中只有黑与白，要不就是灰。牛也是色盲，对于它来说，彩色电视和黑白电视没有区别。在斗牛场上，愤怒的公牛攻击的是晃动的布，它不能容忍眼前有晃动的东西，换一块黑布，只要晃动起来，公牛同样会怒气冲天。斗牛士用红色的布，实际上是渲染现场气氛，那红色是给观众看的。猫只能分辨灰色、绿色、蓝色和黄色，它不知道有红色的花和橙色的桔;狗只能分辨深浅不同的蓝、青和紫色,比猫还少了对于黄色的感受。

图 5 - 14   几种动物的视觉感受器

有些动物具有很特异的视觉功能。蛇没有眼睑,它一辈子不眨眼也不闭眼,眼内晶状体不能调节焦距,因此对 1 米以外的物体是雾蒙蒙的一片模糊。它对于近处的移动物体或摇晃物体会有感觉,而对静止物体则是视而不见。不过它另有一对无比灵敏的能看到红外线的"眼睛",称为热感应器官。借助这个器官,蛇可以在一片漆黑中清晰地"看到"附近所有的温血动物。变色龙的两只眼睛各自独立转动,你看你的,我看我的,很难想象它脑中呈现的景物究竟是什么模样。生活在同一个地球上,各种动物对同一物体通过视觉获得的信息千差万别。探寻动物视觉的奥秘,并采用仿生学的途径弥补人类自身的视觉不足,一直是人类的探索的领域之一。

2. 人的视觉

人类视觉有光觉、形态觉、色觉、眼球运动、双眼单视等生理功能,光觉是基础视觉。分辨外界物体形状的能力就是形态觉,对自然界可见光光谱的分辨能力称为色觉,人眼可以分辨出约 150 种色调的 13000 多种颜色。眼球向正前方固定注视一个目标,此时所见的空间范围称为视野。一个人视野的大小是确定的,转动眼球或头部只能换一个视野,视野的大小并没有扩大。我们的两只眼睛在同一时刻看到的景象是有差异的,但经过神经中枢处理后组合成为一个立体的画面,这样才能感知物体的立体形状,以及该物体与人之间的距离和物体与物体之间的相对位置关系,这就是双眼单视功能。3D 电影使用的就是这个原理:拍摄时使用两台摄像机,一台是左眼视觉,另一台是右眼视觉,放映时也是两台投影机同时工作,观众要戴上专门的眼镜,使左眼只看到"左机"的图像,右眼只看到"右机"的图像,立体感就产生了。如果摘下眼镜,就只能看到类似于没调好焦距的双重图像。近来,3D 电视技术发展迅速。观看 3D 电视不需要戴专门的眼镜,是裸眼 3D。3D 电视的原理是使用加上特殊的精密柱面透镜屏的液晶面板，将经过编码处理的 3D 视频影像经由柱面的左右侧分别送到人的左右眼，产生立体视觉效果，还是双眼单视原理。人必须在一个有效的区位中才能获得裸眼 3D 效果。有报告认为观看 3D 电视的负面生理作用除了容易产生视疲劳外，还可能产生运动障碍、意识方面的一些后遗症。

从事或喜爱电子图片处理的人会经常接触到色彩亮度、明度、饱和度等词汇，简单地说，亮度指整个画面的明暗，类似于白天和黑夜的区别；明度反映画面的明晰，类似于晴天和雾天的区别；饱和度则代表画面色彩的鲜艳程度，饱和度越高，画面的色彩就越浓烈单纯。不同的颜色混合可以形成新的颜色，不能通过其他颜色调配出的颜色称为原色。光的色彩和颜料的色彩是不同的，无光为黑，无色为白。色光的三原色是红、绿、蓝，颜料的三原色是品红、黄、品青，品红有点像桃红，品青接近于天蓝。红光与绿光叠加出现黄光，品红颜料和黄色颜料混合可得到红色颜料。

在各种颜色中，人对黄绿色最敏感，而黄色和黑色配合最为醒目。所以道路旁的交通标志牌采用黄底黑字，大卡车、农用车、教练车、试验车、摩托车的车牌也是黄底黑字，目的就在于便于识认，避免危险。如果环境的光强度突然改变，人的视觉一时会失去辨认能力，需要有一个适应的过程。从暗处到明处后，睁不开眼的感觉需要大约 1 分钟的调整适应时间，而反过来从亮处到暗处后眼前金星乱冒的感觉需要大约 30 分钟的调整才能消失。

新生儿出生时只有光觉反应，他与环境的交流依靠嗅觉。刚出生的孩子瞪大了眼睛四处盼顾，模样十分可爱，其实他什么也没看到。出生 3 到 5 个月后视力逐渐发育，这时他才看到父母的模样。视力完全发育成熟要到十二三岁。因此，在这个年龄之前是治疗眼部疾病的最佳时机。

3. 视觉传导

在几种感觉信号传导中，视觉信号传导过程是最复杂的，在形成神经信号前，有一系列的成像步骤。人的眼睛光路精密、构造精巧、组织精致，体现出自然的严谨与睿智和进化的严密与挑剔。小小的一个眼睛，集聚了感光、成像、理化转换、信号传导、定型、调节、运动、营养供给、防护、清洁、润滑等所有功能，无一遗漏，也无一冗余。人的眼睛除了视物识事，还要表达情绪、传递信息，非造化无此杰作。

光线透过角膜和房水，经晶状体发生折射，再经过固定眼球形状的玻璃体，在视网膜上形成倒置的物象，视网膜上的视觉神经将接收到的物理信号转化为化学信号，产生动作电位向神经中枢传递，神经中枢经过一系列处理，最终形成包含形状、颜色、明暗、位置等特征的正立的事物图像。晶状体前方的虹膜可扩可缩，形成大的或小的瞳孔。瞳孔控制进入眼的光量，环境亮时

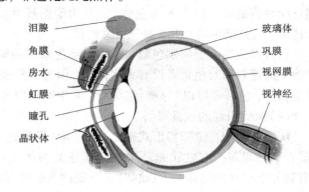

图 5 - 15　人的眼睛构造

瞳孔小，环境暗时瞳孔大。人的瞳孔无论大小，都是圆形的。猫的瞳孔收缩时呈窄椭圆形，像是一条缝。人眼的视网膜是透明的，由一层视感神经细胞组成，这些细胞分为视杆

细胞和视锥细胞两大类。视杆细胞约有1.2亿个，视锥细胞少得多，700万个左右，不到全部视觉细胞的6%。视锥细胞虽不多，但色觉以及精细视觉是由它完成的，所以又称为明视觉细胞。视杆细胞有较高的光敏度，在光线较暗时才活动，但不能作精细的空间分辨，而且没有色觉。视杆细胞又称为暗视觉细胞。人眼构造如图5-15所示。

4. 视觉异常与疾病

（1）视力残疾

视力残疾指视觉器官或大脑视中枢的构造或功能发生部分或完全病变，一般分为盲和低视力两类。按我国视力残疾的分类标准定义，最佳矫正视力低于0.05为盲；最佳矫正视力等于或优于0.05、但低于0.1为低视力。盲人的生活信息获得主要应用听觉、触觉和嗅觉，低视力者则可利用剩余视力和使用其他特殊手段如助视器、放大镜等的支持。

（2）视觉缺陷

视觉缺陷最普遍的是近视、远视和散光。近视者能看清近处的物体，但看不清远处的物体，远视者刚好相反。产生这两种情况的原因都是眼球纵向变形，即便调整瞳孔仍不能使物像精确落到视网膜上。散光者看物体感觉是朦胧一片，这是由于角膜或晶状体异常，使得图像弥散的缘故。示意图见5-16。

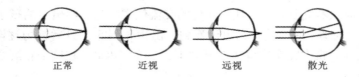

正常　　　　　近视　　　　　远视　　　　　散光

图5-16　视觉缺陷成因

（3）色觉障碍

色觉障碍的主要表现是不能准确地辨别颜色，只能依靠饱和度来推测，通常称为色盲。色盲人群中，红绿色盲偏多，蓝色盲较为少见，全色盲是很罕见的。色觉障碍多数是先天性的，通过遗传获得，但也有后天疾病导致的情况。先天性色盲由女性遗传，因为控制红绿色盲的基因位于X染色体上，且为隐性基因。男性红绿色盲基因只能从母本染色体中传来，且只能传给女儿，属于交叉遗传。

色盲者虽然不能辨别色彩，但能分辨色彩的明暗度，而且这方面的分辨能力非常强。战地上的迷彩服对色盲者没有太多作用，因为迷彩服与周围环境的色彩有明暗差别。在日常生活中，色盲者可以"分辨"红绿灯，其中的道理是一样的。

（4）疾病引起的视觉障碍

疾病引起的视觉障碍形式很多，如羞明（即畏光）、复视（将一个物体看成两个）、虹视（能看到光源周围有虹状光环）、色视（感觉物体出现异常颜色，如红视、黄视等）、幻视（看到并不存在的物体）、飞蚊症（感觉眼前有蚊蝇飞动）、黑蒙（眼前突然一片漆黑）、夜盲（暗环境中视觉极度低下）等等。这些症状有的是眼部疾病引起的，如结膜炎、角膜炎等，有的是身体其他部位疾病引起的，如高血压、营养不良等，都应高度重视，及时治疗，以免机体受到不可逆的损害甚至致盲而遗憾终生。

晶状体发生混浊即为白内障，患者视觉模糊不清，视物受到障碍而变形或缺失，严重者可致盲。老年人因代谢功能减退可能导致白内障，即"老年性白内障"，这是常见的老年疾病之一。其他引起白内障的因素有糖尿病、眼外伤、眼内炎症等。白内障症状轻者可通过药物治疗，重者要将有病晶状体摘除后植入人工晶状体。辐射、化学等原因也能引起晶状体混浊。近年来，白内障发病率呈上升态势，而且患者有年轻化的趋势。以往白内障的多发年龄一般是 50 岁以上，而现在 40 多岁的患者越来越多，甚至 30 岁左右的非先天遗传性白内障患者也开始出现。尽管还没有直接证据说明这种现象与使用电脑有关，但提醒长期坐在电脑屏幕前的年轻人注意科学用眼、健康用眼，不失为一句善告。

5. 爱护眼睛

眼睛是生活质量的保障，光明靠眼睛去迎接、去享受。从诗经的"巧笑倩兮，美目盼兮"，到唐人的"欲穷千里目，更上一层楼"，直到顾城的"黑夜给了我黑色的眼睛，我却用它寻找光明"，人类什么时候离得开眼睛！小小的一对眸子，装下了千山万水，装下了古往今来。

我国确定每年 6 月 6 日为"全国爱眼日"，从 1996 年起至今已有 18 届。历届爱眼日的主题依次是：保护儿童和青少年视力；老年人眼保健；预防眼外伤；保护老年人视力，提高生活质量；动员起来，让白内障盲见光明；早期干预，减少可避免的儿童盲症；关爱老年人的眼睛，享有看见的权利；爱护眼睛，为消除可避免盲而努力；防治屈光不正及低视力，提高儿童和青少年眼保健水平；预防近视，珍爱光明；防盲治盲，共同参与；增强青少年儿童爱眼意识，提高学生健康素质；明亮眼睛迎奥运；关注青少年眼健康；关注贫困人口眼健康，百万工程送光明；关爱低视力患者，提高康复质量；情系白内障患者，共享和谐新视界；关爱青少年眼健康。其中直接关系到儿童、青少年、老年、贫困人口的有 11 届，占了一半以上；直接提到"盲"或"低视力"的有 6 届，这些都说明了我国眼卫生事业的重点。

爱护眼睛是日常的事，说到底是一种习惯养成。例如保持眼与书本的距离、适时望远、保持眼部卫生、做眼保健操、良好的生活节律、避免强光刺激、不酗酒，等等。只要坚持，你就一定能有一双美目、一双可穷千里之目、一双寻找光明之目。

6. 角膜捐献

角膜捐献是指捐出眼角膜以帮助因角膜病变而失明的人重见光明。眼角膜因外伤或感染而受损会导致失明，角膜病是最主要的致盲眼病之一。有数据表明，我国"角膜盲人"占全部盲人总数的 1/4，约为 800 万。在这些患者中，绝大多数是 9 岁以下的儿童以及 40 ~ 69 岁的壮年人和老年人。

损伤的部分角膜可以通过角膜移植手术来替换，即用捐献者健康的角膜代替患者破损或浑浊的角膜。角膜移植材料可来自活体捐赠与尸体捐赠。活体捐赠的供体是活人，因疾病等某种原因导致不可治愈的失明而角膜却是完好无损的眼球，是合适的供体。尸体捐赠的角膜一般在捐献者死亡后 6 小时内摘取。捐献都是自愿的、无偿的。成功的角膜移植不仅可以恢复患者的视觉，还可以使患者的视力恢复到完全正常的水平。

角膜盲人复明的唯一途径就是角膜移植手术。角膜是有生命的有机物质，而不是简单的一片塑料膜就能代替的。人造角膜尚在研究之中，距临床应用尚有些时日。角膜本身不含血管，不会有免疫排异现象，所以角膜移植的成功率很高，位列其他同种异体器官移植之首。但是，由于眼角膜的捐献者太少，全国各大医院每年可以完成的角膜移植手术只有3000 例左右，这不到 0.04% 的康复者是幸运的，绝大多数的失明者目前只能在黑暗中苦苦地等待。

5.4.4　听觉

1. 听觉受体

听觉是人和动物对声波刺激的感受，通过对声音的接收与分析，可以实现交往、寻偶、捕食、避敌、了解环境。动物还通过听觉保持身体平衡，人可以通过听觉享受音乐。

蟋蟀又叫蛐蛐，夏夜里草丛中传出它瞿瞿的叫声，清脆悦耳。但它的头部没有耳，它的"耳"长在前肢的末端。低等脊椎动物只有内耳，没有鼓膜，听觉敏感性低，主要功能是平衡身体，例如鱼类。爬行类动物听觉很弱。要说蛇的耳朵，就是它全身的皮肤，蛇依靠皮肤感觉来自地面或空气中极细微的振动。印度弄蛇人吹起竹笛，眼镜蛇就从竹篓里直立而起，扩张颈部，吐着信子，随着弄蛇人用脚在地面击打的节拍左右摆动，也算是翩翩起舞。两栖类动物有了中耳和鼓膜，听觉大为进化。"稻花香里说丰年，听取蛙声一片"，而最能欣赏这蛙声的，是青蛙它们。我国南方有一种弹琴蛙，其叫声颇有拨弦产生的"大珠小珠落玉盘"的音乐感。鸟类有了雏形外耳道，良好的听力也极大地发展了它们的发声能力。"听鸟说甚，问花笑谁"，反正是鸟语花香，该说甚就说甚，该笑谁就笑谁。鹦哥、八哥还会模仿人语、背诵唐诗。哺乳类动物的耳由外耳、中耳和内耳组成，达到高度完善。在睡眠时，负责警戒的是听觉。

有些动物还可以听到人耳无法听到的极轻微的声音和频率超低或超高的声音。大象可以发出和收听到次声波，这种声波衰减较慢，可以传递到更远的地方。美国歌手蜜妮莱普顿是"海豚音"的鼻祖。所谓海豚音，是一种极高的音，然而真正的海豚发出的高频音，我们是不能感觉到的。蝙蝠也是发出和接收高频声波的能手。因为人耳听力有限，故不难推测，当我们感到万籁俱寂、阒无声息的时候，在别的鸟兽耳中，却是一派喧哗与热闹。

2. 人的听觉

人们所听到的声音具有三个属性：音强、音高、音色。音强指声音的大小，也就是响和细，衡量单位是分贝，记为 dB。0 dB 刚刚引起听觉，轻声耳语为 20 dB，一般说话的音强是 60 dB，嘈杂的马路达到 90 dB，电锯工作时噪音有 110 dB，飞机起飞时的音强高达 130～140 dB。当环境中声音的音强达到 100 dB 时，人已经难以忍受，120 dB 以上的强音可以致聋。当声强超过 140 dB 时，声波引起的不再是听觉，而是压痛觉。音高指声音的高低，单位是赫兹，即声波每秒的振动次数，记为 Hz。钢琴的最低音是 52 Hz，帕瓦罗蒂能轻松唱出 High C 音，这个音的音高为 523 Hz，李琼唱"山路十八弯"，最高音到了 830 Hz，女生的"尖叫指数"达到 9 时为 1400 Hz，到了 3000 Hz 便是"海豚音"了，钢琴的最右键弹出的声音为 4186 Hz。音色指声音的感觉特征，即声音的品质，这与声源材料有关。同样的音强、同样的音高，由笛子发出和由大提琴发出的感觉就完全不同，由男声发出和由女声发出也完全不同。这好比品茶，在温度和浓度相同的情况下，苦丁茶和单枞茶根本就是两回事。

在一般情况下，人的听觉的适宜刺激是频率为 16～20000 Hz 的声波，称为可听声。但不同年龄的人的听觉范围是不相同的，儿童能听到 30000～40000 Hz 的声波，而 50 岁以上的人通常听不到 13000 Hz 以上的声波，这与鼓膜生理性硬化有关，不是疾病。13000 Hz 已是很高的音了。

听觉有适应性，也叫选择性。当几个人同时和你说话的时候，你只能听到你注意的那个人的话语，而另外几个人的讲话只是边上的嘈杂声。如果声音较长时间连续作用，会引起听觉感受性明显降低，称为听觉疲劳。听觉疲劳需很长一段时间才能恢复。如果听觉疲劳经常性发生，就会造成听力减退甚至失聪耳聋。多个声音一起作用时，会产生混合音，这是一种全新的效果感受，所以协奏的效果是无法用单一乐器模仿的。乐队指挥的任务就是把各种乐器的声音组织起来，把声音变成动人的故事和感人的诉说。这也告诉我们，再让人发烧的 CD 配上最顶尖的音响，也不如坐到音乐厅去，那里的乐声才是"人间难得几回闻"。

3. 听觉传导

外界声波经过耳廓收集进入外耳道传到鼓膜，鼓膜发生振动，这个振动通过听小骨传到内耳，刺激耳蜗的纤毛细胞，于是振动转换成神经冲动，神经冲动沿着位听神经传到大脑皮层的听觉中枢，最终形成听觉。这个过程称为气传导（图 5 - 17）。声音的传导除通过声波振动经外耳、中耳的气传导外，同时也通过颅骨的振动，引起颞

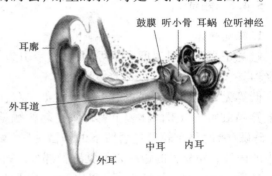

图 5 - 17　气传导示意图

骨（颞字读音如"聂"）骨质中的耳蜗内淋巴发生振动而引起听觉，称为骨传导。骨传导是极不敏感的，仅仅是一种听觉的辅助。

4. 听觉障碍及康复

生活中人们听觉方面的障碍主要有耳鸣、听力减退、全聋等。耳鸣是一种人耳主观感受到的声音。一般地说，耳鸣是发生于听觉系统的一种错觉，是一种症状，而不是疾病。一个人如果常感听到一些轻细的、高频的、连续的声音，周围又确定没有相应的声源，那么这种情况即为耳鸣。严重的耳鸣可响如喧天锣鼓，又如箱倾柜倒，使人心惊胆颤、夜不能眠。与听力减退对应的是听力过敏，有听力过敏的人对声音刺激异常敏感，任何声音都让他难受，就连远处出来的幽幽丝竹也觉得刺耳难耐。

除了先天原因外，链霉素、卡那霉素、庆大霉素等耳毒性抗生素的使用、病毒感染等可能会引起婴幼儿的听觉功能减退或丧失。对于儿童和青少年，出现听觉损害的主要原因是各种类型中耳炎，其次是病毒感染、高热、不当使用抗生素、外伤等。感冒、鼻炎、鼻窦炎都可能引发中耳炎，要及时治疗。此外还应尽量减少戴耳机特别是耳塞式耳机的次数，预防感染。长期接触噪音会引起噪音性耳聋耳鸣，长期过度疲劳尤其过度熬夜会引发突发性听力减退。中老年人的听觉困扰更多见，表现为耳鸣和不同程度的耳聋。原因是年龄即生理的关系，此阶段容易出现高血压、糖尿病、高血脂等造成耳部神经供血不足、出现耳鸣、听力减退等的症状。对应方法是控制血压血糖，坚持低脂饮食，减少生活顾虑，注意睡眠休息。

随着医疗技术的进展，各种类型的中耳炎引起的听觉障碍已能得到较好的治疗；为全聋患儿植入电子耳蜗能帮助他们回到有声世界；部分听觉障碍影响交流的老年患者则可佩戴助听器，这是比较经济且比较可靠的途径。

我国确定每年 3 月 3 日为"全国爱耳日"，从 2000 年起至今已有 14 届。历届爱耳日的主题依次是：预防耳毒性药物致聋；减少耳聋发生，实施早期干预；听力助残——救助贫

困聋儿;提高人口素质,减少出生听力缺陷;防聋走进社区;全社会共同关爱老年人——健康听力,幸福生活;预防听力损伤和耳聋,人人享有健康听力;珍爱听力,快乐成长;奥运精彩——我听到;正确使用助听器;人工耳蜗——重建听的希望;康复从发现开始——大力推广新生儿听力筛查;减少噪声,保护听力;健康听力,幸福人生——关注老年人听力健康。

5.4.5 触觉

1.触觉受体

触觉是指体表对温度、湿度、压力、牵引力等物理刺激的感觉。触觉感受器亦称接触感受器。

低等无脊椎动物笄涡虫看上去光滑如玉("笄"字读音如"机",是古时的一种簪),实际上笄涡虫如花似玉的体表上有许多突起的触觉细胞,这是它的触觉感受器。蚌、螺、牡蛎、砗磲(古时称车轮碾过后留下的印辙为"车渠")等软体动物用薄薄的一层外套膜包着壳中的内体,外套膜的边缘是触觉感受部分。蚯蚓、水蛭(俗称蚂蟥)等环节动物的体表也并非光滑,用放大镜仔细观察,可以看到蚯蚓身体两侧有极细的毛,称为刚毛。刚毛是环节动物的触觉感受器。蜘蛛通过肢端的感觉收集网上各种信息,获取网络上的食物资源,可谓是网购高手。鱼类动物的表皮有感觉丘,分布在身体两侧,称为侧线,可以感知水流和水压的变化。蝌蚪也有侧线,但长大变成青蛙后,侧线就消失了。节肢动物的触角、肢、尾毛上都有触觉感受器。老虎屁股摸不得,蟋蟀屁股也摸不得。雄性蟋蟀的尾毛一旦被撩动,它就会怒不可遏,对身边的可疑分子施以无情打击,这一难改的脾气让人们玩斗蛐蛐成为可能。鸟类的主要触觉感受器是舌和喙。哺乳类动物大多全身披覆毛发,触感主要靠唇和四肢末端而不是皮肤。哺乳动物上颊的长长的毛常被人们看成是胡子,其实那不是胡子而是髭须(髭字读音如"资"),小猫小狗生下来就有,髭须是刚毛,又叫血窦毛,是触觉感受器,不但嘴边有,额上眉心处也有。如果把猫的髭须除去,它的行为就会变得莽撞且乱套,因此千万不要去好心地为使猫显得年轻而替它剪掉"胡子"。

几种动物的触觉感受器见图5-18。

触觉对动物有非常重要的作用,除了认识生活环境及其变化以外,还是定位、通讯和个体间建立关系的重要方式。

植物界也有对于触刺激的反应,猪笼草、茅膏菜、捕蝇草等是典型的食虫植物,能够依靠触刺激捕获不幸落在其上的昆虫。可爱的含羞草对外界触觉敏感,只要轻轻触碰一下,它的对生叶片立即合拢,如果触碰较重,它连叶柄都会垂下。有研究发现,含羞草可用于预报地震。

2.人的触觉

人类不同于其他哺乳动物的特征之一就是只有极少的体毛,其体表任一处皮肤及经体表延伸向体内的任一部位(如舌、喉、耳道等)都有触觉感。

触觉牵涉到的物理感觉众多而且交混,是最复杂的感官。在人体胚胎发育过程中,皮肤与大脑都是外胚层(中胚层形成肌肉和骨骼,内胚层形成内脏器官),属于同一形成组织,因此完全有理由认为皮肤是大脑皮层的延伸。皮肤是人体最大的器官,总面积2 m² 左右,厚度为0.5~4 mm,眼睑、外阴、乳房部位的皮肤最薄,颈、臀、掌、跖(读音如"直",

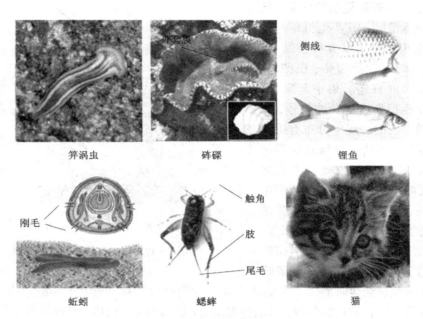

图 5 – 18　几种动物的触觉感受器

脚掌)等部位的皮肤最厚。人全身皮肤的总重量约占体重的 10%。皮肤从外而内分为表皮、真皮和皮下组织三层。触觉感受器是感觉神经细胞,主要分布在真皮中,皮下组织中也有一些。人的皮肤能感受温度、接触、痛痒,不同的感觉有对应的感受器,不同部位上同一类感受器的密集程度又不相同,因而敏感度不同。感觉有适应性,在逐渐加压、升温或长时间刺激时感觉会减退。触觉敏感性还与年龄有关,随着年龄增长,触觉敏感性下降。

　　人对于冷和温的感受器是分开的,冷感受器在 12 ~ 25℃时最敏感,而温感受器对应的是 35 ~ 45℃。冷感受器比温感受器更接近表层,在数量上又是温感受器的 2 ~ 8 倍,所以人对冷的感受性比对热的要强。手指对温度不敏感,一盆烫得放不进脚的水,用手去探时充其量只是比较热。

　　感受触压任务的是触压感受器,就是触觉小体和毛根的游离神经末梢。当外部刺激力持续作用并且强度达到比较深层的情况下,人就有了压觉;如果持续时间很短且强度很小,就是触觉。接触最敏感的部位是指腹和指尖、舌尖、唇、乳头等处,其次是头部,最不敏感的部位是小腿和背部。舌尖对相距只有 1 mm 的两个微小刺激也能分辨。拿一截棉线轻轻地碰指腹,人会有感知,而如果拿去碰小腿,则完全无知觉。盲人用指尖触读盲文,速度可以很快;有人玩麻将时用手指"看"牌,还摆出一副很诡谲的神态。如果把两个手指同时按在一个人的后背上,他往往不能断定你是用了一个手指还是两个手指;人对于背部疼痛或瘙痒的确切位置常常说不清楚。对于振动的感受则与振动方向有关:如果是左右方向的水平振动,那么只要每秒振动 2 次即 2 Hz,人就有感觉了;而上下方向的竖向振动,则要 4 Hz 以上才感觉得到。

　　图 5 – 19 为人类皮肤的触觉感受器。

痛觉是一种非常复杂的感觉,已不完全是触觉范畴,其产生机理与生物学意义也很复杂。痛觉种类繁多,有皮肤痛、深部痛(肌肉痛、肌腱痛、关节痛等)和内脏痛。集中起来说,痛是机体受到损伤或变异的信号,是伤害性刺激。人的表皮中分布有感受痛觉的感受器,由传入纤维外周端的末梢形成。皮肤痛有快痛和慢痛之分,快痛又叫刺痛,其感觉迅速产生又迅速消失,慢痛又叫灼痛,痛觉缓慢加剧,持续时间久。注意力、态度、意志、个人经验、情绪等都会影响痛觉,当注意力高度集中于其他事物

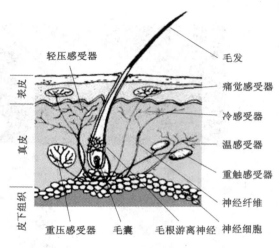

图5-19　人类皮肤的触觉感受器

时,痛觉会减低甚至暂时消失。久病之人不会觉得打针很痛。性别、年龄也会影响痛感。对于痛,目前还没有量化的分级,只能根据感受,说有点痛、很痛、痛得受不了等。医学上只有不痛、轻度痛、中度痛、重度痛和严重痛五个描述性的分级。疼和痛在语言中有某些差别,但在医学中是同一个意思。剧烈的疼痛会引起迷走神经兴奋性增高,心脏排血量减少而造成脑供血不足,引起疼痛性晕厥。轻微痛觉给人带来不愉快的情绪,中度痛觉使人难受,坐立不安,重度的痛觉可使人无法忍受,以致会有生不如死的想法。正是这种难受使人产生保护反射,所以痛觉有保护性的功能。疼痛发生后如果自行服用止痛药物再去求医,会使医生少了一个确认病因的依据。

疼痛是常见的临床症状,控制疼痛称为镇痛,药物、手术都有显著的镇痛效果,原理都是切断与痛觉有关的神经通道,使神经中枢接收不到痛觉信号,本质上是抛弃正常感觉,成为感觉缺失,而不能解除疾病。生物学方法(针灸、推拿等)和心理学方法(暗示、催眠、安慰剂等)对控制疼痛也有一定效果。

痒比痛更复杂。迄今为止,还未从组织学上确切发现专门的痒觉感受器,人们也无法准确描述痒究竟是何种感觉。从轻到重,只能说"痒滋滋"、"痒酥酥"、"痒刺刺"等。痒的种类很多,或许原本并非是痒,不得已归为痒的一类。某些痒让人有欣快感,某些痒让人浑身不自在,还有些痒让人不得不拒绝。有学者认为痒觉其实是一种轻微的痛觉,不过这种说法未得到广泛支持。例如有些引起瘙痒的皮肤疾病,直到皮肤被挠破以致痛觉产生的时候,痒觉依然不消失。在民间的认识中,痒往往被视为痛的相反,如"不痛不痒"、"无关痛痒"。

3. 触觉疾病

触觉疾病主要有触觉统合失调和触觉失认。

触觉统合失调有触觉敏感(防御过当)或触觉迟钝(防御过弱)两种情况,主要原因都是触觉神经和外界环境协调不佳,从而影响大脑对外界的认知和应变,并体现到行为中来,主要出现在儿童中。触觉防御的孩子表现出较难适应外界的新刺激,喜欢固着于熟悉的环境,一点细微的刺激就会引起反应。触觉迟钝的儿童的细微分辨能力差,动作拖拉不

灵活，粘人，渴求父母的抚摸，也喜欢摸别人的脸或某个玩具，常不能察觉自己意外碰伤或流血。

触觉失认患者则不能通过触摸方式认识熟悉的物品，病因常为对侧顶叶病变，如右手触觉失认常为左顶叶病变引起。顶叶是大脑中响应疼痛、触摸、温度、压力、味觉刺激信号的部位。

5.5　人类感性认识过程的信息传递与处理

5.5.1　感性认识

感性认识就是个体通过身体感觉器官直接接触客观外界，从而对各种事物初步产生的表面认识。纯粹的、完全不渗透理性因素的感性认识只存在于动物和婴儿的心理活动中。

感性认识是人类认识的初级、基础阶段，人类认识的高级阶段是理性认识。理性认识是人们凭借抽象思维把握到的关于事物的本质、规律、内部联系的认识。

人的直感和其他高级动物的感觉都是直观的形象认识，但人的感性认识在本质上是理解性的。人的感性认识虽然没有明显的理性思维的过程，不经过深思熟虑，但它已经有了社会经验的渗入，人的感性是有理性的感性。人的感性认识的理性表现为：一，它通过第二信号系统反映，人对事物的感知总是在第一信号系统（知觉信号）和第二信号系统（词语信号）的协调作用中进行的，例如尝到外观像生抽的深色液体，在舌头有酸觉刺激的同时，头脑中会反应出"醋"的词语信号；二，它不会到此终止，而会迅速进入理性思考阶段，错将醋当作生抽的人会立即产生一系列的分析，这醋为什么像生抽？为什么口感不太好？会是劣质醋吗？……

尽管人的独立感官的敏锐程度往往不及某些动物，但是人对感觉到的事物的意义把握是任何动物都无法比及的。人的理性总是或这样或那样主动积极地参与感性映象的构成，成为感性认识中不可离析的要素。感性认识包括感觉、知觉和表象三个阶段，这三个阶段相互联系，对事物的掌握和理解由简而繁、由浅而深、由粗而精、由分散而综合、由直接而间接、由具体而抽象。但这些感性认识形式都是对事物表面特征的描述，还不能揭示事物的本质。

5.5.2　感觉

感觉就是客观事物的各种特征和属性通过刺激人的不同的感觉器官引起兴奋，经神经传导反映到大脑皮层的神经中枢而产生的反应。人类的基本感觉有五种，即视觉、听觉、嗅觉、味觉和触觉，分别对应于眼、耳、鼻、舌和肤等器官。除此以外，人还有速度觉、平衡觉、痛觉、温度觉、疲劳觉等多种感官反应，这些感觉反映机体内部的刺激，称为内部感觉。本节只讨论外部感觉。

1. 感觉的性质

人的感觉是感觉器官对刺激的本能性感受，因此与具有相同感觉器官的动物有相似的感觉。例如人感到寒冷而生火取暖时，猫也会过来蜷在炉边；人听到有脚步声而屏气分辨时，狗也竖起了耳朵。

产生感觉需要刺激适当，刺激强度过大或过小都产生不了感觉，能引起感觉的刺激强度范围称为感觉阈(读音如"域")。刺激强度会发生变化，能接受的最微小变化的程度称为感觉的差别阈。在这些方面，人和动物有很大差异。例如人能听到的最高音的频率是20000 Hz，而鼠能听得到 95000 Hz 的声音；雄蚕蛾能辨别出远在 3 千米之外的雌蛾的气味，人却闻不出隔壁邻居阳台上刚放了一只空酒瓶。

人的某些感觉可以因长期干扰而麻木降退，也可以通过训练或强化获得特别的发展，即敏感性减弱或增强。老戴着耳机听 MP3 的孩子，听不到绵软微风掠过草尖的声音；学过钢琴的孩子能准确说出一个和音是哪几个琴键同时按下所发出。人感觉不出 3 级以下的地震，而许多动物却有明显的异常恐慌表现。

2. 感觉的基本规律

感官检验中，因时间、空间的关系，感觉会发生变化。不同的感觉之间也会产生一定的影响，有时发生相叠作用，有时发生相抵效果。

(1)适应现象

适应现象指感受器在同一刺激物的持续作用下，敏感性发生变化的现象。"入芝兰之室，久而不闻其香；入鲍鱼之肆，久而不闻其臭"(此处的鲍鱼是咸鱼之意)，指的就是感觉适应。在整个过程中，兰花还是那个兰花，并没有凋萎，鲍鱼也还是那个鲍鱼，并没有拿去浸泡，只是由于连续或重复刺激，敏感性发生了暂时的变化。

一般来说，强刺激的持续作用使敏感性降低，弱刺激的持续作用使敏感性提高。把兰花稍微放远一些，就会不断有幽香袭来；把鲍鱼也放远一些，你肯定会起身去找密封包装袋。

(2)对比现象

感官对刺激的感觉会因刺激背景的不同而发生变化，这种现象叫感觉对比现象。同时给予刺激称为同时对比，先后连续给予两个刺激，称为先后对比或继时对比。各种感觉都存在对比现象。

图 5-20 中的两个图案，我们会觉得右边图案中间的小矩形比左边的大一点、亮一点，而实际上两者是完全一样的。这是同时对比。同一个桔子，酒后吃会甜一些，吃过糖后吃会酸一些。这是继时对比。

(3)掩蔽现象

当两个强度相差较大的刺激同时作用于同一感官时，往往只能感觉出其中较强的一种刺激，这种现象称掩蔽现象。在抽油烟机旁忙碌的人往往听不到门铃声；图 5-21 所示图案，绝大多数人都会理所当然地认为是白底黑条纹，而不会想到有可能是黑底白条纹。

图 5-20　两个矩形的同时对比

图 5-21　视觉掩蔽现象

（4）协同效应和拮抗效应

当两种或多种刺激同时作用于同一感官时，感觉水平超过每种刺激单独作用效果叠加的现象，称为协同效应或相乘效应。协同效应是 1 加 1 大于 2 的现象。在提琴协奏中，中提琴富于成熟而雍容的音质陪衬，更烘托出小提琴琴声的浪漫与跃动。十里柳叶，数枝杜鹃，这才是动人春色不须多。

拮抗效应与协同效应相反，它是指因一种刺激的存在，而使另一种刺激强度减弱的现象，因而又称相抵效应。在黄连药汤中放点儿糖，可以抗消部分苦味；烧鱼的时候搁点儿酒和姜，就感觉不到腥味了。

3. 关于"第六感"

上个世纪后期曾经有一段时间关于人类"第六感"报导得很热闹。所谓第六感又称"第六感觉"，指五种外部感觉之外的意念力或精神感应，是一种超自然能力，英文简写 ESP。据称具有第六感的人拥有透视视力、能用意念将金属勺子折弯、用意念去令某地下雨浇熄山火、能和故去的人交流、更能预知未来事件与吉凶。有所谓的研究成果解释说，第六感是宇宙空间的物质射线转化为脑电波信息辐射，人脑接收后在大脑神经元细胞网络构成的潜意识思维，又说第六感存在于五维时空中。

人类第六感这么好的一个东西，在今天却踪影全无，还不如网络游戏让人着迷。第六感为什么就预见不到它今天的销声匿迹呢？

5.5.3　知觉

知觉是个体将感觉信息经过加工后产生的对客观事物的整体认知。通过感觉获得的是对客观事物的个别属性的认识，把这些离散的、零乱的、不同方面的认识进行概括、解释和判断、推论，就形成了对这一物体的综合的、整体的认识，也就是形成了对这一事物的知觉。

感觉是单一感觉器官受激活动的结果，知觉却是各种感觉协同活动的结果。感觉只依赖于个人的感官敏锐程度和准确程度，知觉却受个人知识经验的影响。同一物体，不同的人对它的感觉基本相同，但对它的知觉会有很大差别。知识经验越丰富的人对物体的知觉越完善，越全面。我们经常看到有地摊摆卖古旧瓷器，件件都颇有沧桑尘垢，但文物鉴定家却能看到这些瓷器纹饰的错乱、釉色的现代，甚至还有简体字。到音乐厅欣赏交响曲，音乐家能听出三和弦七和弦，升大调降小调，而没有乐理知识的听众中，有些人只怕连单簧管双簧管都分不开来。

知觉虽然已经达到了对事物整体的认识，高于只能认识事物个别属性的感觉，但它毕竟依赖感觉，所以它反映的依然是事物的外部现象。没有感觉就不会形成知觉，知觉和感觉一样，都属于对事物的感性认识。

1. 知觉的基本特性

知觉的基本特性有选择性、整体性、理解性（意义性）、恒常性等。

（1）选择性

知觉的选择性指人在知觉过程中，会从多个事物中优先把某个对象区分出来予以反映。这个被优先清晰知觉的事物称为知觉对象，其他被暂时忽视的事物称为知觉的背景。

一般情况下，面积小的比面积大的、被包围的比包围的、垂直或水平的比倾斜的、暖色的比冷色的，以及同周围事物差别大的东西如静环境中的动体或动环境中的静体等，都较容易被选为知觉对象。也就是说，知觉的选择性和"着眼点"有关。某人迎面走过，我们或许只留心到那条鲜红的领带，而没注意他的面相。我们伫步在鸟笼中一只会唱歌的八哥前，却不会留心那只比八哥昂贵得多的清代鸟笼。图5-22(a)可以被知觉为立方体(b)，也可以被知觉为立方体(c)，这种可以引起完全不同知觉经验

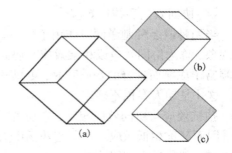

图5-22　可逆图形的知觉选择

的图形称为可逆图形。可逆图形因观察者着眼点的不同而产生了不同的知觉经验，没有正确错误之别。

知觉选择性还受人的经验、情绪、动机、兴趣、需要等主观影响，极熟悉的或很新异的刺激都容易成为优先知觉的对象。例如同游寺院，有的人被建筑物的风格吸引，有的人只注视佛像的眼神，还有的人从寺院出来后还在品赏殿联的哲理，因为他们分别是建筑师、雕塑家和楹联爱好者。

（2）知觉的整体性

知觉的整体性指知觉能将感官的不同感觉统一为整体的特性。各感觉在知觉中的统一不是简单的机械组装或数学叠加，而是一种认识和心理的活动。

把感觉资料转化为心理性的知觉经验，必然要对这些资料进行主观的处理，这种主观处理过程是有组织性的、系统的、合于逻辑的，而不是紊乱的。这个处理过程称为知觉组织。感觉资料通过知觉组织形成知觉的整体性。

图5-23由四种图形组成，看到这个图，我们很快就感知到图中矩形和圆形呈现出一个"七"字排列。其实，四种图形的个数是一样的，经验使我们更注意以面积呈现的图形（相似性）和相互靠近的图形（连续性），最终使矩形和圆形成为前景，而以线条组成的、排列相对离散的加号和乘号成为背景。这是知觉组织的结果。

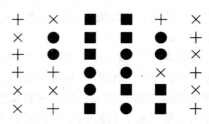

图5-23　知觉组织

当知觉的对象提供的信息不太充足时，知觉者会用知识经验和逻辑规律去补充，使之完整。对于图5-24所示的图形，人们很自然地会在知觉中替方框的左边和右下角各"补"上一个圆形，以使其上的白色部分形成完整的方框。这种知觉经验上显示的"无中生有"的轮廓，称为主观轮廓，是知觉整体性的一个例子。

（3）知觉的理解性

人在感知某一事物时，总是力图依据已有经验去解释它，这就是知觉的理解性。知觉的理解性是人的知觉积极主动的表现。对同一知觉对象，因人们的知识经验不同，需要不同、期

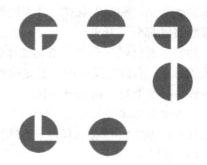

图5-24　图形的主观轮廓

望不同，会得到不同的理解。"仁者见仁，智者见智"，面对一幅抽象主义的油画，有人看出挣扎，有人看出平静，有人看出控诉，有人看出消沉。小李脸色很难看又不说原因，妻子说："肯定是胃病又犯了。跟单位请个假，我带你到医院去看看病。"同事劝他："张科长又批评你了吧，他就那个德行，你别往心里去。"邻居则纷纷议论："早就看出来了，这小两口根本就合不来。"事实是，李某驾车违章被罚了，而且处罚得很狠。

（4）知觉的恒常性

知觉的恒常性指当知觉的条件在一定范围内发生变化时，人们对事物的知觉依然维持不变。一个站在屋檐下的人，他半边身子在阳光里，半边在檐阴中，两半的光度完全不同，但没人会认为这是两个人。近处的狗在人眼视网膜上的成像比远处的牛的成像大许多，但没人会因此而说牛比狗小。对于屋子里的人来说，远处传来的雷声不会比敲门的声音大，但没人会说，你刚才敲门比雷还响。知觉具有恒常性，使我们能客观地、稳定地认识事物，从而更好地适应环境。

2. 错觉和幻觉

（1）错觉

知觉具有经验性，是根据经验对客观性刺激物作出的主观性解释，所以有时会失真，甚至会错误。完全不符合刺激本身特征的、失真的或扭曲事实的知觉经验，称为错觉。错觉是比较普遍的，由视觉、听觉、味觉、嗅觉等所构成的知觉经验，都可能产生错觉。例如在火车站，相邻列车开动，却常常会觉得是自己的列车开动，而邻车依旧停着。

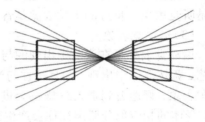

图 5 - 25　两个四边形的错觉

观察行驶中的车轮轮辐，会觉得车轮是向后转的。图 5 - 25 中的两个四边形，我们看到左边的是梯形，右边的是正方形，其实正相反，不信你可以用尺子量一量。

人产生错觉的原因不在视觉器官，也不在观念，而在知觉。

（2）幻觉

幻觉与错觉不同，它是在没有相应的外界客观事物直接作用下发生的虚假、不真实的感知，是心理异常的征象。精神疾病、药物中毒、饮酒过量、吸食毒品等人群常会产生幻觉，如幻听、幻视。正常人在强烈的情绪体验并伴有生动的想象、回忆，或期待的心情、紧张的情绪，或处于催眠状态等一些特殊的状态下，也可能会出现幻觉。

5.5.4　表象

表象是客观对象不在面前呈现时，人们在头脑中出现的对象形象。从信息加工的角度来讲，表象是指当前不存在的物体或事件的一种具有鲜明形象性的知识表征，是感性认识的高级形式。表象对感觉、知觉的重组和加工，接近于理性认识，在感性认识上升到理性认识的过程中有重要作用，但它还没有超出感性认识的界限，仍是感性的具体形象。

知觉只有当对象作用于感觉器官时才存在，感觉中断后知觉随之消失；表象却是这种作用消失后的继续存在。知觉的对象是具体物，表象的对象是物的映像，这是表象与知觉的主要区别。表象反映的不是简单的图像，而是包括了五种外部感觉和多种内部感觉的复合印象。

1. 表象的分类

按感觉通道区分，表象可以分为视觉表象、听觉表象、嗅觉表象、味觉表象、运动觉表象、触觉表象和痛觉表象等等。

(1)视觉表象

视觉表象是在人们头脑中出现的具有颜色、形状、大小等视觉特征的形象。这些形象生动具体，让人感到伸手就可触及。杜牧面前是"青山隐隐水迢迢，秋尽江南草未凋"的一派萧凉，但扬州瘦西湖上"二十四桥明月夜，玉人何处教吹箫"的煦暖情景却历历在目；我们想念某人时，那人的形象就会"浮现"在眼前，其目光跟昨天一模一样；从西藏回来的人，当谈到动人的羊卓雍错时，仿佛就看到了雪山、蓝天、清波和白云。大多数人的心理活动中都有视觉表象，文学家、艺术家以及平时观察事物比较细心的人的视觉表象高度发达。

(2)听觉表象

听觉表象是在人们头脑中出现的具有音调、响度、音色和旋律等听觉特征的形象。"夜久语声绝，如闻泣幽咽"，被石壕吏深夜拉去劳役的年迈老妇已经走远，但她的悲声不断在杜甫的听觉中徘徊；亲人的殷切叮嘱"萦绕在耳际"，悠远的马头琴声"回荡在耳畔"，都是听觉表象。良好的听觉表象是音乐工作者的基本素质。

(3)运动觉表象

运动觉表象是在头脑中出现的与动作系统有关的形象。这种表象多在操作技能人员和演艺、竞技群体中出现，而且往往与当时实际的动觉相联系。例如副驾驶位上的司机会有开车表象，舞迷看到别人跳舞也会进入虚拟的跳舞境界。当一个人产生某种运动觉表象时，身体的相应部分肌肉往往会产生微弱的收缩运动，这称为"意动"。

味觉、嗅觉、触觉等也都有相应的表象。

2. 表象的特征

表象有直观性、概括性、可操作性等特征。

(1)直观性

构成表象的材料均来自过去知觉过的直观内容，因此表象是直观的感性反映。人头脑中产生某种事物的表象，就好像直接看到或者听到这种事物的某些特征一样。

表象和知觉有所差别，知觉是对感觉的现场加工，而表象是对知觉的事后再现。所以，表象中的事物不如知觉中的完整、稳定和鲜明，相反，它是有残缺的、变换的、模糊的。例如在表象中呈现的某个熟人，你如果闭上眼睛仔细去辨，会觉得他似乎是透明的，形象一下很近很大，一下又很远很小，他穿着的衣服也说不出是什么颜色，身围好像还有一层晕光。但无论表象如何变幻飘忽，眼前的那个图像就是他，决不会是别人。这就是表象的直观性。

(2)概括性

表象是人们多次知觉概括的结果，是对某一类对象的表面感性形象的概括性反映。它表现事物的大体轮廓和主要特征，而不表现事物的个别特征或细节。所以说，表象是关于某个事物或某类事物的概括形象。表象中的勿忘我是一片青绿背景中的一簇簇亮丽的紫色图案，青山也就是一个简单轮廓抹上一些油彩。"万山红遍，层林尽染"也好，"千里冰封，万里雪飘"也好，在表象中都只能是粗略的、然而突出了"红"或"白"的画面。

表象的概括性是靠知觉而不是借助语词实现的，所以无法呈现复杂的事物和关系。提到曹操，我们眼前会浮现出一个刚愎狡诈的奸臣形象，但不可能像看电视剧那样"播放"他的生平故事。要表达事情的来龙去脉和前因后果，必须依靠语言描述，这是思维的任务，表象对此无能为力。

因此，表象是感知与思维之间的一种过渡反映形式，是二者之间的中介反映阶段。

（3）可操作性

由于表象是知觉的类似物，因此人们可以像控制和操作客观事物一样，对表象进行变形、切割、移植、翻转等编辑操作。例如读到"可堪孤馆闭春寒，杜鹃声里斜阳暮"时，我们就会用自己已有的孤馆、寒春、杜鹃、斜阳等知觉材料，拼构出一个孤独、失落、恨无穷的表象场景。

表象的可操作性使得人们可以借助于表象进行形象思维，可操作的表象是形象思维的支柱。

5.6　行为

5.6.1　行为的概念

1.行为的定义

行为是一个多义词，在不同的学科领域有不同的定义。我们在字典中查到的"受思想支配而表现在外面的活动"的解释专指人类行为。在生命科学领域内，行为指生物体所做的有利于自身存活和未来基因存活的一切事情。

在这个定义里，我们应当注意三个意思。第一，行为是生物体的，即包括动物——自然包括人类、植物和微生物的。动物固然有行为，它们跪乳、舐犊、反哺的深情令人感慨，它们冲刺、扑杀、厮斗的场面令人震惊，它们团结、坚忍、执著的精神让人报颜。植物也有行为，例如向日葵总是将花盘对着太阳，直到花籽饱满而不得不垂下为止。种过牵牛花的人未必注意到，从顶部往下看，牵牛花的细茎全部都是沿逆时针方向朝上攀爬的，无一例外。再如捕蝇草、含羞草等，它们不光有行为，而且动作还相当利索。最近的科学研究发现，微生物也有主动应对行为，例如，单细胞的紫色网柱细胞黏菌在食物匮乏时会集聚起来按类似于"社会"的形式分工完成繁殖孢子的任务。非生物体也有运动，如星体旋转、日潮夜汐、风翻云卷、风止云舒，这些运动都是各种物理力作用的结果，不是行为。

第二，行为是有利于生物体自身存活的。生物体一旦形成，不论它是否有意识，都会本能地努力实现生命全过程的自然完整性。为此，它要获得维持生命的能量和适合生理节律的环境。例如动物需要食物和栖息地，植物需要阳光、水、空气和土壤，微生物则需要碳源、氮源、无机盐，等等。通过摄食、避险、休整等方法维持生命，是生物最重要的行为。

第三，行为是有利于未来基因存活的。所谓"未来基因存活"，是指通过基因复制把遗传信息向下一代传递，使后代出现与亲代相似的性状并具备继续向其下一代传递基因的功能。生物体个体的存活时间是有限的，组成生物体个体的物质到了某个时刻就会停止有机活动，生物体凋亡。生命个体不断产生和凋亡的过程中，种系在维持与发展。一种生物种系得以延续与进化，繁殖与遗传是必要条件。为使一种生物种系巩固和品质优化，该种生物既有与猎食种系即天敌的斗争，又有在本种系内获得遗传基因机会的斗争，这些斗争有时会达到几近残酷的程度，成为又一重要的生物行为。这种行为在动物界往往是本能的。

我们还要注意生物体形态变化与行为的区别。形态变化是生物体成长各阶段的必有的形貌变化，例如两栖纲动物从以鳃呼吸生活于水中的幼体变态成以肺呼吸能营陆地生活的成体，完全变态的昆虫(如苍蝇、蚕)从幼虫过渡到成虫间要经历蛹的阶段等，是与生俱来的"固有"模式，生物体没有主动改变的可能。丑小鸭长成美丽的天鹅，这在它还是一枚大蛋的时候就已经决定了的，不是母鸡啄它猫攥它、连恶犬也懒得理会它的结果。行为具有主动性，是对不断变化的环境的有选择、有判断的主动应答。

在研究与认识生物的行为时，我们还必须摈弃人类主观态度。如果按人们自己的道德标准甚至是审美趣味去评定其他生物，会是非常错误、非常危险的。有人杀死蟾蜍仅是因为它外貌"丑陋"与"恶心"，杀死乌鸦仅是因为它叫声"恼人"与"晦气"，实际上，动物的行为没有任何道德的含义和美学的成分。当我们在电视屏幕中看到猎豹追猎羚羊时，会为可怜的羚羊加油，为猎豹追猎的失败而鼓掌欢呼，殊不知猎豹已经数天没有进食，它的幼崽们也都已经饿得几乎无力叫唤了。

2. 关于行为的研究

目前关于行为的研究主要集中在行为的生理机制、行为的遗传、本能行为和学习行为、行为的进化等四个方面。

(1)行为的生理机制

行为需要有感受和应答能力才能完成。也就是说，首先需要在内外两个方面刺激下产生行为的原因或动机，然后经过条件反射或判断确认，生物体才会实施一个行为。

动物体内的生理、生化过程会不断产生刺激，如饥饿时胃部收缩，体内水分缺失时口腔干渴等，这是内刺激；动物生活环境中充满了物理、化学刺激，如通过视觉和嗅觉发现外界的食物，这是外刺激。动物再饥饿也不会去啃食石块，吃饱的动物对近在嘴边的食物表现出兴趣索然。内外两方面的刺激，缺一不可。

脊椎动物复杂的神经系统和内分泌系统是行为的生理学基础。低等动物也有感受系统，如腔肠动物有神经网，扁形动物以上的无脊椎动物有神经节和感受器等。感受器接受刺激信息，经解码系统处理后作出决策，又通过肌肉或腺体等相关效应器给予应答，于是就有了行为。

反射也是行为。反射指动物通过神经系统对内外环境刺激作出的规律性应答，即只要有这样的内外环境刺激，动物就必定有这样的行为。反射分为非条件反射和条件反射。非条件反射是先天的，不必学习且无法克服，例如眼睛前出现飞虫时会立即闭眼、手触到较烫物体时会立即缩回、食物入口即有唾液泌出、紧张状态下血压会升高等等。条件反射是出生后在非条件反射基础上通过训练形成的，例如行进中的猫听到异常声音就会停步屏气竖耳，有的人一见到毛虫就会立毛肌收缩，浑身起鸡皮疙瘩。学习过程实际是一个建立条件反射的过程。

一个行为开始后总要终止，大多数行为终止的原因是负反馈，即行为的目的已经实现，或者已经确定无法实现。例如胃内容物充满后动物便停止进食，猎物远逃后追猎者就会停止追击。此外，新出现的更强烈的外部刺激会停止动物正在进行的行为，如猛兽的出现使正在食草的瞪羚停止进食而立即开始逃遁。道理很明白，停止进食的后果是饿，影响生长，而不逃的后果是死，影响生存。饿，可以再吃，还有补偿机会；死，不能复生，永无补救可能。在进食和避险两个行为中应选择何者，答案自然清楚。

（2）行为的遗传

20 世纪 60 年代，出现了研究行为与遗传关系的"行为遗传学"。该学科通过对大肠杆菌、果蝇、蜜蜂、小鼠、人类的行为及遗传的研究认为，行为是受基因控制的复杂的生物学过程。种子到了春天就会发芽，小海龟从蛋壳中钻出后的第一件事是立即爬过沙滩跃入大海。

关于卫生蜂的研究，是行为遗传的典型试验。有一类蜜蜂会把病蛹的蜂室盖子揭开，并把病蛹清出蜂巢，避免疾病蔓延，被称为卫生蜂。另一类蜜蜂则没有这种行为，往往因病全巢覆没，被称为不卫生蜂。令卫生蜂与非卫生蜂杂交，产生的第一代都是非卫生蜂。再令第一代非卫生蜂与卫生蜂回交，产生的第二代中有 4 种蜂：卫生蜂、非卫生蜂、只会揭盖不会清出病蛹的半卫生蜂、不会揭盖但会从开着盖子的蜂室中取出病蛹的半卫生蜂，4 种蜂在数量上各占 1/4。这一结果完全符合孟德尔遗传定律。由此而推测，卫生蜂的基因中有这样的两对，一对基因决定揭开蜂室盖子的行为，另一对基因决定清除病蛹的行为。

在人的行为遗传研究中，双生儿法占有重要的位置。对双胞胎行为的对比研究发现，晕车、晕舟、梦游、便秘、夜尿、睡眠中磨牙等行为在同卵孪生儿中有很高的一致性，说明这些行为有遗传基础。此外，如犬、马等动物被长期驯养，结果育成许多遗传型显然不同的品系，也成为学习能力等行为的遗传学研究材料。行为遗传学还研究生物节律、激素等与行为的关系。

行为遗传学在强调"天性"的同时，也肯定"教养"即环境因素的重要性。在动物和人类的行为发展中，遗传和环境因素的作用难以截然划分。大多数行为的发展是遗传与环境的交互作用，环境因素可以促进或抑制基因的工作，基因也会有选择地接受或拒绝环境的影响。越是高等生物，越是生命后期，遗传对行为的影响越小。低等动物的行为主要是由遗传的基因决定的，人的行为则更受环境的影响，理发师的后代未必一定有发型设计天赋，演艺人的后代不会天生就有演技。"君子博学而日参省乎己，则知明而行无过矣"（荀子《劝学》），人的各种能力的充分发展是学习与教养的结果。

行为遗传学的研究从基因角度对达尔文的进化论作了新的解释。所谓的"物竞天择，适者生存"，竞的、择的、适的是基因，在生命形态比较初级的时候，竞的、择的、适的是能遗传行为信息的优良基因。

（3）本能行为和学习行为

行为生物学的研究重点是动物的本能行为和学习行为。

本能行为是由遗传因素决定的行为，是某一种系动物中各成员都具有的、刻板的、到一定时候便会按一种固定模式行动的行为模式。例如蜘蛛结网、鸟类筑巢等，本能行为是天生带来的，不需要学习、训练和适应。这里说的与生俱来，指的是"自然就会"，而不是一生下来就能。有些本能需要生物体发育到一定阶段才会表现，例如性行为、藏匿食物的行为等。

本能行为与反射有所区别。本能行为由遗传因素决定，反射由神经系统决定。本能行为到了那个发育阶段就一定会作为，而反射只要没有那种环境刺激就一定不会作为。本能难以改变，反射可以消失。宠物犬跟着主人出门溜达时也会本能地标志"领地"，但当别的犬进入它的"领地"时，它最多是一个回眸而没有为占据领地搏斗的反射。常年被人豢养的猫到了一定的时候也会发情求偶，但饱食终日的生活使它没有了捕鼠的反射，反而能与鼠和睦共处，你好我好。

有些本能行为相当复杂。蜘蛛不但会织网、补网，它还会生产高强度、高韧度的制网材料，还会通过测定网颤动时的震源、频率和强度判断致震动物的种类。蚁穴庞大、合理、巧妙、实用的结构，常常使巷道工程设计师的论文不堪一读。人类也有本能，例如婴儿会吸吮乳汁、不适的时候会以哭闹来引起别人注意。

在生物的实际生活中，环境是多变的，仅靠遗传定型的本能行为是不可能应付种种意外情况的，因而在绝大多数动物中都可以见到程度不等的学习行为。只有通过学习，动物才能更有效地适应所处的具体环境；只有通过学习，亲代的成败经验才能够传递给下一代。肉食动物的消化系统注定它不能食草，它从遗传中就已经获得了攻击行为的天性。但真要捕到食物，还要体力和技巧，这些并没有包含在遗传基因中。所以，肉食动物的幼体必须学习，内容就是观摩亲代叱咤咆哮的实战出击和参加同胞之间的打斗游戏。学习的优劣将直接影响它们一生的生存质量，学而优则仕，这在动物世界里真是一条亘古不变的真理。

一般说来，生物越是低级，本能行为的价值就越显著，后天习得性的东西就会越少。这和它们的寿命较短不无关系，它们不可能腾出许多时间来进行学习。而动物越是高级，生活环境的绝对不确定性越突出——每天都可能出现意外情况，生存风险就越大，所以就越需要通过学习行为弥补遗传传递的不足。高级动物寿命较长，完全能"安排"出学习的时间。通过学习，动物能增强其适应环境的能力，只要这个系列不中止，这种由亲代进行的经验传递就会一直延续下去。正是在高等动物中有了这种学习能力的基因存在和学习经验的传递，人类才得以进化出来。

（4）行为的进化

一种行为本来具有一定的生物功能，但随着时间的推移，这种行为的形式和功能发生了改变，称为行为的进化。和其他一切性状进化一样，行为也使进化中的适者得以保留下来。但研究行为进化的困难远比研究形态进化的困难大得多。拿到一块恐龙化石，人们可以大体还原它的全貌，但推测它的行为的资料非常缺乏。例如对加斯顿龙的头骨化石进行颅腔计算机断层扫描，发现其视觉中心体积较小而嗅觉中心体积较大，可推测它视力不佳但嗅觉发达，加上它背覆厚甲、腿骨粗短，因此知道它行走时速度缓慢，且常摆动头部以捕获气息。又如发现大量集中的尖角龙化石，化石上没有咬痕，可以推断这是一种集体迁徙的恐龙。但我们不知道它的叫声是高亢洪亮的，还是像长颈鹿那样默不发声的；我们不知道它是否很爱干净天天洗澡，还是像水牛那样总爱在身上涂满河泥；我们也不知道它睡觉时头是放在身前地上的，还是扭过来放在背上的。更不说恐龙行为中还有大量的习得成分。

在行为进化方面，目前研究成果还不多，研究得比较清楚的是"仪式化"行为。所谓仪式化行为，是指原有行为被缩减、定型、夸张后成为一种"仪式"。例如鸟类梳理羽毛的动作本是为了有利于其飞行或游水，但后来进化为求偶的仪式。雁形目鸟类的雄体在求偶表演时将喙尖伸向翅膀，雄性翅鼻麻鸭求偶时用力叩击羽干部分，绿头鸭的求偶动作是用喙梳理翅下一处颜色鲜艳的斑，鸳鸯则用喙指向翅上一条大而鲜艳的羽毛——镜羽。

5.6.2　动物行为

作为地球的精灵，动物的历史比人类久远得多。按南方古猿为人类始祖来算，人类出现至今不过 300 万年，在漫漫的地球生物史上，人类只是最近一刻产生的生物种系。在还没有人类出现的地球上，多少代动物经历了人们无法想象的艰难困苦，真可谓前仆后继。它们接受着大自然的挑战，努力适应环境，在漫长的进化过程中，以一代又一代的生命为代价，把在自然竞争中获得的能力用遗传信息的形式向后传递，每一代从整体上说都有毫厘的变异，终于获得了在自然界中独享一块领地的旷世绝技——连一只蚂蚁，其结构的精巧性也不亚于超新星爆发的星云，其行为的合理性足令当今最庞大的计算机无地自容。动物行为是自然进化的产物，是动物生命成功的标志。一种生物，无论其外貌如何奇特，它都能适应所在的环境。动物行为中，隐藏着无法估量的、难以完全破解的自然密码。

按生物行为发生的机制划分，行为可分为先天性行为和后天性行为。先天性行为由遗传获得，后天性行为由学习获得。

1. 先天性行为

（1）取食行为

一切生物都以食为天，通过进食补充糖、脂肪、蛋白质和必需的元素，是动物生存的前提。动物的消化系统决定了食物对象，运动系统则配合了取食需要。多数动物主动取食，即行进到有食物的地方去饱餐一顿；少数动物被动取食，即设置机关，然后守株待兔，例如蜘蛛、海绵等。

（2）防御行为

为了生存，动物不但要成功地获取食物，也得保护自己不要成为他物的食物。防御的目的是保全生命即求生，求生是动物生存的本能。越是弱小的动物，防御的重要性越显著。防御行为有多种，处于食物链顶端的动物多采用自卫，即对危险对象主动发动攻击，处于食物链底端的动物则有逃遁、惊吓、隐匿、佯毙、喷射物质等防御行为。逃遁最常见，三十六计之上计。惊吓是突然改变体貌以吓退来犯者，如河豚、眼镜蛇。隐匿就是藏到隐蔽处，佯毙就是装死。喷射物质属于生化武器，如蜻象（俗称放屁虫）、乌贼等都是喷射物质的高手。

动物防御还有拟态、警戒色等防御形态。拟态是模拟环境中的其他物体，不使他物发现，如枯叶蝶、竹节虫。保护色也是一种拟态。警戒色则相反，它用极鲜艳醒目的颜色警告他物远离，如毒蛾的幼虫、一些蛇类。拟态和警戒色属于形态防御。

（3）生殖行为

作为物种延续的手段，生殖行为是动物行为中最重要、最复杂的行为，包括两性相互识别、雄性占据空间、求偶、交配、筑巢、生产、育幼等一系列环节。每种动物在各个环节都有自己的一套程式，使得世界五光十色，精彩纷呈。许多行为让人觉得不可思议，如刚从鬣狗围捕中逃出来的雄角马们又在为争取雌角马而斗得皮开肉绽，新任狮王到位后第一件事就是将前任狮王的未成年后代逐个咬死，母螳螂居然会把新郎当成点心，挺着肚子怀着海马宝宝的竟是海马爸爸而不是海马妈妈，蝮蛇、角鲨等既不是卵生又不是胎生而是卵胎生的，母黄鳝生过小黄鳝后就变成了公黄鳝……

不过无论形式何其多，鸟类和哺乳类动物对后代的呵护行为都是精心负责、不辞疲劳的。动物一生中的大量精力和时间用在了繁殖与照顾子代上，对亲代的照顾又进而形成家族。在家族中，个体间有频繁的互动，彼此互通声气，团结互助。对后代的夭折或丢失，它们的表现都是悲伤哀痛，有的动物甚至会对加害者实施报复，例如狼。这不仅仅是因为生育和抚养的艰难，更起作用的是亲情，无法割舍。

（4）节律行为

动物的活动和行为表现出的周期性现象，称为节律行为，或叫生物节律，也有称此为"生物钟"的。由于这是神经系统与内分泌腺在下丘脑统一协调下的运作的，所以准确地说应是"生理钟"。生理钟不是我们家里挂在墙上的滴滴答答地转着时针和分针的钟，而是一种生化机制。在生理钟的调控下，动物的行为表现出与时间有关的几乎铁打的规律性。节律行为是普遍存在的，是动物千万年进化中建立在生化反应基础上的生命活动的内在节律，是动物适应环境节律的结果。

节律行为可分为日节律行为、潮汐节律行为、年节律行为三类。

日节律行为又叫昼夜节律行为，动物按日出日落规律完成行为。有的是日出而作、日落而息，这是昼行性动物；有的则相反，日落而作，日出而息，这是夜行性动物，如蚯蚓、蝙蝠、蜥蜴等。夜行性动物多为色盲，但晶状体大，视觉敏锐，嗅觉发达，适应黑暗中活动。还有些动物在早晨、黄昏活动，称为晓暮行性动物，或称晨昏行性动物，如夜莺、狼。也有无明显的日节律行为的动物，如蚂蚁。

潮汐与月球运动有关，所以潮汐节律行为又称月运节律行为，是海洋生物随着潮涨潮落，有规律地表现出的特有行为。例如牡蛎在涨潮时将壳张开，以获得潮水带来的食物，落潮时则将壳紧闭；沙蟹在涨潮时躲进礁缝，以免被潮水冲走，落潮后则来到沙滩寻找潮水留下的食物。

年节律行为又称季节节律行为。地球的温带地区四季分明，动物就有了因季而变的行为，如春繁、夏蛰、秋徙、冬眠。这是在进化中形成的适应。连植物都有类似的行为，春萌、夏茂、秋实、冬枯。如果鸟类在秋季产子，幼鸟必难度过寒冬；而在春季孵化，则到风刀霜剑严相逼时，幼鸟已经羽毛丰满，有了较强的适应气温变化的能力。其他动物亦是如此。因此，大多数动物的发情期发生在初春，其他季节则没有性行为，所以它们从来不用为天冷了要给孩子们添置棉衣的问题操心。候鸟为适应气候变化而实施迁徙，迁徙的旅途遥远，万重关山。北极燕鸥每年要从北极飞到南极越冬，又从南极飞回北极繁殖，迁徙往返飞行在 4 万千米以上，等于绕赤道一周。北极燕鸥寿命有 30 年左右，因此它一生的飞行距离竟达 120 万千米，的确是飞行冠军、鸟中之王。冬眠也是动物的一种年节律行为。变温动物又称异温动物、冷血动物，主要有两栖类、爬行类动物等，它们在冬眠时体温降到接近环境的温度零度，全身呈麻痹状态，不吃不喝，连呼吸都几乎停止，任你千呼万唤，也无法将它叫醒。只有当环境温度升高时，它们才会出眠，恢复正常活动状态。有些恒温动物也冬眠，例如熊、臭鼬等，它们在冬眠时也呈麻痹状态，但体温基本不降，很容易觉醒，称为"半冬眠"或"假冬眠"。

（5）定向行为

动物的活动，近则有离窝穴数十米或数千米的地方觅食，远则有几千上万千米的迁徙。不论什么行为，都有一个地点目标。因此，动物必须知道当前所在的空间位置和将要到达的空间位置的关系，就是定向。所有动物都有独特而高超的定向行为，所以鸽子送信不会投错邮箱，鸡鸭到了傍晚自己会回到窝中，扔到几十公里外的猫没几天又会蹲在门口望着你，一脸的可怜和无辜相。

动物使用的 GPS 主要有：化学定向，靠嗅觉判定方向，这类动物有狗、猫、蚁、鲑鱼等；视觉定向，靠沿途景物及星空图像判定方向，这似乎不太可能，因为它不但要求动物有敏锐的观察力和持久的记忆力，还要求动物有一定的天文学知识，但事实上多数候鸟是使用这种方法；磁场定向，靠地球磁场判定方向，家鸽、鸡等都是这样；听觉定向，靠自身发出声音的回声判定方向，如蝙蝠、鲸类动物。

（6）社群行为

同种生物个体聚集成一个群体，群体中每个个体都有明确的任务，通过有组织的分工合作完成群体利益的目标要求，这样的群体叫做社群。有由几个个体组成的小型社群，也有由多达百万个个体的大型社群；有临时组成的社群，也有永久性的社群。一个社群中的个体一般都具有某种亲缘关系，但社群的本质性标志是分工和组织。这就明确了，并非动物的一切集结现象都能视为社群行为，例如夏夜路灯下大群的飞虫不是社群，一起交通事故引来一堆围观者也不是社群。

一些独居的哺乳动物如虎，还有两栖类动物都是在生殖季节才组织临时小社群，候鸟在迁徙前后都是小社群，只在迁徙中组成临时大社群，这有点像人群中的"驴友"。狮、象、野狗，以及一些鸟类如天鹅会组成永久性小社群。蜂、蚁、鱼类、灵长类动物会组成永久性大社群。

社群生活是动物进化的结果，能给动物种系带来了一系列的益处。首先，社群降低了动物个体的离散状态，减小了被捕食的风险。假定 1 平方千米范围内有 100 只羚羊，如果没有社群，那么平均每 100 平方米就有 1 只，被鬣狗发现并捕捉的概率是 1%。而组成社群后，这 100 只羚羊集中到了原来 1 只羚羊的面积中，原先范围上有 99% 的面积没有了羚羊。虽然被发现后，每只羚羊被捕捉的概率仍然是 1%，但鬣狗要找到猎物的概率却从 100% 降低到 1%，两项综合，每只羚羊被捕捉的概率减小到 0.01%，这称为"稀释和保护效应"。其次，社群的警戒"岗位"能使社群及早发现并逃离捕食者，无警戒任务的个体可以放心进食，大大提高了进食的效率与质量。第三，社群能组织起集体防御力量。对付一只蜂是轻而易举的事，而当一千只蜂在你头顶盘旋时，你应当知道后果。社群发挥集体的力量保护幼体，保证了种系的生存。麝牛遇到狼群时就围成圈，排在最外圈的是身体强壮的雄麝牛，它们的头一律向外，用角对着狼群，而小麝牛则被保护在圈的中间。面对如此一个八卦牛角阵，狼群难有攻略。第四，社群有利于群内个体的相互学习，促进了社会通讯能力的发展。最后，社群有利于共同哺育后代，提高后代的成活率。

社群对种系也有不利的影响，最突出的是近亲生殖，这会造成种系退化的严重后果。不过，研究发现，动物有优势等级、竞争交配权等许多避免近亲生殖的办法。另外，社群容易造成局部食物缺乏的结果。用上面的例子来说，等于是 100 只羊吃原先 1 只羊吃的草。为此，社群就必须增加觅食的成本，例如食草动物必须漫游、蜂要飞行更远的距离。

社群对于捕食者来说，也并非不是福音。它们只要发现了猎物社群，猎食成功率就近乎 100%，而且能捕捉到较大的猎物。猎物社群促进了捕猎社群的发展，提高了捕猎社群的信息交流能力和协同捕猎能力。大自然就是这样，既有情又无情。

（7）利他行为

物种的个体为种系的生存而牺牲自己繁殖后代机会乃至生存机会的特殊行为，称为利他行为。在社群中，利他行为尤为常见。例如工蜂的一生是为蜂群劳碌奔忙的一生，自己却不参与繁殖后代，在抗击入侵者时采取的是以命相搏的蜇刺手段。鸟群中司警戒的鸟向同伴发出警报的一刻，就是招来杀身之祸的一刻。食物不多的时候，雄狮会把食物让给雌狮，自己则耐着饥饿，预备下一次更艰难的奋力追杀。当角马群被鬣狗追得无处可逃时，年老的角马会转过身向鬣狗走去，用自己的血肉之躯换取整个马群的安全。

这种以捐弃自己的基因来保存更多的同类基因的特殊行为，给进化论注入了更丰富、更有价值的内涵。

2. 后天行为

（1）模仿行为

模仿行为是通过观察和仿效其他个体的行为而改进自身技能和学会新技能的一种学习类型。不同地域的同一种鸟的鸣叫有所区别，因为它们学到的是当地的鸟的方言。让小狗和猫一起生活，狗可以从猫那里学会用爪子洗脸和捉鼠。"狼孩"模仿的是狼的行为，只会四肢爬行和月夜长嗥。模仿是最简单的后天学习行为，越是高级动物模仿能力越强。

一个很有趣的现象是，与人类久处的动物，也获得了一些人类行为。例如有些家犬见到西装革履的人就摆尾示好，而见到拾荒者就狂吠追逐，一脸的鄙视。动物园里有的猴子捡到游客丢给的烟蒂后模仿吸烟，居然染上了烟瘾，每见有吸烟者便伸手讨要。峨眉山的猴群已经堕落为设卡"收费"乃至拦路打劫的一方恶霸。欧洲一些地方的城市狐狸则染上了不少流浪汉的坏习惯。

（2）尝试与矫误行为

模仿来的行为是否有效需要经过尝试来验证。模仿是学，尝试则是习。习有对的时候，也有误的时候，对于误习，就需要改正，也就是矫误。人类如此，动物也如此。

动物捕食是最重要的生存技能，为掌握此技能，它必须从小就开始模仿，并逐渐尝试，在多次捕食失败的教训中学会正确有效的捕食方法。与人类生活共处的动物由于矫误和惩罚联系，所以效果明显。

（3）条件反射行为

我们把先天的非条件反射称为反射，而把动物通过后天的学习把原本无关的刺激与直接刺激相连、引起动物应答的行为称为条件反射行为。

非条件反射的反射中枢在脊髓，而条件反射的反应中枢在大脑皮层。如果当大脑皮层的 A 点产生兴奋时，另一个本无关联的 B 点总是同时被兴奋的情况多次发生，这两个点就会形成"热线"，在一个刺激下同时反应。这就是条件反射的生理基础。本来，铃声与睡意没有关联，但有的学生听到上课铃声就瞌睡难禁，而听到下课铃声立即精神焕发，说明这名学生已在铃声和睡意间建立了条件反射。

以形、色、声、味、热等具体客体为刺激源形成的条件反射是低级反射，此类刺激源称为第一信号系统。动物的条件反射都建立在第一信号系统上，人在 4 岁前的生活也是以非条件反射和低级条件反射为主的。人类以语言、文字等抽象概念为信号组织的刺激源，为第二信号系统。第二信号系统是一种建立在第一信号系统基础上的符号化系统，是条件反射的机制。抽象的语言、符号被解读为第一信号的具体客体后，产生刺激，形成高级条件反射。走过建筑工地看到"小心高空坠物"的警示牌，我们就会避离，"坠物"二字让我们产生碎砖落下和头破血流的恐惧反射。对于缺乏第一信号系统反射的人来说，第二信号系统是没有意义的。例如和没见过犰狳(读音如"求余")或犰狳图片的人大谈"犰狳"，根本不会有刺激反应。人类通过第二信号系统的活动，产生对现实的概括化，出现了抽象思维，并形成概念、进行推理，不断扩大认识能力，从而更深刻地认识自然，认识世界，发现并掌握它们的规律，同时也促进了人类自身的进步。

(4)判断与推理行为

判断是对某种事物的存在给出肯定或否定结论，推理是从某些前提产生结论。例如看到一朵蘑菇，确定它可食用或不可食用，这是判断；如果不知是否可食用，但看到蘑菇上爬有小虫，于是确认此蘑菇是可食用的，这是推理。判断和推理都是利用以往学习的知识、积累的经验对眼下情景进行逻辑分析，属思考行为，是动物后天性行为的最高级形式。只有高等动物才具有判断与推理能力。

科学家曾对蜜蜂做过一次实验：在草地上将许多白色方块放成一长列，然后在 1，2，4，8，16……方块上依次放上糖，目的是想训练蜜蜂从而了解它们的行为。当科学家在第 16 块放完糖来到 32 块时，发现蜜蜂们早已在那里守候。科学家再跑到第 64 块处看，那里也有蜜蜂在待。科学家气愤地说："鬼知道是我在训练它们，还是它们在训练我!"章鱼、猩猩等许多动物也有类似能进行推理过程的表现。不过，章鱼保罗能准确预测 2010 年世界杯胜队，实非推理所得。

3. 通讯方式

种系内的动物之间，尤其是社群内各个体之间需要通过传递信息来完成组织工作，例如种系的辨认、性的引诱、对子代的抚育、报警、起飞、食物信号等，都要传递出去，称为"通讯"。动物传递信息的渠道依赖嗅觉、视觉、听觉、触觉等，且往往是多渠道同时启用。每个物种的通讯信号只有本物种的个体可以接受、理解并作出相应的应答。我们听到麻雀整天唧唧地叫，却无法知道它们究竟在讨论什么。口技师模仿各种鸟鸣，别人听来惟妙惟肖，可鸟儿听了只会觉得莫名其妙。

(1)嗅觉通讯

从原生动物到哺乳动物都能分泌一些化学物质到体外，用以传递信息，称为信息素。信息素广泛地用于性引诱，也用以指明食源和休息场所，或用作报警、集结、进攻、解散等信号。社群性昆虫如蜂、蚁的化学通讯最为发达。哺乳动物则用尿液划定自己的地界，通过气味警告同类此地有主、非请莫入。人类也释放多种化学物质，但从没有被用作传递信息的载体，倒是被狗用了去分辨敌我友。

(2)视觉通讯

视觉通讯信号包括身体的结构、颜色、姿势、动作等，比较直观，但有视线可达的要求，就是说要看得见。这就使视觉通讯的应用受到一些限制：一般借助反射日光的动物只能在白日通讯，而自己发光的动物则只能在夜间通讯。蝴蝶不会在深夜翻舞，萤火虫也不会在白天亮灯。

视觉通讯是视觉器官发达的动物之间最普遍的通讯方式，多见于昆虫、鸟类、哺乳类动物中。视觉通讯可以传达比较复杂的信息，有点像人类的舞蹈。鸟类的求偶表演、蜂类的告知食源，都是不亚于霓裳羽衣的上乘艺术演出。但视觉通讯也有缺点。首先是因障碍物的遮挡使得接收者接收不到视觉信号，因此通讯者往往要选择易被发现的位置，如站在高处或接近接收者。此外，无论通讯者还是接收者都要停止其他行为来注视对方，不像其他通讯可以边走边嗅或者边吃边听。

昼行性动物多数能区分自然界的绚丽色彩，性成熟的雄性动物往往利用这一点来吸引雌性。但把自己打扮得太漂亮了也有麻烦，多种虎类就因人们要它那张斑斓的毛皮而令全种灭绝。

面部表情也是一种视觉通讯，传达出通讯者的情绪意图。至今人们只发现黑猩猩有比较复杂的面部表情，但它们的表情和人的表情的含义往往是不相同的：看它在咧嘴大笑，其实是吓得闭不起嘴；看它做出一副腼腆羞涩相，其实是正在注意着什么。藏獒整天耷拉着脸，三角眼中露出对谁都仇视的绿光，海豚则总是微笑频频，一双眼睛和善亲切，这些其实都是生来就如此相貌，并非表情。藏獒欢喜的时候仍然凶光怒视，海豚悲伤的时候依旧笑靥可人。

（3）听觉通讯

声音通讯常用以维系社群、求偶、告警、恐吓对手、告诉食源、表达情绪等。凡是能发声的动物都会利用声音通讯。昆虫用身体某部摩擦发出声音，原理类似于提琴；鸟类通过特殊的鸣管宛转歌唱，原理和竹笛相似；脊椎动物则使用气流使位于喉部的发声器官振动发声，就像吹单簧管。

声音有频率、音质、音品、响度、时间模式等性质，信息容量极大；发声者发声时不影响其他行为的同时进行；接收者不但不一定要面向声源，还可定位声源；声音不受白天黑夜的限制，还可绕过障碍物。许多动物的听力高度发达，成为重要的生存条件。有的动物还能接收人类听不到的声音，例如蝙蝠的超声波、鲸的部分发声。

人类的语言是最复杂、最完善的听觉通讯系统。语言是促进人类进化的重要因素之一。人类还创造了音乐艺术以抒发情感，陶冶情操。人是用利用声音传递信息的最成功者。

（4）触觉通讯

触觉通讯多为身体直接接触，其强度和性质可以迅速改变，出现得快消失得也快，有一定的信息量，便于传递定量信息。蚂蚁通过触角相碰传递信息，蜘蛛通过探测蛛网的颤动判断猎物，狗在高兴的时候会用身体使劲蹭人。灵长类动物有相互捋毛的习性，态度相当认真，有人认为它们在相互捉虱子或找盐粒，实际上这是一种表达情感和社交愿望的社交方式，就像我们很开心地聚在一起品饮铁观音茶。

研究动物行为可以给人类带来许多启示，但绝不可盲目武断地把动物行为与人类行为去类比，或者用人类的习惯去理解、点评动物的行为。虽然同在一个地球，但人的世界与动物的世界是不同的。动物嗅到的、看到的、听到的、触到的，和我们感知的完全不同。我们看到的红色，在蜜蜂眼中是黑色；我们嗅到的狐溺十分恶心，但狐狸却感到是一种香甜；我们无法在腐肉前多呆片刻，而那一堆实在是秃鹫的美餐。

研究动物行为，有利于实现人与动物乃至自然的和谐，有利于人对自身行为的理性认识，有利于优化人类教育以充分调动人的潜能。动物行为研究的结果也用在了生产实践中，如用声音捕鱼、驱散机场鸟群、用性引诱剂捕杀害虫等。在通讯系统设计、观测仪器设计等方面，也有动物行为的不少启发。

5.6.3　人类行为特点

人类行为和动物行为截然不同。人除了取食和生殖等生理需要外，还有安全、归属与爱、尊重、自我实现等需要，因此，人的行为受哲学、法律、政治、伦理、生理、心理、文化、宗教、艺术、经济等众多因素影响，具有强烈的价值观念色彩和社会属性。人类行为虽然也有本能、反射的现象，但只是极小的部分，绝大部分行为是受思想支配而表现出来的活动，行为的刺激源不只是简单的物理化学环境。在东篱下采菊的行为是告别官场后超凡脱俗的"真意"的外在表现。"仰天大笑出门去"行为的刺激源是"我辈岂是蓬蒿人"的心理活动。

人类行为的特点主要表现为动机和目标性、强化性、发展性、环境性、本我性。

1. 动机和目标性

动机是激发、指引并维持行为人朝某个目标进行活动的驱动力，目标则是行为人对行为的预期结果。人类的所有行为都有动机和目标。同一件事情，不同的人可以有不同的动机和不同的目标。例如同时进入某医院就业的人，有的为了谋生、有的为了兴趣、有的为了认可，这是动机不同；同是为了认可，他们有的去努力获得职位、有的去努力提高业务水平、有的去努力服务患者，这是目标不同。

2. 强化性

如果某一行为达到了预期目标，或获得了预期外的有利结果，那么该行为重复发生的概率就增大，并且目标会被调整到更高的水平。因此，目标适当能使行为持久。实事求是、脚踏实地地工作，有利无弊。好高骛远、不考虑主观基础和客观可能而只想当元帅的士兵，还是越少越好。

3. 发展性

个体随着年龄的增长、能力的提高、性格的改变、知识的积累等，行为也在不断地发生变化。人的一生可分为几个阶段，各个阶段有一定的行为特点，例如婴儿期对周围的基本信任或基本不信任、儿童期的自主或羞疑、少年期的勤奋或自卑、青年期的自我认同或角色混乱、中年期的关心后代或自我关注、老年期的自我整合或失落，等等。所谓积极、乐观、向上，就是能克服每个阶段中的危机，从而产生良好的人格特质和行为。

4. 环境性

人类行为受环境因素的制约远超过遗传基因的制约。虽然一个人的性格、能力等是相对稳定的，但在不同情境下的行为方式会发生变化。有些颇有民间工艺天赋的孩子，一走进高考应试的队伍就变成平平庸庸的一员。不得已的时候，平日里举止儒雅的教授也会和大汗淋漓的学生一起拼命往开向火车站的公交汽车上挤。不同的情境决定了一个人会表现出内心不同的侧面，因此，不能只根据一个人在某一场合的表现去推测他的全部行为特征。

5. 本我性

"本我"与"自我"不同，本我是一种本能的维护自身利益的无意识非理性冲动，而自我则是在自身利益与他人利益之间有意识地、理性地将权重向自身倾斜。最典型的是占有欲。从本我的角度出发，占有必需的、得以保持尊严的生活资料，是成功生存的要求；而从自我的角度出发，去占有超过、乃至远远超过生存需求的物资，那就只有两种可能：要么是难改敛财的癖好,要么是追求炫富的虚荣。

道德行为高尚的人不但能避免自我,还能克服本我,最终实现超我。而如果一个人的道德良心泯灭、法律意识淡薄,他就会把自我强化为本我,再也超越不出一个"我"字,终生成不了君子。须知动物中还有利他行为,甚至为种系存亡而毅然捐躯,而有些人却一辈子都在盘算蝇头小利的得失,狭隘之极,可悲之极。

<h2 style="text-align:center">本章内容小结</h2>

有人说,生物体不过是细胞在一段时间里的聚合,少则 1 个细胞,多则亿万个。对于人体,有人说有 65 万亿个细胞,又有说是 300 万亿个细胞。不论有多少万亿个细胞组成了生物体,生物体存在的可能性和必要性都是信息。信息不是物质,不是能量,信息是物质、能量、过程的特征表现和组织方式,信息就是信息。

生物信息有化学信息、神经信息两种形式,以大脑为中枢,协调、平衡全身活动,依据周围环境的变化而作出应对行为。两种信息都是特殊分子的活动,或是内分泌系统的远程输送(如通过血液和淋巴输送激素),或是神经系统的接触传递(如通过突触产生动作电位传递神经信号)。看不见、摸不着的信息有着坚实的物质基础。化学信息和神经信息或是独立起作用,或是共同起作用。结构复杂且精密的眼、鼻、舌、耳、肤各器官则分别接受各种外界刺激,形成感觉、知觉、表象、意识等等,继而发生行为。

了解生物信息有助于我们理解世界究竟是物质的还是精神的,使这个哲学基本问题有生物学的解释。我们必须承认人类对生物信息的研究还是肤浅的、局限的,同时也坚定地相信,肤浅终将深刻、局限终将拓宽。我们的使命除了同一般生命固有的传承本能外,还有创造人类文明和促进自身进化的任务。

第 6 章　环境与生态

本章导读：从第 2 章到第 5 章，我们都是从个体的角度来谈论生命的。在组织构造方面，从生物大分子、细胞、器官、功能系统谈到进化；在生命过程方面，从遗传、繁殖、健康、衰老谈到死亡；在生命信息方面，从化学信号、神经信号、感官感觉谈到行为。在本章，我们主要讨论生命群体内部及群体与外部的各种关系。

任何一个生命都不可能独立存在，桃花源中的先秦古人不是只有一个人，也不是少数几个人，而是男女老幼结构合理的一个群体，所以才有世代繁衍直到被武陵渔人发现。一种生命的存在，要有条件合适的生存空间，还要有足够的个体数量。前者指的是环境，后者指的是种群。

从环境而言，生命需要温度、水、空气、光和食物；从种群而言，生命的存在是为了延续基因。有生命的物体凭借非生命物质的支持，按着一种潜在的规则运动与发展，形成生态系统。良好的生态系统应具有友好的环境与合理的种群关系。不同的生命形式对"友好"、"合理"有不同的解释。

从本章起到本书末尾，我们将离不开一个话题，即我们的环境。我们的环境已经被弄得相当糟糕。幸好人们已经觉醒到这个问题的严重性，并且开始着手解决这个问题。任重道远，只要我们有愚公精神，前景是乐观的。与当年愚公不同的是，我们要把被他和他的子子孙孙挖山不止所破坏的生态系统修复。

6.1　环境的概念

1. 环境类别

从字面理解，环境就是环绕之境，即身边的地方，青山绿水、穷山恶水，都是环境。如要用学科定义，环境就是影响生物机体的生存与发展的所有外部条件的总体。所涉及的生物不同，所谓的环境就不同，环境是相对于特定的主体或中心而定的，花鸟虫草各有自己的环境。离开了这个主体或中心就无所谓环境，因此环境只有相对的意义。大至整个宇宙，小到基本粒子，都可以是环境的组成部分。对地球生命的产生与进化而言，太阳系就是环境；对栖息于地球表面的动植物而言，整个地球表面就是它们生存和发展的环境；对某个具体的生物群落而言，环境代表的又是在这个群落所在地域能够影响它发生发展的阳光、雨水、土壤、大气、地形以及动物、植物、微生物、人类的总和。环境是对于特定的主体而言的，但并不是说当把主体移开后，构成环境的一切就都消失了。它们都还在，都还是大自然的一部分，只是不再叫环境而已。更多的时候，我们就把身边的大自然称为环境。

人类由于其对环境有能动作用，又比一般生物多了一个社会系统，所以人类的环境最为复杂。近年来，国际环境教育界提出了相对科学的环境定义，主要有两要点：一，人以外的一切就是环境；二，每个人都是他人环境的组成部分。这个定义抛弃了以往繁杂的理论解释，简明扼要地指出，环境与人其实时时刻刻在进行着交流，同时把人们日常生活的家庭、社会乃至自身也纳入了环境的范畴。虽然这个解释已经超越了生物学的领域，但足见人们在时间、空间上对环境的依存度。同时也说明，如果仅从生物学视角而不从系统论的视角研究人类环境，将是狭隘的、片面的、肤浅的。环境早已不是自然保护领域里的一个术语，它与人类休戚与共。

人类环境类别划分见图6-1。

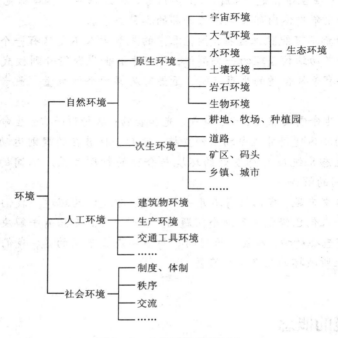

图6-1　人类环境类别划分

原生环境受人类影响较少，那里的物质、能量、信息的运动和物种的演化，基本上按自然界的规律进行。高空大气、原始森林、荒漠、冻原地区、大洋中心区等人迹罕至处都是原生环境。次生环境指在人类活动影响下，其中的物质、能量、信息的运动发生了重大变化的环境。在次生环境中，物质、能量、信息的发展和演变的规律仍然受自然规律制约，所以仍然属于自然环境范围。人工环境是被人为设置边界面围合而成的空间，社会环境是指人与人之间的各种社会关系。本章所谈的环境，专指自然环境。

适宜的环境是生物存在的必要条件。某种生物之所以能够存在，是因为它所处的环境是适宜它的生存机制的；反过来也可以说，某种生物已经并且只能适应它当下的环境。把古细菌放到温室里，没有一个能存活；天天都给仙人掌浇水，它会很快糜烂；天底下总有让人讨厌的寄生虫和蚊蝇感到满意的地方，想把它们剿尽灭绝犹如要骆驼穿过针眼；要人回到树梢上去奋斗，只有一种可能，那就是所有的猴子都下到了地面上。环境的适宜性是生物的第一要求，生物大灭绝无不因为环境发生了极不适宜它们生存的变化。环境不适宜，就没有生物；没有生物，环境也就无从谈起。环境对于生命是如此重要，不能不令人心生敬畏。

2. 环境的地位作用

环境是生命的基础，有什么环境就有什么生命，因为有什么环境就有什么化学反应，有什么化学反应就形成什么生命，生命形态是由环境决定的。从生命的角度看环境，生命的出现完全是一种偶然，因为一切环境因素都不多不少、不偏不倚，恰到好处成为生命的温床；但从环境的角度看生命，生命的出现则是一种必然，因为一切环境因素共同作用，必然产生相应的生命。生命诞生、发展和灭亡的全过程都是由环境决定的，环境既包括众多的生命要素，也包括其他种类的生物，这些生物也是环境的一部分。环境孕育生命，环境派生生命，环境决定生命，这是大自然的法则。

恶劣的酸碱地、干旱的沙漠、黑暗的海底，到处都有生命的存在；甚至在寒冷的两极以及毒气熏天的垃圾场也不例外。海底温度高达407℃的火山口，生活着离不开高温的虾、蚌和细菌；地下6000米深处，还有细菌过着自由自在的桃源生活。在这些被人类视作是极端环境下生存的极端生物的眼中，或许人类才是极端环境下的极端生命。其实，环境从一开始就已经决定了那里应该生存什么生命、什么生命能够生存，生命是环境的衍生物，环境手中拿着生命的生死簿。南方的水田长水稻，北方的旱地长小麦，不同的环境长出不同的生命。把麦粒播入南方的水田，长不出小麦；把谷子撒入北方的旱地，长不出水稻。同一块地里长出各种植物，有的茂盛，有的稀落，这不是竞争的结果，而是环境决定的结果。同样，庞然大物如恐龙这样的种群可以在瞬间绝灭，而比恐龙早出现1亿多年的银杏在今天还可用作行道树，也说明环境决定了生命的发展方向。

每天每月每年，地球环境永远处在改变中，由积微变为巨变，从而造成一批批旧生物的灭亡，一批批新生物的诞生，这是历史的必然。人类为史前生物的彻底灭绝而不胜悲哀，为恐龙世家的集体逝去而感到惋惜，但可曾想过，将来环境的恶化累积到一定程度，人类也可能会重蹈恐龙的覆辙，而且环境恶化的速度，就是人类追随恐龙脚步的速度。最近几百年，物种在短时间内大规模地灭绝。今天也有许多物种正在灭绝或濒临灭绝，这是环境改变造成的必然结果。人类的大规模工业化生产、生活已经造成环境的严重污染和剧烈改变，这不能不引起我们的警觉和深思。

6.2　个体生态与种群生态

6.2.1　环境与生态因子

1. 生态因子

生态因子是环境中对生物生长、发育、生殖、行为和分布有直接或间接影响的环境要素，它包括温度、湿度、气候、土壤、水、空气、阳光、压力、重力和磁场等。环境就是各类生态因子的总和。每一种生态因子，都是生命的支柱，不可或缺，不可改变。生态因子一旦发生变化，它所支持的生命就会随之改变、坍塌或消失。

人类爱研究琢磨，为此总是对自然界的一切去进行分门别类，有时这种分类甚至会让上帝偷着乐。以生态因子为例，不同的分类者关注的重心因其关注领域的不同而不同。如研究植物者强调日照、土壤等因子，研究动物者注意食物和气候，而研究种群动态者则以因子是否与种群密度有关为根据。总之，不同的分类有不同的研究目的和用途。目前被普遍接受的是将生态因子分为气候因子、土壤因子、地形因子、生物因子和人为因子，其中气候因子、土壤因子和地形因子合称非生物因子。这种分类较简明而常用。

气候因子指温度、湿度、风、日照、气压、雷电等。

土壤因子指土壤结构、土壤的理化性质、土壤肥力和土壤生物等。

地形因子指地面的起伏、坡度、坡向、阴坡和阳坡等。

生物因子指生物之间的各种相互关系，如捕食、寄生、竞争和共生等。

人为因子指垦殖、灌溉、放牧、狩猎、采伐、污染等，广义地说，人为因子也是生物因子。

2. 生态因子的作用特点

生态因子主要具有以下四个作用特点。

(1)综合性

生态环境中的各类生态因子，不是孤立存在的，这些生态因子在其性质、特性和强度方面各不相同，它们彼此之间相互制约，相互组合，构成了多种多样的生存环境。任何一个因子的变化都会引起其他因子不同程度的变化，例如光强度的变化必然会引起大气和土壤的温度湿度的改变，这就是生态因子的综合作用。

(2)非等价性

在诸多生态因子中，必有一两个因子是对生物起主要作用的，称为主导因子。主导因子的改变会引起其他因子发生变化。例如，光合作用过程中，光强是主导因子，温度和二氧化碳为次要因子。

(3)不可替代性和互补性

各生态因子对生物的作用虽然不尽相同，但都不可缺少，一个因子的缺失不能由另一个因子来替代。但某一因子的数量不足，有时可以靠另一因子的加强而得到调剂和补偿。例如如果光照不足，可以通过提高二氧化碳浓度来补偿。

(4)限定性

生物在生长发育的不同阶段往往需要不同的生态因子或生态因子的不同强度。因此某一生态因子的有益作用往往只限于生物生长发育的某一特定阶段。例如，光照长短，在植物的春化阶段并不起作用，但在开花阶段则是十分重要的。而低温对冬小麦的春化阶段是必不可少的，但在其后的生长阶段则是有害的。

6.2.2　温度、水、光对生命的影响

地球上的每一个物种对生态因子有一定的耐受性范围，对生态因子适应性范围的大小称为生态幅。生态因子超出生态幅，生物的生存就面临威胁。温度、水、光三个生态因子对生命至关重要。

1. 温度对生命的影响

(1)极端温度对生命的影响

生物能够生存的温度范围是很窄的，即便是目前所知的一些极端生物，它们对环境温度的要求，在温度变化幅度极大的宇宙中，仍然是很苛刻的。过热或过冷，都会使生物体

的新陈代谢无法正常进行，甚至使生物死亡。以动物为例，大多数动物生活在 −2～50℃ 左右的温度范围内，如果环境温度超出了这个范围，很多动物就难以生存了。

低温能对生物造成冷害或冻害。冷害指 0℃ 以上的温度条件下生物受害或死亡。冷害往往又称低温冷害。许多果蔬对冷害敏感，例如苹果在 3℃ 左右就会发生内部褐变，香蕉连续 1 周在 4℃ 气温下就会变成冷死蕉，10℃ 左右南瓜会腐烂，柠檬在 12℃ 就出现红褐色斑点，遇到低温加连阴雨的水稻会烂秧死苗。一些热带鱼如魟鳉（读音如"虹僵"）（图 6−2）在水温低于 10℃ 时就会死亡。冻害指 0℃ 以下的低温使生物内形成冰晶而造成损害，通俗地说，就是冻死。

图 6−2　魟鳉

高温对于植物的危害是减弱光合作用、增强呼吸作用、水分大量蒸腾，造成植物生理过程失调，严重者会因失水而枯亡。对于动物的危害则是破坏酶的活性，使蛋白质凝固变性。哺乳动物一般不能忍受高于 42℃ 的温度，多数昆虫、爬行动物的耐热本领要强一些，可达到 45℃，鸟类则更突出，能忍受 48℃ 的高温，但如果温度再高，就有可能引起死亡。

（2）生物对温度的适应

温度能够影响动物的形态，或者说，生物长期生活在极端温度环境中，就会表现出明显的适应。植物抵御低温的办法主要是株体表面覆盖密毛、匍匐生长、针叶、落叶等。同一种类哺乳动物，在寒冷地区生活的个体，其体形都比较大，这样，体内能储存较多脂肪且减少单位体重的热散失，有利于抗寒。例如北极熊（又名白熊）的雄性身长大约 2.5 米，体重一般为 400～800 千克，是一个庞然大物，而生长在热带亚热

图 6−3　北极熊与马来熊的体型比较

带的马来熊（又名狗熊）一般体长只有 1 米左右，体重仅约 50 千克，像一条胖乎乎的大狗。图 6−3 按比例表示这两种熊的体型差异。在寒冷地区生活的动物的尾、耳朵、鼻端等较为短小，这样可以减小身体的表面积，从而尽量减少热量的散失。例如，北极狐、赤狐、大耳狐分别生活在寒带、温带和热带，它们的外耳有非常明显的区别（图 6−4）。

生物对高温也有明显的适应性。植物通过密绒毛或鳞片过滤阳光，或者用白色株体、革质叶片反射阳光，或者用大叶片增加水分蒸腾作用实现降温。如香蕉、木瓜、王莲（图 6−5）等热带植物的叶片都非常阔大。动物适应高温的主要方法是适当放松恒温性，使体温随气温升高，而不再固执地坚守原来的体温，直到气温下降时或到阴凉的地方后再将体内高出的温度释放。

动物的生活习性也使得它们能适应温度的变化。如在寒冷季节，有些动物如蛇、蜥蜴

图6-4　北极狐、赤狐和大耳狐的外耳形态比较

旅人蕉　　　　　　　　　　王莲

木瓜　　　　　　　　　　龟背竹

图6-5　几种阔叶植物

等进入冬眠状态，有些动物换成较厚的体毛；在炎热天气中，鸟类主要在晨昏较凉爽的时刻活动，中午就隐伏不动，沙漠啮齿动物如圆尾松鼠的应对策略是夜出加穴居，非洲的箭猪(又称豪猪)(图6-6左)、肺鱼(图6-6右)、蜗牛、旱龟等干脆"夏眠"。候鸟(雁鸭、鹤、鹳、鹭、鹬、鸥、燕鸥、鸬鹚等)万水千山的迁徙、某些鱼类(鲣鱼、鲔鱼、旗鱼等)征程万里的越冬洄游也是适应气温周期性变化的表现之一。

有些动物胚胎的性别由温度决定，这在前文已有介绍。

(3)温度对生物分布的影响

地球表面温度随纬度和海拔高度而变化，纬度越高(最高点是南北两极)、海拔越高，气候温度就越低。因此，纬度和高度成为限制生物分布的主要因素。例如苹果、梨、桃等果树不宜在热带地区栽种，柑桔、荔枝等不宜在北方栽种，香蕉、菠萝等只在热带地区生

图 6-6　豪猪、肺鱼

长。海拔较高的山，每升高 100 米，气温约下降 0.6℃，植物有明晰的垂直分布带：山脚多阔叶植物，越往上叶片越小、植株越矮，雪线以上没有植物。图 6-7 为植物垂直分布模式。

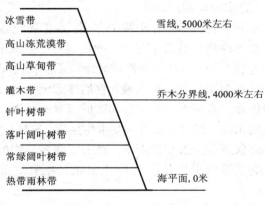

图 6-7　植物垂直分布模式

温度对变温动物的影响也是明显的，例如东亚飞蝗不会越过年等温线为 13.6℃ 的北界，而菜粉蝶不会飞到气温高于 26℃ 的地方来。温度对恒温动物分布的直接限制较小，有时候能看到动物群落随海拔高度而变，主要原因是食物等其他生态因子的影响。

2. 水对生命的影响

水是任何生物体都不可缺少的重要组成部分，也是生物代谢过程中必不可少的重要原料。光合作用、呼吸作用、有机物合成与分解过程中都必须有水分子参与，生命活动所需的营养物质运输、代谢物运送、废物排除、激素传递也都必须在水溶液中进行。水分子的不足会导致生物生理上的失调，正常生理活动被破坏，甚至引起死亡。

（1）水对植物的影响

植物体内的水分能使其保持固有的形态，使植物枝叶挺立，便于充分接受阳光和气体交换，同时也使花朵张开，利于传粉。植物生长需要大量的水，它们每生产 1 克干物质需要 300～600 克水支持，夏天一棵树一天的需水量是它所有鲜叶重量的 5 倍。如果植物含水量不足，便会萎蔫，一切生理活动也随之下降甚至停止。在植物的生长过程中，水量有最高、最适、最低三个极点。低于最低点，植物萎蔫、生长停止；高于最高点，根系缺氧、窒息、烂根；只有处于最适范围内才能维持植物的水分平衡，以保证植物有最优的生长条件。

根据对水的依赖程度，植物可分为如表 6-1 所列几种生态类型。

表6-1   植物根据需水状态划分的生态类型

大类	小类	主要特征	典型物种
水生植物	沉水植物	植株全部浸在水中,根退化或消失,靠表皮细胞吸收水中气体和营养物	狸藻、金鱼藻等
	浮水植物	叶片漂在水面上,气孔通常分布在叶片的上面	浮萍、睡莲等
	挺水植物	植株大部分挺出水面	芦苇、香蒲等
陆生植物	湿生植物	生长在森林下层或多水且光照充足的地方,抗旱能力差	蕨类、水稻、兰等
	旱生植物	分布在干热草原和荒漠地区,能忍受干旱	骆驼刺、仙人掌等
	中生植物	介于湿生植物和旱生植物之间	绝大部分陆生植物

(2)水对动物的影响

水对动物的影响在于两个方面:水生环境和体内水分补给。

水生动物自然离不开水,鲤鱼离开了水只能活15分钟左右,鲫鱼离开了水只能活30分钟左右。鲸、海豚等海洋哺乳动物不能长时间离开水。河马之间张开血盆大口打斗的原因往往是为了争夺一块水域,它们体态庞大且没有汗腺,在水中靠着浮力和凉凉的水温才活得惬意。水量不足会引起动物的滞育或休眠。例如降水季节里雨水在草原上积成一些短暂性的水洼,其中生活着一些水生昆虫,密度往往很高,但雨季一过,它们就进入滞育期,呈昏迷状态等待来年的雨季。此外,许多动物的周期性繁殖与降水季节密切相关。例如,澳洲鹦鹉遇到干旱年份就停止繁殖;羚羊幼兽的出生时间,正好是降水和植被茂盛的时期。

对动物来说,缺少饮水比缺少食物的后果更为严重。动物在没有食物的情况下生存的时间,要比没有水生存的时间长。一个人如果不能进食但能饮水,其生命一般能坚持7天或更多一些;而如果不吃不喝,就只能坚持3天左右。

(3)水对生物分布的影响

水跟动植物数量和分布也有密切关系,由于地理纬度、海陆位置、海拔高度不同,降水在地球上的分布不均匀,使得植被类型也随之分为了湿润森林区、干旱草原区及荒漠区,即使是同一山体,迎风坡和背风坡也会因降水的差异各自生长着不同的植物,并分布着不同的动物。在降水量最大的赤道热带雨林中,森林茂密,动植物种类繁多,植物每公顷多达52种,而降水量较少的大兴安岭红松林群落中,每公顷仅10种左右植物,在罕有降水的荒漠地区,就只有少数耐干旱的动植物生存了。

3. 光对生命的影响

光是地球上所有生物得以生存和繁衍的最基本的能量源泉。地球上生物生活所需要的能量,都直接或间接地来源于太阳光。绿色植物的光合系统是太阳能以化学能的形式进入生态系统的唯一通路,也是食物链的起点。光本身又是一个十分复杂的生态因子,太阳辐射的强度、质量及其周期性变化对生物的生长发育和地理分布都产生着深刻的影响,而生物本身对这些变化的光因子也有着极其多样的反应。

(1)光对植物的影响

没有光,植物就不能进行光合作用,也就不能生存下去。因此,光对植物的生理和分布起着决定性的作用。在陆地上，有些植物只有在强光下才能生长得好，称为阳地植物，如松、杉、柳、槐、小麦、玉米等。在小麦灌浆时期，阴雨连绵的天气就会造成小麦的减产。有些植物只有在密林下层的阴暗处才能生长得好，称为阴地植物，如酢浆草(又称三叶草)、铁杉，以及药用植物人参、三七等。

在海洋里，随着深度的增加，光线逐渐减弱。阳光能够到达的极限为海面以下约200米，这层海水被称为透光带。在透光带中，植物的光合作用生产量大于呼吸消耗量，能正常生长。在透光带以下的水域中，由于植物的呼吸消耗大于光合作用生产，所以就会死亡。在开阔大洋和沿海岸透光带中的植物主要是单细胞的浮游植物，例如浅水处生长的是绿藻，稍深处则有很多褐藻，再深一些的水中则生长了很多红藻。透光带以下没有植物生长。

日照时间的长短对植物的开花时期也有影响。有些植物的开花需要较长时间的日照，称为长日照植物，它们只在春末夏初开花，如苜蓿(读音如"目续")、凤仙花、除虫菊等，作物中有小麦、油菜、菠菜、甜菜、甘蓝和胡萝卜等。有些植物的开花需要较短时间的日照，称为短日照植物，它们通常是在早春或深秋开花，常见的种类有牵牛、苍耳和菊类，作物中则有水稻、玉米、大豆、烟草、麻、棉等。还有一类植物只要其他条件合适，在什么样的日照条件下都能开花，如黄瓜、番茄、红薯、四季豆和蒲公英等，这类植物可称为中间性植物。

人为延长光照时间，可以促使长日照植物提前开花，在园艺工作中常利用植物对日照长度的反应，人为控制植物开花时间。

(2)光对动物的影响

光对动物的影响也很明显。有些动物适应在白天强光下活动，被称为昼行动物，大多数鸟类、灵长类、有蹄类、蜥蜴、蝇类、蝶类等都是昼行动物。鸡在夜间几乎什么都看不见。有些动物适应于在夜晚或晨昏弱光下活动，被称为夜行动物或晨昏性动物，如猫头鹰、壁虎、蜂猴、蝙蝠、蛾类等都是夜行动物。还有一些动物没有白昼夜晚的概念，想动就动，想睡就睡，活动与睡眠不分昼夜、不断交替，好像老在睡，又像老不睡，如猫、鼠、犬等。

日照长短的变化是地球上最严格、最稳定、最准确的周期信号，因而成为生物节律最可靠的信号系统。日照时间的长短不仅影响动物的生长发育，还影响动物的繁殖活动。把蚜虫放在连续光照或连续无光照的条件下培养，产生的个体大多没有翅，而换在光暗交替的条件下培养，产生的个体大多都有翅。雪貂、野兔、刺猬等随着春天日照渐长而开始繁殖，称为长日照兽类；鹿、山羊等要到秋天日照渐短才进入繁殖期，鳟鱼常在12月产卵，称为短日照动物。

在生活习性上，有些动物具有趋光性，如蛾类昆虫对紫外线很敏感，因此，人们常在夜间用黑光灯来诱杀这类农业害虫。鱼也有趋光性，夜间在水面上挂一盏灯，往往有许多鱼会聚拢过来。

6.2.3　生物之间的相互关系

生物之间互为生物因子，存在错综复杂的关系，但如果仅从利害来分析，就只有三种：有利无害、既无利又无害、有害无利。我们称这三种关系为受益、中性、受害。当两种生物相聚时，依照各自均有三种利害可能，就会出现表6－2的关系组合。

表6－2　两种生物之间的相互关系

		小、弱的物种		
		受益	中性	受害
大、强的物种	受益	互惠，共生	共栖	植食，捕食
	中性	共栖	中性	竞争
	受害	寄生，类寄生	抗生	互抗

　　由表6－2可见，两种生物之间的关系有互惠、共生、共栖、植食、捕食、中性、竞争、寄生、类寄生、抗生、互抗等11种。当两种生物都为弱小物种或都为强大物种时，只有互惠、中性、互抗3种关系。

　　1. 互惠

　　双方都能正常生存，且都能获得等量的利益，但双方又不是相依为命，如果双方分开仍然能正常生存，这种关系称为互惠关系。

　　寄居蟹因寄居在别人家的螺壳里而得名，寄居蟹还喜欢在螺壳上"种"一朵海葵（图6－8）。当寄居蟹因长大而乔迁较大的螺壳时，还不忘把这朵朝夕相处的海葵也移到新壳上。寄居蟹这样做，除了有伪装作用外，还得益于海葵分泌的毒液能驱逐或杀死寄居蟹的天敌。而对于腿脚原本极其不灵的海葵来说，借助寄居蟹这个交通工具后，疾步如飞，大大扩展了觅食领域。真是互利互惠，两全其美，有福同享，皆大欢喜。

图6－8　海葵和寄居蟹

　　蚂蚁爱甜食，蚜虫则分泌甜液。于是，入冬前蚂蚁就把蚜虫的幼虫搬到自己的巢里，就像人们饲养奶牛一样，吸食奶蜜——蚜虫幼虫的分泌物，而蚜虫幼虫也得到回报，就是能度过一个温暖的冬天。在英语中，蚜虫就叫蚁奶牛：antcow。

　　2. 共生

　　双方已结成同生共死的关系，若缺失一方，另一方就不能生存，这种关系称为共生关系。

图6－9　丝兰和丝兰蛾

　　例如，白蚁以木材和含纤维素的物品为主要食料，房屋建筑、布匹、纸张、电讯器材等等，什么都啃吃。这些东西是极难消化的，幸好白蚁的后肠里有超鞭毛虫等单细胞原生动物共生，它们能分泌纤维素酶，以帮助白蚁消化纤维素。没有超鞭毛虫便没有白蚁的存活，而如果没有白蚁，超鞭毛虫也无生存可能。

又如我国北方地区的园林绿化中经常看到一种叫丝兰的植物。丝兰在夜间开花，奇特的香气引来丝兰蛾，丝兰蛾用下唇啄管收集花粉。当雄蛾四处飞行寻找雌蛾时，就完成了丝兰的授粉工作。丝兰和丝兰蛾两者的关系到了专一化的程度，只有丝兰蛾能为丝兰传粉，作为感谢，丝兰也送给丝兰蛾一些种子，因为丝兰蛾的宝宝只吃丝兰种子。图 6 - 9 为丝兰和丝兰蛾。

3. 共栖

双方共处，一方明显有益，另一方则得益有限，或无益也无害，这种关系称为共栖关系。共栖是一种偏利关系。由于对"益"的理解有差异，有时共栖与互惠不太好断然划分。

海葵和双锯鱼（图 6 - 10）的关系是典型的共栖关系。双锯鱼俗称小丑鱼，色泽鲜艳醒目，极容易招来捕食者。每到此时，双锯鱼便钻入海葵体腔内。海葵的刺丝胞分泌的毒液对双锯鱼不起作用，却拦住了前来捕食的鱼而救了双锯鱼的命。双锯鱼对海葵做的贡献就是搞搞卫生，真的把海葵当成了自己的家。

图 6 - 10　双锯鱼和海葵

粗暴的犀牛偏有文静的朋友，就是犀牛鸟。这种小鸟停栖在犀牛背上，啄食那些藏在牛皮肤褶皱之间寄生虫、吸血昆虫和蝇蛆，犀牛因此浑身舒服，笑容满面。在这个关系中，犀牛解决了万分难受又无法清除的困难，因此是主要受益者，而犀牛鸟并非以这些虫子为唯一食物，所以是次要受益者。

鮣鱼游泳能力不太强却有一个绝招，它的头顶上有一个吸盘，吸在鲨鱼、海龟等大型生物的腹部，就可以搭车远行了。鮣鱼得到的好处不需多说，而被搭车的载体鱼既没有得到好处也没有受到伤害，这是很典型的单利共栖关系。

4. 植食

植食就是动物吃植物，这是自然界中十分普遍的现象。专食植物的称植食动物，兼食动物的称杂食动物。有意思的是，除去过度放牧等人为因素，那么多动物以植物为食，并没有出现植物生产供不应求的现象，植物界依然一片欣欣向荣，花繁果硕。在长期进化过程中，植食关系已经形成了一种平衡。被动物吃掉的只是植物生产量中过剩的那一部分，植物的生产量足够养活自身和所有动物。

5. 捕食

捕食就是动物吃动物的关系，这也是自然界中十分普遍的现象。广义的捕食包括同种个体间的互食、食虫植物吃动物等，而动物吃动物称为真捕食。真捕食中，捕食者要吃掉猎物个体。有些捕食者先将猎物置死、肢解，然后食用，如狮、虎的捕食；有的猎物死于捕食者口中，如蛇；有的猎物死在捕食者的消化系统中，如鲸。

6. 中性

多个物种出现在一起，彼此无利害关系，这种关系称为中性关系。

如多种动物同在一个水源饮水、草原上的鸟、蝶、狗和马的关系等等。在同一个环境内，大家能和平共处，各忙各的事而互不干扰、互不评论，颇有世界大同、其乐融融的味道。

7. 竞争

一个物种战胜另一个物种，战败物种被完全排除，这种关系称为竞争关系。竞争往往发生在两个物种同时利用同一种短缺资源的时候。

大草履虫与双小核草履虫的外表都长着一副草鞋模样，繁殖速度都很快，只是前者个头比后者约大一倍。大草履虫是单细胞核生物，而小草履虫是双细胞核生物，故它们不是同一物种。如果把它们放在一起培养，就会出现竞争现象，并且是小草履虫个体数增加，而大草履虫个体数减少，小草履虫战败了大草履虫。原因是随着两种草履虫数量的增加，作为饲料的杆菌越来越少，小草履虫的食物消耗量小而处于优势，大草履虫则由于缺乏食物而种群数量一路下降。

外来物种与当地物种之间也多有竞争关系。外来生物往往通过形成大面积单优群落，降低物种多样性，使依赖于当地物种多样性生存的其他物种没有适宜的栖息环境。例如原产于中美洲的薇甘菊来到广东内伶仃岛后，强势排挤本地植物，使得岛上的猕猴缺少适宜的食料，目前只能靠人工饲喂。同样原产于中美洲的飞机草来到西双版纳自然保护区落户后即疯狂蔓延，使穿叶蓼等本地植物处于灭绝的边缘，依赖于穿叶蓼生存的昆虫也处于灭绝的边缘。

俗称水葫芦的凤眼莲原产于南美，在合适的条件下两个星期就可以繁殖一倍，水库、湖泊、池塘、沟渠、流速缓慢的河道等是其最为适宜的环境。20世纪30年代作为畜禽饲料引入我国大陆，并曾作为观赏和净化水质植物推广种植，后逸为野生而成为害草。目前我国南方多省出现水葫芦疯长现象，有些湖泊的水葫芦将水面完全覆盖，本地水生植物和依赖这些水生植物生存的水生动物相继消亡，幸存者也处在严重威胁中。目前利用化学除草剂、生物天敌控制水葫芦的生长有一定效果，但总的来说，水葫芦生长速度依然超过控制速度，控制效果不理想。

福寿螺原产南美洲亚马逊河流域，20世纪70年代引入台湾、广东等地。由于食用口味不佳的原因被人们弃养而成为河道、水沟、池塘的野生生物。福寿螺食性杂、繁殖力强、发育速度快，迅速成为东南沿海一带的有害动物。福寿螺啃食水生植物、水稻的叶片和茎秆，严重影响植物生长。福寿螺还是一种叫管圆线虫的寄生虫的中间宿主，给周围居民带来严峻的健康问题。目前还没有有效防治福寿螺危害的措施。

8. 寄生

两种生物生活在一起，一方获利的同时对另一方造成损害，这种关系称为寄生关系。在寄生关系中，获利方称为寄生物，受害方称为寄主。动物、植物都有寄生现象。

寄生虫进入人体即为人体寄生虫病。寄生虫病对人体健康的危害十分严重，是普遍存在的公共卫生问题。在广大发展中国家，特别在热带和亚热带地区，寄生虫病广泛流行，威胁着儿童和成人的健康甚至生命。据20世纪末估计，全世界蛔虫、鞭虫、钩虫、蛲虫（蛲字读 náo）、丝虫、血吸虫感染人数分别为12.8亿、8.7亿、7.2亿、3.6亿、2.5亿、2亿，仅这几类合计就有37亿，约占世界人口的一半。污水灌溉、施用新鲜粪便等行为，助长了肠道寄生虫病的传播。肠道寄生虫病的发病率与社会经济和文化的落后互为因果，已被视为衡量一个地区经济文化发展的基本指标，被称为"乡村病"、"贫穷病"。与此同时，现代工农业建设造成的大规模人口流动和生态环境平衡破坏，也可能引起某些寄生虫病的流行；当代一些使用免疫抑制剂的医疗措施可造成人体医源性免疫受损，使机会致病性寄生虫异常增殖和致病力增强。寄生虫病正以新的形式威胁着人类。图 6－11 为几种人体内寄生虫，表 6－3 罗列了 11 种人体主要寄生虫及其主要特点。

表 6－3　人体常见寄生虫的主要特点

名称	进入人体渠道	成虫体长	主要寄生部位	在人体内存活时间
血吸虫	皮肤	12～25 毫米	肠系膜静脉	4～40 年
丝虫	蚊、虻等昆虫叮咬	4～10 厘米	淋巴系统等	4～10 年
绦虫	食用带尾蚴的肉类等传播	0.01～15 米	肠道等内脏	25 年
鞭虫	口部摄入虫卵	30～50 毫米	大肠	3～5 年
姜片虫	生食不洁水生植物	20～75 毫米	小肠	2～5 年
钩虫	汗腺或皮肤创口	1 厘米	消化道等	3 年
蛔虫	口部摄入虫卵	15～35 厘米	小肠	1 年
蛲虫	口部摄入虫卵	8～13 毫米	肠道、胃等	15～43 天
疥虫（疥螨）	雌虫钻入人的皮肤后挖掘"隧道"产卵	0.3 毫米	皮肤下部	4～6 周
锥虫	吸血虫体携带传播	20～40 微米	血液、细胞内	长期
弓形虫	食用不熟肉类，或接触被猫粪污染的物体	3～6 微米	人体细胞	终身

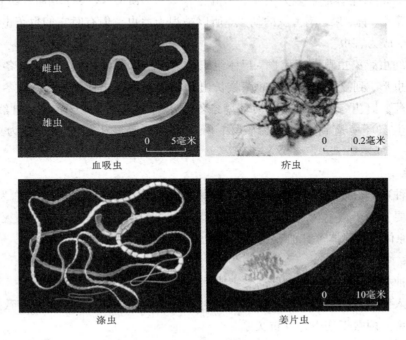

图 6－11　几种人体寄生虫

我国幅员辽阔，人口众多，地跨寒、温、热三带，自然条件差别巨大，人民的生活与生产习惯复杂多样，吃什么的都有，怎么吃的都有，终使中国成为寄生虫病严重流行国家之一，特别在广大农村，寄生虫病一直是危害人民健康的主要疾病。曾被称为"五大寄生虫病"的疟疾、血吸虫病、丝虫病、黑热病和钩虫病流行猖獗。市场开放、旅游业发展等拓宽了家畜、肉类、鱼类等商品供应渠道，增加了需求量，但城乡食品卫生监督制度不健全，加之生食、半生食的人数增加，一些经食物感染的食物源性寄生虫病的流行程度在部分地区有不断扩大的趋势。中国寄生虫种类之多，分布范围之广，感染人数之众，居世界各国之前列，这是一个不容忽视的严峻问题。

9. 类寄生

类寄生也是一种寄生关系，区别在于寄生不会导致寄主死亡，而类寄生总是置寄主于死地。

地球上有5000多种外貌和普通的苍蝇差不多的寄生蝇。有的寄生蝇将卵产在寄主的体表，幼虫孵化后立即钻入寄主体腔；有的将已经完成胚胎发育的卵产于寄主的食料植物上，经寄主吞食食料后借胃液的作用孵化，幼蛆孵化后再穿过消化道进入寄主体腔；有的蝇蛆附着在寄主的体壁上，穿透表皮钻入体腔。寄生蝇的寄主多为天牛、木蠹

图 6 – 12　虫草菌和蝙蝠蛾

蛾、金龟子等农、林、果、菜害虫的幼虫，所以被视为益虫。但有时它们也袭击柞蚕和家蚕等经济生物，成为害虫。

蝙蝠蛾幼虫感染虫草菌后死亡，尸体组织与菌丝结成坚硬的假菌核，在冬季低温干燥土壤内保持虫形，到夏季温湿适宜时菌核长出棒状子实体露出地面，这就是冬虫夏草。冬虫夏草可入药。野生冬虫夏草对生活环境条件要求苛刻，分布地区狭窄，自然寄生率低，加上主产地生态环境遭到严重人为破坏，所以资源日趋减少。图 6 – 12 为虫草菌和蝙蝠蛾。

10. 抗生

一个物种通过分泌化学物质抑制另一个物种的生长与生存，这种关系称为抗生关系。抗生关系主要发生于微生物之间，例如青霉菌、链霉菌产生的毒素不仅能杀灭细菌，而且对霉菌、支原体、衣原体等其他致病微生物也有良好的抑制和杀灭作用。

11. 互抗

两个物种相互作用，结果双方都受害或都死亡，这种关系称为互抗关系。如两种致病生物同时侵入导致致病对象死亡，结果这两种致病生物也随即死亡，这两种致病生物之间即为互抗关系。两败俱伤也是互抗关系。

6.3　种群

6.3.1　种群的概念

一只动物、一株植物，甚至是一个以单细胞形式生存的生命都可以称为个体，个体的生物学特性主要表现在能够进行新陈代谢，实现自我更新，在新陈代谢的基础上，表现出生长、发育、衰老、死亡等过程。

种群是一定时空中同种个体的组合。种群中的个体之间的关系不是机械的集合，也不是简单的聚集，而是彼此之间有潜在互配能力、并通过繁殖将各自的基因传给后代的一个有规律组成的整体。比如某一块农田中的全部水稻植株、一个庄园中的全部桔树、一个池塘中的全部青蛙、一个牧场中的全部羊只等，都可视为一个种群。植物种群会结出种子，动物种群会产生后代。种群内个体的数量会发生增减变化，动物种群内还有基因交流、性别比例、年龄结构和社群关系等，这些都是种群个体所不具有的。而一所学校的所有学生、一个影剧院的全部观众、一次大型集会的所有参会者等，都不是种群。

一个物种通常由许多种群构成，由于地理隔离的原因，同一物种但不同种群之间会形成隔离。例如洞庭湖的鲢鱼和太湖的鲢鱼是不同的种群，崇明岛上的蟾蜍和舟山岛上的蟾蜍也是不同的种群。同一种群的所有生物共用一个基因库。种群之间隔离的时间长了，就可能发展为不同的亚种，甚至产生新物种。因此，种群是进化的基本单位。

6.3.2　种群的特征

种群的基本特征主要通过种群密度、出生率和死亡率、迁入率和迁出率、年龄结构、性别比例、分布类型等几个方面来描述。

1. 种群密度

种群密度指种群在单位空间中的个体数量，主要表现为数量上的变化。单位空间不一定是用长度来衡量的，它还可以是一座山、一棵树，或者一片树叶，等等。例如我们说中国某年有多少人口、长江还有多少河豚、每片树叶上有多少蚜虫、每亩地有多少株棉花，说的都是种群密度。在同一单位空间中，不同物种的种群密度是不同的，比如某地野驴的种群密度为每百平方千米 2 头，灰仓鼠却有 20 万只，蝗虫更是 3 亿只。同一物种同一单位空间在不同环境条件下，种群密度也不是恒定不变的，如在同一片田地里，春天时玉米的种群密度最大，而到冬天为就变成零。种群密度反应种群中个体的数量分布情况，是种群最基本的数量特征。

2. 种群的出生率和死亡率

一个种群，肯定会不断地产生新个体，同时也会不断有个体死亡，所以研究种群还必须了解种群的出生率和死亡率，它们也是种群数量的特征，并且是影响种群增长的最重要因素。

出生率一般以种群中每单位时间（多为 1 年）每 1000 个个体中的出生数来表示，泛指任何生物产生新个体的能力，不论是通过生产、孵化、出芽还是分裂等哪种形式，都可用出生率这个术语。类似地，死亡率指单位时间内死亡的个体数目占该种群个体数目的比率，即种群中每单位时间每1000个个体中的死亡数。出生率与死亡率之差就为自然增长率。

不同种群的出生率是不一样的，出生率的高低取决于性成熟的速度、繁殖次数和每次产仔数目。例如东北虎在自然条件下，4岁性成熟，每次产2～4只幼虎；每次生殖后，母虎要育崽2～3年才能进行下次繁殖，在此期间不发情交配。雄虎性成熟稍晚。据动物园饲养记录，虎的寿命为20～22年，一生中最多能产10余只幼虎。可以看出，东北虎繁殖能力是低的，此种动物如得不到很好的保护，就易濒于灭绝。相反，如褐家鼠等一些小型兽类，雌鼠受孕后，20天生育，每年平均繁殖6～10次，幼鼠3～4个月后就能成熟繁殖，这样繁殖力很强的种类，就要控制其数量，以免种群数量过多。繁殖能力强的种群出生率就会相应高，当出生率大于死亡率时，种群密度增长，反之减少。

3. 种群的迁入率与迁出率

种群有地理隔离，但并不是绝对封闭的，在一定条件下，种群之间会发生个体的交流，就如有些中国人加入外国国籍，也有外国人加入中国国籍。一个种群在单位时间内每1000个个体中迁入或迁出的个体数量，分别称为迁入率或迁出率。出生率和死亡率，迁入率和迁出率都是直接决定种群密度的重要因素，例如我国沿海城市迁入人口远远高于迁出人口，这些城市的人口密度就越来越高。

4. 种群的年龄结构

种群的年龄结构指种群中少、青、中、老不同年龄个体的组成情况，通常用年龄金字塔来表示。表示人的种群的年龄金字塔称为人口金字塔。人口金字塔由"塔基"向"塔尖"的每一层为由小而大的一个年龄组，组的间距可以是1年、2年、5年或10年，塔的轴线左边的宽度为男性的人数或占总人数的百分比，右边则为女性。人口金字塔直观地反映出种群的年龄、性别构成。

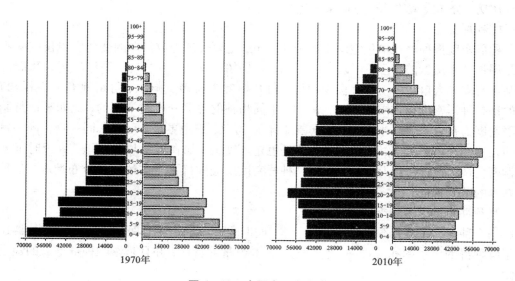

图6-13 中国人口金字塔

（资料来源：www.ceh.com.cn）

人口金字塔的外形归纳起来主要有三种：山形、钟形和壶形，见图6-14。山形又称增长型，钟形又称稳定型，壶形则又称衰退型。增长型的中幼年人口多，老年人口少；衰退型的中幼年人口少，老年的人口多，属于社会老龄化。再比较图6-13，可知我国在1970年的时候人口结构为增长型，2010年为有衰退型倾向的稳定型。

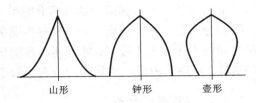

图6-14 人口金字塔的类型

5. 种群的性别比例

性别比例又称性比率，指种群中雌雄个体数目的比例，性别比例＝雄性个体数÷雌性个体数×100%，即每100个雌性数对应的雄性数，使用时一般省去百分号。不同物种有不同的性别比，有的物种雄性多雌性少，如蜜蜂，蜂群中虽然有蜜蜂数万乃至数十万，但绝大多数是不能生育的工蜂，雄蜂只有千余只，而雌蜂就是蜂王，每个蜂群中只有1只，性别比可高达1000；有的物种雄性少雌性多，如狮群，一个狮群往往有10余头成年雌狮，而成年雄狮只有1头。但绝大多数种群的雄雌数是相当的。在人工干预下性别比会发生严重的变化，例如奶牛场里，雌牛数量多达雄牛的9倍。

人类正常的性别比是103～107。随与年龄发生变化，性别比也发生变化，我国70岁以上人口性别比约为95，80岁以上约为67，90岁以上约为40，100岁以上约为35，即100个百岁以上老寿星中，只有26位是寿翁。

我国是世界上性别比例失调最严重的国家（图6-15）。从上世纪80年

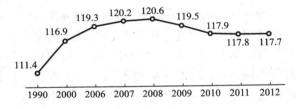

图6-15 我国1990年至2012年
出生人口性别比例变化

代起，由于超声医学的不当使用，我国出生人口性别比开始持续偏高。据国家统计局公布的数字，2008年达到120.56的最高峰，也就是说，当年出生的1600万名婴儿中，男婴比女婴多160万名。此后虽有小幅回落，但仍然严重偏离自然值。从2020年起的一段时间里，婚龄男性多于婚龄女性的矛盾将十分突出。

6. 种群的分布类型

种群大体上有三种分布类型：集群分布、均匀分布和随机分布，见图6-16所示。

自然状态下，不论植物还是动物，种群的分布都是集群分布，人类也是集群分布的。这是对生活环境差异发生反应的结果，也是生殖方式的要求，对于人类，还有社会活动的需求，再偏僻的地方，哪怕只有两户人家，他们也尽可能靠拢一些。

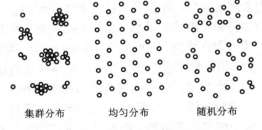

图6-16 种群的分布类型

均匀分布常见于人类栽培植物，例如人工林、果园等，树柱的行距、列距都是量好了的，是整整齐齐的阵列，这在自然状态下

是不可能出现的。一个菌落中的细菌有时呈近似均匀分布的状态。

随机分布是一种无规则分布，只有生境条件均一，不管什么地方都完全一样，种群的成员之间既不排斥也不吸引，才可能出现随机分布。随机分布在自然界甚为罕见，森林底层的狼蛛、海岸潮汐带一些蚌类的分布类似于随机分布。

6.3.3　种群数量动态

1.存活曲线

种群中的任何成员都有寿命，不同物种寿命的长度差别很大，见表6-4。动物个体不论寿命长或短，最终都是走向死亡。

表6-4　部分物种的最高寿命

物种	龟	鳄鱼	蓝鲸	印度象	马	鸵鸟	鲤鱼	黑猩猩
年龄(年)	400	200	100	75	62	60	50	45
物种	牛	蟒	犬	猫	猪	大熊猫	羊	兔
年龄(年)	34	34	30	28	27	20	20	8

种群中旧成员的死亡为新成员的诞生和生存腾出空间，因此，死亡是种群延续的必要条件。但是对于每一个个体，死亡的原因有所不同，死亡时的年龄也不同。有人跟踪观察过一个马鹿种群中的1000头初生小马鹿，因疾病、被猎、食物等原因，当年有282头死亡，第2年到第6年的5年中，每年只有7头死亡，第7年死亡数字上升，达到182头，到第8年竟有253头死亡，第9年的时候还剩下249头，第10年到第15年的

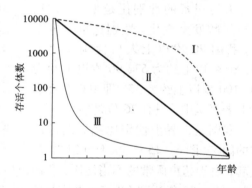

图6-17　存活曲线的三种基本类型

6年里，死亡数稳定在每年14头，到第16年，那1000头小马鹿就只剩8头16岁的垂老马鹿了。将每年存活的个体数描出的曲线，就是存活曲线，存活曲线是描述同期出生的生物种群个体存活量与其年龄关系的曲线。存活曲线有三种基本类型，见图6-17。

Ⅰ型为凸型。存活曲线为凸型的生物在幼儿时期不太容易死亡，但成年后的种内会有较为激烈的竞争，死亡发生在最大生理年龄，即死亡的主要原因是衰老。具有完善育幼行为的生物如大型哺乳动物，包括人类都属于此种。

Ⅱ型为直线型，种群内各年龄的死亡比例基本相同，这种情况发生在有一定照顾子代的行为、但不够完善的种群中，如小型哺乳动物、鸟类等。

Ⅲ型为凹型。存活曲线为凹型的生物在幼儿时期死亡率极高，但到其年龄或是体型达到某一阶段或程度时，死亡率就会明显下降许多，成年后的种内竞争不很明显。这类生物的生殖策略是以量取胜，即通过大量产卵来维系种群，大部分鱼类、蛙类等属于此种。

2.种群的指数增长

在理想状态下，生物的增长都是指数增长。例如单细胞生物是1生2，2生4，4生8，

翻番增加。如果每半小时分裂一次，那么一天过后就完成 48 个世代，变成 2^{48} 个即 280 万亿个。54 小时后，可以形成 1 尺高的细菌层覆盖在地球表面。

多细胞生物的繁殖速度相对较慢，但经年发展，数量也极其惊人。例如猫，按每年繁殖 1 次，每次生下 6 只小猫计算，到第 n 年的时候，将发展到 2^{2n+1} 只。1 对猫到 20 年后，其家族成员将有 2^{41} 即 2.2 万亿只。

可以想象，如果地球上只有一种生物，而且只有一对个体，只要按指数增长，就会无限扩张，最终走向毁灭。幸亏自然中没有这么理想的条件，气候不适、天敌、食物不足、疾病、空间有限以及内部某些关系等诸多因素抑制着种群的增长。

3. 环境容纳量

由于环境的原因，种群的规模受到控制。由环境决定的种群限度称为环境容纳量，即某一环境在长期基础上所能维持的种群最大数量。

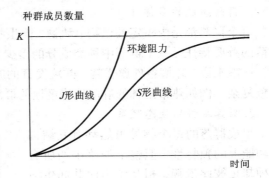

图 6 - 18　种群的逻辑斯谛增长

种群数量总是趋向环境容纳量 K，在时间 – 数量曲线上表现为 S 形曲线，见图 6 – 18。J 形曲线是如果没有环境因素控制时种群将无限发展的曲线。K 值就是 S 曲线的渐近线，J 形曲线和 S 形曲线中间的区域就是环境阻力，是一系列限制因子作用的结果。这个数学模型称为逻辑斯谛增长模型。许多试验证明了这个结论，例如在给定空间、给定资源条件下，酵母的 $K = 665$，果蝇的 $K = 346$。人类人口也有环境容纳量，我们将在下一章讨论。

6.4　群落生态

群落是生物群落的简称，指栖息于一定地域或生境中的各种生物种群通过相互作用而有机结合的集合体。在一定的地理区域内、同一个生活环境下，彼此之间发生着直接或间接的相互作用的动物、植物、微生物种群构成了一个具有独特成分、结构和功能的稳定系统，这个系统就是群落。简单地说，群落就是生存在一起并与一定的生存条件相适应的动植物和微生物的总体。

绿色植物、蚜虫、蚂蚁、瓢虫可以构成一个群落。其中，植物利用水、阳光、空气和土壤中的养料生长繁殖，是这个群落中的生产者；蚜虫吃植物的汁液繁育自己的后代，是群落中的初级消费者；瓢虫捕食蚜虫，是群落中的次级消费者。植物产营养，蚜虫吃植物，瓢虫吃蚜虫，这种吃与被吃的关系就构成了一条食物链。而蚂蚁在群落是一种特殊的物种间关系，它对蚜虫从尾部的腺体中排出有糖分的分泌物情有独钟。为了得到更多的"蜜露"，蚂蚁们会去轻轻拍打蚜虫，促进蚜虫分泌更多的美味饮料。一旦蚜虫受到瓢虫等天敌的袭击时，蚂蚁们会奋不顾身地为保护蚜虫而战。蚂蚁、瓢虫、蚜虫的排泄物和尸体又成为植物的有机养料。又如在一个池塘中，浮游植物、浮游动物、微生物、底栖动物、水生高等植物、水生节肢动物和鱼类等构成一个水生生物群落。

一般地，我们称植食动物为初级消费者，小型肉食动物为次级消费者，而称大型肉食动物为三级消费者。在实际情况中，肉食动物的大小型很难有一个标准，因此有人将肉食动物都称为次级消费者。

6.4.1　群落的基本特征

对种群水平的研究是集中于群内成员数量动态上的，如出生率、死亡率、年龄组成、性别比例等。群落是更高层次的系统，对群落的研究主要关注于群落的数量、种群间的关系、群落的空间结构以及群落的演替情况等。群落的这些属性不是由组成它的各个物种所能包括的，而是必须到达群落总体水平上才具有的特征。

1. 群落组成的多样性

每个群落都是由一定的植物、动物、微生物种群组成的，因此，种类组成是区别不同群落的首要特征。一个群落中种类成分的多少及每种个体的数量，是度量群落多样性的基础。一般来说，环境条件愈优越，群落发育的时间愈长，生物种的数目愈多，群落的结构也愈复杂。例如热带雨林的群落就比极地的群落庞大、复杂。

2. 群落物种的生态联系

组成群落的每个物种虽然都有其结构和功能上的独特性，但整个群落中的所有物种却是彼此依赖、相互作用而共同生活在一起的有机整体。例如，在一个森林群落中，上层的乔木为下层的灌木和草本植物的生存提供了一个荫蔽的环境，土壤中的动物、微生物和真菌必须依赖绿色植物光合作用所固定的有机物质才能生存，而真菌和细菌的分解作用，又为绿色植物提供了可利用的营养物质。捕食、竞争、寄生、共生等种间关系，都是构成生物群落的基础。

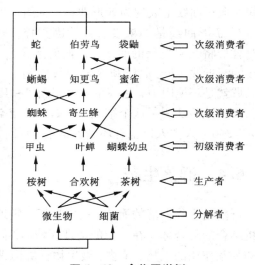

图 6-19　食物网举例

直接或间接联系起群落间各个物种的是食物，食物联系就是食物链。但在群落中，食物链交错联系，彼此交织，形成网状关系，称为"食物网"。在生态系统的食物网中，凡是以相同的方式获取相同性质食物的所有生物类群称为一个营养级。绿色植物首先固定了太阳能和制造有机物质，供本身和其他消费者有机体利用，属第一营养级。初级消费者植食动物是第二营养级，蚱蜢和田鼠虽然外貌区别巨大，但都是植食动物，所以都处于第二营养级。螳螂吃蚱蜢、猫头鹰吃田鼠，这两种捕食者动物都是次级消费者，占据第三营养级。鸟吃螳螂，占第四营养级。往上还可以有第五营养级、第六营养级等等。不同的生态系统具有不同数目的营养级，一般为3~5个营养级。图6-19为一个食物网的例子。

食物网越复杂，群落抵抗外力干扰的能力就越强；食物网越简单，群落就越容易发生波动和毁灭。假如在一片草原上只生活着草、鹿和狼，鹿一旦消失，狼就会饿死。而如果草原上除了鹿以外还有兔、羊等其他的食草动物，那么鹿一旦消失，狼还能靠捕食兔和羊生存。反过来看，如果狼绝灭，那么鹿的数量就会急剧增加，草就会被过度啃食而绝迹，结果是鹿和草同归于尽。而如果除了狼以外还有鬣狗存在，那么狼一旦绝灭，鬣狗也会控制鹿群的发展，从而防止群落的崩溃。

3. 群落与环境的不可分割性

在任何情况下，生物群落与环境均紧密联系并相互作用。一方面，环境特征(气候、土壤、地形等)在决定群落的类型和特征中起着决定性的作用，但另一方面，群落对环境的特征也起着重要作用，如植树造林，可以防风固沙、涵养水源、改变局部地区的气候等，于是也改变了群落。

4. 群落的结构性

一个生物群落作为一个有机实体，既有形态结构上的特点，也有时间结构上的特点。

群落形态结构的特点主要表现在群落的垂直分层现象和水平镶嵌现象，分别称为垂直结构和水平结构。陆地群落一般以植物垂直层为讨论基础，植物垂直分布反映出植物的生命类型，同时也反映出与对应植物相联系的动物生命类型。表 6－5 说明了草原群落的垂直分布情况。水域中某些水生动植物和微生物也有成层现象。水平结构的群落在外形上表现为斑块相间的现象，例如山丘的向阳面和背阳面上种群的分布就有明显不同。人类的活动对生物群落的水平分布影响巨大。关于群落的形态结构，我们将在 6.4.2 中专门讨论。

表 6－5　草原群落的垂直分布

层次	植物特征	生活的其他种群
草层	草叶、花、籽	昆虫、鸟类、有蹄类动物、食肉动物等
地表层	草茎	昆虫、腹足动物(如蜗牛)、爬行动物、啮齿动物等
地下层	草根	细菌、真菌、环节动物(如蚯蚓)、昆虫等

群落时间结构的特点在于时间节律的表现，如昼行动物、夜行动物的活动节律，候鸟迁徙、鱼类洄游和变温动物活动的季节节律、旱季和雨季节律等，植物的日节律和年节律更加明显。

群落的结构越复杂，对生态系统资源的利用率就越高，例如森林生态系统的光能利用率比草原生态系统高得多。同时，复杂结构的群落相对稳定，群落内部各种生物之间的竞争相对平和。

5. 群落的动态特征

任何一个生物群落都有它的发生、发展、成熟(即顶极阶段)和衰败与灭亡等阶段。因此，生物群落就像一个生物个体一样，表现出动态的特征。其运动形式包括季节动态、年际动态、演替与演化。

6. 群落中各物种的群落学重要性

组成群落的各个物种，在其个体数量、个体大小、生活特性以及在空间和时间上所处的位置是不相同的，因此，在群落功能中的作用和在生态学上的重要性都是不相同的。

群落中受其他物种的影响最小但对其他物种有很大影响的物种，或者是在群落中具有最大密度、盖度(植物地上部分投影面积与植物占地面积之比)和生物量的物种，称为"优势种"。优势种可以不止一个种，有多个优势种共存时，合称"共优种"。例如热带森林中的乔木就是共优种。

如果群落中的某个（些）物种的消失或削弱能引起整个群落发生根本性的变化，这个（些）物种便称为"关键种"。关键种的个体数量可能稀少，也可能较多，常常是捕食者。例如在热带森林中喜食大型种子的啮齿动物豚鼠（又称天竺鼠、荷兰猪）（图6-20）、野兔等受到食肉动物捕食的抑制，使得大型种子的植物茂盛。一旦将食肉动物去除，啮齿动物种群就迅速增大，大型种子植物被食尽，森林就变成小型种子的树种，依赖大型种子植物生存的其他物种也随之消失。因此，食肉动物是这个群落的关键种。

图6-20　豚鼠

7. 群落结构的松散性

同一类型的群落之间或同一群落的不同地点，其物种组成、分布状况和层次的划分都有很大的差异，这种差异通常只能进行定性描述，在量的方面很难找到一个统计的规律，人们称这种情况为群落结构的松散性。

8. 群落边界的模糊性

群落的边界有的较明显，如水生群落与陆地群落之间的边界；有的很不明显，有时还有很宽的过渡带，两个群落犬牙交错接合在一起，有时甚至会形成一个逐渐改变的连续体，导致群落的边界模糊不清，即群落边界的模糊性。

6.4.2　群落的形态结构

在生物群落中，各个种群占据了不同的空间，使群落具有一定的形态结构。群落形态结构有水平结构和垂直结构两大类。

群落的水平结构指生物群落在水平方向上，由于地形起伏、光照阴暗、湿度大小、土壤温度、土壤盐渍化程度、生物间相互作用等因素影响，在不同地段出现不同的分布。例如，在树林中，在乔木的基部和其他被树冠遮住的地方，光线较暗，温度较低，湿度较大，适于蕨类植物、苔藓植物生存，而树与树的间隙处或其他光照较充足的地方，灌木和草丛则较多。

群落的垂直结构指在群落所处生活环境的垂直方向上，群落具有的明显成层现象。在陆地上，群落的成层结构是不同高度的植物在空间上垂直排列的结果，它的分层与光的利用有关。如发育成熟的森林，垂直方向自上而下有林冠、下木、灌木、草本和地被等层次。位于上层的乔木充分展开树冠，吸收了大部分阳光的光辐射，往下光照强度逐渐减弱。穿过乔木层的光，常常仅占到达树冠的全光照的1/10，但林下灌木层却能利用这些微弱的、并且光谱组成已被改变了的光自由生长。在灌木层以下还有草本植物层以及更耐阴的苔藓等地被层。群落不仅地上部分成层，地下也具有成层性。地下各层次之间的关系，主要由水分和养分的情况决定。不同植物的根系在土壤中达到的深度不同，草本植物的根系分布在土壤的最浅层，灌木及小树的根系分布稍深，乔木的根系则深入到地下更深处。最大的根系生物量集中在表层，土层越深，根量越少。一般来讲，温带落叶阔叶林的地上成层现象最为明显，而热带雨林的成层结构最为复杂，寒温带针叶林的成层结构比较简单，草原生物群落的结构就非常简单了。

藤本植物和附生、寄生植物，攀援或附着在不同植物的不同高度，往往在整个群落的垂直高度内都有分布，并不形成一个层次。这类植物称为层间植物。层间植物种类和数量的多少，是和热量、温度的大小密切相关的，例如在海南岛和滇南的热带森林中，藤本植物种类繁多，生长奇特，它们的枝叶花果常伸到高达 20 ~ 30 米的林冠层中，下部的藤茎又粗又壮，在这种森林里几乎没有一株树木可幸免于它们的干扰。

动物也有垂直成层现象，但不如植物来得明显，而且主要是由于各自的食物提供来自植物的不同层次所决定的。如鹰、猫头鹰、杜鹃、黄鹂等总是成群地在森林的上层活动，吃高大乔木的种子，山雀、柳莺、啄木鸟等小型鸟类在灌木层活动，血雉（雉字读音如"至"，是一类野鸡）、画眉等则是典型的森林底层鸟类，吃地面上的苔藓和昆虫，鹿、獐、野猪等兽类居于地面，蚯蚓、蝼蛄等低等动物则在腐叶层和土壤中生存。许多动物虽然可同时利用几个不同层次，例如蚂蚁既能钻进土壤又能上树，松鼠一会儿在树枝上一会儿在草丛中，但它们总有一个最喜欢的层次。

水生群落中，生态要求不同的各种生物也呈现出明显的分层现象，它们的分层主要取决于水中的光线、温度、食物和含氧量等。水生群落按垂直方向，由上而下一般可分为：漂浮生物、浮游生物、游泳生物、底栖生物、附底动物、底内动物。湖泊和海洋的浮游动物一般是趋向弱光的，因此，它们白天多分布在较深的水层，而在夜间则上升到表层活动。此外，在不同季节也会因光照条件的不同而引起垂直分布的变化。

成层结构是自然选择的结果，它显著提高了生物利用环境资源的能力，同时也最充分提高了资源的利用率。

6.4.3　群落的主要类型

因受地理位置、气候、地形、土壤等因素的影响，地球上的生物群落是多种多样的。生物群落的划分以植被的分类为基础，而植被分类又主要是由气候决定的。群落总体上可以分为陆地生物群落和水生生物群落。

陆地上呈大面积分布的地带性生物群落主要有热带雨林、温带落叶阔叶林、北方针叶林、草原、荒漠、冻原等群落，水生群落则可进一步分为淡水生物群落和海洋生物群落。

1. 热带雨林生物群落

热带雨林生物群落分布于赤道附近南北纬 10 度之间的低海拔高温多湿地区，是热带种类所组成的高大繁茂、终年常绿的森林群落，也是地球表面最为繁茂的植被类型，以南美亚马孙河流域、东南亚热带地区和非洲刚果河流域面积最大、发育得最好。这些地区年平均温度约 23 ~ 28℃，年降水量一般超过 2000 毫米，丰富的热量和季节分配均匀而又充足的水分为生物的生存提供了优越条件。以巴西的热带雨林为例，1 平方千米面积上仅乔木就有 120 余种。优势乔木一般高达 30 ~ 40 米，多具光滑柱状树干，不少乔木树种还具有高大的板状根与老茎生花现象。热带雨林中动物种类很多，但个体数量较少。动物的活动性低，很少有季节性的迁移现象，其生殖活动和数量变动受季节性的影响不明显。热带雨林中的代表动物主要有长臂猿、猩猩、眼镜蛇、懒猴、犀牛、蜂鸟、极乐鸟等。

2. 温带落叶阔叶林生物群落

温带落叶阔叶林生物群落主要分布在西欧、东亚、北美等地区，主要树种是栎(读音如"立")、山毛榉、槭、梣(读音如"晨")、椴、桦等，叶形见图6-21。它们具有比较宽薄的叶片，春夏长叶，秋冬落叶。群落的垂直结构一般具有四个非常清楚的层次：乔木层、灌木层、草本层和地衣层。藤本和附生植物极少。各层植物冬枯夏荣，季相变化十分鲜明。此类群落中主要动物有鼠、松鼠、鹿、鸟类，以及狐、狼和熊等。

栎   榉   槭

梣   椴   桦

图6-21 几种温带阔叶树的叶形

3. 北方针叶林生物群落

北方针叶林生物群落又称为寒温性针叶林，主要分布于北纬45°~70°之间的寒温带地区，横贯欧亚大陆和北美的北部，形成一条完整的针叶林地带。在我国主要分布在大兴安岭的北部。由于北方针叶林地区冬季严寒而漫长，夏季温凉而短促，使得构成这类森林的植物区系比较贫乏，乔木以云杉、冷杉、松、落叶松等植物为主，除落叶松外都为常绿针叶树。树干通直，树冠尖塔形或圆形，很容易与阔叶树区别。图6-22为几种针叶树的叶形。森林的结构也比较简单，乔木层常由一两个树种构成纯种林，林相整齐。林下有一个灌木层和一个草本层，由苔藓构成的地被层在许多林下十分茂盛，有时连片分布，密被地表。群落中的动物以麋、黑熊、鹿、貂和啮齿类动物为多，此外还有虎、驯鹿等。

4. 草原生物群落

草原生物群落的植被主要由丛生禾草针茅、羊茅、须芒草、早熟禾等组成，混有多种双子叶杂类草如豆科、菊科植物，有的地方还有散生的矮小灌木。这些植物普遍具有叶形狭小、具绒毛、叶片内卷、气孔下陷、根系发达等旱生特征。群落结构简单，一般仅有一个或两个层。季相更替则十分频繁而鲜明，有时出现十分华丽的外貌。开旷的草原适宜善于竞走的大型植食动物的生活，如野驴、野牛、骆驼、黄羊等，蝗虫和以穴居为主的啮齿类动

云杉　　　　　　　　　冷杉　　　　　　　　　红松

落叶松　　　　　　扁柏(侧柏)　　　　　圆柏(桧柏)

图 6 – 22　几种针叶树的叶形

物也是草原上常见的初级消费者，另外还有狼、豹、猞猁、狮、草原雕等次级消费者。

　　5. 荒漠生物群落

　　荒漠生物群落主要分布在纬度 30°～40°之间的副热带无风地区。地球上最大荒漠的是连接亚洲和非洲的大沙漠，包括北非的撒哈拉沙漠、阿拉伯沙漠、中亚大沙漠和东亚大沙漠，年平均降雨量低于 250 毫米，季节性明显。

　　在荒漠群落中，严酷的自然条件限制了许多植物的生存，只有为数不多的超旱生半乔木、半灌木、小半灌木和灌木或肉质的仙人掌类植物稀疏地分布。群落的植物种类贫乏、结构简单、覆盖度低，有些地面完全裸露。由于食物资源比较单调和贫乏，荒漠中的动物种类不多，数量也少，常见的有昆虫、蜥蜴、啮齿类动物和某些鸟类。这些动物具有高度适应干旱环境的特征，如夏眠、夜间活动、长期不饮水、不具汗腺和排放高浓度的尿液等。

　　6. 冻原生物群落

　　冻原生物群落一般出现在高纬度和高海拔的寒冷地区。它的植被种类组成非常贫乏，总共只有 100～200 种植物，优势植物是多年生灌木、苔草、禾草、苔藓和地衣，植被的高度一般只有几厘米以避免风寒。严寒加上较长的日照，使这里的植物多为常绿的多年生植物，并常常会有大型和鲜艳的花朵，所以冻原的外貌不像荒漠那样单调和缺乏生气。图 6 –23 为青藏高原的几种植物。冻原生物群落结构简单，通常仅 1～2 层。苔藓地衣层特别繁茂，许多灌木、草本植物的根、根茎和更新芽隐藏在地衣层中免受破坏。动物种类贫乏，主要有驯鹿、麝牛、北极狐、北极熊、狼和旅鼠等，夏季多有候鸟迁来繁息。

　　7. 淡水生物群落

　　淡水生物群落一般分为流水群落和静水群落两大类。流水主要指陆地上的江河、溪流等，静水则是指陆地上的湖泊、沼泽、池塘和水库等。流水群落和静水群落详情见表 6 –6。

| 青蝉兰 | 雪莲花 | 裂膜蔓龙胆 |

图 6 - 23　青藏高原的几种植物

表 6 - 6　淡水生物群落类别

群落类型		主要植物、微生物	主要动物
静水生物群落	沿岸带群落	芦苇、莲、菱、黑藻等	原生动物、软体动物(螺、蚌)、水螅、蛙、蟹、爬行类(龟、蛇)、各种鱼类
	敞水带群落	硅藻、绿藻、蓝藻等	水蚤、轮虫、各种鱼类
	深水带群落	细菌、真菌	摇蚊幼虫、球蚬、幽蚊幼虫
流水生物群落	河道带群落		与静水生物沿岸带群落同
	滞水带群落	狸藻、黑藻、狐尾藻等	穴居动物、底埋动物(蛤、蚌)、各种鱼类
	急流带群落	藻类	各种昆虫幼虫

8.海洋生物群落

广阔的海洋由于各部分的深度、光照、盐分和生物种群结构不同,可进一步划分为海岸带生物群落、浅海带生物群落、远洋带生物群落和海地带生物群落,见表 6 - 7。

表 6 - 7　海洋生物群落类别

群落类型	群域特点	主要生物
海岸带生物群落	位于陆地和海洋交界处,水深从几米到几十米;光照充足,含盐量、水温和地形变化较大;由河流带来的有机物质较丰富	植物以浮游植物和大型固着生长的绿藻、褐藻与红树类为主;动物以近岸性浮游动物、鱼类和螺、蚌、牡蛎、蚶、沙蚕等底栖生物为多
浅海带生物群落	水深不超过 200 米的大陆架部分;水中的光照仍然比较充足;来自陆地的有机物质也较丰富	植物主要为浮游硅藻、裸甲藻等;动物大多为滤食性鱼类,如鳕、鲱等

群落类型	群域特点	主要生物
远洋带生物群落	浅海带往外的大洋区，水面开阔，水深超过 200 米，最深达 10000 米以上	浮游植物主要是硅藻和双鞭甲藻；浮游动物主要是桡足类和箭虫，自游动物有各种虾、水母和鲸等
海地带生物群落	从大陆架的边缘一直延伸到最深海沟的海底区域	全部是异养生物，如海绵、软体动物、甲壳动物和棘皮动物等

大陆是逐渐伸入海洋成为海床的。地理学意义上的大陆架，是从海岸起向外延伸到海水深度 200 米的地方。由于海床坡度不同，大陆架的宽度就不同。海床坡度为 1°时，大陆架宽度只有 11 千米；如果海床坡度为 0.5°，大陆架宽度增为约 23 千米；在坡度其平缓区，大陆架可宽达 1500 千米。大陆架以外依次是大陆坡、大陆基、深海海底，深海峡谷形成海沟。各群域的位置见图 6 - 24。

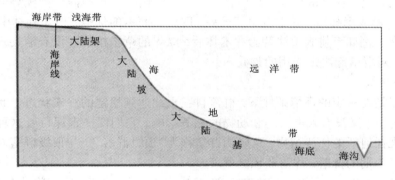

图 6 - 24　海洋生物群落区域

6.4.4　群落演替

1. 群落演替的概念

广原上青草郁郁，年复一年，衰了又盛，枯了又萌。面对燎原烈火不是毁灭前的壮烈与慷慨，而是对来年春雨春风前复生的信心与得意。这是白居易笔下的古原草，成为传颂千年的佳句。接下来"远芳侵古道，晴翠接荒城"两句所描写的，在今天来看，倒是一种群落现象：原本是一条有点荒凉的古道，因长期没有人类活动的滋扰，道旁、道间慢慢长出了野草，渐渐地又长出些茎秆较高的多年生植物，几簇香花，一片新绿，取代了原先的一、二年生植物，逐渐成为优势植物。这种随着时间的推移，一个群落被另一个群落代替的过程，就是通常所称的群落演替。

随着多年生植物取得优势地位，在那个曾经的古道上，一个具备特定结构和功能的植物群落逐渐形成，与此相适应的动物区系和微生物区系也逐渐确定下来，当整个生物群落与当地的环境条件特别是气候和土壤条件都比较适应的时候，即成为稳定的群落。

群落演替所经历的时间长短是不一样的，长则数十年或数百年甚至上千年，例如热带雨林的形成；短的只要一两年，例如弃耕的农田演替为杂草地。但弃耕农田演替为杂草地并不是演替的终了，再经过 4 年左右时间，灌木将成为优势植物，而且 40 年以后又会有乔木出现。

2. 群落演替的类型

群落的演替按演替的起始条件一般分为原生演替和次生演替两种类型。

(1) 原生演替

原生演替指在完全没有植被并且也没有任何植物繁殖体存在的裸露地段发生的演替。如裸露的岩石上，不曾覆盖任何植被，在演替的过程中，先是地衣通过分泌有机酸加速岩石风化形成土壤，并积累起有机物，为苔藓的生长提供条件。苔藓生长后，由于其植株高于地衣能获得更多的阳光，逐渐取代地衣，获得优势地位，苔藓在生长过程中又逐渐被更有优势的植物所取代，最终形成相对稳定的群落。

(2) 次生演替

次生演替指在原有植被已不存在或退居次要的地位，但原有土壤条件基本保留，甚至还保留了植物的种子或其他繁殖体(如能发芽的地下茎)的地方发生的演替。古道的远芳、荒城的晴翠就属于这种次生演替。

需要说明的是，在群落演替过程中，一些种群取代另一些种群是指优势取代，而不是"取而代之"。形成森林后，乔木占据了优势，取代了灌木的优势，但在森林中各种类型的植物依然存在。例如弃耕农田演替为乔木林后，原先的草本植物并没有消失，灌木的种类还在增加，但对群落起决定作用的是乔木。

(3) 演替顶级

演替顶级指在一定的环境条件下，群落自我永续达到稳定的终末状态。此时，只要气候保持基本稳定，又没有人类活动和动物的显著影响，它们便一直保持着这种状态，而且不可能再出现任何新的优势植物，这时的群落称为"顶级群落"。与顶级群落对应的，是处于演替早期或中期的群落，称为非顶级群落。

与非顶级群落相比，顶级群落的特征是：生物个体较大、寿命较长，物种多样性高，群落结构层次性复杂，食物链以腐食为主，群落净生产量低，有机物质总量大，无机物质循环封闭，腐屑在营养物再生中作用重要，内部共生关系发达，抗外界干扰能力强，信息量大。

3. 人类活动对群落演替的影响

一片生长茂盛的草地经过人类活动不停地被踩踏，会自然而然形成一条路。踩的人越多，路就越宽、越实。人类活动在改变群落演替的方向和速度上，能施加重大的影响。人类的活动，特别是和土地、水体、空气有关的生产活动，往往会使群落演替按照不同于自然演替的速度和方向进行。

以中国的第一大淡水湖——鄱阳湖为例，由于大面积围湖造田以及气候原因，湖面大大缩小，原来春夏季节平水位时湖面面积为 3150 多平方千米，而秋冬低水位时面积为 500 平方千米。2009 年 5 月的测量值是 2370 平方千米，缩小了 25%。2 年后的同一个月份，湖面只剩 1326 平方千米，又缩小了 33%。2012 年 1 月枯水季节时竟不到 200 平方千米，与以往同季节比，"瘦身"60%(见图 6-25)。以前波光粼粼，碧波万顷，"芦荻渐多人渐少，鄱阳湖尾水如天"，如今看上去更像个大草原，有一所驾校索性把练车场设在了"湖"中。虽然"沧海变桑田"只是个传说，但平湖变草原却真真切切地发生在我们眼前。群落的演替是一种自然规律，但人类活动使它偏离了正常的轨道，造成减小了蓄洪容积、降低了蓄洪能力、导致洪灾频繁发生等严重后果。与此相类似的还有由于过度放牧导致草原退化、过度砍伐导致森林破坏、大量污水排放破坏水域生物群落等现象。

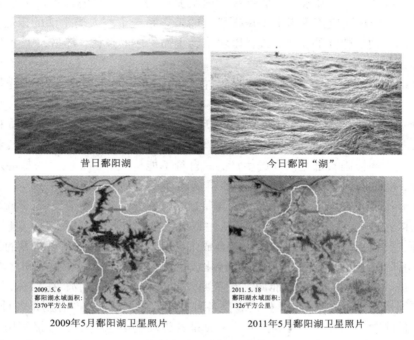

昔日鄱阳湖　　　　　　　　　　　　今日鄱阳"湖"

2009.5.6
鄱阳湖水域面积:
2370平方公里　　　　　　　　　　2011.5.18
鄱阳湖水域面积:
1326平方公里

2009年5月鄱阳湖卫星照片　　　　　2011年5月鄱阳湖卫星照片

图 6-25　鄱阳湖的昔与今

　　如果人类还是继续不假思索地改变大自然的演替方向，受到的惩罚将会更严重。只有通过一系列退耕还林、还草、还湖等活动来保持生物的多样性，改善气候和生产生活条件，才有可能使生态系统和人类均走上一条可持续发展的道路。

6.5　生态系统

6.5.1　生态系统组成

1. **生态系统概念**

　　"生态"一词，如今频频亮相各类媒体，从政治、经济、科学、文化到娱乐、消费，从美国总统的竞选演说到非洲饥荒地区民众的生活，社会生活的各个方面几乎都与生态紧密联系：穿有生态服装，吃有生态蔬菜，化妆讲究生态美，旅游提倡生态游，连唱歌都有原生态唱法。生态，已成为我们生活最时尚的要素之一。可是，到底什么是生态呢？

　　生态就是一切生物的生存和发展状态，以及它们之间圆融互摄的关系和它们与环境之间环环相扣的关系。一群互相依存的生物群落(包括动物、植物、微生物)在自然界一定范围或区域内，和当地的自然环境发生能量流动和物质循环，形成一个生物与生物、生物与环境相互作用、相互依存的动态复合体，这个复合体就是生态系统。生态系统和群落不是同一个概念，群落指生活在某一片天空下和某一块土地上的各群生物，却不包含这片天这块土。简单地说,生态系统 = 生物群落 + 环境 + 能量流动 + 物质循环。

生态系统的范围大小不一、相互交错,小到一滴河水、一眼小水塘、热带雨林中一棵树,大到一片森林、一座山脉、一片沙漠、一泓海洋。热带雨林生态系统是最为复杂的生态系统,而整个生物圈应该算得上是规模最大的生态系统了。人类生活的以居住、出行和从事社会活动方便而建立的城镇,或者以农田为主而构成的乡村,都是人工生态系统。

2.生态系统组成

生态系统无论形式和规模有多大差异,它们的相同点是都由非生物部分与生物部分组成。

非生物部分作为生命支持系统,指的是环境部分。环境是生态系统物质和能量的来源,包括光、温、大气、水、土壤和岩石,以及参与新陈代谢的二氧化碳、氧气和各种矿质营养元素。这些环境因素都是潜在的生产力,自身不能构成产品,但生物却能从这里获得物质和能量,生命得到保证,从而保证生物群落的存在和发展。

生物部分按照其在生态系统中的功能与特征,可分为生产者、消费者、分解者三部分。前文已多处谈到这个问题,在此处,我们从生态系统角度将此问题再整理一遍。

生产者主要包括绿色植物和一些化能合成细菌。这些生物能利用自然界的无机物合成有机物,并把环境中的太阳辐射能或化能转化成生物化学能贮藏在生物有机体中。生产者生产的产品是其他生物的食料和能源。在草原,生产者是草原植物;在森林,乔木、灌木与草本植物等是生产者;在水域,生产者是各种藻类;在农田,生产者则是各种农作物。

消费者是除微生物以外的异养生物,主要是各种动物。它们不能直接利用太阳能,只能以植物或者动物为食。消费者根据食性不同又可分为草食性消费者(如马、牛、羊)、肉食性消费者(如虎、蛇、鹰)、杂食性消费者(如猪、鸡、鸭)、腐食性消费者(如鹫)和寄生性消费者(如跳蚤)五大类。消费者虽不是有机物的最初生产者,但在推动生态系统的物质循环和能量转化过程中,是一个极为重要的环节。

分解者是微生物与土壤动物(如甲虫、白蚁和蚯蚓等),它们将死亡的有机体分解,释放出能量和简单的无机物,使之再为植物利用。分解者在生态系统的能量转化和物质循环利用中也具有重要意义,特别是在营养循环利用、废物消除和土壤肥力形成中起着巨大的作用。

生态系统所具有的结构可以维持能量流动和物质循环,地球上无数个生态系统的能量流动和物质循环,汇合起来就是整个生态圈的总能量流动和物质循环。生态系统内各种生物之间以及生物和环境之间存在一种平衡关系,任何外来的物种或物质侵入这个生态系统,都会破坏这种平衡。平衡被破坏后,生态系统可以自我调节恢复稳定状态,并逐渐达到另一种平衡关系。但如果生态系统的平衡被严重破坏,生物来不及演化以适应新的环境,就可能会造成永久的失衡和紊乱。

6.5.2　生态系统中的能量流动

能量是生态系统的动力,是生命活动的基础。一切生命活动都伴随着能量的变化,没有能量的转化,就没有生命,也就没有生态系统。

在生态系统中,能量的形式在不断的转换中,如太阳辐射可以通过绿色植物的光合作用转变为存在于有机物质化学键中的化学潜能,动物通过消耗自身体内贮存的化学潜能变成爬、跳、飞、游的机械能。在这些过程中，能量既不能创生，也不会消灭，只能按严格的当量比例由一种形式转变为另一种形式，这种能量的输入、传递与散失就是生态系统中的能量流动。

在生态系统中能量流动的路径一般是这样的：首先，地球上所有的生态系统需要的能量都来自太阳，生态系统中的能量流动是以绿色植物即生产者把太阳能固定在体内以后开始的。这些生产者所固定的太阳能我们称之为初级生产量。生产者在自身的新陈代谢中要消耗一部分能量，这部分能量叫呼吸量。初级生产量除去呼吸量，其余的部分贮藏在自己体内，作为自身的物质形态表现出来。以植物为食的初级消费者的能量来源就是固定在植物体内的能量。植食动物获得的能量除了新陈代谢消耗的呼吸量，其余贮藏在自己体内用于自身的生长、发育，同样以物质形态表示。肉食性的次级消费者又以同样的方式从初级消费者身上获取能量，除去一部分呼吸量，都贮藏在体内以自身的物质形态表示。

于是，生态系统的能量流动就这样通过食物链逐级传递下去，并且是单向的传递，因为能量以光能的状态进入生态系统后，就不能再以光的形式存在，而是以热的形式不断地逸散于环境中。在能量流动过程中，由于各个营养级的生物通过代谢消耗了很大一部分，因此，所有能量在逐级的流动中是递减的。经研究发现，食物链中能量从低级向高一级的转化过程中只有 10% ~ 20% 可以传递下去。图 6 – 26 以蜘蛛为例说明能量的消耗、转化与传递情况，蜘蛛捕获到 10.3 克食物，最终用于生长和繁殖的，也就是用于为上一营养级提供能量的只有 2.69 克，仅占 26%。于是，营养级越高，可利用的能量就越少。虎在生态系统中几乎是最高营养级，通过食物链（网）流至老虎的能量已减到很少的程度，因此，虎的数量很少。"一山不容二虎"，是有深刻的生态学原因的。

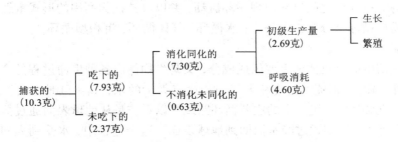

图 6 – 26　蜘蛛的次级生产中能量的消耗、转化和传递

把生态系统中各个营养级有机体按某种指标的顺序排列并绘制成图，其形似金字塔，称为生态金字塔，又称生态锥体。按生产量绘制的图形称为能量金字塔或生产量金字塔，按生物个体数目绘制的图形称为数量金字塔。生态金字塔形象地反映了各个营养级之间某种数量关系。能量锥体必呈正金字塔形，如图 6 – 27，而数量锥体则可能倒置或部分倒置。

如果一个人以鱼为食，那么他要增加 1 千克体重，就需要 10 千克鱼提供；而 10 千克鱼所需的能量需要 100 千克浮游动物或小虾提供；再进一步向塔的基部需要能量，则要 1000 千克浮游植物提供。换句话说，坐落在金字塔尖上的人，增加 1 千克体重，需要由海洋为他提供 1 吨的植物。而一个 60 千克重的成年人，就需要 60 吨的植物来供养他的成长。可想而知，当今地球上的 70 亿人向地球索取的物质，仅食物一项，就已经是一个天文数字！

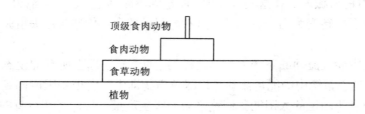

图 6－27　能量金字塔

从能量在生态系统中的流动过程还可以看到，绿色植物对于人类乃至整个生物界都是性命攸关的，因为人类赖以生存的最根本的物质和能量基础，就来源于绿色植物这个巨大的金字塔的基部。所以，"还地球一片绿色"绝不是一句口号，而应该成为每个人身体力行的目标。

6.5.3　生态系统中的物质循环

生命活动的正常运转，不但需要能量，而且依赖于各种化学元素的供应。生态系统从大气、水体和土壤等环境中获得的营养物质，通过绿色植物吸收，进入生态系统，被其他生物重复利用，最后，再归还于环境中，这个过程称为物质循环，或者称为生物地球化学循环、生物地化循环。在生态系统中，能量不断流动，物质不断循环，这两个生态系统的基本过程都是顺着生态系统的食物网(链)这个主渠道进行流动的。能量在流经生态系统各个营养级时，是逐级递减、单向不循环并最终以热的形式消散的，而物质是在生态系统的生物群落与无机环境之间反复出现循环流动，并以可被植物利用的形式重返环境。

全球的物质循环可分为三种类型：水循环、气体循环、沉积型循环。

1. 水循环

水既是一切生命有机体的重要组成成分，又是生物体内各种生命过程的介质。在地球的海洋、冰川、湖泊、河流、土壤和大气中均含有大量的水，其中陆地、大气和海洋中的水，形成了一个水循环系统。水的主要循环路线可以看作是从地球表面通过蒸发进入大气圈，同时又不断从大气圈通过降水而回到地球表面。这个过程中，水受到太阳辐射而蒸发进入大气中形成水汽，水汽随气压变化而流动，并聚集为云、雨、雪、雾等形态，其中一部分降至地表，汇集在江、湖，重新流入海洋，另一部分渗入土壤或松散岩层，有些成为地下水，有些被植物吸收。被植物吸收的部分，除少量结合在植物体内，大部分通过叶面蒸腾返回大气。

大气圈中的含水量并不多，地球全年降水量约等于大气圈含水量的 35 倍。这就是说，大气圈中的水全部降下，只够用 11 天。不断的降水依靠地表和洋面的不断蒸发，大气圈中的水平均每 11 天周转一次。每年降落到陆地的水有约 1/3 以地表径流的形式流入海洋。所谓径流，指在重力作用下流动的水流。水能溶解和携带营养物质，且又都是向低处流的，所以高地比较贫瘠，而低地比较肥沃。沼泽地、大陆架是最肥沃的低地，也是地球上生产力最高的生态系统之一。地下水是埋藏和运动于地表以下的深层水，分布广泛，水量丰富且稳定，蕴藏量是地表河川的近 40 倍，且不会因为蒸发而受到损失、污染程度低。

水循环系统既受气象条件(如温度、湿度、风向、风速)和地理条件(如地形、地质、土

壤)等自然因素的影响,也会受到人类活动
的影响。例如,构筑水库、开凿河道、开发
地下水等,会导致水的流经路线、分布和
运动状况发生改变;发展农业或砍伐森林
会引起水的蒸发、下渗、径流等变化。人
类的生产活动和生活中排出的化学污染
物,以各种形式进入水循环后,将参与循
环而迁移和扩散。如排入大气的二氧化硫
和氮的氧化物形成酸雨;土壤和工业废弃

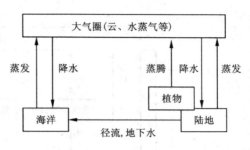

图6-28 全球水循环示意图

物经雨水冲刷,其中的化学污染物随径流和渗透又进入水循环而扩散等。

总之,水循环对生态系统和人类生存的环境质量都有显著的影响。水循环示意图如图
6-28所示。

2. 气体型循环——碳循环

气体型循环以氧循环、碳循环和氮循环为代表,本书仅介绍碳循环。

碳是生命骨架元素,对生物和生态系统的重要性仅次于水。地球上最大量的碳被固结
在岩石圈中,其次是在化石燃料即煤和石油中。但具有积极的生物学意义的碳不是此二
者,而是水圈和大气圈中的碳,主要以二氧化碳(CO_2)形式存在,水圈中还有碳酸钙等。

生产者植物通过光合作用把环境中的二氧化碳中的碳固化为有机碳,然后通过消费者
食物网(链)传递。有机碳一部分通过生物的呼吸返回大气,一部分经过营养级间的同化作
用,通向分解者,最后也是返回大气圈或岩石圈。岩石圈中的碳会在岩石风化过程中返回
大气。于是,就构成了碳循环,又称C循环。

图6-29所示的全球碳循环又称为碳的地质大循环。在这个循环中,大气圈中的二氧
化碳只有植物光合作用和水圈溶解两个循环出口,循环入口则有生物的呼吸、植物和化石
燃料的燃烧、岩石圈风化和水圈补偿等多个。碳在生态系统中的含量若出现过高或过低情
况,都能通过碳循环的自我调节机制得到调整恢复,因此,在陆地和大气之间,碳的交换
大体上是平衡的。水圈与大气圈的碳循环对于碳的平衡状态也起着重要的作用。

在碳的地质大循环中,有几个碳的生物小循环。生物小循环指生物圈内的各种化学物
质,通过大气或水在植物-动物-微生物之间所构成的循环过程。碳的生物小循环有三个
层次:第一层次是大气中的二氧化碳和植物体之间的个体水平上的循环,如图6-30(a);
第二层次是在光合作用和呼吸作用之间的细胞水平上的循环,如图6-30(b);第三层次是
大气中的二氧化碳通过植物、动物、微生物之间的食物网(链)水平上的循环,如图6-30
(c)。碳的生物小循环离不开植物,没有植物就没有有机碳。

森林是碳的主要吸收者,也是生物碳库的主要储存库,所存的碳量相当于大气含碳量
的2/3,对于维持大气中氧气与二氧化碳相对稳定作用显著。若大肆砍伐森林,光合作用
减弱,大气中的二氧化碳不能被吸收,更不能增加大气中的氧气,不仅破坏了大气中氧气
与二氧化碳的相对稳定,还阻碍了碳的正常循环途径,使大气中二氧化碳含量明显增加。
化石燃料如煤、石油、泥碳等是地层中千百万年积存的碳元素,是宝贵而丰富的能源物质,
若在短时间内释放出来,二氧化碳来不及转化,也同样会打破生物圈中碳循环的平衡,使
大气中二氧化碳的含量明显增加。

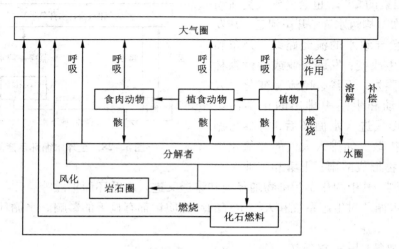

图 6 – 29　碳的全球循环示意图

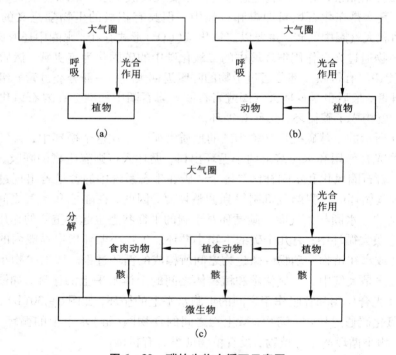

图 6 – 30　碳的生物小循环示意图

　　人类活动若违背了生态规律,对碳循环的影响将是导致大气中二氧化碳明显增多,阻碍地球上的热量散逸到外层空间,那样,大气中的二氧化碳层就会变成一个保温层,使地球上的温度加速升高,进而形成危及整个生物圈的"温室效应"。进而会带来什么结果,是全球环境问题的热点之一。

3. 沉积型循环——磷循环

磷是生命中最活跃的元素和中心元素,存在于动物的骨骼、牙齿、血液以及组织液中,遗传物质 DNA 和 RNA 都是磷酸酯,腺苷三磷酸 ATP 是生命的能量通货。

磷没有任何气体形式或蒸汽形式的化合物,是最典型的沉积型循环物质。磷循环又称 P 循环,起点是岩石的风化,终点是水中的沉积。岩石风化后,溶解在水中的盐便随着水流经土壤进入溪、河、湖、海并沉积在海底,其中一些长期留在海里,另一些可形成新的地壳,风化后又再次进入循环圈。动植物从溶盐中或其他生物中获得这些物质,死后又通过分解和腐败过程使这些物质重新回到水中和土壤中。

人类的活动已经改变了磷的循环过程:由于农作物耗尽了土壤中的天然磷,人们便不得不施用磷肥,使得大部分用作肥料的磷酸盐都变成了不溶性的盐而被固结在土壤中或池塘、湖泊及海洋的沉积物中。这样的后果,一是使水源污染,导致河川、湖泊、内海的富营养化,造成人们饮用被污染的水源而致健康损害;二是由于水中氮、磷含量增加,使藻类等水生植物生长过多,暴发于我国沿海地区的赤潮就是在特定的环境条件下,海水中某些浮游植物、原生动物或细菌暴发性增殖或高度聚集而引起水体变色的一种有害生态现象;三是使土壤酸化以及物理性质恶化,破坏土壤的内在平衡,导致土壤板结。

本章内容小结

环境与生命的关系不是共生关系,而是生命依赖于环境,有点类似于寄生的关系。环境如果不合适,生命就无法存在;但如果没有生命,环境不会消失,只是不叫环境而已。没有了生命,那些山、那些水,叫什么名字都无所谓,对于生命都无意义。

温度、湿度、气候、土壤、水、空气、阳光等生态因子选择了物种,这是按图索骥的选择——先有这样的生态因子,后有这样的物种。

物种既被选中,就要保住基因。保住基因的唯一途径是物种延续,延续物种的唯一途径是繁殖。因此,物种的个体总是集聚在一个地域范围内成为或大或小的团体,这些团体就是种群。同一个地域中会有多个生物种群,构成食物链或食物网,形成群落。群落和地域环境的所有相关条件一起,构成生态系统。

不论种群、群落还是生态系统,对于生命都是非常重要的,甚至是生死攸关的。群落的密度、增长率、性别比例等数量特征一旦超出正常值,就意味着这个群落有崩溃的危险。群落中的某一种群一旦消失,食物链就断裂;群落就面临解体。生态环境一旦恶化,例如水循环被干预或被污染、碳循环被偏移或被改速等,系统中的所有生命都将难以自保。人类自身也逃不出这些规则的要求。

人类是智慧生命,之所以说智慧,是因为他或早或迟会知道,善待环境,珍爱生命,是一件无比愉快的事情。

第 7 章　环境问题

本章导读：近些年来，环境污染事件明显增多，2007 年 5 月太湖蓝藻暴发、2008 年 9 月山西襄汾新塔矿业公司尾矿库溃坝造成 277 人死亡、2009 年 8 月湖南武冈因工厂污染导致上千儿童血铅超标、2010 年 7 月吉林永吉两家化工厂 7000 多只原料桶冲入松花江形成 5 千米长的污染带、2011 年 6 月渤海湾的中海油 - 康菲漏油事件、2012 年 1 月广西龙江河镉污染事件、2013 年 1 月山西浊漳河苯胺污染事件……我们的环境究竟是一种什么状态？为什么会变成这个样子？

最近国家发布实施《环境空气质量标准》，其中新增的 PM2.5 是什么？它们是从哪来的？

什么是水体富营养化？为什么富营养化的水体反而会缺氧？

什么是白色垃圾？为什么不能拿去烧掉发电？

为什么近来雾霾越来越频繁？难道就不能防治吗？

水不是自然存在的吗？地球上有那么多的水，为什么还说水是宝贵的呢？

地底下究竟有多少石油、多少煤炭？够我们用多久？用完以后该怎么办？

泥石流、滑坡、地震等等不是自然灾害吗？难道还有"人工"的？

常言说，人多力量大，众人拾柴火焰高，为什么还要控制人口增长呢？

20 年后、200 年后，我们国家会有多少人口？

地球究竟能养活多少人？我国的土地上最佳的人口数量应当是多少？

……

太多的问题，可以在本章中找到答案。不过，有一个问题是留给大家的：从今往后，你如何看待环境？

7.1　环境问题概念

7.1.1　环境问题类别

我们经常告诉孩子不要弄脏了衣服，更不要弄破了衣服，因为衣服能保护我们的生存，这是生活常识。殊不知，我们的生活还有一件大衣服，这是保护一切生命的大衣服——自然环境。自 20 世纪 80 年代以来，环境这件衣服不但被弄得肮脏了，而且还被弄破了许多地方。自然环境不再适宜人类生存的问题称为环境问题。近二三十年来，环境问题越来越多，效应越来越强，对人类以至对其他生物的灾难性影响越来越大。重大的环境问题种类见图 7 - 1。

原生环境问题由自然演变引起，也叫自然灾害或第一环境问题。一些发生在无人区的

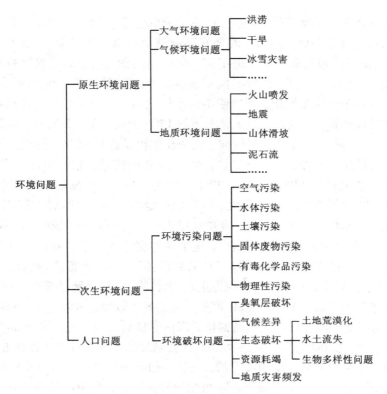

图 7 - 1　人类面临的重大环境问题

自然演变不构成自然灾害，例如远离大陆的大洋底部地震、戈壁滩的大面积地陷等等。

次生环境问题由人类活动直接引起，也叫第二环境问题。次生环境问题有环境污染和环境破坏两大类。环境污染的基本破坏形式是环境受到化学侵害，造成环境有毒化、致病化，故又称"公害"；环境破坏多指在生物方面和物理方面对环境的破坏，造成环境恶劣化。不论是原生环境问题还是次生环境问题，都严重扰乱和破坏了人们正常的生产和生活环境，严重影响人们的健康和愉快，影响人们的生活质量。

需要特别引起注意的是，当人口达到一定数量后，人口问题便在作为社会问题的同时，也表现出对环境不可忽视的影响。巨大的人口数量意味着对土地、水、生活资料等资源的占用与消耗量巨大，产生的废物量巨大，在自然灾害面前损失巨大，从而成为环境问题。

7.1.2　产生环境问题的原因

原生环境问题本来是自然现象，主要是受太阳活动的影响，例如耀斑、太阳风等等，地球构造性运动也会造成原生环境问题，例如造山运动、地壳裂隙等。但随着人类行为对自然的作用日益加大，很多自然灾害的发生与人类活动的关系密切，例如过度垦伐使植被破坏导致泥石流易发、牧业的过度发展使草原退化而沙尘暴加剧、地下水过度开采造成地面塌陷等等。原生环境问题为人类活动诱发的现象越来越频繁，自然灾害越来越反映出非自然的原因。

有一种观点认为,环境问题是经济、社会发展的伴生产物。这种观点认为,自然演化发展有一个能保持自身平衡的速度,若要它超越这个速度,就只能用人的力量去"改造"它,于是,原有的平衡被打破。平衡是宇宙一切运动的动力,旧的平衡被打破了,新的平衡必定要出现,社会经济与环境问题共同发展就是新的平衡方式。例如使用汽车,人们可以发明无铅汽油甚至使用太阳能、可以使用新型锂电池,努力减少有害排放物,却永远不可能不向大气排放热量。1辆低排量的轿车重约1500千克,乘坐5人时,仍需80%的能量用于驱动车体,当车上只有1个人的时候,这个比例更是达到95%。然而汽车工业在许多国家都是最重要的生产行业,是经济支柱,据2009年的统计,它占国民生产总值的比例,在中国是15%,意大利是42%,日本是30%,美国是25%。根据国家环保部公布的数字,我国2006年至2010年的"十一五"期间,汽车保有量由3088万辆增加到7722万辆,增加了150%。3年后的2013年末,汽车保有量猛增75%,达到1.35亿辆,其中私人轿车就超过6000万辆。现在使用的是"无铅汽油",这个名称会让人误解,因为无铅汽油只是铅含量低,每升汽油中仍然含有10毫克铅。和"有铅汽油"一样,无铅汽油燃烧时仍会排放气体(以一氧化碳、碳氢化合物、氮氧化物为主)、颗粒物(可长期悬浮于空气中、直径小于2微米的易被人体吸入的碳粒)和冷凝物(醛类、苯、多环芳烃、苯等)三大物质。燃烧越不完全,排放就越严重。汽车行驶速度越偏低,汽油燃烧就越不完全。汽车越堵塞,车速就越爬行。汽车越多,就越堵塞。因此,经济、社会越发达,环境问题就必然越严重。

跟这种观点关联但从另一个角度看的,是认为粗放的生产、生活方式和淡薄的环境意识直接造成环境问题。这一点很显见,20世纪中叶,我们心目中的发达工业,仅烟囱林立还不行,还须是每个烟囱都吐着烟,光吐烟还不够,还须是滚滚浓烟,而发达的林业就是能够锯倒满山大树。当时有一首旋律如骏马奔驰般的《草原晨曲》,清亮的男高音唱道:"我们像双翼的神马,飞驰在草原上,啊,烟囱林立破云霄,百花绕厂房。"《我们的田野》则是孩子们稚脆的声音:"风吹着森林,雷一样的轰响,伐木的工人请出一棵棵大树,去建造楼房,去建造矿山和工厂。"后来为发展农村经济,国家提倡发展"五小工业",即县办的小钢铁、小机械、小化肥、小煤窑、小水泥工业。1996年后,环境治理问题彰显,国家明确禁止建设高污染的小造纸、小制革、小染料、土炼焦、土炼硫、土炼砷、土炼汞、土炼铅锌、土炼油、小选金、小农药、小漂染、小电镀、土石棉制品、土法放射性制品企业,即"十五小"企业,并对小火电、小炼油、小水泥、小玻璃、小钢铁即"新五小"企业进行清理整顿。2010年,国家又对化学原料及化学制品制造业、非金属矿物制品业、黑色金属冶炼及压延加工业、有色金属冶炼及压延加工业、石油加工炼焦及核燃料加工业、电力热力的生产和供应业等六大高耗能高污染行业进行限电、限产、增税、停止新建等宏观调控。这些措施收到一定效果,但毕竟积重难返,要彻底改变面貌尚任务艰巨。2012年1月中旬,广西龙江河段检测出重金属镉含量超标,镉浓度在国家标准临界值5倍以上,事故原因是两家企业利用溶洞恶意排放高浓度镉污染物的废水。

另一种观点认为是人类对自己和自然认识不足,非必需的、过度的索取自然造成了环境问题。一方面是人们对资源的占有欲呈快速膨胀状态,另一方面又以为真的是"不怕做不到,就怕没想到",以为资源无限,不会枯竭。与动物不同,人会考虑未来,能未雨绸缪。狮子饱的时候,对在不远处打盹的角马毫无兴趣,只到饿了才去捕食。人不是,人们刚吃过午饭就考虑晚上吃什么。人还发明了冰箱储存食物，尽管有些食品在冰箱里可能放一年后扔掉。松鼠也会储存松子，存够一次能过一冬。人不同，人占有的资源不止为了度过一个冬天，也不止为了自己一生消耗，他往往要庇子荫孙，希望给三代四代留够松子。这种愿望驱使人们对资源过度开发、野蛮开采。即便不为后代留，资源占有量也是身份、能力等的标志。虽然山珍海味、粗茶淡饭吃到肚里，被胃液一搅，再让胰液一拌，在肠子中都是一塌糊涂、不堪入目，根本分不出哪些是鱼翅哪些是粉丝，但在餐碗里下肚前，那就是有天壤之别的两种资格的人的资源占有。人口文化素质低，生态意识薄弱，对自然资源的开采超过了自然资源补给、再生、增殖的速度，造成环境问题。

在公民生活中也有一些习惯造成环境劣化，如随处弃置电池、灯管、塑料制品等，就连不随地吐痰、不乱扔垃圾等幼儿文明常识，都要写进城市公民守则，而且还未必能人人都遵守。这也是人口文化素质和生态意识方面的问题。

还有人认为产生环境问题的根本原因是人口的急剧增加给环境带来巨大压力。资源需求、污染因素都与人口数量呈正相关的状态。人口的急剧增加给环境带来巨大的压力，环境问题因而产生。

以上几种观点分别从不同角度寻找环境问题的原因，都有其依据。应当说，环境问题是这些原因共同作用所产生的，而不是哪一个原因的独立结果。或许还有未发现的原因，或许还会有新出现的原因，环境问题将始终伴随人类。图 7 - 2 归纳了环境问题产生的原因。

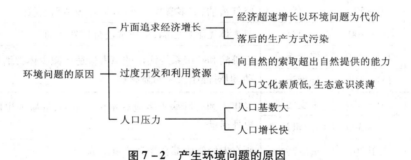

图 7 - 2　产生环境问题的原因

7.2　环境污染

自然界本身也会产生不利于生物的物质，例如火山喷发会释放出的火山气体中，除含有大量硫磺和氯气外，还含有氟化氢及其衍生剧毒物；又如有些动植物死亡后，遗骸腐烂过程中会产生某些有毒有害物质。但由于大气、水、土壤等的扩散、稀释、氧化还原、生物降解等的作用，这些物质的浓度和毒性会自然降低，这种现象叫做环境自净。环境污染是指人类直接或间接地向环境排放有害物质或有害因子，使环境结构与功能发生变化，对人类以及其他生物的生存与发展产生不利影响的现象。环境污染是人为的、超过环境自净能力的排放。

环境污染有多种分类法。

按环境要素分为太空污染、空气污染、水体污染、土壤污染。

按污染物性质分为化学污染、物理污染、生物污染。

按污染物形态分为废气污染、废水污染、有毒化学品污染、固体废物污染、物理性污染(噪声污染、辐射污染、光污染等)。

按污染原因分为生产污染(工业污染、农业污染、交通污染)和生活污染。

按污染范围分为全球性污染、区域性污染、局部污染。

7.2.1 空气污染

大气圈中最靠近地面约 10 千米厚的一层是对流层。对流层集中了占总质量约 95% 左右的大气,是人类生活和生产以及其他生物生存的重要领域。3 个成年人 1 天吸入的空气体积可占 1 间 20 平方米的房间。空气污染就是对对流层的大气污染,有时也包括室内空气的污染。

1. 空气污染源与污染物质

环境空气质量按空气污染指数(Air Pollution Index,缩写 API,二氧化硫、氮氧化物和总悬浮颗粒物含量的综合指标)分为五级,见表 7 - 1。

表 7 - 1　空气质量分级表

空气质量等级	空气污染指数(API)	空气质量状况	说　　明
一级	0 ~ 50	优	空气清洁,应多参加户外活动,呼吸清新空气
二级	51 ~ 100	良	对人体无不良影响,可正常进行户外活动
三(1)级	101 ~ 150	轻微污染	心脏病和呼吸系统疾病的患者应适当减少体力消耗和户外活动,但对健康人无明显影响
三(2)级	151 ~ 200	轻度污染	
四(1)级	201 ~ 250	中度污染	老年人和心肺病患者应尽量留在室内,健康人也应适当减少户外活动
四(2)级	251 ~ 300	中度重污染	
五级	大于 300	重度污染	所有人的健康都会受到严重影响

人生活在空气中,就如鱼生活在水中。生活在被污染的空气中的人,就如同生活在浊水、臭水、毒水中的鱼。当空气质量达到四级时,人体就有明显的不适,体弱者反应剧烈,体质极弱者会发生死亡。

燃烧废气、工业排放、交通工具尾气、农业排放等是主要的大气污染源。空气污染物的形式多样,有烟、尘、颗粒物、霾、汽、气、气味、放射性物质、有毒化学物等。空气污染物的成分也非常复杂,已引起人们注意的有害物质有 100 多种。燃烧废气含二氧化硫、一氧化碳,工业排放废气含二氧化硫、氮的氧化物、有机化合物、卤化物(氟化物、氯化物、溴化物、碘化物等)、碳化合物等,交通工具尾气含二氧化硫、一氧化碳、氮的氧化物和碳氢化合物等。

颗粒物又称 PM,意为微粒物质。直径在 2.5 ~ 10 微米之间的粗颗粒物是"可吸入颗粒物"PM10,主要来自道路扬尘等。直径小于 2.5 微米的细颗粒物是"可入肺颗粒物"

PM2.5,主要来自煤、石油、天然气等化石燃料的燃烧(如机动车尾气、燃煤)、挥发性有机物等。PM2.5 粒径小,含有大量有毒、有害的物质,且在大气中停留的时间长、输送距离远,对空气质量和能见度等有重要的影响,对人体健康的影响更大,是城市空气质量最重要的指标之一。

许多现代装修材料(油漆、涂料、充填物、墙纸等)、装饰性产品(如合成的墙面覆盖物、复合地板材料、染料、芳香剂等)和家具(特别是使用大量环氧黏合剂和环氧树脂的家具)的使用,正在造成各种室内空气污染。

在一些较干燥的夏季晴天的午后,城市里有时会遇到强刺激性白色(或浅蓝色、紫色、黄褐色)烟雾,使大气能见度降低,行人眼肿流泪,呼吸刺激,这就是光化学烟雾。光化学污染由碳氢化合物、醛类化合物等微粒在阳光紫外线作用下形成的二次污染,也是一类严重的空气污染。

2. 空气污染的危害

空气污染对人体有多方面的危害,主要表现是呼吸道疾病、眼鼻等黏膜组织疾病与生理机能障碍,严重的会殃及生命。历史上最著名的是 1952 年 2 月英国的伦敦烟雾事件,弥漫在伦敦上空 5 天不散的硫酸烟雾致使 4703 人死亡,烟雾散去后 2 个月内,又有 8000 人因其影响而死亡。伦敦烟雾事件是突发的急性事件。人如果长期生活在污染空气中,会引起慢性支气管炎、支气管哮喘、肺气肿及肺癌等疾病。PM2.5 以下的细颗粒能够通过上呼吸道直接进入支气管,干扰肺部的气体交换,引发哮喘、支气管炎和心血管病等方面的疾病。气象专家和医学专家认为,灰霾天气对人体健康的危害要大于沙尘暴。

大气中的二氧化硫浓度高时,会导致呼吸道炎症、眼结膜炎症,还对植物产生急性危害,使植物叶表面产生伤斑甚至直接导致叶片枯萎脱落;当污染物浓度不高时,会对植物产生慢性危害,使植物产量下降,品质变坏。二氧化氮主要损害呼吸道,引发肺水肿和成人呼吸窘迫综合征,长期吸入会引发神经衰弱综合征及慢性呼吸道炎症。二氧化氮还会使地表水酸化、富营养化,增加水生生物的毒素含量。

大气污染物对天气和气候的影响十分显著,它不但使空气变得非常浑浊,还遮挡了阳光,影响人和动植物的生长发育。大气中的污染物二氧化硫是形成酸雨的元凶。酸雨腐蚀毁坏大片森林和农作物,腐蚀污染建筑物,腐蚀一切暴露在空气中的物品。更严重的是,大气污染导致臭氧层空洞、温室效应、全球气候异常等危及地球生命的环境问题。世界最严重的三大酸雨区是西北欧、北美和中国。

近年来,家居室内装修产生的空气污染问题逐渐突出。各种涂料、染料、胶粘剂、人造地板、壁纸、地砖、油漆等装饰、装修材料给室内空气中带来 500 多种挥发性物质,其中有 20 多种为致癌物质,另外还有 200 多种致病病毒。危害较大的主要有甲醛、苯、氨、氡、有机污染物(TVOC)等的超标,被称为室内环境污染的"五大罪魁祸首",引发肺癌、白血病、不孕、胎儿畸形、皮肤癌、鼻癌、咽喉癌等病症,而且,儿童比成年人更容易受到室内空气污染的危害。有些污染物的释放期相当长,例如主要来自人造板材、胶粘剂的甲醛的释放期为 3~15 年。室内空气污染已成为自己请来危害健康的隐形杀手。对于新装修的房间和新添置的家具如果有刺眼、刺鼻等刺激性异味,而且超过 1 年仍然气味不散,就应检查室内空气污染问题。即便采用了使用达标材料、保持通风、放置绿色植物或芳香剂、柚子皮等措施,仍然不能大意。嗅不到异味不等于没有污染,甲醛超标 3 倍以下时,一般闻不到有刺激性气味,而当闻得到刺激性气味时,甲醛已超标4~8倍以上了。据世界卫生组织有关资料,全球每年死于室内空气污染原因的人数达到280万,但人们目前对此还没有充分的认识。

7.2.2　水体污染

　　水体不仅仅是水,而是江河湖海、沼潭渠沟、地下水、冰川等被水覆盖地段的自然综合体,以及其中的溶解物质、悬浮物、底泥、水生生物等的总称。水体污染不是简单的"把水弄脏"的问题,凡可造成水体水质、水中生物群落以及水体底泥质量恶化的各种物质或能量都是水体污染物。

　　1.水体污染源

　　生活污水、工业废水、农田排水、畜禽养殖业废水、垃圾渗漏液等都是水体污染的来源,倾倒在水中或堆积在水边的废渣、垃圾等,也会造成水体污染。

　　生活污水主要是人体排泄物和生活中的各种洗涤水,一般为无毒的无机盐类和有机物,高含细菌、病毒、寄生虫卵。工业废水是最大的水体污染源,其特点是量大、面广、不间断、成分复杂、毒性大、不易净化、难处理。农业污染主要来自牲畜粪便、农药、化肥等,它有两个显著特点,一是有机质、植物营养素及病原微生物含量高;二是农药、化肥含量高。

　　污染物质从集中的地点排入水体的称为点污染源,工业废水排放口、生活污水的排放口等都是点污染源。点污染源的污水在排放时间、排放量上都有一定规律,可以直接测定获得定量结果,可以直接评价其对环境的影响。污染物质来源于集水面积的地面或地下的是面污染源,如农田灌排、雨水冲刷地面污物等。面源污染以扩散方式进行排放,往往与气象因素有联系,规律性弱,对环境影响的评价较难。

　　2.水体污染物质及污染的危害

　　污染水体的物质成分极为复杂,概括起来可分为化学性污染、生物性污染和物理性污染。

　　(1)化学性污染

　　化学性污染包括无机物污染、有机物污染、植物营养物质污染和油类物质污染等。

　　无机物污染包括酸碱盐污染和有毒物质污染,污染源都是工业排放。前者虽然无毒,但是破坏了正常的水质,影响水生生物的正常活动,破坏土壤品质,腐蚀船舶和水上建筑。后者主要是汞、镉、铅、铜等重金属污染和砷、氰化物、氟化物等污染。重金属在生物体内储积会导致慢性中毒,如汞会引起"水俣病"(俣字读音如"雨",水俣是日本地名),镉会引起"骨痛病"等等。砷就是我们日常说的砒霜,氰化物具有令人畏惧的剧毒性,且容易被人体吸收。

　　有机物污染也有无毒和有毒两类。生活污水和工业废水中含的蛋白质、脂肪、酚、醇等是无毒有机物,它们在微生物帮助下进行降解,降解过程中要消耗大量的溶解氧,所以造成水体缺氧,变黑发臭,水生生物死亡。苯酚、多环芳烃、有机氯等有毒有机物从农药、染料等途径带来。塑料、人造纤维、合成橡胶等则带来高分子聚合物。这些物质化学性质稳定,难以降解,通过食物链在人体和其他生物体内富集,有致癌、致畸、致基因突变等危害。

植物营养物质指氮、磷等，所有污染途径都会带来植物营养物质。这些物质的富集引起水域中一些藻类、浮游生物暴发性增殖，大量消耗水中的氧，藻类、浮游生物死亡腐烂后又向水中释放出更多的氮和磷，使水质越来越劣化。这种状态称为水体富营养化。富营养化水体因占优势的藻类不同会出现各种颜色，如赤潮(见图 7－3)、青潮等。

图 7－3　赤潮　　　　　　　　　　　　图 7－4　海面石油污染

油类物质污染主要由石油及其制品(汽油、柴油、润滑油等)等造成，见图 7－4。油类物质阻碍水体复氧能力，破坏水的自净作用，这不仅因为石油中有毒性的成分，还因为石油在水面形成了覆盖膜，而且，油膜的生物分解和自身氧化要消耗水中的溶解氧。含油水体直接或间接地为害鱼类、水生植物和海鸟，若用于灌溉，则危害农作物。

(2)生物性污染

生物性污染主要是致病菌、病毒、寄生虫等病原体微生物的污染，这些病原体微生物主要来自生活污水、畜禽饲养场及屠宰场的污水，还有医院、制革洗毛等企业排放的污水。被污染的水体会引起传染病流行传播，其中细菌引起痢疾、伤寒、霍乱等，病毒引起传染性肝炎、小儿麻痹等，其他病原体引起血吸虫病、姜片虫病、阿米巴痢疾等。

(3)物理性污染

物理性污染主要有放射性污染和热污染。放射性污染物源自放射性矿藏开采、核试验、核电站等活动，医学、工业、科研使用同位素的废水也有放射性。放射性对人体的危害早已人人皆知，所以日本大海啸造成福岛核电站事故后又引起购盐热潮。热污染主要由于热电厂等工矿企业向水体排放高温废水，水体温度升高影响水生生物生存、加快水中化学物质的反应速率、加速水体富营养化过程。

7.2.3　土壤污染

空气污染、水体污染是通过呼吸、饮用等途径直接进入人体，危害人体健康的，而土壤污染是在土壤中的有害物质或其分解产物因未及自净而逐渐积累，最终通过农作物间接被人体吸收，危害健康。

1. 土壤污染源和污染物质

土壤历来被人类视为天然垃圾场，反正广袤无垠，什么都可以往那里倾倒，什么都可以在那里掩埋，一切都可以"入土为安"，一切入土后都可以"零落成泥碾作尘"，终使土壤不堪重负。

土壤污染源主要来自四个方面：第一是污水灌溉，使用不符合灌溉标准的地表水、生活污水、工业废水灌溉农田，或将污泥浊物当肥料使用；第二是废料堆积，城市垃圾、工业废渣、建筑残余、矿山尾矿等任意堆放，其中的有害物向土壤淋溶、释放；第三，化肥农药在土壤中蓄积，难以降解而长期存留；第四，空气污染颗粒物沉降，引起土壤酸化。

土壤污染物质与水体污染的情况很相似，主要有有机有毒污染物、无机无毒污染物、无机有毒污染物、固体废物、病原微生物和放射性污染物。有毒有机污染物来自农药和工业废水。农药中含有有机氯或有机磷。无机无毒污染物主要有硝酸盐、硫酸盐、氯化物等。无机有毒污染物主要是工业废水带入或大气污染沉降的重金属，它们一般不影响植物的生长发育，但可在植物内积累。

2. 土壤污染的危害

土壤污染使污染物在植(作)物体内积聚，通过食物链再到人体或动物体内积聚，引发癌症和各种疾病。

土壤污染导致食物品质下降，使粮食、蔬果等重金属含量增高，甚至超标。

土壤污染造成作物产量低下，还造成土壤板结、土壤盐碱化而丧失种植功能的结果。

土壤污染还会导致大气污染、地下水污染、生态退化等一系列环境问题。

7.2.4　固体废物污染

固体废物污染包括生活垃圾(食物残渣、纸屑、灰土、包装物、废品等)、工业固体废物(粉煤灰、冶炼废渣、炉渣、尾矿、工业水处理污泥、煤矸石、工业粉尘等)、农业固体废物(农作物秸秆、动物尸体、农业用资材废弃物等)、建筑废料及弃土等。

随着城镇化扩张和生活水平提高，生活垃圾的成分变化很大。以往的煤渣如今很少，而旧家具、废旧电器、包装物变成的垃圾不断增加，在垃圾桶边时不时会出现旧沙发、半新的西装，还有挺不错的大型绒毛熊。冶金、能源、化工、食品等工业活动产生的固体垃圾越来越多，有些工厂的炉渣堆得有如小山。不论城乡，建筑工地随处可见，塔吊日夜忙碌；刚交付的新房自然是电锤猛钻，有时一堵墙都变成垃圾；旧房也不甘落后，努力痛改前非，变脸换新颜。于是，建筑垃圾如洪水猛兽来势汹汹。

另一个突出的问题是高分子化合物制成的各类生活塑料制品使用后被弃置，即塑料垃圾，俗称"白色垃圾"。城市的白色垃圾以塑料包装袋和一次性塑料快餐具为最严重。1999年作为"落后产品"被禁用的一次性发泡塑料餐具于14年后解禁，前提是建立和制定回收再利用的机制，并不意味着它不是白色垃圾而可以随意抛弃或焚烧。白色垃圾中残留有氯乙烯单体，长期接触氯乙烯将伤害皮肤、眼睛等器官，并诱发肝癌，若氯乙烯与食品直接接触，后果更严重。用超薄塑料袋盛装食品，尤其是盛装熟食、热食，对健康是非常有害的。还需提醒，这些超薄塑料袋几乎都是由小企业或家庭作坊用废弃塑料容器、一次性针筒等加工的。白色垃圾的降解一般需要200年，若填埋则污染土壤，若焚烧则排出二恶英，真叫人无计可施。二恶英有"世纪首毒"之称，其毒性是砒霜的900倍，万分之一克甚至亿分之一克的二恶英就会给健康带来严重的危害，国际癌症研究中心已将其列为人类一级致癌物。二恶英除了具有致癌毒性以外，还具有生殖毒性和遗传毒性，直接贻害子孙后代最起码的健康。

易燃、易爆、腐蚀性、传染性、放射性等在操作、储存、运输、处理和处置不当时会对人体健康或环境带来重大威胁的废物称为危险废物，因其后果严重，会引起公众的恐慌，动摇社会秩序和政局稳定，在工业发达国家称之为"政治废物"。危险废物较难处理，且处置费用高昂，发达国家一些公司极力试图将危险废物向工业不发达国家和地区转移。危险废物的越境转移已成为严重的全球环境问题之一。1989 年 3 月，联合国在瑞士的巴塞尔通过了《控制危险废物越境转移及其处置的巴塞尔公约》，简称《巴塞尔公约》。公约对危险废物跨国境的转移和处置作出了较全面的规定，于 1992 年 5 月生效。我国于 1991 年加入该公约，是该条约的最早缔约国之一。

7.2.5　物理性污染

物理性污染有悬浮物质污染、热污染、放射性污染、噪声污染、光污染、电磁波污染等类型。前三种类型污染在上文中已经谈到，本处仅讨论后三种类型的污染。

1. 噪声污染

什么是噪声？如果要从直觉说，是说不清的。"车辚辚，马萧萧"，是君王的乐声，却是百姓的噪声。战乱中的鹂鸣是乐声，所以杜甫说"两个黄鹂鸣翠柳"；闺思中的莺啼是噪声，所以金昌绪说"打起黄莺儿，莫教枝上啼"。可见，噪声污染是感觉性的公害，它与人们的主观意愿有关。但无论雅士还是农夫，对于破坏自然界原有的宁静、损伤听力、损害健康、影响生活和工作的声音都是抵触的，如交通噪声、工业噪声、社会生活噪声。噪声通过影响情绪来影响健康，已成为仅次于大气污染和水污染的第三大污染。

交通噪声主要指各种交通工具在行驶过程中的振动和喇叭声产生的噪声，工业噪声指机器运转时产生的噪声和建筑工地施工时的噪声，社会生活噪声主要产生在商业区、娱乐、体育场所、宣传等社会活动，家用电器的运转声、宠物的叫声、楼梯过道的脚步声、喧哗声、打闹声、吵骂声等，都属于社会生活噪声。

噪声危害主要表现为：一，干扰人们休息，长期干扰会引起失眠、耳鸣、记忆力衰退，导致神经衰弱；二，损伤听力，造成暂时性或持久性听力损伤，严重者鼓膜破裂，部分或完全丧失听力；三，影响人体生理健康，刺激肾上腺素分泌，改变心律，升高血压，在强噪声环境下，一些女性会出现月经失调，孕妇流产；四，影响胎儿和儿童发育；五，影响动物生存。

2. 光污染

过强、过滥和变幻无定的光对人和其他动物的正常生存造成不利影响，成为光污染。常见的光污染有白亮污染、人工白昼和彩光污染。

白亮污染指强烈的太阳光在建筑物的玻璃幕墙、釉面砖墙、磨光大理石和各种涂料等装饰上的反射光线，明晃眩目，令人难以睁眼。白亮污染损害视网膜和虹膜，引起视疲劳，使视力急剧下降，增加白内障的发病率，还会引起类似神经衰弱的一系列症状。电焊、汽车氙气大灯产生的强光使人的视觉瞬间下降，属于眩光污染。

人工白昼指城市的广告灯、霓虹灯、装饰灯、车灯、夜间作业照明等造成的"不夜"现象。世界上五分之一的人见不到银河，见不到满天繁星，就连月亮也是暗暗的，失去了清辉。人体生物钟遵守日节律，日出而作，日落而息，而我们习惯赞美的"明灯耀目""眼花缭乱""亮如白昼""今夜无眠"等，仅仅一夜问题不大，而若夜夜如此，就破坏了正常的生物钟,结果是晨昏颠倒,工作效率低下,身心疲惫不堪。

彩光污染由舞厅、夜总会、酒吧等场所安装的黑光灯、旋转灯、荧光灯、激光以及闪烁跳跃的彩色光源构成。彩色光源不仅损害眼睛,而且干扰大脑中枢神经,使人感到头晕目眩,出现恶心呕吐、失眠等症状。黑光灯所产生的是长波紫外线,可达到真皮深处,并可对表皮部位的黑色素起作用,引起皮肤黑色素沉着。长期积累,可导致皮肤老化和严重损害,诱发流鼻血、脱牙、白内障,甚至导致白血病和其他癌变。

3. 电磁波污染

除了自然界的雷电、太阳黑子活动、火山喷发会产生电磁辐射外,人工制造的电力系统、广播电视发射系统、移动通信系统、高频设备、电脑、家用电器等,也会产生电磁辐射。但电磁辐射不等于电磁波污染。仅当电磁波的频率超过10万赫兹、构成伤害人体时,方成为电磁波污染。家用电器和高压电缆产生的电磁场频率很低,大型的家用电器还有屏蔽电磁场的保护壳,不足以对人构成威胁。其他电器如手机,包括室外的变电室、高压输电线、无线电波、微波等,它们携带的能量都不高,也不会给人体造成大的伤害。虽然如此,在没有十分必要的时候,还是以不要长时间逗留在大功率电机、变压器以及输电线等附近为好。

目前,电磁污染环境的主要因素是射频电磁辐射。例如无线电广播、电视、微波通信等各种射频设备的辐射,频率范围宽,影响区域较大,能危害近场区的人员。一些工厂的高频感应加热设备、高频介质加热设备,一些医院的短波超短波理疗设备也会造成电磁波污染。电磁波污染使人体原有的电磁场发生变异,导致生态紊乱,诱发心血管病、糖尿病、癌突变、流产、不育、畸胎,伤害人体生殖系统、神经系统、免疫系统,影响儿童骨骼发育,并使女性内分泌紊乱。

7.2.6 环境污染治理、控制与预防

1. 基本问题

环境污染治理指对已经造成污染进行修复,还原自然界的面貌。在这方面,人类能做一点事。例如对于眩光污染,可以禁止安装氙气灯的车辆上路行驶,对于噪声,也可以采取一些有效的措施。这些都是没有蓄积性后果的物理污染。对于化学污染、辐射污染就完全是两回事了,因为这些污染是不可逆的。将一桶污水倒入河中何难之有,但想把污水收回来,就连小孩子都不会相信了。因此,对已经造成的污染主要靠自然降解慢慢洁净,而重点应当放在控制上。

环境污染控制指限住、减少乃至停止污染物的排放。从理论上来说,不应该太困难。"三废"处理的技术日臻完善,环境保护条例不再让人感到陌生,专门的环保机构也已经建立。问题在于执行落实,而能否执行落实的根本又在于人们的环保意识与环保责任。如果单纯追求经济增长速度和企业效益,就不会重视控制污染,甚至隐蔽排放、恶意排放,用于"三废"处理的资金被"节省"下来变成利润。目前,环境污染控制工作是政府主导型,力量有限,只能以罚款和收费的手段刺激企业的投入环保成本,要全面监管违章排放,显然力不从心。因此,环境污染控制中的一个重要工作,是加强环境宣传教育,大力普及环境保护基础知识,增强环保的法制观念,努力营造"保护环境光荣,污染环境可耻"的良好风尚。此外,植树造林、退耕还林(湖)、鼓励使用农家肥和新型有机肥、鼓励使用生物农药

或高效低毒低残留农药、固体废物综合利用、垃圾无害化处理等，也能有效控制污染。

人类开始重视并治理环境污染问题是从 20 世纪 60 年代开始的，采取的治理与控制都是从污染末端入手，即处理已经发生的污染。末端治理在一定程度上改善了环境质量，但投入巨大，而且又带来二次污染，是治标不治本的做法。21 世纪初开始，许多国家已经走向"预防为主，治理为辅"的可持续发展道路。

环境污染预防就是从生产的始端就杜绝发生污染，又称"清洁生产"。清洁生产就是使用无毒无害的能源和原料，采用先进的工艺技术与设备，从生产的源头削减污染，提高资源利用率，减少或者避免生产、服务和产品使用过程中产生和排放污染物。污染预防的社会意义和经济意义都是十分重大的，是人类生产力发展过程中的又一次进步。但目前还会遇到不少障碍。首先是观念上的障碍，因为污染综合预防牵涉到场地、工艺、技术等改进，需要资金投入，人们一般不愿意改变现状。包括许多地方政府和企业，也只有达标排放一个末端治理的目标。其次是技术上的障碍，清洁生产不是现有传统技术的简单改造，许多理论、设计、工艺、生产方案都面临革新。第三是财政上的障碍，当前的财政制度不适应新的价值体系。最后是法律和政策上的障碍，目前的法律和政策实质上是鼓励末端治理的，不利于污染预防计划的开展。

2. 我国的环境污染及治理与控防

改革开放以来，中国经济年均增长率约为 9.8%，"十一五"期间年平均增长率为 11.2%，这是其他国家无法与中国相比的。但中国非凡的经济增长是付出极高的环境代价实现的，被世界银行归纳为"高增长、高污染"的经济发展。中国科学院的一个研究小组认为，"资源高消耗、环境污染严重和生态破坏已成为(中国)经济快速增长的副产品"。近年来，这个问题已经得到政府的高度重视。

(1)空气污染

美国国家航空航天局(NASA)发布了一张通过卫星获得的资料绘制的"2001～2006 年间平均全球空气污染形势图"，展示了低于 2.5 微米的悬浮颗粒 6 年间的全球分布状况，见图 7 -5。图中，颜色越深表示悬浮颗粒的密度越高。在这张空气污染形势图上，全球 PM2.5 密度最高的地区在北非和中国的华北、华东、华中全部。中国的这些地区的 PM2.5 密度全部高出世界卫生组织(WHO)认定的安全值的 5 到 8 倍，大大高于非洲北部的撒哈拉沙漠。

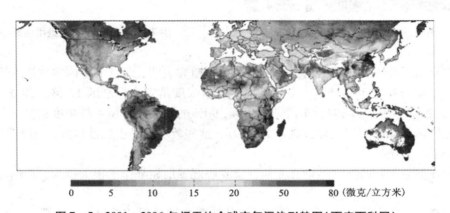

图 7 -5　2001—2006 年间平均全球空气污染形势图(百度百科网)

环保部公布的资料表明，2011 年，我国 325 个地级及以上城市中，环境空气达标的有 289 个，占 89%，超标城市(空气质量为三级及以下)36 个(其中劣三级 4 个)，占 11%。但亚洲银行于 2011 年发布的报告指出，中国最大的 500 个城市中，只有不到 1% 达到了世界卫生组织推荐的空气质量标准，世界上污染最严重的 10 个城市之中，有 7 个在中国。差距如此大的原因是采用了不同的质量标准，我国于 2012 年出台了新的与国际标准接轨的《环境空气质量标准》后，当年有 76.1% 的环保重点城市空气质量不达标，73.4% 的地级以上城市空气中 PM 年均浓度超标。

中国 2012 年的二氧化硫排放量为 2118 万吨，主要来源是火电行业，占二氧化硫总排放量的 64%。图 7-6 为燃油火力发电厂的厂区。二氧化硫与空中的水汽结合成为酸雨降落，腐蚀地表物体，也危害人体健康。我国最强的酸雨区为华中酸雨区，排在其后的是西南酸雨区、华东沿海酸雨区，合称"三大酸雨区"，见图 7-7，图中颜色越深代表酸性越强，台湾省暂无数据。

2013 年 1、2 月间我国出现连续多日的雾霾天气，一条灰色的污染带掩盖了从华北直至中南一带的 100 多万平方千米的国土。2013 年末的连续雾霾天气更是波及 25 个省份，许多城市出现 API 值多日"爆表"(超过 500)的情况。2013 年全国平均雾霾日数为 29.9 天，是 1961 年以来的最高值。来自环保部门的数据显示，造成北京雾霾的污染物中，机动车占 22.2%，燃煤占 16.7%，扬尘占 16.3%，工业占 15.7%。机动车尾气成了造霾的元凶。

图 7-6　燃油的火力发电厂

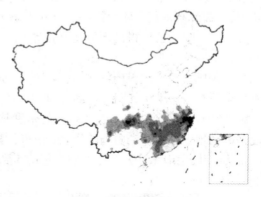

图 7-7　2012 年我国酸雨区分布

室内空气污染方面，中国消费者协会的一项研究表明，北京的室内空气样本甲醛浓度超标 73%，杭州超标 79%，室内空气样本中的苯浓度是安全标准的 11 倍。调查显示，我国 94% 接受空气污染检测的新车污染物超标，90% 的新装修房屋甲醛浓度超标。我国每年由室内空气污染引起的超额死亡数达 11.1 万。这些数字都是指急性病症，而慢性病症、诱发病症则根本无法统计。

国家在治理与控防空气污染方面从资金到法规等层面都作了很大投入，工作也有了一定的成效。

我国规定，自然保护区、风景名胜区和其他需要特殊保护的地区，环境空气质量执行一级标准；城镇规划中确定的居住区、商业交通居民混合区、文化区、一般工业区和农村地区，环境空气质量执行二级标准；特定工业区，环境空气质量执行三级标准。目前看来尚有不小距离。

中国政府从 20 世纪 90 年代开始的二氧化硫减排取得了巨大进步。"十一五"期间，中国的二氧化硫排放量下降了 12.6%，但仍比中国政府的"十五"规划所规定 1800 万吨的目标高出 20% 多。"十二五"规划提出的目标是到 2015 年二氧化碳排放量为 1967 万吨。

2000 年以来，国家为控制空气污染而制定实施的具体政策措施包括：燃煤二氧化硫防治技术政策；"十五"酸雨和二氧化硫两控区污染防治规划；针对燃煤、燃油、燃气锅炉、火电厂和机动车辆的新排放标准等等。2012 年 2 月 29 日国务院审定通过并发布实施的《环境空气质量标准》中，新增了 PM2.5 和臭氧 8 小时浓度限值监测指标，2015 年监测工作覆盖所有地级以上城市。PM2.5 的防治和监测已经成为各地政府的重点工作之一。

2013 年 12 月国家公布了新的汽油标准，简称"国五标准"。新标准汽油的硫含量降低了 80%，锰含量降低了 75%，将有助于减少汽车排放污染，有效减少雾霾。

(2) 水体污染

我国水污染物有三个主要来源：工商企业的点源排放；主要来自城市地区的生活垃圾(即城市废物)的点源排放；主要来自农村地区地表径流(即江河溪沟等)的非点源污染，主要由土壤侵蚀、含农用化学品(化肥、农药、除草剂)径流、动物或水产养殖活动等因素造成。

我国废水的主要污染物是化学需氧量(COD，指水中可氧化物质的含量)和氨氮。COD 排放中，来自农业的占 48%(主要由规模化畜禽养殖排放)、来自生活的占 38%，合计 86%；氨氮排放中，来自农业的占 32%(主要是肥料流失)、来自生活的占 57%，合计 89%。可见农业排放和生活污水是废水的主要来源。1984～2010 年，中国年化肥使用量增加了约 34 倍达到 5460 万吨(纯养分)，是世界上所有国家中消费率最高的，全国平均每公顷(1 公顷折合 1 万平方米或 15 亩)耕地施用量为 400 千克，也高于世界平均水平。中国每年所使用的 1482 万吨化肥中，用于农业的约 17% 的氮、约 2.4% 的磷最终进入了河流和湖泊。此外，中国还是世界上最大的农药生产和消费国。

我国十大水系的总体情况为轻度污染。污染最重的是海河水系，属于中度污染；松花江水系、辽河水系、黄河水系和淮河水系为轻度污染；长江水系、珠江水系和浙闽片河流水质良好；西南诸河和西北的内陆诸河水质为优。2012 年十大水系的各类水质比例见图 7-8。

湖泊(水库)方面，2011 年和 2012 年水质监测结果为：Ⅰ～Ⅲ类 42.3%、61.3%，Ⅳ～Ⅴ类 50.0%、27.4%，劣Ⅴ类 7.7%、11.3%。这反映了我国湖泊的总体水质有明显改善，但还有将近四成的水是不能用于饮用和养殖的。1996 年"九五"规划初期就开始实施的"三湖"(太湖、巢湖、滇池)治理工程，经过十几年的努力，治理效果并不理想，三个湖的总体水质依次停留在Ⅳ类、Ⅴ类、劣Ⅴ类的水平上。

沿海海水方面，最常见的海洋污染物是磷和氨氮(主要来自农业灌溉，其次是来自城市污水处理厂排放)、化学需氧量(来自有机废物排放)、固体悬浮物(来自水土流失)。国家环保部公布的 2012 年近岸海域环境质量公报显示，中国沿海有 23.9% 的海水为Ⅳ类或劣Ⅳ类，46.2% 为Ⅱ类或Ⅲ类，Ⅰ类水质的只有 29.9%。低于Ⅰ类标准而不适合海洋渔业的海域面积有 18.7 万平方千米，相当于从最北的辽宁鸭绿江口至最南的广西北仑河口的大陆海岸线向外延伸 10 千米的海域面积。从省份看，辽宁、天津水质差，上海、浙江水质

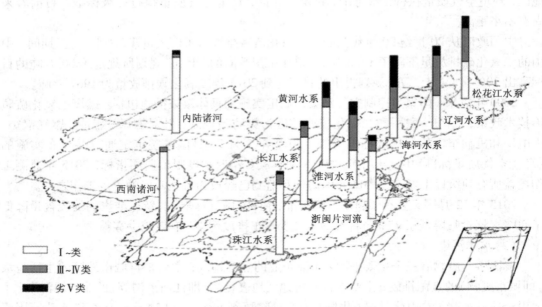

图 7 - 8   2012 年十大水系的各类水质比例

极差；从海湾看，胶州湾和辽东湾水质差，渤海湾、长江口、杭州湾、闽江口和珠江口水质极差。我们如果坐飞机，就有体会，看到碧蓝的海洋变成黄绿色、再变成浅褐色，就知道很快可以见到陆地了。

国家在水体污染治理方面下了很大功夫，投入巨额资金，采取了一系列严格的政策措施，如准入控制、加强工业污染防治、加快城市污水处理设施建设、农村生活废水和非点源污染控制、保障饮用水安全等，污染情况总体有所好转。工业废水量从 2005 年开始一直呈下降趋势；"十一五"期间，中国城市污水处理能力增加了 700%，污水处理率达到 70%。今后，水污染防治的战略包括三个方面：污染物排放总量控制、针对重点流域的污染控制和专项治理规划。

（3）固体废物污染

中国目前产生的固体废弃物约占世界的 25%，已经超过美国成为世界上最大的城市固体废弃物产生国。

工业固体废弃物数量以每年约 13% 的速度增长，2011 年高达 35% 达到约 32.5 亿吨，2012 年为 32.9 亿吨。如果把这些垃圾倾倒在 20 个大型足球场上，高度可达 9200 米，比珠穆朗玛峰还高。从地理分布看，中国工业固体废弃物有四大主要产生地是重庆、贵州、山西和新疆，这四个地区产生的工业固体废弃物约占全国总量的 63%。

近几年城市固体废弃物的数量以每年约 4% 速度增加，2011 年产生了约 1.64 亿吨城市固体废弃物。一些研究估计，到 2030 年这一数字可能会增加到每年 3.8 亿吨到 5.8 亿吨之间。但城市固体废弃物的处理率（主要是焚烧与填埋）保持在较低的 60% 左右，这意味着，每年大约 6000 万吨到 8000 万吨的城市固体废弃物未得到充分的处置，最终被置于荒地、池塘或小巷里，图 7-9 为温州市被倒满生活垃圾的瓯师河。

对固体废弃物管理来说，一个日益严峻的新挑战是"电子垃圾"——废弃、过时或破损的电器或电子设备产生的固体废弃物，见图 7 – 10。据统计，2012 年我国居民各类耐用电子产品保有量为 3.39 亿台洗衣机、3.38 亿台电冰箱、5.20 亿台彩色电视机、3.32 亿台空调器、2.27 亿台家用电脑、11.12 亿部移动电话、2.78 亿台固定电话，这些产品，正在以每年至少 2780 万台电视机、870 万台冰箱、1260 万台洗衣机、2530 万电脑和超过 8000 万部移动电话的速度在被淘汰。另外还有大量的抽油烟机、消毒柜、微波炉、电磁炉、热水器、电饭煲、饮水机、豆浆机、榨汁机、挂烫机、个人护理产品、面包机、酸奶机、咖啡壶、照相机、摄像机、组合音响等中小型电子产品。政府已于 2007 年出台了《电子废物污染环境防治管理办法》，2012 年又出台了《关于加强电子废物污染防治工作的意见》，采取了一些措施来应对这一问题。

图 7 – 9 抛弃在河流的生活垃圾

图 7 – 10 电子垃圾

（4）我国防治环境污染的法律

从上世纪后期以来，我国政府陆续颁布防治环境污染的法规，对环境保护起了积极的作用。下列为法律层面的文件，括号中为施行日期。此外还有许多法规、规章、政策、执法解释等层面的文件。

中华人民共和国水污染防治法（2008 – 06 – 01）

中华人民共和国固体废物污染环境防治法（1995 年颁布，2004 年修订）（2005 – 04 – 01）

中华人民共和国放射性污染防治法（2003 – 10 – 01）

中华人民共和国环境影响评价法（2003 – 09 – 01）

中华人民共和国清洁生产促进法（2003 – 01 – 01）

中华人民共和国大气污染防治法（1987 年颁布，2000 年修订）（2000 – 09 – 01）

中华人民共和国环境噪声污染防治法（1997 – 03 – 01）

中华人民共和国环境保护法（1989 – 12 – 26）

7.3 环境破坏

环境破坏是指人类不合理地开发、利用自然资源和兴建工程项目而引起的生态环境的退化，及由此而衍生的有关环境效应，如臭氧层破坏、气候变异（气候变暖、酸雨蔓延）、土地荒漠化、盐碱化、水土流失、生物多样性减少、资源枯竭、植被丧失、地质灾害频发等等。

7.3.1 生态系统退化

生态系统退化指在一定的时空背景下，生态系统因自然因素、人为因素或两者共同的干扰，引起生态系统某些要素或系统整体的结构和功能发生不利于生物生存要求的变化。所谓人为因素，指滥垦、滥伐、滥挖、过度捕捞、围湖造田、破坏湿地、改变水系、滥用化学物质、战争、火灾等。

1. 土地荒漠化

荒漠指地表水极度贫乏、植被生长条件极差的地区，有岩漠、沙漠、泥漠、砾漠、盐漠等。土地荒漠化是指由于气候变化和人类活动等因素，使土地退化为荒漠，见图7-11。我国最主要的荒漠化类型是沙质荒漠化（沙漠化）和石质荒漠化，前者与风力作用有关，后者多由水蚀作用引起。

荒漠化是一个全球性的问题，据统计，全球荒漠化面积是4000万平方千米，且每年还增加5万~6万平方千米。在人类当今诸多的环境问题中，荒漠化是最严重的灾难之一。荒漠化意味着人们将失去最基本的生存基础——有生产能力的土地。全球有超过100个国家共10亿多人正遭受土地荒漠化的威胁，其中1.35亿人面临流离失所的困境。荒漠化问题已经演变为给人类带来贫困、导致社会不稳定的经济问题和社会问题，而不再是一个单纯的生态环境问题。

中国荒漠化面积在1949年为7%，至2012年已经占到国土面积的27.4%以上，荒漠化及有荒漠化趋势的国土面积上升到34.5%，而且每年还在以2000平方千米的速度扩大。这一比例在全世界是最高的。甘肃、青海、陕西、内蒙古、宁夏、新疆集中了大约全国79%的荒漠化和沙漠化面积，是中国土地荒漠化最严重的地区。经统计，新增沙漠化土地的原因中，森林过度采伐占32.4%，过度放牧占29.4%，土地过分使用占23.3%，水资源利用不当占6%，沙丘移动占5.5%，城市、工矿建设等其他因素占3.4%。由此可见，中国的土地荒漠化有近95%是人为因素造成。

1991年，国家制定了"1991—2000年全国应对沙漠化计划"，1999年启动了另一大型工程，即"退耕还林计划"（又称"绿色粮食计划"），2000年年启动西部大开发战略，制定了名为"中国——全球环境基金干旱地区生态系统土地退化防治合作项目"的长期规划。中国政府在过去的几十年里为解决沙漠化问题投入了大量的人力和财力，但总的来说，收效有限。

沙尘暴是土地荒漠化的次生灾害。强风把地面大量沙尘卷起，漫天扬开，沙尘还随狂风远行，一路上遮天晦日，填路淤渠，掩田埋地，毁树摧屋，影响可到千里之外，造成的损失不可估量。历史记载反映，从公元前3世纪到20世纪50年代，我国共有过70次强沙尘暴。而近六十年来，强沙尘暴已不下70次。历史记载或会有遗漏，但如果按今日的频度来看应当是2600次。因此可以断定，现在沙尘暴是历史上最严重的时期。

2. 水土流失

水土流失（图7-12）是指在水流作用下，土壤被侵蚀、搬运和沉淀的整个过程。原本赖以种植作物的土壤被水带到河里去了，原本用以饮用浇灌的河水变成泥浆了。土没了，水不能用了，我们怎么办？我们的后代怎么办？

图 7 - 11　土地荒漠化

图 7 - 12　水土流失

　　我国是多山国家，又是世界上黄土分布最广的国家，还是多集中暴雨的国家。山体斜坡为土壤滑落提供地形基础，黄土本身质地疏松，有了流失的"内因"，暴雨又提供了动力，几个因素一叠加，形势已经十分严峻。更直接的，是对土地实行掠夺性开垦，向黄土要米要柴，直到连陡坡都开垦。破坏植被的结果是铲除了固定土壤的植物根系，土壤益发松散，益发容易流失。

　　目前我国有 295 万平方千米国土面积存在水土流失问题，占国土总面积的近 1/3。水土流失面积之大，范围之广，位居世界之首。黄土高原地区是世界最大的黄土沉积区，区内水土流失面积达 45.4 万平方千米，占总面积的 71%，多年平均输入黄河的沙量达 16 亿吨表土，使黄河下游河道平均每年淤高 10 厘米。到了河南开封，河床更是高出市区 13 米，成了悬河从市区上空流过，形成极大忧患。黄河水多年来平均每立方米的含沙量为 35 千克，其中有 62% 是流经黄土高原时带入的。曾几何时，"黄河之水天上来，奔流到海不复回"，而今黄河已是世界上最混浊的河流，而且频繁出现断流现象。除了西北，我国的东北、西南、华南的水土流失现象也十分严重。

　　水土流失的危害是非常严重的，这里只拣主要的说。首先，水土流失破坏土地资源，蚕食农田。据估计，全国平均每年因水土流失损失 1300 平方千米土地和近 11 亿吨土壤，其中近 86% 土壤流失是由长江和黄河流域的水蚀引起。其次，水土流失削弱地力。土壤流失过程中大量带走多种有益于作物的元素，仅黄土高原就平均每年流失 4000 万吨氮、磷、钾，土地日益瘠薄。第三，加剧干旱发展。水土流失使土壤理化状况恶化，土壤板结，不透水也不持水，加剧了干旱的发展。全国的干旱灾区大部分是水土流失区。第四，泥沙淤积河床，加剧洪涝灾害。第五，泥沙淤积水库，影响水利发展和水利工程效益发挥。第六，影响河运，破坏交通安全。最后，水土流失与贫困恶性交织。越垦必越穷，越穷还越垦，我国 76% 的贫困县和 74% 的贫困人口生活在水土流失严重区。

　　从 20 世纪 90 年代早期开始，我国政府调整了应对侵蚀问题的战略，不再单纯地依赖技术手段，更加注重制订整体解决方案，包括促进从环境角度促进农业可持续发展。

　　黄土高原工程是迄今为止世界上规模最大、目标最清晰的地貌恢复工程。治理黄土高原水土流失有工程措施、生物措施和耕作措施，三者的作用各不相同，它们是统一而不可分割的。工程措施主要包括修水平梯田（有利于保水、保土、保肥），打坝淤地（既拦水淤泥又形成平坦肥沃的可耕地),引洪灌地(引用暴雨产生的洪水漫灌山地、台地、坝地)。生物措施又称林草措施,即通过植树种草减轻水土流失。耕作措施就是根据坡地的不同坡度选用草灌间作、草粮两轮间作、水平沟种植、人工草场等耕作制度。如图7-13所示。只要坚持不懈,经过数代人、数十代人的努力,黄土高原是可以变成青山绿水的,见图7-14。

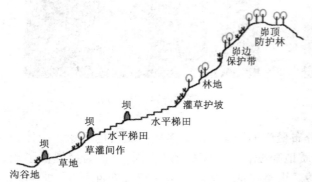

图7-13　水土流失治理措施

图7-14　治理后的水土流失地区

3. 生物多样性问题

生物多样性指生命有机体的生态系统和生态过程的多样性、变异性,以及生命有机体赖以生存的环境的多样性。从内涵说,生物多样性包括了生物遗传多样性、物种多样性、生态系统多样性和景观多样性。生物多样性对于自然环境保持平衡状态起着关键作用。例如植物对污染有自净能力、微生物对有机废物有分解能力、土壤生物能促进土壤的培育、生物链有效地控制作物病虫害,绿色植物对于降低空气二氧化碳浓度、缓解温室效应也功不可没。保护生物多样性就是保护环境,就是保护人类自己。

但由于人类人口剧增、环境污染加重、不合理开发泛滥,某些区域出现了生态系统急剧退化的现象,而且有蔓延的趋势。

(1)植被破坏

北美的许多草原已经消失;在非洲,为了解决人口粮食问题,成片的热带草原垦为耕地,结果事违人意,那些地方根本不合适庄稼生长。

森林是人类赖以生存的生态系统中的最重要的组成部分之一,如今它们的命运很惨。1990年至2000年的10年间,全世界森林自然增长加上人工植树面积每年仅为520万公顷,而森林砍伐面积却高达1460万公顷,平均每年净减940万公顷,大约是每分钟有18公顷森林化为乌有,这是25个足球场的面积。据世界自然保护基金会估计,全球的森林正以每年2%的速度消失。按此速度,50年后的森林面积只有现在的35%了。人工造林可以略微缓解这个矛盾,但人工植造的森林往往是经济林,树种单一,缺乏多样性,对挽救生态系统力不从心。

(2)生物灾害

物种灭绝是一种自然现象,物种灭绝速度与物种生成的速度是平衡的。但人类活动破坏了这种平衡,使物种灭绝速度加快。自1600年以来的400年中,世界上已有21%的兽类和 13% 的鸟类灭绝，其中有 99% 是人类活动所致。人类造成的物种灭绝速度是自然灭绝速度的百倍至千倍，更是新物种形成速度的 100 万倍。据估计，现今地球上每天消失 68 个物种。1 种生物的灭绝将导致 10 至 30 种其他生物濒危。

人为的物种灭绝的原因与森林消失破坏有关，也与人类的大肆捕猎有关。目的是为了获得它们的毛皮、骨骼换取金钱，甚至仅仅是为了食用，例如截击迁徙途中的候鸟、滥捕鲨鱼。中国既是生物多样性特别丰富的国家之一，也是生物多样性受到严重威胁的国家之一。在世界受危动物中，中国受危兽类和鸟类的种数均排在前三位之内。在高等植物中，约有 5% 的种类可能在近几十年里灭绝。物种的消亡恶化了人类的生存环境，环境的恶化又反过来加速了物种的灭绝。物种灭绝将对整个地球的食物供给带来威胁，对人类社会发展带来的损失和影响难以预料、不可挽回。

图 7 - 15　食人鲳

人类活动一方面加速物种灭绝，另一方面又造成生物迁徙，即外来种入侵。一般来说，一个物种在一个区域里的数量稳定是因为有天敌的抑止作用，一旦没有了天敌，就会泛滥成灾。比如我国于 1982 年发现的松材线虫原生于北美，是进口设备时，随着木制包装箱带进我国的。在短短的十几年内，这种线虫相继在山东、安徽、江苏、浙江、湖北、湖南、广东、台湾、香港等许多地区发生并流行成灾，对黄山、张家界的天然针叶林构成了巨大威胁，还几乎毁灭了香港广泛分布的马尾松林。又如不久前在广西发现的食人鲳（图 7 - 15）的原产地是巴西，又叫食人鱼，被非法带入我国。这种鱼生性凶残，在巴西每年约有 1200 头牛在河中被食人鲳吃掉，人们称它为"水狼"、"水鬼"。因长期共处，亚马逊河的其他鱼类有了对付食人鲳的办法，所以，它在那里要生存也并不容易。到广西的水域中，没有了自然制约因素，真是"如鱼得水"，加上繁殖速度很快，给其他鱼类带来了严重威胁。据我国 2012 年环境状况公报反映，近十年，新入侵我国的恶性外来物种有 20 多种，常年大面积发生危害的物种有 100 多种，危害区域涉及所有省区。

4. 城市化问题

城市化又称为城镇化、都市化，指由农业为主的传统乡村社会向以工业和服务业为主的现代城市社会转变，包括人口职业转变、产业结构转变、土地及地域空间变化。作为区域发展的经济中心，城市人口集中，工商业发达，环境便利，经济繁荣，文化活跃。

城市化发展的同时也带来许多问题。属于环境问题方面的有：导致耕地面积减少，土壤污染；空气污染，热岛效应即局部地区气温升高的现象加剧；水资源短缺，水质恶化；生物多样性减少等等。属于资源问题方面的是人均资源消耗的增加，城市居民在交通、供热和制冷以及其他方面消费的能源比农村居民高得多。属于社会问题方面的有：地价上涨，住房紧张；粮食安全问题存在隐患；交通拥挤、资源紧缺；就业困难，社会保障压力快速加压等等。

如何发扬城市的积极作用，又消除其不利结果，已成为人们高度重视的问题。20 世纪

70 年代以来，发达国家以及一些大城市中心市区人口陆续迁向离城市较远的农村和小城镇，这种现象称为"逆城市化"，又叫"城市中心空洞化"。逆城市化是城市化扩展的一种新形式，解决了城市的居住和生活压力，但因工作路程延长，又带来了增加汽车燃油消耗和路途时间等新问题。

当今，"生态城市"概念已经形成、逐步完善并被接受。生态城市是按照生态学原理进行城市设计，建立高效、和谐、健康、可持续发展的人类聚居环境，具有和谐性、高效性、持续性、整体性、区域性、结构合理、关系协调等七个特点。在环境方面，生态城市强调社会与经济发展要以保护自然为基础、要与环境的承载能力相协调；强调保护并高效利用一切自然资源与能源，实现清洁生产和物质、能量循环利用；强调人工环境与自然环境有机结合。很多城市的管理者开始了建设生态城市的积极而冷静的思考。

7.3.2 自然资源短缺与耗竭

自然资源是在一定条件下能够产生经济价值、提高当前和未来福利的自然环境因素的总称。也就是存在于自然中的、人类可以利用的物质与能量，主要包括水资源、土地资源、矿产资源、生物资源和气候资源五大类。

1. 水资源

广义的水资源包括海洋、江河、湖泊、冰川、沼泽等所有地表水，还包括地下水、土壤水、大气水等，狭义的水资源专指在一定经济技术条件下，人类可利用的淡水。

地球表面的 2/3 被水覆盖，但是 96.5% 是不能直接饮用的海水，剩下的 3.5% 中，有约 1.78% 是地表水(其中 1.55% 为两极冰盖和高山冰川)，约 1.69% 是地下水，其余还有土壤水和大气中的水蒸气。目前人类比较容易利用的淡水资源，主要是河流水、淡水湖泊水，以及浅层地下水，储量约占地球总水量的 0.26%。在这部分水中，还需扣除被污染的水体含水，余下的才是可用的水资源。在可用的水资源中，70% 用于农业，20% 用于工业，剩余的 10% 留供饮用和其他生活用途。在低收入国家，这个比例是 89%、5%、6%。

大陆水资源在地区上的分布极不均匀，有些地方多年干旱，有些地方接连洪涝。一般来说，离海洋越近，大气湿度越大，降水越多，水资源就越丰沛。海拔高、植被密的地区，水资源也较丰富。水资源是否丰富还与人口数量有关，人口密集的地方，摊到每个人头上的份额就少，水资源就紧张。水固然是大自然对生物的恩赐，但并非慷慨，滥用、浪费和污染更加重了水资源的短缺。

我国是水资源大国，水资源总量约占全球的 6%，居世界第六位，排在巴西、俄罗斯、加拿大、美国和印度尼西亚之后。但论人均水资源占有量，只有 1911 立方米，在世界主要国家中处于最低水平，排到了 110 名之后，仅为世界人均值的 1/4，每亩耕地的用水量也只有世界平均值的 2/3。因此，中国是严重缺乏水资源的国家。全国约 670 座城市中，400 多座城市存在供水不足，其中 110 座严重缺水。我国的水资源分布极不均匀，见表 7-2。由表可见，长江流域及其以南地区的人均占有水资源是黄淮海河流域的 9 倍，耕地占有水资源更是达到 17 倍。我国七大江河中，南方的长江、珠江的水资源占全国水资源的 53%，而北方的淮河、黄河、海河、辽河和松花江 5 条加在一起还不到 9%。黄河已失去当年的咆哮雄风，它的年径流总量只有长江的 5.2%，也就是说，19 条黄河才勉强抵得上 1 条长江。

表7-2 我国水资源、耕地及人口分布

	水资源占有量	耕地面积占有量	人口占有量
长江流域及其以南地区	82%	36%	54%
长江流域以北地区	18%	64%	46%
其中黄、淮、海河流域	5%	37%	30%

据估计，当中国人口达到峰值时(约在2025年)人均水资源占有量为1800立方米，接近世界水资源供应标准的底线(人均1700立方米)。

2. 土地资源

土地即地球陆地的表面部分，是一个由地形、气候、土壤、植被、岩石和水文等因素共同作用下形成的自然综合体。土地资源则指在目前或可预见到的将来可供各业利用的土地。因此，我们说的土地不是日常的农田概念，只要人类的生产、生活用得上，就是土地，它可以是山，也可以是滩。

在一般地理中，土地资源按地形可分为高原、山地、丘陵、平原、盆地等。在经济领域，土地资源分为耕地、林地、草地、水域、民居用地、工矿用地、交通用地、未利用土地(荒地、戈壁、沙漠、沼泽、高寒山地等)。

全球陆地(包括岛屿)面积中，高寒地区、干旱区、陡坡区约各占20%，还有10%的面积是岩石区，这些地方都难以被利用。具有利用价值的、称得上土地的面积，只有30%，即4500万平方千米。这30%面积，正面临土壤退化、化学损蚀、水土流失等破坏。

我国国土面积为960万平方千米，东西跨62个经度，南北跨49个纬度。陆地南北跨度5500千米，东西跨度5200千米，时间相差4个小时。幅员辽阔，土地资源总量丰富，土地利用类型齐全。按地形分类及按经济用途分类情况分见图7-16、图7-17(a)，图中为2007年的数据。从图可见，我国国土以山川和高原居多，平原和盆地较少。此外，我国土地资源分布不均匀，耕地主要集中在东部，草原大多分布在西部和北部，而森林则主要分布在南方地区(34%)和偏远的东北部和西南部(24%)。中国灌溉充足、土地肥沃的耕

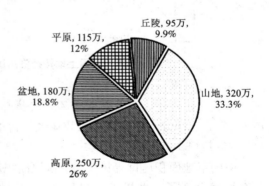

图7-16 我国土地按地形分类情况
(面积单位：平方千米)

地极其缺乏，且大都位于东部沿海地区，而这些地区又都处于快速城市化过程中。

我国林地面积为236万平方千米，事实上，这上面确实长着林木的只有195万平方千米，其余的是森林的缓冲区或边缘区。因此，我国准确的森林面积占国土面积的20%，低于国际30%的平均水平。我国人均森林面积不到世界平均值的1/4，人均木材积蓄量仅为世界平均水平的15%。在这些林木中，幼龄林、中龄林和近熟林占了82%，成熟林仅占12%，可见，我国森林的质量也不高。提高森林覆盖面积的方法无非是禁伐和植树，国家也启动了若干林业工程，如"天然林资源保护工程"、"三北防护林工程"、"在关键地区建

设速生高产林种植基地"、"林权改革"等。但树苗长成大树是要几十上百年时间的,另外一个严峻的问题是,在目前可用于发展林业的44万平方千米林地中,劣质地占了52%,还有29%的土地在内蒙古和西北,这些地方的气候并不适合森林生长。

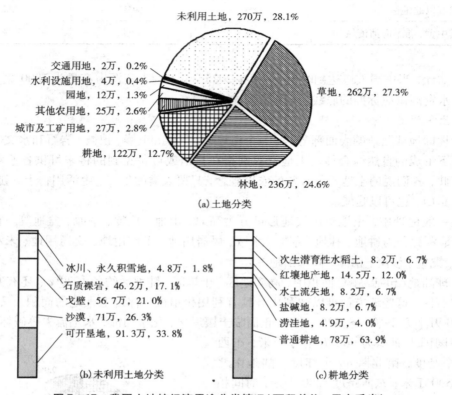

图7-17 我国土地按经济用途分类情况(面积单位:平方千米)

未利用土地中,沙漠占26.3%,戈壁占21.0%,石质裸岩占17.1%,冰川与永久积雪占1.8%,这部分土地极难有农牧业经济价值,可见我国可供开垦的土地已经极其有限了,见图7-17(b)。

中国草地面积居世界第2位,耕地面积居第4位,林地面积居第8位,但一算到人均占有量就很低了。世界人均耕地0.37公顷,中国人均仅0.1公顷,为世界人均面积的27%;世界人均草地0.76公顷,中国人均0.35公顷,为世界人均面积的46%。此外,在可用地中,土壤质量也偏低。现有耕地中,涝洼地占4.0%,盐碱地占6.7%,水土流失地占6.7%,红壤低产地占12%,次生潜育性水稻土(一种低产土壤)为6.7%,这就占了耕地的36%,见图7-17(c)。草地情况也一样,我国的荒漠、半荒漠草场有60万平方千米,高寒草场更有133万平方千米之多,这些草场的草质差、产量低,1平方千米的草场只够二三十只羊吃,利用价值很低。

随着人口增加,土地紧缺问题将日益严重。

3.矿产资源

矿产资源是在地质作用过程中形成并存于地表或地下的有用的矿物或物质集合体,是人们生活资料的重要来源，又是重要的社会生产资料。当今世界 95% 以上能源、80% 以上的工业原料、70% 以上的农业生产资料均取自矿产资源。

矿产资源分为金属矿产、非金属矿产、能源矿产、水气矿产。全球金属矿产有铁、锰、铜、铅、金、银、锂、镉等 66 种，非金属矿产有硫、磷、钾、盐、金刚石、石墨、石棉、云母、石材等 100 多种。能源矿产是石油、天然气、煤、铀、钍、地热等，水气矿产则是地下水、矿泉水、二氧化碳气等。

世界上任何一种矿产资源在地球中的储量都是已定的。矿产资源的形成需要一定的地质条件、物化条件和漫长的演变过程，不能按人类需求随意创造。矿产资源是不可再生的，耗去多少就少多少。尽管目前世界大多数矿产资源存量还未到让人悲观的地步，但为可持续发展、为子孙有矿可用着想，依然要大力提倡科学选冶和节约使用，提倡综合利用和再生利用。

一个国家矿产资源的丰度，除地质条件外，还与疆域空间条件直接有关。一般情况下，国家疆域越辽阔，矿产资源就越丰富。因此，对疆域的争夺，除了国家主权外，矿产资源拥有权也是一个重要的因素。

我国疆域辽阔，地质地貌复杂多样，各断代地层发育齐全。30 多亿年来，这块大地经历了多期广泛而剧烈的岩浆活动，形成了多种类型的岩浆岩。中国大陆又与欧亚板块、太平洋板块、印度板块接壤，对于形成多样性的矿产具备良好的地质构造条件。以上各种因素，使得中国成为一个矿产资源大国。现已发现矿产 171 种，已探明储量的有 159 种。钨、锑、稀土、钼、钒、钛等矿的探明储量居世界首位，煤、铁、铅、锌、铜、银、汞、锡、镍、磷灰石、石棉等矿的储量均居世界前列，例如钨矿、稀土的储量均占世界的 80%，钛矿的储量占世界的 50%，锑矿的储量占世界的 40%。

我国矿产资源有优势，也有劣势。劣势主要表现为：第一，人均资源少，仅为世界平均值的 58%，在世界各国中排第 53 位；第二，贫矿多，富矿少，例如铜矿平均品位只有 0.87%，仅为世界主要生产国矿石品位的约 1/3；第三，共生伴生矿多，单矿种矿床少，有 80 多种矿产以共生伴生形式存在；第四，超大型矿床少，中小型矿床多。我国矿产资源综合利用率也还很低，综合回收率平均不到 50%，就是说，我们只提炼出了一半的物质，还有一半含在尾渣中倒掉了。金属矿的综合回收率更低，有色金属矿产资源综合回收率为 35%，黑色金属仅 30%，比发达国家低了约 20 个百分点。

能源是人们生产、生活的最重要资料之一，没有能源，什么事都做不成。煤炭、石油、天然气是目前全球经济发展的基础能源。越发达的国家耗能越多，占世界 1/4 的工业国家消耗了世界能源的 3/4。随着人口增长和文明发展，世界能源消耗增长迅速。世界能源消耗年增长率在 19 世纪中期是 2%，20 世纪初为 3.5%，60 年代上升到 5.6%，21 世纪这些年猛增到 17%。世界能源机构指出，若不采取措施控制能源消耗，未来 20 年的能源消耗增长率将剧增至 55%。

我国能源矿产储量丰富，居世界前列。已探明的煤炭可采储量居世界第 3 位，石油可采储量居世界第 11 位，天然气可采储量居世界第 19 位。"十一五"期间又发现了一批油田和气田，其中亿吨级油田就有 7 个，千亿立方米级气田就有 10 个。同所有资源一样，再大的数字一摊到人均，就立刻变得很小。我国人均煤炭、石油、天然气可采储量只有世界平均水平的 50%、11%、4%。从这点可知，我国是富煤缺油少气的国家，能源相当缺乏。我国又是能源消费大国,2011 年,中国人均能源消耗 2.59 吨标准煤,消费总量略低于美国,为世界第二大能源消耗国。自 2006 年到 2010 年,中国煤炭产量从 25.3 亿吨增至 32.4 亿吨,增长 28%;原油产量从 1.85 亿吨增至 2.03 亿吨,增长 10%;天然气产量从 586 亿立方米增至 968 亿立方米,增长 65%。节约能源是当务之急。

4. 生物资源

生物资源指对人类具有一定现实的和潜在的价值的生物多样性组分。生长在自然界中的动物、植物、微生物为人类提供肉品、乳品、果品、油料、木材、纤维、毛皮、药材、颜料、肥料等各种生活消费品和工业原料。

生物资源的基本特征是:具有可更新性,可以自然繁殖或人工繁育;具有关联性,即生物链和生态系统,破坏其中一个环节会产生连锁反应;具有周期性,即生物生长节律性;具有地域性,不同地域有不同的生物,若强行迁徙,会产生严重后果。这些特征是其他自然资源所没有的,例如铁矿无法繁殖、开发铜矿不会影响油矿。生物资源的特征向人类提出开发与使用的特殊要求。

我国国土辽阔(这句话说了多遍了),生物资源丰富。我国生物资源的特点是:第一,物种丰富,例如,植物的种数仅次于马来西亚和巴西居世界第 3 位,脊椎动物约有 7520 种,种类数占世界的 17%;第二,特有、古老物种多,如大熊猫、金丝猴、水杉、银杏等;第三,野生生物资源中经济物种丰富,如我国用材林木有 1000 多种、药用植物有 4000 多种、果品植物有 300 多种、纤维植物有 500 多种、淀粉植物 300 多种、油脂植物 600 多种、蔬菜植物也不下 80 余种;第四,生态系统多样。中国的生物多样性见表 7-3。

表 7-3 中国与世界生物多样性对比(2012 年数据)

分类	中国已知的物种数量	世界已知的物种数量	中国物种所占的比例(%)	中国独特的物种数量
哺乳动物	560	4000	14.1	73
鸟类	1270	9040	14.0	99
爬行动物	400	6300	6.4	26
两栖动物	350	4180	8.4	30
鱼类	4940	19060	25.9	440
昆虫类	150000	751000	20.0	
苔藓植物	2570	16600	15.5	8
蕨类植物	2270	10000	22.7	5
裸子植物	240	520	46.1	8
被子植物	29700	220000	13.5	232
真菌类	10000	46980	21.3	
细菌类	500	3060	16.3	
藻类植物	5000	26900	18.6	
合计	207800	1117640	18.6	

我们在前文中已经谈到生物多样性问题,对于植物,是植被破坏,对于动物,则是灭绝性的猎捕。中国有 398 种脊椎动物濒于灭绝,占脊椎动物物种总数的 7.7%。有 1019 种高等植物(3.5%)数量稀少或濒临灭绝,其中包括 28 种苔藓植物、80 种蕨类植物、75 种裸子植物和 836 种被子植物。如果将统计范围扩大到包括脆弱物种,据估计,中国有 4000~5000 个濒危或脆弱植物物种(占所有植物物种的 15%~20%)。中国生物多样性面临的最主要的威胁就是栖息地被破坏(包括土地开垦、森林砍伐、湿地退化等)、不可持续的采伐、环境污染和外来物种入侵。

自 1956 年在广东省鼎湖山建立起第一个自然保护区以来,中国便开始积极建设保护区。1979 年以后迅速发展。截至 2012 年年底,中国共建立 2669 个自然保护区,总面积 149.8 万平方千米,相当于全国土地面积的 15.6%,略高于全球平均水平(约 13%)。其中,国家级自然保护区有 363 个,面积 94 万平方千米。这无疑是令人赞叹的进步。主要问题是尚未能有效覆盖中国主要的生物地理系统,一些重要的生态系统没有被纳入保护范围(如云贵高原东南部、黄土高原、广西北部等),还有许多濒危物种未得到保护,另外,法律监管体系不健全,资金缺乏,国家采取分散管理措施而没有专门机构负责保护工作都是较大的不足。国家相关部门的负责人也坦言,我国作为生物多样性大国,生物多样性总体形势却不容乐观,生物资源流失和丧失的趋势未有效遏制;资源底数不清,监测监管能力不足,法律法规标准体系尚不健全,管理体制机制不顺,投入不足等影响生物多样性保护成效。承认这些问题固然是进步,而提出如何解决这些问题的办法,似乎更令人盼望。

(5)我国关于保护及合理开发资源的法律

从 20 世纪后期以来,我国政府陆续颁布保护及合理开发资源的法规,对保护及合理开发资源起了积极的作用。除了宪法有专门条款外,还有下列法律层面的文件,括号中为施行日期。此外还有许多法规、规章、政策、执法解释等层面的文件。

中华人民共和国水土保持法(1991 年颁布,2010 年修订)(2011 - 03 - 01)

中华人民共和国循环经济促进法(2009 - 01 - 01)

中华人民共和国节约能源法 (2008 - 04 - 01)

中华人民共和国城乡规划法(2008 - 01 - 01)

中华人民共和国可再生能源法(2006 - 01 - 01)

中华人民共和国渔业法(1986 年颁布,2004 年第二次修订)(2004 - 08 - 28)

中华人民共和国草原法(1985 年颁布,2002 年修订)(2003 - 03 - 01)

中华人民共和国水法(1988 年颁布,2002 年修订)(2002 - 10 - 01)

中华人民共和国防沙治沙法(2002 - 01 - 01)

中华人民共和国海域使用管理法(2002 - 01 - 01)

中华人民共和国气象法(2000 - 01 - 01)

中华人民共和国海洋环境保护法(1982 颁布,1999 年修订)(2000 - 04 - 02)

中华人民共和国土地管理法(1986 年颁布,1998 年修正)(1999 - 01 - 01)

中华人民共和国森林法(1984 年颁布,1998 年修正)(1998 - 04 - 29)

中华人民共和国矿产资源法(1986 年颁布,1996 年修正)(1997 - 01 - 01)

中华人民共和国煤炭法(1996 - 12 - 01)

中华人民共和国农业法(1993 - 07 - 02)

中华人民共和国野生动物保护法(1989 – 03 – 01)

7.3.3　环境地质灾害

由于地质作用造成环境恶化，导致生命财产损失的现象，称为地质灾害。地质灾害发生有自然的营力作用所致，也有人类活动的营力作用诱发。由人类活动的营力作用诱发的地质灾害称为环境地质灾害。环境地质灾害有地面沉降、地裂缝、滑坡、崩塌、泥石流、地震等。

1. 地面沉降和地裂缝灾害

地面沉降和地裂缝往往是相伴而生的，地裂缝的出现是地面沉降的先兆，地面沉降又引起周围区域地面张裂。地面沉降和地裂缝多发于滨海平原和内陆河谷盆地，导致地面建筑和地下设施破坏。

美国的港口城市长滩市在 1936 年到 1966 年的 30 年间下沉了 9.6 米。东京有 90% 以上地面在逐年下沉，部分地区已降到海平面以下，引起海水倒灌。上海市区在 1921 年前无明显的地面沉降现象，在此后的 80 年内，平均累积沉降 1.892 米，平均每年下沉 23.7 毫米，最严重处下陷了 2.63 米，南京路上的国际饭店的一层已下陷为地下室。我国有 50 多座城市不同程度地出现了地面沉降和地裂缝灾害，其中包括北京、天津、宁波、西安、太原、杭州、台北等特大城市。

造成地面沉降和地裂缝的原因是过度抽取地下水、开采石油、天然气、地热和固体矿产资源、地面负荷过大等等。图 7 – 18 为地面沉降状况。

2. 诱发性滑坡和崩塌灾害

资源开发和工程建设涉及大量的土石方工程，会改变地形条件或对地表产生较大的扰动，例如开挖边坡、斜坡上堆积弃土石渣、大型机械化施工、爆破、水库造成周围坡地水分饱和等，都会诱发滑坡和崩塌灾害。

地下移动土石会引起塌陷，地下巷道顶部岩石垮落称为"冒顶"，如果引起地面下落，就是"采空坍塌"。地面塌陷会造成人员伤亡和巨大的经济损失。一些人防工程、地下工程失事也会导致地面塌陷。如郑州、大连等城市就发生过因人防工程破坏而致使地面塌陷的事故。在地铁施工中突现"天坑"的事情，也偶有发生。图 7 – 19 为路面塌陷。

图 7 – 18　地面沉降　　　　　　　　　　　图 7 – 19　路面塌陷

只要科学设计工程、科学组织施工、严守操作规程，诱发性滑坡和崩塌灾害是完全可以预防的。

3. 矿山泥石流灾害

形成泥石流需要三个要素：物质基础、动力、地貌条件。地表采矿即露天开采造成地表形态永久改变，同时还堆积了大量的废弃物，如果遇上暴雨，那么形成泥石流的三个要素就都齐全了。如果是贫矿，或者综合回收能力不高的矿企，残留尾矿、矿渣就更多；而这类企业又往往技术、管理、环保水平都不高，弃土废渣堆放不规范。矿山泥石流暴发只是迟早问题。

4. 诱发性地震灾害

诱发地震灾害的人类活动主要有修建水库、采矿、废液深井处置、核爆炸几种。

据统计，世界上共有 120 余座水库诱发过地震，其中较大的有约 45 起，震级为 6.0 ~ 6.5 级。我国最大的水库地震事件是广东新丰江水库于 1962 年诱发的 6.1 级地震。水库地震的原因是大坝重力或库水重力改变了地下岩石原先的平衡状态。

采矿诱发地震的原因是地下体积亏空，引起塌陷、断裂等活动，伴以地震。掘进放炮的冲击波会诱发岩溶坍塌，出现地震。油田因油和水的定向流动，也会诱发坍塌地震。

5. 环境地质灾害的特点

和自然地质灾害相比，环境地质灾害有两个特点。

第一个特点是灾害的规模小，密度大，频率大，危害严重。环境地质灾害无论强度还是范围都远不如自然地质灾害来得大，但它发生在人类活动集中的地方，因此呈现出在不大范围内多处发生、经常发生的现象。

第二个特点是由于环境地质灾害的直接原因是人类的资源开发和工程建设活动，灾害具有可控性和可预测性。或者说，环境地质灾害是人类对自然力或是无知、或是"无畏"、或是心存侥幸而造成的。

7.4　人口与环境

7.4.1　人口与人口过程

人口是生活在特定社会、特定地域、具有一定数量和质量，并在自然环境和社会环境中与各种自然因素和社会因素组成复杂关系的人的总称。这个定义有点繁琐，简单地说，人口就是居住在某一地区的所有人。这里所说的地区，大则可以是地球，小则可以是一间房间。

人口过程指人口在时空上的发展和演变过程，包括人口的生育过程、死亡过程和迁移过程。反映人口过程的主要指标有人口出生率、人口死亡率和自然增长率等，其关系是：人口自然增长率 = 人口出生率 − 人口死亡率。如果死亡率大于出生率，那么自然增长率就是负数，称为人口负增长。

20 世纪中期以后，人们生活质量的提高和医疗卫生水平的改善，出生率提高的同时，死亡率逐渐降低，世界人口迅速增长。人口的膨胀给地球环境带来了空前的压力，导致环境问题和全球性生态危机加剧。人口问题已经成为当前世界普遍关注的重大问题。

7.4.2 人口发展状况

1. 世界人口发展状况

1) 人口增长状况

人口增长的第一个现象是近几十年来呈现剧增态势。

在人类社会的早期，是人口高出生率、高死亡率、低增长率阶段，人类种群的增长非常缓慢。1.5万年前，全球人口总数只有几百万。到公元前7000年，人口增加到1000万，千年增长率为10%左右。当时大洋洲只有几千人，美洲也只有十多万人，北欧更是无人区，人口主要集中在非洲、东亚、南亚和南欧。又过了7000年，即公元元年，世界人口大约为2亿。公元1000年的时候有3亿。由于疾病、饥荒及战争等因素的影响，导致很多人寿命短且不确定，直到1650年，最后一场瘟疫结束时，世界人口才仅有6亿左右。

从工业革命开始，人类社会的生产力水平迅速提高，人们生活和医疗卫生水平也有显著改善，人类人口开始急剧增长，进入人口的高出生率、低死亡率、高增长率阶段。公元1804年，世界人口达到10亿，1927年20亿，1960年30亿，1974年40亿。1987年7月11日，世界第50亿名公民在南斯拉夫呱呱坠地，以后每年的7月11日被定为"世界人口日"。接下来的数字是：1999年60亿，2006年65亿，2008年5月10日11时34分世界总人口6666666666人，2011年10月31日达到70亿。图7-20为世界人口总数变化图。

当前，平均每秒钟有4~5个婴儿诞生，与此同时，有2个人死去。这种生与死的差别意味着世界人口数量平均每秒会净增2.5人左右。也就是说，全球每小时会增加将近9000人，每天增加近21.4万人，每年增加近7800万~8500万人。

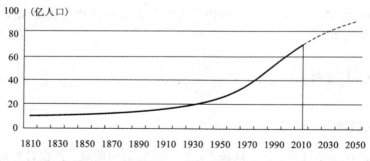

图7-20　世界人口总数(虚线为预测数)

图7-21为世界人口增长率变化曲线，从图可以看出，1950年后，世界人口急速增长，此后30年间的年增长率基本都在约18‰左右，最高年份达到20‰以上。20‰看上去不少什么大数字，但逐年并累加后的结果是惊人的。就按18‰的增长率来计算，假设基数是25亿，那么在头5年，总的增长量不过2.3亿，但到第40年的人口数就是51亿，人口数翻了一番还多。第50年累积增加36亿，到第100年累积增加数为125亿，是基数的5倍。若按现有人口70亿算，到2114年，世界人口就会达到420亿。

1990年后增长率呈下降趋势，年平均约为12‰。欧美发达国家则进入人口低出生率、低死亡率、低增长率阶段，有一些国家出现了人口零增长甚至负增长现象。但发展中国家

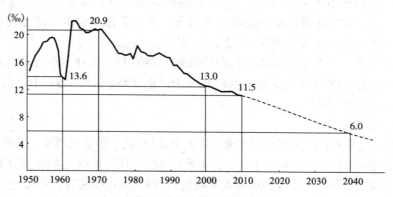

图 7 - 21　世界人口增长率变化曲线 (虚线为预测数)

人口继续猛增。人口增长率统计数据表明，1995 ~ 2005 年间，非洲为 25‰，中美洲为 17‰，亚洲为 14‰，欧洲为 6‰。发达地区的平均人口增长率为 - 2‰，而欠发达地区平均为 15‰。

假定保持当前最低的增长率，即欧洲的 6‰，结果也是惊人的。若按此比率增长，2050 年、2100 年、2200 年的世界人口数将依次是 88 亿、120 亿、218 亿，到 360 年后即 2370 年，世界人口为 600 亿，是现在人口数的 8.6 倍。到那时，人均如果占有长宽各 0.5 米的一小块土地，就一块地板瓷砖那么大，那么连南极洲上都会挤满了我们的子孙。如果还按这个增长率不停止增长，那么，到公元 3900 年，宇宙中需要有 10000 个地球，而且每个地球都挤满了人。这虽然是理论结果，但说明了人类人口数如果继续按指数增长，哪怕增长率很低，结果也是令环境无法承受的。

人口增长的第二个现象是年龄结构出现两极分化：发展中国家未成年人人口偏多的同时，发达国家面临人口老化问题。从整体看，全球已达到老龄化社会标准。图 7 - 22 列出 2009 年世界银行数据库反映的几个有代表性的国家的人口年龄结构。奖励生育、推迟退休年龄等是人口老化国家应对缺乏劳动力的办法。2011 年西班牙将退休年龄延至 67 岁；2012 年起，德国也把法定退休年龄从 65 岁延迟到 67 岁；英国在 2011 年取消了 65 岁退休的规定，公民享有不退休的权利；美国现行退休年龄是 67 岁；意大利、日本、荷兰、丹麦、

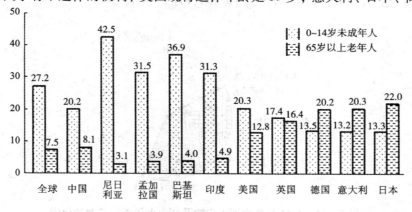

图 7 - 22　2009 年部分国家的人口年龄结构 (%)

澳大利亚等国实行的退休年龄都是 65 岁。在这些国家,白发苍苍的老人驾着出租车满街转、和蔼可亲的老太太在餐馆里小跑着传菜等等,都是很普通的事。欧盟委员会预计,到 2060 年欧盟成员国必须将退休年龄推迟至 70 岁。

人口增长的第三个现象是城市人口急剧膨胀。1800 年,达到 100 万人口规模的城市全世界只有伦敦 1 座,1850 年有 3 座,1900 年有 16 座,1950 年增加到 115 座,1980 年达到 234 座,2010 年达到 360 座。

2)人口分布状况

从地域看,世界人口的分布很不均衡,亚洲南部(印度、印度尼西亚、巴基斯坦、孟加拉国等)、亚洲东部(中国东部、朝鲜半岛、日本等)、欧洲西部(英国、法国、德国、荷兰、比利时等)、北美洲东部(美国东半壁和加拿大东南角)为四大人口稠密区,见图 7 – 23。这四个区域的土地面积合计占陆地总面积(冰盖地区除外)的 1/7,而人口却占世界总人口的 2/3。

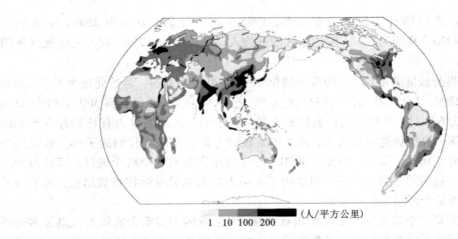

图 7 – 23　世界人口密度分布

南极洲没有常住居民。另外六大洲中,亚洲人口最多,占世界人口的 60% 以上,见图 7 –24。另从表 7 –4 可以看出,世界上人口数排在前 20 位的国家中,有 11 个在亚洲,人口总数 36.3 亿,占亚洲人口的 90%,占世界人口的一半还多。

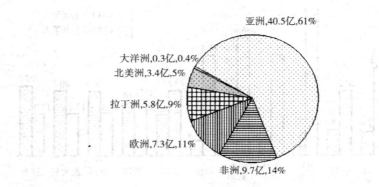

图 7 –24　2011 年各大洲人口数及所占世界总人口数的比例

　　非洲人口约 10 亿，但 2005～2010 年的统计数据反映，非洲人口正以 25‰的增长率迅速递增。世界上最不发达国家妇女平均每人生育 4.4 个孩子，而非洲撒哈拉沙漠以南的国家每个妇女平均生育 5.3 个孩子，在尼日尔，这一数量达到 7 个。如此发展，非洲人口达到 20 亿并不需要太久的等待。

表 7－4　人口排前 20 位的国家及人口数（2012 年）

国家	人口数（亿）	国家	人口数（亿）
中国	13.69	墨西哥	1.11
印度	11.66	菲律宾	0.98
美国	3.07	越南	0.87
印度尼西亚	2.40	埃塞俄比亚	0.85
巴西	1.99	埃及	0.83
巴基斯坦	1.76	德国	0.82
孟加拉国	1.56	土耳其	0.77
尼日利亚	1.49	刚果（金）	0.69
俄罗斯	1.40	伊朗	0.66
日本	1.27	泰国	0.66

　　从经济发展程度看，发达国家集中在欧洲、北美洲、大洋洲，亚洲只有日本、新加坡、韩国、以色列 4 个国家。发展中国家则集中在亚洲、非洲、拉丁美洲，就是我们常说的"亚非拉"。世界人口的八成集中在发展中国家，人口多也是造成经济不发达的重要因素，因为人口摊薄了自然资源，拖了生产力的后腿。从图 7－25 可以看出贫穷和资源困乏、以及资源困乏和贫穷的密切联系。

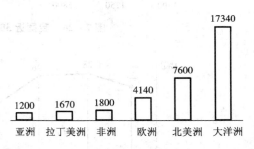

图 7－25　各大洲人均占有耕地面积（平方米）

　　联合国人口司于 2007 年发布的世界人口展望，估计未来 40 年世界将增加的 25 亿至 30 亿人口中将有 97% 分布在发展中国家，而发达国家的人口基本不增加，维持在现在的 12 亿，其中，包括德国、意大利、日本、韩国等 46 个国家的人口可能出现下降。结果就是，发展中国家人口占世界人口的比重将从 82% 上升到 87%，而发达国家人口的比重相应地从 18% 下降到 13%。世界人口问题主要是发展中国家的人口问题，世界人口的不均衡增长正在给世界经济和社会发展乃至国际秩序带来深刻影响。

　　2. 中国人口发展状况

　　（1）人口快速发展

　　我国人口在 1651 年（清顺治八年）为 5300 万人，34 年后即 1685 年（清康熙二十四年）

达到 1.1 亿，过了 80 年到 1765 年(清乾隆三十年)继续上升到 2 亿，25 年后的 1790 年(清乾隆五十五年)又加了 1 亿，再过 50 年到了 1840 年(清道光二十年)全国人口已经达到 4.1 亿。不到 200 年，人口增加到 8 倍，平均年增长率约为 11‰，最高时达到 16.4‰，形成第一次人口大增长。此后的 100 年间人口数量稳定，1947 年的人口数是 4.6 亿，107 年只增加了 5000 万人口，平均年增长率约为 1.1‰。新中国成立后，我国迎来了第二个人口增长高峰，见图 7–26。在 20 世纪 60 年代，我国每名妇女平均生育 6 个孩子。1973 年国家实施计划生育政策，人口急剧上升的势头得到遏制，人口增长率迅速下降。2000 年至 2010 年 10 年间，中国人口年平均增长率降到 5.7‰，大大低于 12‰的世界平均水平，见图 7–27。2005 年至 2010 年间，更是降到了 5.2‰。从国家确定"计划生育"为基本国策以来，全国少生了 4 亿多人。但由于人口基数过于庞大，人口总数即便不再有大的增加，也在 13 亿以上，占世界人口总数的 1/5。

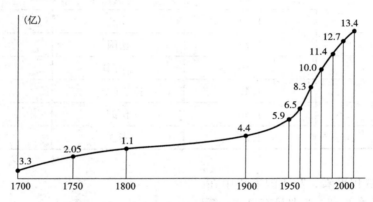

图 7–26   我国近 300 年的人口增长状况

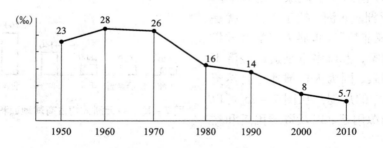

图 7–27   我国近 60 年的人口增长率变化曲线

(2)人口老龄化加速

联合国《2300 年全球人口预测》预计中国人口在 2030 年将超过 14.5 亿达到顶峰(人口增长率 4.4‰)，然后回落，2300 年是 12.85 亿。显然这是负增长，即死亡人数大于出生人数。作出人口负增长预测的依据是人口老龄化。

根据联合国定义，一个国家 65 岁以上的人口超过 7% 就称为老年型国家。2005 年我国 65 岁以上的人口已经达到 7.7%，2007 年升到 8.1%，2010 年到了 8.9%(1.19 亿)。预测我国 2020 年 65 岁以上老人(即 1955 年以前出生的人)将占 11.2%，到 2050 年(即 1985

年以前出生的人)可能会到 25% 。社会老龄化是人们生活水平提高和寿命延长的必然结果,但负面问题也是突出的,主要表现在生产者少而消费者多、年轻人负担过重而影响正常劳动与学习、社会养老福利及医疗压力加大、政府收入减少但支出增加、社会缺乏活力、人口减少而危及人类种群。如果到了 2050 年 14 亿人口中有 3.5 亿 65 岁以上的老年人(其中失能老人和 80 岁以上的高龄老人将有 3500 万),另有 1.8 亿是未成年人、1.5 亿是 60 岁至 65 岁的准老年人,这三部分人加在一起刚好是总人口的一半,社会经济发展和科技创新都面临萎靡。

(3)区域发展差异较大

我国人口还有区域间发展差异大的特点。地理学家胡焕庸(1901—1998)用黑河 – 腾冲线即黑龙江省的黑河市(原称瑷珲县、爱辉县)和云南省的腾冲市之间的连线(见图 7 – 28)将我国分为东、西两个半部,根据中国大陆 1982 年的人口普查数据,得出结论:东半部面积占目前全国的 42.9% ,西半部面积占全国的 57.1% ,而东半部面积上居住着全国人口的 94.4% ,西半部的人口仅占全国人口的 5.6% 。其中,内蒙古、新疆、青海、西藏 4 个省区的面积占全国大陆面积的 49.7% ,人口只占全国人口的 4.1% 。

我国有 4 个人口稠密区,见表 7 – 5,其中长江和钱塘江下游平原也是世界人口最稠密的区域之一。4 个区总面积 98 万平方千米,占国土面积的 10.2% ,人口 6.4 亿,占全国人口的 48% 。另外还有珠江三角洲、潮汕平原、福建中东部、浙江中东部、台湾西部、渭河谷地、辽宁中部等地区,人口密度也在 800 人/平方千米以上。根据 2011 年公布的全国人口普查统计结果,我国有 10 个省份的人口在 5000 万以上,从多到少依次为广东(10430万)、山东(9579 万)、河南(9402 万)、四川(8042 万)、江苏(7866 万)、河北(7185 万)、湖南(6568 万)、安徽(5950 万)、湖北(5724 万)、浙江(5443 万)。人口密度排在前 12 位的依次是:澳门(19045)、香港(6422)、上海(3629)、北京(1167)、天津(1145)、江苏(767)、台湾(643)、山东(610)、广东(580)、河南(563)、浙江(535)、安徽(426);排在最后 5 位的是:甘肃(56)、内蒙古(21)、新疆(13)、青海(8)、西藏(2.5),括号中数字的单位是"人/平方千米"。

表 7 – 5　我国的人口稠密区

区域	面积 (平方千米)	人口 (亿)	人口密度 (人/平方千米)	区域内的主要城市
长江和钱塘江下游平原	9 万	0.9	1010	上海、南京、杭州等 20 多个城市
四川盆地	15 万	1.0	690	重庆、成都、宜宾等 10 多个城市
黄淮海平原及山东半岛	50 万	3.3	650	北京、天津、石家庄、郑州、济南等 50 多个城市
长江中游平原	24 万	1.2	480	长沙、武汉、南昌等 20 多个城市

(4)人口城市化加快

人口城市化加快是我国人口规律的突出特征之一。20 世纪 70 年代末,中国基本是一个农业国家,城市化只有 18% 。1980 年,城市化率提高到 20% 。从 20 世纪 90 年代以

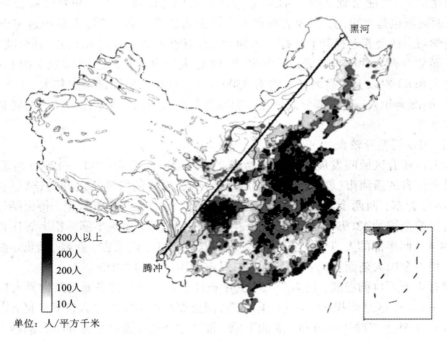

图7-28   我国人口密度分布图

来，人口城市化的步伐加速。1990年我国城市化人口为26.23%，2000年为36.09%，2005年达到42.99%，2010年已经到49.68%。国家统计局发布的2011年我国人口总量及结构变化情况显示，2011年年末，我国大陆城镇人口比重达到51.27%，百万以上人口的城市达到约130座。

人口城市化的程度反映了一个国家和地区的经济、社会、文化和科技水平，也反映了国家和地区的社会组织程度和管理水平。人口城市化体现了人口素质的提高，是人类进步必经的过程，因此，城市是人类文明的重要标志。人口城市化有两条途径，一条是人口向城市迁移，另一条是将农村发展为城镇。不论哪条途径，都离不开农民脱离土地耕作而走进工矿企业、服务行业。农民工队伍的发展是人口城市化的决定性动因。1988年的时候，农民工总量在1.2亿左右，2009年到国家统计局公布的数字是2.3亿，2013年全国有农民工2.69亿，占全国人口的20.1%。

中国城市人口的巨大增长并未导致城市贫民区的显著增加，这在世界上是独一无二的。取得这一成就的主要原因之一，是中国政府的巨额基础设施投资，根据一项估计，这方面的投资约占GDP的20%，为快速增长的人口提供了必要的住房和公共服务。城市持续发展导致的资源消耗、空气污染、水污染和固体废弃物大量增加，快速城市化还付出了优质耕地减少的巨大代价，因为城市化速度最快的东部沿海地区拥有我国最优质的耕地。

7.4.3 人口增长对环境的影响

人要存活，就要从大自然获得生活资料。人口增长，意味着对自然资源需求增加。如果人口增长形成的需求增加的量超过了自然正常生成资源的速度，就势必造成自然资源耗竭和生态环境破坏的结果。许多发展中国家的生态环境破坏严重，人口压力过大是主要原因。

　　首先是土地资源问题。人口增长一方面摊薄了人均耕地占有量，一方面因工业、交通、居住等需要而占用原本就十分紧张的土地。余下的土地要养活那么多人，只有通过大量使用农药肥料提高产量，于是又使土地退化、荒漠化。如果开垦新地来生产粮食，又面临植被破坏、水土流失等新的环境问题。土地一旦覆上水泥，其破坏是不可逆的，水泥不会变回土壤。城市化还会带来三废处理的困难和各种物理性污染，且不说随着日后人口下降将会出现的城市"废墟化"可能，即大批楼宇空置、大量房居无人的荒凉城市。危地马拉的蒂卡尔城（图7-29）是距今1200年前玛雅城中最大的一座，鼎盛时期人口曾达到10万，但时至今日，伟大的玛雅城已被周围雨林吞没。这座城市除了几座散立在灌丛中的神庙，几乎什么也没留下。1000年以后，10000

图 7-29　玛雅古典时期最大的城邦——蒂卡尔城

年后，是否也会有后人穿越那些被野草覆盖的碎石发掘我们的伟大城市的废墟，猜想已经成为过去的我们在当时究竟发生了什么？

　　其次是能源问题。如今人类生活、工作、出行方式都发生了很大变化，没有天然气就吃不到饭、没有电就干不了活、没有汽油就出不了门，加上人口增长，能源需求量迅猛增加。于是，只好加速对煤、石油、天然气的开采。20世纪100年间所消耗的能源总量就远远超过人类几千年消耗量的总和，结果是加速了化石燃料耗竭时间。在能源可能在短期内趋于枯竭的同时，还加大污染排放，生活环境日趋恶劣。

　　第三是对动植物资源的影响。人口过度增长势必加剧毁林造田、毁林建房等活动，森林资源将受到越来越严重的破坏。由此造成的结果是生态系统恶化、环境质量下降、土地沙化、自然灾害频发。人类的大规模毁林、焚草、围湖、开垦、建设工程、修建交通设施等活动，侵占、破坏了野生生物的栖息场所，干扰了野生生物的正常繁育，加上对生物资源需求的增加和过度开发利用，导致生物多样性丧失。

7.4.4　人口环境容量

1. 人口环境容量概念

　　地球是一个体积和表面积都有限的固态球体，不是气球那样，吹点气就大一些，再吹点气就更大一些。自然资源的总量是有限的，地球能承受的人口数量也是有限的。人口环境容量又叫"地球环境对人口的承载能力"，即在一定的生态环境条件下，地球对人口的最大抚养能力。

　　人口环境容量不但和自然资源有关，还和人口素质、科技水平、文化特征等社会因素有关。许多自然资源的总量是恒定的或多数是趋于减少的，耗用多少就减少多少，不可再生，如煤、石油等就属于这一类。土壤、水体和大气等自然资源，形式上可以再生使用，但一旦被严重污染，就极难净化，变成不可再生的自然资源。在人的方面，穷人和富人都能活一辈子，但他们所需要的资源的质和量完全不一样。有环保意识的人和环境无知者在自然资源面前会受到不同的待遇。还有许许多多的因素，都影响着人口环境容量。所以，确定人口环境容量是一个极其复杂的问题。

因为人们对影响环境人口容量的条件有不同理解，所以就有多种对于全球人口容量的判断，归纳起来主要有三类，即悲观的判断、乐观的判断和中立的判断。

悲观的人口环境容量判断认为地球最多只能养活 75 亿人左右，而当今世界人口已经接近这个极限，对环境的破坏已经非常严重，并且全球人口总数仍在无法遏制地增长，灾难已经不可避免。

乐观的人口环境容量判断认为，从生态学角度看，地球上植物的总产量可以养活 7534亿人，加上人类的科技水平正不断提高，各国政府已经加强了环境问题合作，人们的环境意识在提高，未来人类将有足够的力量实现可持续发展，在这种条件下，人口总数甚至可以超过 1 万亿。

中立的人口环境容量判断认为，人类通过努力，有能力在今后的发展中维持自身与生态环境的协调发展，但有必要对地球的环境人口容量设置一个近似上限，即“合理容量”。联合国人类环境会议上公布的报告认为，110 亿左右应是合理容量，可以使地球上的人类维持合理健康的生活。

2. 中国的人口环境容量

在旧中国，就有学者提出中国人口总数为 2 亿或 4 亿为最佳。新中国成立后，马寅初、孙本文从当时中国粮食生产水平和劳动就业的角度，在 1957 年提出中国适合的人口数量为 7 亿~8 亿。1981 宋健等从食品和淡水资源角度估算出，中国的理想人口数量应在 6.8亿以下。田雪原、陈玉光则从就业角度进行研究，于 1981 提出中国 100 年后的经济适度人口为 6.5 亿~7.0 亿之间。中国科学院自然资源综合考察委员会在 1986 年根据中国粮食最大可能生产能力提出中国的最大人口数为 15.1 亿。1989 年，胡鞍钢从经济、资源、环境、人口结构等角度探讨了中国的适度人口目标，提出中国 2100 年总人口下限为 10.2 亿，上限为 14.4 亿。

在第三次全国人口科学讨论会上，比较一致的看法是：经估计的中国资源所能承载的合理人口数为 7 亿~10 亿人，最大人口容量约为 15 亿人或 16 亿人左右，而超过 18 亿人到20 亿人，可能使中国的社会经济发展遭到灾难性的打击。

本章内容小结

工业革命、科技进步极大地提高了人类的生产力水平和平均寿命，但过度的经济效益追求、人口暴增却大大提高了环境资源的需求量。问题在于，这种需求的满足不是文明、科学的开发，而是掠夺性的、绝灭性的获取，于是造成了一系列的环境问题，并发展为全球性的环境危机。

人类直接或间接地向环境排放有害物质或有害因子，造成环境污染。空气污染、水体污染、土壤污染、固体废物污染、物理性污染全方位地降低了环境的质量，还直接威胁人们的健康。

　　人类不合理地开发、利用自然资源和兴建工程项目而引起的生态环境的退化，破坏了环境。被破坏的环境出现了土地荒漠化、水土流失和生物多样性问题，造成水资源、土地资源、矿产资源、生物资源的短缺与耗竭。

　　人类活动的营力作用不当会诱发环境地质灾害，致使地面沉降、地裂缝、滑坡、崩塌、泥石流、地震等发生，给人们造成巨大的生命财产损失。

　　人口的过度增长对资源包括能源的质和量都提出巨大要求，给环境压上了不堪承受的负担。

　　人类已经意识到了这些问题，开始端正对环境的态度，通过环境保护、环境治理、清洁生产、控制人口增长速度等途径修复环境，减轻对环境的压力。在人口问题方面，人类还要过老龄化和城市化两个关。

　　保护环境，必须成为我们生活的座右铭。

第 8 章　环境文明与和谐

本章导读：在采猎文明时代和农耕文明时代，人和环境的关系是和谐的。到了工业文明时代，人们过高地估计了自己，把环境放到了可奴役的位置，没过多少年，环境就布满危机，处处出现问题。我们在第 7 章中已经详细地分析了这些问题。这种情况让人始料不及，为什么会是这样的？难道发展错了？在不断恶化的环境面前，人们开始反思自己的所作所为。

发展离不开环境，而且必定要触动环境，发展和环境不可分离，因此需要重新认识环境与发展的关系。我们已经不能再像过去那样对着森林又砍又锯，对着矿山又挖又炸，随意往空中排废气，往河里倾废水。但只要生产力发展不停步、人口增长不减缓，林木就还得伐，矿藏就还得采，废气废水就还会有。这真是左右为难，怎么办？

除了使用绿色技术、创建文明社会外，人们还想到了从伦理道德的角度来解决这个问题。伦理是理性的公共意志，道德是感性的个人修养。将这些放到环境问题上，就形成环境伦理和环境道德。但只有理性的伦理和感性的道德还不足以完全理解环境，情性的环境审美能使人进一步与环境友好。

在环境与发展关系问题上，悲观的态度或盲目乐观的态度都于事无补，可持续发展理论指出了环境与发展和谐共生的道路。

8.1　环境文明建设

文明指人类社会的进步状态，是人们精神与教养的表现，其实质是人类社会的平等程度及人与自然的和谐程度。文明与科学密切相关，与文明对立的是野蛮和愚昧。所谓环境文明建设，是指用文明的观念、文明的态度、文明的技能来保护、利用和创设环境。

8.1.1　人类的环境观

环境观是人类对其生存环境以及人与环境相互关系的基本认识，有时也叫自然观。社会生产力、科学技术水平以及对自然的认识决定了人类的环境观。

1. 远古环境观：畏惧与崇拜

在生产力低下、科技水平不发达、对自然的认识蒙昧的原始狩猎时代，人对自然界尤其是天象和动物只能持恐惧、依附或顺应的态度。原始宗教、图腾崇拜，都反映了人对自然的屈服。

天命论和地理环境决定论是这个时代典型的环境观。我国的哲学家老子（约前571—前471）说："人法地，地法天，天法道，道法自然。"认为一切都应服从自然之法。法国哲学家孟德斯鸠（1689—1755）认为地区、气候对种族的生理和心理有重大影响。古代环境观把人视为自然的奴隶，要求人绝对服从自然。

在畏惧与崇拜中，远古环境观也隐隐地透露出一丝征服自然的冲动，表现在女娲补天、夸父追日、后羿射日、精卫填海、愚公移山等故事中。在西方，则有顶天立地、力大无穷的巨人安泰的神话。

2. 古代环境观：利用与加强

农业文明的古代人类的生产活动主要是栽种植物和驯化饲养野生动物，资源直接从大自然获得。在这个阶段，人类从事的生产是利用动植物的生物特性，所使用的能源如风力、水力、畜力等都是可再生能源，属于"生物型"生产，最先进的生产工具是金属工具，建筑物则是土木结构，因此对环境的影响不大。加上当时人口数量不多，环境容量充裕，可以"巷牛听晚笛，池鹜唼枯萍"，"开轩面场圃，把酒话桑麻"。除非兵燹匪祸，否则就是男耕女织，融融农家乐，人与环境之间没有大的矛盾。

3. 近代环境观：藐视与征服

18 世纪以后，生产力不断发展，科学技术有了很大进步，人们对自然的认识和态度发生了变化。人们发明了蒸汽机、织布机、马达、炸药、望远镜……社会生产力大大解放，人们还能移山填海、开发矿山、砍伐森林、拦河筑坝、生产药品……人类认为自己已经征服了自然。富有、吝啬、欺软、怯懦，大自然不过如此而已。前苏联园艺学家米丘林（1855—1935）有一句名言："我们不能期待自然界的恩赐，我们要向自然界索取——这是我们的任务。"认为自然资源是无限的，使用是无偿的。我国上个世纪的"大跃进"年代有一首很经典的诗歌："一铲能铲千层岭，一担能挑两座山，一炮能翻万丈崖，一钻能通九道湾，两只巨手提江河，霎时挂在高山尖。"这种事在人为、人定胜天、我就是玉皇、我就是龙王的豪情，一时间让人觉得自己在自然面前高大无比，面对自然个个都摩拳擦掌，相信只要有"一股硬劲"，就可以"让地球服，让海洋降，强迫宇宙吐出宝藏"。这些极端的征服论，在今天来看，的确能把人笑翻，但在当时确是不容置疑的。

很快，人们就不得不去承受恩格斯（1820—1895）早就断言的自然界"报复"了。平心而论，这不是自然界报复，它只是被迫用一种新的平衡状态"顺从"人类的行为而已。报复，是人类特有的行为，自然界没有那么狭隘和龌龊。

4. 现代环境观：重视与和谐

进入现代，社会生产力水平进一步提高，新的科技革命兴起，对自然的认识不断深入，加上资源耗竭和环境恶化等严重的环境问题渐次显现，人们不得不冷静思考人类与环境的关系。系统论建立以后，人们不再将自然界割裂开来去零碎地观察它的局部和细部，那是盲人摸象、以管窥豹，而是从系统的角度研究它的结构、关系和整体。于是形成了基于系统论的环境观。

人类社会是一个系统，环境是一个更大的系统，两个系统交织，形成庞大而复杂的"人－地关系系统"或"社会－经济－自然复合生态系统"（SENCE）。在这个系统中，不是"天定胜人"，也不是"人定胜天"，而是"人天共存、人地归一"。地球资源和环境容量都是有限的，人类只有保持与自然环境平衡与协调才能生存和发展。人本身也是自然的一个普通成员，破坏环境无异于自戕自残，所以，因"在与自然的斗争中获得胜利"而飘飘然的感觉实际上是错觉。

现代环境观要求人类转变环境观念，转换社会经济发展模式，由人类中心主义转换到人与自然和谐发展。人类必须在遵循自然规律的前提下行使利用自然条件的权利，人类还必须以前辈的责任感为子孙后代留一份宝贵的环境遗产。依靠法律、行政、经济手段不能解决保护环境的所有问题，必须在深层意识上形成尊重自然的伦理道德。

8.1.2　环境伦理观和环境道德

1. 环境伦理观

环境伦理观将人类的善恶、平等、正义、责任等人际道德观念扩大到人与自然的关系上，认为破坏环境、危害其他物种的生存权利也是不道德的行为。环境伦理观认为环境问题归根到底是人的问题，是人类文化和价值观问题，而不是技术或经济问题。1991年亚太经济合作组织(APEC)通过的《环境伦理汉城宣言》明言："我们必须认识到：现在的全球环境危机，是由于我们的贪婪、过度的利己主义，亦即认为科学技术可以解决一切的盲目自满造成的。换句话说，是我们的价值体系导致了这一场危机。如果我们再不对我们的价值观和信仰进行反思，其结果将是环境质量的进一步恶化，甚至最终导致全球生命支持系统的崩溃。"怎样解决这个价值体系问题呢？环境伦理观认为，只有以伦理信念为基础，环境保护运动才能从幼稚走向成熟，从肤浅走向深入，从被动走向自觉。

当代的环境伦理学家提出了四种伦理理念：开明的人类中心主义、动物解放/权利论、生物平等主义、生态整体主义。

（1）开明的人类中心主义

开明的人类中心主义认为，只考虑本集团的利益、只考虑当代的利益，或者以为人类可以主宰一切、认为科学万能，以及粗鄙的唯物质和庸俗的唯消费等等，都是狭隘的人类中心论，是环境危机的根源。开明的人类中心主义认为，地球环境是包括现代人和后代人在内的所有人的共同财富，任何国家、任何地区、任何一代人都无权为了局部的小团体利益而无视生态系统的稳定和平衡；在不同的国家和民族之间，人类需要实现资源的公平分配，需要建立与环境保护相适应的合理的国际秩序；人类必须节制其空前膨胀的物质欲望，发达国家的消费主义的生活方式应当批判并矫正，且有减少其能源消耗总量的义务，发展中国家则有责任在保护环境和可持续发展之间保持某种平衡。生活在"地球村联邦"中的所有人的基本人权都应得到有效的保证，所有人都能享受充满尊严的生活。

（2）动物解放/权利论

动物解放/权利论认为，第一，动物也能感受苦乐，痛苦就是痛苦，不会因为是人去承受或是动物去承受而有区别，造成痛苦的行为永远是恶的行为、不道德的行为，人类的"道德计算"中应当包括动物的苦与乐；第二，从生命和伦理角度看，动物与人是完全平等的，动物和人一样也有生的权力和活的快乐，人类奴役、压迫、虐待和利用其他动物，有商业、科研、健康、享乐等种种理由，却找不到任何道德理由。

动物解放/权利论从生命道义的角度要求停止给动物送去痛苦和折磨，对人们传统的道德观念和生活习惯是一个巨大的挑战。动物解放/权利论将动物权利运动纳入人权运动，认为动物解放也是解放事业，而且是更需要人类发挥精神的生命解放事业。这的确是一个值得我们每个人冷静思考的问题，人之所以有尊严，是因为对他物尊严的尊重，而不是践踏。人在伤害他物尊严的那一时刻，也在抛弃自己的尊严。

对于现实的道德生活中时有发生善善相伤、恶恶相权的情况，动物解放/权利论提出了伤害少数原理和弱者优先原理。

（3）生物平等主义

生物平等主义的基本精神是敬畏生命、尊重大自然。

敬畏生命的环境伦理理念将人类的道德关怀扩展到包括植物在内的一切生命，与动物解放/权利论相比，道德视野更宽阔。生物平等主义倡导者是德国哲学家、医生施韦泽（1875—1965），他认为，生命没有高级和低级、富有价值和缺少价值的区分，任何生命都值得敬畏。只有当人类认为所有生命，包括人的生命和一切生物的生命都是神圣的时候，他才是伦理的，才是善的。"善是保持生命、促进生命，使可发展的生命实现其最高的价值；恶则是毁灭生命、伤害生命，压制生命的发展"。施韦泽赞叹东方传统价值观所强调的人的伦理行为与所有生命有关的原则，"决不可以杀死、虐待、辱骂、折磨、迫害有灵魂的东西——生命"。人类只有在不可避免的情况下，才可以伤害或终止某些生命，但在作出如是抉择时一定要有责任感和良知意识。施韦泽不但是敬畏生命的倡导者，还是敬畏生命的人道主义垂范者，他传奇和充实的一生让人们感动和敬仰。

尊重大自然的伦理学认为，所有的生命都拥有相同的天赋价值和相同的道德地位，它们都有权获得同等的关心和照顾，人只是地球生物共同体中的一个成员，并非天生就比其他生物优越。人应当抛弃优越性观念，接受物种平等的观念。尊重大自然的伦理学有四条环境伦理规范和与之对应的环境伦理美德：不作恶的原则——关照的美德、不干涉的原则——敬重和公正的美德、忠诚原则——诚信的美德、补偿正义原则——公平和平等的美德。尊重大自然是一种终极性的伦理态度。

生物平等主义对人的道德理性、道德胸怀和道德能力都提出了很高的要求。

（4）生态整体主义

生态整体主义要求把道德的关心推广到无生命的生态系统、自然过程以及其他自然存在物。生态整体主义认为大地是包括土壤、水、植物和动物在内的整体，是"大地共同体"，人是大地共同体中的普通公民。人只要生活在共同体中，就有义务尊重其中的所有成员和共同体本身，这个义务的基础就是共同体成员之间因长期共存而形成的深厚情感和休戚与共的命运意识。人类应该与其他生命同甘共苦，在生命航程中同舟共济。人的真正的完美性应是对他者的无条件的关心，如果他只知道捍卫本类的利益，那么，他的境界并没有超越其他存在物。人的价值和优越性不仅仅是他拥有表达自我、发挥自身潜力的能力，更在于他拥有观察、理解、评价其他存在物的能力和自我超越的能力。大地共同体中，只有人类拥有这样的能力，这是人类天赋地赐的殊荣，也是人类天经地义的责任。

上述四种环境伦理理论从不同的角度、不同的高度为保护环境的行为提供了道德理由和伦理论证。四种理论的道德境界逐渐升高，却可以并行不悖。环境伦理将道德推向非人，推向非生命，既反映了人性的理智与宽广，又极大地丰富了人们道德修养的内涵。人既卑微又崇高，卑微是因为从生物学上看他不过是亿万生命之一，崇高是因为他可以塑造一种伟大的情怀，去关心他人、怜悯动物、珍爱生命、感激大自然。环境伦理学的基本理念，是大自然的完整、美好、稳定和繁荣，是生命的生生不息、绵延不绝，是和生之爱、大生之道、共生之德、感生之心。

2. 环境道德

环境道德是人与人、人与自然之间相互关系的社会规范，是评价和判断人的行为善与恶、高尚与卑鄙的标准，是衡量一种行为应当不应当的准则，通过社会舆论和人心观念来约束。法也能从制度的角度约束人的行为，维护社会正义。但对于法律真空范围内的恶行，只能用道德谴责来遏止。

环境道德主要包括保护环境、生态公正、尊重生命、善待自然和理智消费。

保护环境包括保护自然环境、生活居住环境和地球生物。应保护好地球，使之适合生命的生态学过程，维护生态系统的完整和良性发育，合理利用自然资源，防止环境污染和生态环境破坏。

生态公正指合理地行使自己对待地球共同体中包括人类自己的所有成员的环境义务，促进人与人、人与自然之间关系的和谐。不仅要在人与人之间合理分配环境利益和义务，也对非人类存在物施行生态正义，公正对待自然。

尊重生命包括敬畏生命，反对无故伤害生命；保护地球的生命力和生物多样性；保护拯救濒危野生动植物；趋利避害要适度。

善待自然指对自然界整体性的爱惜和重视，对生态系统平衡的爱惜和重视，对一切生命的爱惜和重视，对自然资源的爱惜和重视。

理智消费包括适度消费、合理消费和绿色消费，即反对无节制的高消费、抵制炫耀性消费、反对奢侈浪费、抵制有害生态环境的产品。

8.2   环境审美

8.2.1   审美情趣

1. 环境审美概念

人的需求有功利的、物欲的一面，也有无功利的、情感的一面。功利的需求因生存与成长而发生，人有生理饥渴；无功利的需求因感知与意识而发生，人有精神饥渴。人与自然、人与社会之间千丝万缕的关系，归纳起来也就是这两个方面的关系——物与情，即谋生与谋心。获得物质以无虞饥寒，可以谋生；获得感悟以愉悦灵智，可以谋心。谋心是一种自觉的、智慧的文明行为，而人与其他动物的区别在于人具有文明，因此，谋心也是人和动物的区别。谋心就是要让自己那颗心不由自主地颤栗，这种不可抑制也无法掩饰的颤栗就是感动，就是平时我们说的"美感"。产生美感的过程就是审美。只有精力充沛、心灵健康、思维活跃的人才会有精神饥渴感，患有"心灵衰老症"者的精神必不会饥渴，如同身体衰弱者往往食欲不振。只有精神感到饥渴的人才会谋心，因为只有美感能使精神从饥渴变为饱足。归而言之，只有精力充沛、心灵健康、思维活跃的人才会审美。

"美"是什么呢？美就是客观事物呈现形象于主观直觉时的特质。客观事物的形象不完全属于事物本身，它一定要到被人观察到的时候才谈得上形象，否则只能说是存在。例如万米以下的深地、人类未登过的冰峰，在它们能够展现在人们眼中之前，并无形象可言。主观直觉也不完全属于人，一定要有客观之物方有直觉的内容，在荒野冬夜的一片漆黑中，不知四围究有何物，主观直觉根本无法活动。因此，美的产生必须有外物，也必须有人心，两者均不可或缺。美，不完全在于客观外物，也不完全在于主观人心，美是"心物婚媾后所产生的婴儿"（朱光潜）。从本质上讲，美是主观的，所以对同一情景，不同的人有不同的反映，同一个人在不同心境状态下对同一情景也有不同的反映。从根源上讲，美是客观的，没有具体的对象，美或丑都无从说起。从中介来讲，美是主观和客观的和谐状态，客观是钟，主观是杵，钟和杵少了任何一样都发不出声音。

将环境作为审美对象，即为环境审美。环境审美就是因被大自然感染而感动。处身在大自然中间，我和它默默对话，把我的性格和情感移注于自然，同时也把自然的姿态吸收于我。在我的情趣和大自然的情趣往复回流之际，美感发展到了极致——我和大自然成了不能分割的一体。因此，环境审美是人与自然和谐的最优形式和最高境界。

2. 学会环境审美的意义

学会环境审美，丰富环境美感经验，将环境审美植入到我们的潜意识中，我们就能享受到极其绚丽的人生。

首先，环境审美、欣赏自然能提升人生的情趣。我们理应享受生活，而享受的前提是会欣赏。只有懂得美的人才懂得欣赏，反之，只有懂得欣赏的人才享受得到美。如果从最狭义的"用"字来说，美没有增加我们的财产，确实是毫无"价值"的。但看同样"临涔涔流水，傍蔓蔓长藤"，有的人觉得灵魂涤净，而有的人只能洗洗脚、除除汗，由此便知审美与美盲的天渊之别了。为什么同从腾冲归来，有人依旧感动在高黎贡山的雄姿和怒江激流的震撼中，而有的人已经为腕上的玉镯远非价格所值而懊悔不迭？我们说人生的艺术化就是人生的情趣化，人格就是生活中艺术的完整性，因此，美感经验和美感情趣决不是可有可无的东西。

其次，环境审美情趣能使人去伪脱俗。大到千山万水，小到一草一花，莫不以真的面目和雅的姿态和我们共处。善于生活、谙于审美的人乐山乐水，他们知道在自然面前的俗就是对自己的俗，对他人的伪也是对自己的伪。他们情趣丰富，始终用艺术的眼光看待和评判周围。对于生活和环境，他们既认真又超脱，既严肃又豁达。他们能俯仰六合浑沌却心惜蝼蚁，也能端详一珠露水而知认乾坤。在他们眼中，一粒沙可以蕴藏万千世界，同样，一个世界有时不过就是一粒沙。如此仁智之者，岂会伪俗！

最后，欣赏环境，就是欣赏生活，因而生活质量大为提高。认真欣赏一路风景，仔细品味一生岁月，把四围风光作为造物主的艺术作品去欣赏，同样，把自己的生活也当作艺术品去雕琢，再没有比这更美好、更有意义的生活了。欣赏环境，是出世的精神；雕琢生活，是入世的事业。"人要有出世的精神才可以做入世的事业"（朱光潜）。所谓"出世的精神"，指的是超越欲望、不为世俗名利所左右的精神；所谓"入世的事业"，指的是在物质社会中发挥人的价值的活动。出世是老庄的倡悟，入世是孔孟的劝诫，都是我们祖先留下的宝贵文化财富。美感情趣是出世的，生活品位是入世的——人要有美感情趣才有高质量的生活品位。

3. 景观

景观就是一定区域内由地形、地貌、地质、水体、植物和动物等构成的综合体,广义的景观还包括人、人类行为的痕迹以及气候征象等。在美学范畴内,景观还要求这种综合体具有美学价值。

景观一般分成自然景观和人文景观两大类,人文景观又叫文化景观。自然景观是天然形成的景观,其最大特点是天然的色彩、形状、体量、质地、运动等。它有自身的规律,人们可以发现它、欣赏它,用心与它交流,却不能去修饰它、叱令它,不能要求它应当如何或不应当如何。一座山一条水,不会因人赞它而喜,也不会因人谤它而恼,它就是那个样子了。这种淡寂的态度,令赞者更爱,而谤者更恶。人文景观是人类的创作作品,可随人们的意志而建造、整改、毁灭。人文景观的最大特点是其中蕴涵着文化、历史的内容。如黄鹤楼、滕王阁、夫子庙等许多建筑均屡毁屡建。现存的虽皆为赝仿之作,却满布沧桑之痕。

自然景观和人文景观往往相得益彰。杭州的西湖实际上是一个相当常见的小湖,周长不过15千米,在我国北方叫"泡子"。天下与它同名且比它大的泡子多的是,而唯独这个泡子与天堂齐名,主要是因为西湖边有许仙和白娘子相会的传说,以及苏东坡、白居易这两大文豪都在杭州做过官。反过来,佛教选普陀山、五台山、峨眉山、九华山等修建寺院,以在青峰白雾中更显须弥咫尺而禅钟千年,则是人文景观吸取自然景观意蕴的例子。自然景观和人文景观是不能截然划分的,因为审美本身既是自然的又是人文的。即便是纯之又纯的自然景观,审美者必须将其拟人化,注入人文精神;即便是百分之百的人文景观,审美者看到的也是一种独立于现世功利的自然存在。我们把景观分为自然景观和人文景观两大类,只是就其主导景观而言,目的在于更具体地分析和认识景观。

"山水质有而趣灵",青山秀水都有情致,这是中国人对景观历来怀有的一种亲和、友善的态度,一种投入自然、与自然融为一体的态度,也是一种极其可贵的景观审美态度。景观存在于人们生活于其中的一切环境之中,而且审美景观是知识和文化的综合体。培养景观审美情趣不仅能够培养自然景观和人文景观的欣赏者,更有意义的还在于可以培养热爱自然、保护生态环境、进行审美设计的建设者。

8.2.2　自然景观审美

自然景观指具有审美特征的天地景色,包括自然风光、气候画面和天象奇景。

1. 自然景观审美的特点

自然景观审美的第一个特点是偏重于欣赏者的审美经验。自然景观本身不具备人工产品所具有的那种被赋予的"形式",没有人类创造者的意愿和重新组织起来的秩序。所以,自然景观往往是"杂乱无章"、"出人意料"的,让人猜不透这景观为什么会是这样。我们欣赏一幅书法作品的时候,可以指出某一笔写得太粗或是太短。但面对自然景观时却无论如何找不出一处败笔,因为它不是被构思、被设计出来的对象,它并不是专为人们的欣赏而创造的。它之所以成为审美性的景观,是由于欣赏者根据自己的观念或经验在意识中选择、组织的结果。正是这点,体现出了自然景观审美的自由和苛刻:它像镜子一样,反照出欣赏者的心灵"美度"。你的心灵有多美,自然景观就有多美,这是一种意识的状态,与唯物唯心不相干。对自然景观的审美是偏重于主体意识的,而且,由于对自然景观审美的主观出发点不同，便会形成不同的审美侧重和方式。一树春花，让年轻人看到了青春勃发而激情涌动，让中年人看到了红颜易老而稳重务实，让老年人看到了生命更替而淡泊满足。

自然景观审美的第二个特点是依赖于欣赏者的人文知识修养。审美需要联想，在联想中，美越来越纯粹、越来越丰富、越来越宽广，而联想需要人文知识修养。审美唯当其是发现和创作的时候，方为真正的美，这样的美让人爱不释手。听来的、别人指给你看的，都是临摹的东西，充其量只能算"好看"，而不会有颤栗的感动。在桃林里听着导游从手提扩音器里发出的职业性的声音，"这是王母娘娘的桃树"，"这是想偷桃子的猴子变成的石头"，还能有美感可言吗？而如果有人能在笑迎春风的一片淡红中品味"去年今日此门中，人面桃花相映红"，那么，在桃林这面镜子中，他确实是最美的一位。要通过比拟的联想，把文化的内容或生活的意义注入自然景观之中，使之成为相对独立完整的欣赏对象，并赋予它意义。这样的审美，不仅触到了自然景观的形貌和色彩，还触到了自然景观的肌理、质地乃至灵魂，不是刻意的拟人想象，而就是和他乡知己促膝抚壶。自然景观审美不需要太理性。

自然景观审美的第三个特点是依赖审美者的艺术知识和艺术欣赏能力。如果观赏者对自然景观的欣赏有一个可借助的形式，并用这个形式对眼前的景色进行选择、处理和组织，那么美感将会更浓烈。最佳的形式莫过于把相应的艺术知识和艺术欣赏能力迁移到自然景观的欣赏中去。画家、作家、书法家、音乐家、舞蹈家在自然景观审美中得到的总多于常人、深刻于常人，就是因为他们观赏自然景观的角度、方法以及对景观的理解的艺术实体性，他们借助自己熟悉的艺术手段来构建自己的审美对象，并赋予其意义。秋风将一片梧桐叶吹落到湿湿的地面上，就这么一个景观，可以是一幅抽象画，可以是一行朦胧诗，可以是一篇行草，可以是一首咏叹，也可以是一段独舞。

2. 自然景观审美的内容

自然景观之美，在于它展现形态的多样性，在形象、色彩、动静、声音、气息等方面，都透射出无限的美意。

形象美主要有雄、奇、险、秀、幽、奥、旷等几种。雄指雄伟、雄浑，能引起人的赞叹、惊撼、敬仰和崇拜。如瀚海、巍峰、莽林、大江、浩漠、广原、巨瀑、怒潮等，都是雄的典型。奇指奇异、奇特，意味着高度的独特性，给人以率性、自我的感受。桂林山水、云南石林、黄山云海、峨眉佛光等，都是极奇的自然景观。险指危险、惊险，这是一种迎合人类好奇和探险心理的美。华山、金沙江虎跳峡（图 8 - 1）等，只对无畏者垂青。秀指秀美、恬静，是自然景观中最常见的形

图 8 - 1　金沙江虎跳峡

态特征，在这种景观中，人的身心完全松弛，只快不痛。杭州西湖、峨眉山、衡山等，将秀推到了极致。幽指幽深、清幽，给人以寂静、深邃、清静的意境美感。四川的青城山号称天下之幽，湖北神农架、江西三清山等也都是极幽之处。奥则是一种深不可测、难知终处

的自然美，奥者必妙，它是一种完全封闭的
幽，因此带有不可捉摸的神秘性。重庆小寨
天坑、湖南张家界黄龙洞、云南梅里雪山(图
8–2)等地，是奥的代表。梅里雪山主峰卡瓦
格博峰海拔 6740 米，比珠穆朗玛峰低 2000
多米，但有记录以来至今的历次大规模登山
活动无不以失败告终。1991 年，中日联合登
山队 17 人对主峰发起冲击，遭遇大规模雪
崩，所有队员全部遇难。1996 年后，国家明
令禁止攀登梅里雪山，梅里雪山至今仍是处
女峰。旷指开阔、朗远、极目千里，横无际

图 8 – 2　梅里雪山卡瓦格博峰

涯，旷既让人自豪，又让人谦和。自豪是因为他能襟怀阔远，谦和是因为他在这无垠阔远
中更体察自己微渺。

　　以上说的几种形象美不是独立存在的，景观往往兼有多种特征，一处景色，决不是一
个字就能概括的。

　　任何一个自然景观都有色彩美。色彩美除了因为色彩千差万别之外，还有色彩之间的
绝妙搭配和富于变幻。一年四季，大地都在换装。春天的围场铺满碎花细草，如同织锦，
纷而不乱；夏天的芍药绰约如牡丹，艳而不冶；到人间团圆之夜，万顷晴空里一轮清辉只
勾出远山的轮廓，整个世界没有了细节却简而不陋；到漫天飞雪时，无数的白色精灵在风
中淘气，喧而不嚣。更有万千鱼虫鸟兽，肆意大胆地使用颜色，直把人弄得眼花缭乱。自
然景观的色彩美给人类文化以不竭的启示和灵感。

　　人们放下手中的锄锤后希望得到闲静，处理完累牍琐案后希望安静，从滚滚人流中走
出来后希望宁静，寂静的山谷、平静的河湾、幽静的竹林，都让人感受到自然的静态美。
"空山不见人，但闻人语响。返景入深林，复照青苔上。"(王维《鹿柴》)"人闲桂花落，夜静
春山空。月出惊山鸟，时鸣春涧中。"(王维《鸟鸣间》)人境合一，空而不虚，静而不息，这
是何等飘逸脱俗的境界。然而在自然中，从来就没有静止的时刻。风在动，水在流，长空
也有气息，大地也有脉搏。看到柳枝轻扬便知春风和煦，看到芦花摇落便知秋水澄凉。大
自然的动态美极大地激发了人们的活力和勇气。

　　我们所在的世界是一个充满声音的世界。自然的声音来自风、水、雷、雨，以及虫鸟
百兽。这些声音没有和弦节拍的讲究，不同于人类拨弦吹管弄出来的声音。自然景观审美
中的声音美就是要聆听大自然那些高亢、典雅、急促、轻柔、激越、缠绵的言语，这是一种
不能翻译也不需要翻译的言语，只能用心底的共鸣去与它说话。庄子在《齐物论》中提出天
籁、地籁、人籁的概念，人籁就是人们用箫笛等管乐发出的各种声音，地籁就是风经过地
面的洞孔凹穴时发出的声音。天籁呢？庄子没有作解释，他要我们自己去寻找答案。我们
不妨去仔细辨识天籁，这何尝不是灵魂的放飞和生活的乐趣。

　　置身于自然环境中，就被各种气息环绕。首先是植物的气息，不只是花，就是枝、叶、
果都有独特的香气，有的浓郁如醴，有的清淡如茗，有的让人醉，有的让人醒。其次是大
地的气息，土壤有一种让人亲近的甜甜的气味，岩石散发出的气味则有点酸涩，溪流的气
息是爽和淡，大海的气息却有点咸。最后是大气的气息，似乎没有什么气味，但总能让人

深深地吸气，直到整个人感到几乎要飘了起来。气息美虽然不可见，却是人和自然最密切的沟通。

形象美、色彩美、动静美是视觉美，声音美是听觉美，而气息美是嗅觉美。多种感觉要素的相互渗合和恰当组合，形成全方位的自然环境审美效果，人的精神在审美中升华。

8.2.3 人文景观审美

人文景观指在人类历史上形成的、为了满足人类一些物质和精神等方面的需要，在自然景观的基础上叠加文化特质而构成的景观。狭义的人文景观指人工建筑物，广义的人文景观还包括音乐、图画、雕塑、书法、盆景、美食、服饰、纪念物等一切人工创造的具有社会历史文化内涵和审美价值的景观。

按时间跨度划分，人文景观可分为历史人文景观和现代人文景观。

1. 人文景观审美的特点

与自然景观相比，人文景观体现了人类文化创造的特征，因此具有鲜明的文化内涵。人文景观的原本创造目的主要不是为了美学欣赏，例如富丽森严的皇宫、精致传神的石像、玲珑优雅的园林、庄严肃穆的佛殿等，它们的历史文化象征意义远远超出了审美价值。

人文景观审美的第一个特点是欣赏人类文化创造及其成果。在人文景观中，灌满了人们创造景观的动机、过程以及精神力量和文化价值的认知和理解。在这里，我们是和祖先对话，而不是和大自然对话，所以就没有自然景观审美那么自由发散和随意，而是要把自己投进历史长河，溯着水流去探寻祖宗的足迹。

人文景观审美的第二个特点是对审美对象要有社会、历史、文化因素多学科的认知和评价。也就是说，人文景观审美不是单纯的艺术审美，而是包含着丰富的非艺术因素的欣赏。例如不知道卢舍那佛、不知道南北朝和唐朝的造像艺术区别、不知道褚遂良书法的历史地位，那么来龙门石窟还不如把时间留给赏牡丹了。这就是说，人文景观审美已不是狭义的审美，而是增长知识、提升情感、陶养道德等多方面的综合性教育。

2. 人文景观审美的内容

历史文化景观、园林景观和城市景观是三个有代表性的中国人文景观。

历史文化景观是以历史文化遗迹为基础而形成的，观赏历史文化景观需要事先做知识准备，不能像自然景观审美那样，等待灵感被触发。园林景观是由建筑、山水、花木、奇石等组合而成的综合性艺术品，观光之前，有必要先掌握一些园林艺术的基本知识，体会创造者的理念与构思，体会自然与人工的协调。城市景观主要涉及城市建筑、城市公园、城市雕塑、环境艺术等，城市景观审美的要点是抓住这个城市最有特色和个性的局部景观。例如去上海看动物园、去绍兴看寺院、去西安看胡同等，都是大错特错的安排。

从审美角度来看，人文景观的美在于文化美、艺术美、色彩美三个方面。

文化美指一处人文景观表现出的区域精神和文化传统，它是一个地方的历史烙印，如安阳殷墟、北京故宫、湘潭韶山、延安枣园、上海浦东新区等。艺术美是人文景观中最具美学价值的，它给人直观的、形态的美的享受，如敦煌壁画、灵山大佛、平遥古城等。色彩美应是城市景观美的主要因素，一座城市应当有自己独特的建筑风格和建筑色彩，然而我们在这方面做得相当差，座座城市面貌相似，条条街市大同小异，走在他乡街上犹如就在自家门口。

8.3　世界遗产

　　世界遗产是经联合国教科文组织和世界遗产委员会确认的、具有突出意义和普遍价值的文物古迹及自然景观，是人类罕见的、目前无法用其他形式替代的财富。狭义的世界遗产包括"世界文化遗产"、"世界自然遗产"、"世界文化与自然遗产"（即"世界双重遗产"）、"文化景观"四类，文化景观可视为世界文化遗产的特殊类型。确认世界遗产，对于重点保护子遗的自然景观与人文景观，保护各种生态系统及动植物群的生态学及生物学过程实例，保护多元性生物自然生态栖息地，都具有积极的意义。

　　截至2013年，共确认世界遗产981个，其中世界自然遗产193个，世界文化遗产（含文化景观）759个，世界双重遗产29个。中国的世界遗产数量及在世界的排位见表8-1。

表8-1　我国的世界遗产数量在世界的排位（截至2013年）

排位	世界遗产	世界自然遗产	世界文化遗产	世界双重遗产
1	意大利49个	美国、澳大利亚各12个	意大利46个	澳大利亚、中国各4个
2	中国45个	中国10个	西班牙39个	
3			德国35个	
4			法国34个	
5			中国31个	

　　我国的世界自然遗产是九寨沟、黄龙、武陵源、三江并流、大熊猫栖息地、中国南方喀斯特（云南石林、贵州荔波、重庆武隆）、三清山、中国丹霞（福建泰宁、湖南崀山、广东丹霞山、江西龙虎山、浙江江郎山、贵州赤水）、云南澄江帽天山、新疆天山。

　　我国的世界文化遗产是长城、北京及沈阳的明清皇家宫殿、莫高窟、秦始皇陵、周口店北京人遗址、承德避暑山庄和外八庙、曲阜三孔（孔庙、孔林、孔府）、武当山古建筑群、拉萨布达拉宫历史建筑群（布达拉宫、大昭寺、罗布林卡）、丽江古城、平遥古城、苏州古典园林（网师园、环秀山庄、留园、拙政园、沧浪亭、狮子林、艺圃、耦园、退思园）、颐和园、天坛、大足石刻、青城山与都江堰、皖南古村落（西递、宏村）、龙门石窟、明清皇家陵寝（明显陵、清东陵、清西陵、明孝陵、明十三陵、盛京三陵）、云冈石窟、高句丽王城与王陵及贵族墓葬、澳门历史城区、殷墟、开平碉楼与村落、福建土楼、登封"天地之中"历史古迹群、元上都遗址、云南红河哈尼梯田，另外还有庐山国家公园、五台山、杭州西湖3处文化景观。

　　我国的世界双重遗产是泰山、黄山、峨眉山与乐山、武夷山。图8-3为我国最新被确认的4处世界遗产。

　　一个国家世界遗产数量多，既反映了这个国家的历史文化底蕴的深厚和自然地理资源的丰富，也对这个国家在保护世界遗产方面应作的贡献提出了很高的要求。自觉爱惜、保护好世界遗产，并把保护世界遗产的精神发扬到保护人类的全部环境中去，应是一件令人极为骄傲和愉快的事情。

云南澄江化石群(左上角为微网虫化石)　　　　　　　　元上都遗址(锡林郭勒盟)

新疆天山　　　　　　　　　　　　　　　　云南红河哈尼梯田

图 8 - 3　我国最新被确认的世界遗产

8.4　可持续发展——人与环境的大和谐

　　在采猎文明和农耕文明时代,基本没有环境问题,人与自然的关系是和谐的。进入工业文明时代,环境问题迅速从地区性公害发展为全球性灾难,单纯追求经济增长的美好神话被环境问题彻底击破,觉醒的人类以环境保护为应对措施。从今天开始及未来的后工业文明时代,人类以可持续发展理论为指导,实现人与环境的大和谐。

8.4.1　可持续发展理论的建立

　　自从环境和发展的关系得到重视以后,关于这个关系出现了多种理论。

　　"宇宙飞船"理论认为地球不过是浩渺太空中的一艘小小的飞船,与世隔绝,孤立无援。完全封闭的船舱内资源有限,消耗资源的结果便是环境污染,资源耗尽、废物充满船舱之时便是飞船坠落、人类社会溃亡之日。为使小小飞船航程永续,就必须建立起一种既不会使资源枯竭又不会造成环境污染、能循环使用各种物质的"循环式"经济体系,代替以往那种"单程式"经济。

　　"增长的极限"理论认为,若不立即采取全球性措施制止或减缓人口和经济的增长速度,100 年内的某一个时刻人类社会就会达到极限,进而便是社会不可逆转的崩溃瓦解。这是一种悲观的发展理论,但这种缺陷明显然而态度严肃的忧虑,却能唤起人类对环境问题的警醒和深思。

　　"稳态发展"理论认为在必要时应不惜放弃短期内的经济增长和资源消耗,以谋求整个社会的长期发展和稳定。这是一种理想化的环境经济理论。

1987 年,挪威首相布伦特兰(1939—)等在向联合国大会提交的研究报告《我们共同的未来》中,提出了"可持续发展"概念,把人们从单纯考虑环境保护引导到环境保护与人类发展相结合上来。可持续发展理论以保护自然资源环境为基础,以激励经济发展为条件,以改善和提高人类生活质量为目标,是一种新的发展观、道德观和文明观。1992 年在巴西里约热内卢召开的联合国环境与发展大会通过了《里约环境与发展宣言》(又称《地球宪章》)和《21 世纪议程》两个纲领性文件,为可持续发展在全球内具体实现提供了原则支持和行动计划,标志着人类对环境与发展的认识提高到了一个崭新的高度。

1994 年,中国政府编制了《中国 21 世纪议程——中国 21 世纪人口、资源、环境与发展白皮书》,提出"走可持续发展之路,是中国在未来和下一世纪发展的自身需要和必然选择",首次把可持续发展战略纳入我国经济和社会发展的长远规划。1997 年中国共产党的十五大把可持续发展战略确定为我国"现代化建设中必须实施"的战略。2002 年十六大把"可持续发展能力不断增强,生态环境得到改善,资源利用效率显著提高,促进人与自然的和谐,推动整个社会走上生产发展、生活富裕、生态良好的文明发展道路"作为全面建设小康社会的目标之一。2007 年十七大提出的"科学发展观"以"全面协调可持续发展"作为基本要求。调控人口的数量增长、提高人口的素质,维持、扩大和保护自然的资源基础,始终调控环境与发展的平衡等都是科学发展观的主题,从根本上体现了人与自然之间和人与人之间关系的总协调。

2012 年十八大进一步强调"建设生态文明,是关系人民福祉、关乎民族未来的长远大计",从"实现中华民族永续发展"的高度提出要"大力推进生态文明建设",反映出对环境问题的空前重视。要求在"资源约束趋紧、环境污染严重、生态系统退化"的严峻形势面前,"树立尊重自然、顺应自然、保护自然的生态文明理念,把生态文明建设放在突出地位",并从优化开发、促进节约、加大保护、制度建设四个方面具体部署,目标是建设"天蓝、地绿、水净的美好家园",建设"美丽中国","走向社会主义生态文明新时代"。

8.4.2 可持续发展理论的内涵

世界环境与发展委员会(WCED)将可持续发展定义为:既能满足当代人的需要,又不对后代人满足其需要的能力构成危害的发展。

可持续发展理论不是悲观的、消极的发展论。可持续发展的主题仍然是发展,而不是停滞,更不是倒退。人的需求是所有人的基本需求,尤其是对于贫困人口,应优先考虑他们满足基本的生活需要,优先考虑他们脱贫,给他们提供实现美好生活愿望的机会。可持续发展理论也不是盲目的、过度的、炫耀的发展论。可持续发展理论提出,要根据环境满足眼前和将来需要的能力,对社会组织和技术状况施加必要的限制。这种限制主要是指对未来环境满足当代人和后人需要的能力构成危害的限制,这种能力一旦被干扰或损坏,必将伤及以致危及支持地球生命的自然系统,如大气、水体、土壤和生物,最终伤及以致危及人类自身。

可持续发展理论体现了共生性、公平性、持续性三个基本原则。

共生性原则强调人与自然的协调共生。人类必须建立尊重自然、师法自然、保护自然、与自然和谐相处的道德观念和价值标准。人是自然的一部分,人与自然之间须保持一种互惠共生的关系。人类无权恶待其他生物，人与其他生物之间不但没有高下优劣之分，而且是唇亡齿寒的相依关系。

公平性原则强调资源分配与使用的代内公平和代际公平。在同时代之内，人类应当公平分配有效资源，一部分人的发展不应当损害另一部分人的利益。在不同时代之间，当代人在发展与消费时应努力做到使未来各代人有同样的发展机会和空间，而不能"捧祖宗碗，吃子孙饭"，更不能为暂时的或局部的利益而杀鸡取卵。

持续性原则强调维护自然生态系统，使之在受到某种干扰时能保持生产率。人类的经济和社会的发展一旦超出资源和环境的承载能力，持续性即被破坏。因此，人们应根据可持续性的条件调整自己的生活方式，在生态可能的范围内确定自己的消耗标准，反对奢侈浪费的行为。人类应当做到合理开发和利用自然资源，保持适度的人口规模，处理好发展经济和保护环境的关系。持续性也包含了高效性要求，高效性不仅根据经济生产率来衡量，更重要的是要根据人们的基本需求的满足程度来衡量，是人类整体发展的高效。

8.4.3　发展的终极目的

可持续发展也提出一个问题：持续发展到什么程度才是极点？这个问题是有点"怪"，难道发展还有到尽头的时候？事实确实如此，地球是小飞船也好，大飞船也好，总之是一个有限的环境，只能提供有限的资源。发展以资源为基础，既然资源有限，那么发展再"可持续"也不可能是无限的。

发展是有目的的，有一个原因在推动发展。这个目的或原因用最通俗的话来说，就是提高生活的质量，这是金科玉律，不可动摇。谁不想活得潇洒，谁不想多一些滋润生活。那么，什么是高质量的生活呢？在古人看来，是千钟粟，是黄金屋，是"出门有人随，车马多如簇"。近代工业文明则把聚敛和挥霍财富视为进步，把舒适和豪华生活视为幸福，在本质上继承并强化了古人的价值观。因此，近代工业文明形成的发展道路奔向两个目的：一是在物质方面，尽可能多地摄取财富物资，然后拼命地把它消耗掉或是闲置着；二是在技术方面，尽量用外部的力代替人力，代替人体天然器官的功能活动，例如用汽车代替腿脚，用计算机代替人脑、用药物代替免疫系统、用电力营造局部恒温环境去屏蔽四季气候。

这样的发展真的带来了潇洒滋润的生活了吗？人们已经开始看到，聚敛和消费过多物质财富的后果，就是造成资源匮乏和环境污染。由于其消费追求的是感官刺激，而不是有利于人的健康生存，强大刺激引起的快感以牺牲健康为代价，这与人的生命原理是相冲突的。高脂肪食用是生活水平提高的一个形式，但人们在享受这种大快朵颐的"幸福"时，也吃出了心脑血管病、癌症、糖尿病、肥胖病等文明病。人们还看到，尽量用外部自然力代替人的天然器官活动功能的价值追求也直接违反生命原理。当人们以车代步时，人的行走机能、心脏和血液循环等器官的机能都会降低；当人们连算个加法也要使用计算器时，脑的思维和记忆功能就会减退；当人们长期生活在空调制造的天天如春的环境中时，抗寒暑能力就会降低，气温稍有变化就容易感冒；当人们用药物代替人的免疫机能时，人的免疫系统慢慢地就会失能，在疾病面前就没有抵抗力。人的生命器官的功能也循着"用进废退"的原理变化，"退"的出现就是生命质量的下降。导致生命质量下降的发展是我们追求的目的吗？这就是"发展的终极目的"问题，又称为"发展的终极价值"问题，是发展伦理学的核心问题。

人类现在面临的各种危机，实质是传统的发展模式的危机，因此，传统的发展模式必须要改变。发展伦理的终极尺度，就是人类的健康生存和可持续发展。这个终极尺度有三个重要命题。

第一，全人类利益高于一切。全人类乘坐在同一艘飞船上，航行于广漠的宇宙中，任何一个人的不轨行为或不当行为都可能影响到全人类的生存。因此，可持续发展要求个人利益、民族利益、国家利益这些局部利益都要服从人类利益。应当以人类的生存利益为尺度，节制自己不正当的欲望。

第二，生存利益高于一切。生命如不能生存，一切存在都毫无意义。自然生态环境系统是人类生命的支持系统，人类能否可持续生存，决定于自然生态环境系统能否保持稳定的平衡。因此，保持自然生态环境系统的稳定平衡，是人类一切行为的最高的、无条件的、绝对的限度。人类利用自然、改造自然，应当限制在能够保持自然生态环境的稳定平衡的限度以内。例如，对可再生的生物资源的开发，应当限制在生物资源的繁殖和生长的速率限度以内；对生产活动造成的环境污染，也应保持在自然生态系统的自我修复能力限度以内。

第三，在满足当代人需要的同时，不能侵犯后代人的生存和发展权力，这是人类生存与发展的可持续性原则。

可持续发展，是人与环境的大和谐！

本章内容小结

人类对于自然经历了畏惧、利用、藐视、和谐几个阶段，这不仅反映出人类生产力的文明进化，也反映出人类思想意识的文明进化。特别是环境伦理和环境道德的提出，反映出人类已经把自然放到了朋友的位置去尊重、去善待。开明的人类中心主义、动物解放/权利论、生物平等主义、生态整体主义等，不断地丰富环境伦理的内涵，完善环境伦理的体系。环境道德提出的保护环境、生态公正、尊重生命、善待自然和理智消费等准则，为人类与环境友好从深层意识上提出具体的规范。同样，环境审美也是与环境友好不可或缺的环节，不论自然景观审美还是人文景观审美，都是将环境人格化的美学过程。

20世纪末提出的可持续发展理论强调共生性原则、公平性原则和持续性原则，即人与自然是协调共生的，在资源分配与使用时要坚持代内公平和代际公平，要维护自然生态系统，使之始终保持生产率的稳定。可持续发展观的核心是发展，但要求在严格控制人口数量、提高人口素质和保护环境、资源永续利用的前提下进行的经济和社会发展，因此，不仅要考虑自然层面的问题，还要在更大程度上考虑人文层面的问题。可持续发展是科学发展观的基本要求。

发展与环境的和谐，本质上是人和自然的和谐。这种大和谐，是人类永远的追求。

附录

附录一 国际日

1. 与生命、环境有关的国际日

为唤起国际社会对全球范围某个问题的兴趣或关注，以推动该问题的重视或解决，一些国际性的机构或团体在一年中的某个指定日期举办活动，这一天就是该问题的国际日。多数国际日是由联合国大会或联合国专门机构（联合国教科文组织、世界卫生组织等）设立的。下面列出与生命、环境有关的国际日和我国的专题日。

1 月最后一个周日：世界防治麻风病日

2 月 2 日：世界湿地日

3 月 3 日：全国爱耳日（中国）

3 月 6 日：世界青光眼日

3 月 9 日：保护母亲河日（中国）

3 月第二个周四：世界肾脏日

3 月 21 日：世界睡眠日

3 月 21 日：世界森林日

3 月 22 日：世界水日

3 月 23 日：世界气象日

3 月 24 日：世界防治结核病日

4 月 2 日：世界自闭症日

4 月 7 日：世界卫生日

4 月 7 日：世界高血压日

4 月 11 日：世界帕金森病日

4 月 17 日：世界血友病日

4 月 17 日：世界肿瘤日

4 月 22 日：世界地球日

4 月 25 日：世界防治疟疾日

4 月 28 日：世界安全生产与健康日

4 月 30 日：全国交通安全反思日（中国）

5 月第一个周二：世界防治哮喘日

5 月 3 日：太阳日

5 月 8 日：世界红十字日

5 月 12 日：国际护士节

5 月第二个周六：世界高血压日

5 月 15 日：碘缺乏病防治日(中国)

5 月 19 日：世界肝炎日

5 月 20 日：全国学生营养日(中国)

5 月 22 日：国际生物多样性日

5 月 26 日：世界向人体条件挑战日

5 月 31 日：世界无烟日

6 月 1 日：世界牛奶日

6 月 5 日：世界环境日

6 月 6 日：全国爱眼日(中国)

6 月 8 日：世界海洋日

6 月 14 日：世界献血者日

6 月 17 日：世界防治荒漠化和干旱日

6 月 26 日：国际禁毒日

7 月 11 日：世界人口日

7 月 20 日：人类月球日

7 月 28 日：世界肝炎日

7 月 29 日：世界爱虎日

9 月 8 日：世界狂犬病日

9 月 10 日：世界预防自杀日

9 月第二个周六：世界急救日

9 月第三个周六：世界清洁地球日

9 月 16 日：国际臭氧层保护日

9 月 20 日：全国爱牙日(中国)

9 月 21 日：国际失智症日

9 月 22 日：世界无车日

9 月 26 日：世界避孕日

9 月第四个周日：国际聋人日

10 月 1 日：国际老年人日

10 月 4 日：世界动物日

10 月 4 ~ 10 日：世界空间周

10 月 10 日：世界精神卫生日

10 月 11 日：世界镇痛日

10 月 12 日：世界关节炎日

10 月 12 日：世界 60 亿人口日

10 月 13 日：世界保健日

10 月第二个周三：国际减轻自然灾害日

10 月第二个周四：世界爱眼日(视觉日)

10 月 15 日：国际盲人节

10 月 15 日：全球洗手日

10 月 16 日：世界粮食日

10 月 20 日：世界骨质疏松日

10 月 22 日：世界传统医药日

10 月 22 日：国际口吃日

10 月 28 日：男性健康日

11 月 14 日：世界糖尿病日

11 月 19 日：世界厕所日

12 月 1 日：世界艾滋病日

12 月 3 日：国际残疾人日

12 月 11 日：世界防哮喘日

12 月 15 日：世界强化免疫日

12 月 29 日：国际生物多样性日

2. 世界卫生日

1950 年开始，每年的 4 月 7 日是世界卫生日。世界卫生日的意义在于引起全球对卫生、健康问题的普遍关注和状况改善，提高人们的卫生素质和认识。

历年世界卫生日主题依次是：

1950 年：了解你周围的卫生机构

1951 年：为了你和孩子们的健康

1952 年：在清洁的环境里健康地生活

1953 年：健康是金

1954 年：护士——卫生的先锋

1955 年：水——健康的镜子

1956 年：疾病的同谋犯

1957 年：食物和健康

1958 年：卫生进步的十年

1959 年：当今世界精神疾患和精神卫生

1960 年：消灭疟疾——全世界的宣战

1961 年：可以不发生的事故

1962 年：防盲

1963 年：饥饿——大众的疾病

1964 年：对结核病仍要提高警惕

1965 年：天花——经常的警报

1966 年：人类和他的城市

1967 年：健康的卫士

1968 年：未来世界的卫生

1969 年：健康、工作和生产力

1970 年：为抢救生命，及时发现癌症

1971 年：糖尿病患者也能健康地生活

1972 年：心脏——健康的中心

1973 年：健康从家中开始

1974 年：清洁的食物，更好的身体

1975 年：治天花——只能前进不能后退

1976 年：预见而预防盲症

1977 年：预防注射就是保护你的孩子

1978 年：当心你的血压

1979 年：健康的儿童，世界的未来

1980 年：要吸烟还是要健康，任君选择

1981 年：2000 年人人享有健康

1982 年：活得更长一些

1983 年：2000 年人人享有健康，倒计时已经开始

1984 年：儿童的健康，明天的财富

1985 年：健康的青年，我们最好的资源

1986 年：健康地生活，人类均可为胜者

1987 年：免疫——每个儿童应有的机会

1988 年：第一个世界无烟日

1989 年：大家都来谈健康

1990 年：环境与健康

1991 年：居安思危，有备无患，防备意外

1992 年：心搏——健康的节律

1993 年：善待生命——预防意外伤亡和暴力

1994 年：健康的生活需要口腔卫生

1995 年：2000 年目标——全球根除脊髓灰质炎

1996 年：为了美好生活，创建卫生城市

1997 年：全球警惕，立即行动——防范新出现的传染病

1998 年：母亲安全：人权问题

1999 年：积极生活，安享晚年

2000 年：安全血液，从我开始

2001 年：精神卫生——消除偏见，勇于关爱

2002 年：运动有益健康

2003 年：创建未来生活，让儿童拥有一个健康的环境

2004 年：道路安全，防患未然

2005 年：珍爱每一位母亲和儿童

2006 年：通力合作，增进健康

2007 年：国际卫生安全

2008 年：应对气候变化，保护人类健康

2009 年：拯救生命，加强医院应对紧急情况的能力

2010 年：城市化与健康

2011 年：抗菌素耐药性：今天不采取行动，明天就无药可用

2012 年：老龄化与健康，口号是"健康相伴，活力常在"

2013 年：控制高血压

3. 世界环境日

1972 年开始，每年的 6 月 5 日为世界环境日。世界环境日的意义在于提醒全世界注意地球状况和人类活动对环境的危害。要求联合国系统和各国政府在这一天开展各种活动，来强调保护和改善人类环境的重要性。

历年环境日的主题依次是：

1974 年：只有一个地球

1975 年：人类居住

1976 年：水——生命的重要源泉

1977 年：关注臭氧层破坏、水土流失、土壤退化和滥伐森林

1978 年：没有破坏的发展

1979 年：为了儿童——没有破坏的发展

1980 年：新的十年，新的挑战——没有破坏的发展

1981 年：保护地下水和人类食物链，防止有毒化学品污染

1982 年：纪念斯德哥尔摩人类环境会议十周年——提高环境意识

1983 年：管理和处理有害废弃物、防止酸雨破坏和提高资源利用率

1984 年：沙漠化

1985 年：青年·人口·环境

1986 年：环境与和平

1987 年：环境与居住

1988 年：保护环境，持续发展，公众参与

1989 年：警惕，全球变暖

1990 年：儿童与环境

1991 年：气候变化——需要全球合作

1992 年：只有一个地球——关心与共享

1993 年：贫穷与环境——摆脱恶性循环

1994 年：一个地球，一个家庭

1995 年：各国人民联合起来，创造更加美好的世界

1996 年：我们的地球、居住地、家园

1997 年：为了地球上的生命——清除白色污染

1998 年：为了地球上的生命——拯救我们的海洋

1999 年：拯救地球，就是拯救未来

2000 年：环境千年——行动起来

2001 年：时间万物，生命之网

2002 年：让地球充满生机

2003 年：水——20 亿人生命之所系

2004 年：海洋存亡，匹夫有责

2005 年：营造绿色城市，呵护地球家园

2006 年：沙漠和沙漠化——莫使荒地变沙漠

2007 年：冰川消融，后果堪忧

2008 年：戒除嗜好！推行低碳经济

2009 年：你的星球需要你：联合起来应对气候变化

2010 年：多样的物种，唯一的地球，共同的未来

2011 年：森林：大自然为您效劳

2012 年：绿色经济，你参与了吗？

2013 年：思前、食后、厉行节约

环境日主题体现出人类的关注点，从历年主题的变化趋势可以看出，最初是比较宽泛的命题，如发展、和平、生命等，近年已经逐渐明朗为具体问题，如荒漠化、冰川、物种多样性、森林等。所有主题的核心就是一句话：保护环境，人人有责。

我国 2005 年以来的环境日主题为：

2005 年：人人参与，创建绿色家园

2006 年：生态安全与环境友好型社会

2007 年：污染减排与环境友好型社会

2008 年：绿色奥运与环境友好型社会

2009 年：减少污染——行动起来

2010 年：低碳减排·绿色生活

2011 年：共建生态文明，共享绿色未来

2012 年：绿色消费，你行动了吗？

2013 年：同呼吸　共奋斗

附录二 部分名词中英文对照表

（名词后的数字为该名词首次出现所在章次）

a

癌症, 4	cancer
矮行星, 1	dwarf planet
艾滋病, 4	acquired immune deficiency syndrome, AIDS
安乐死, 4	euthanasia
氨基酸, 2	amino acid

b

孢子, 2	spore
崩塌, 1	collapse
鼻, 3	nose
表象, 5	representation
病毒, 3	virus
病原体, 4	pathogens
捕食, 6	predation

c

超新星, 1	supernova
沉积型循环, 6	sedimentary cycle
出生率, 6	birthrate
出芽繁殖, 2	budding
触觉, 5	tactile sense
传染性疾病, 4	infectious diseases
存活曲线, 6	survivorship curve
错觉, 5	illusion

d

单细胞生物, 3	protozoa
蛋白质, 2	protein
地裂缝, 7	ground crack
地面沉降, 7	surface subsidence
地球, 1	Earth

j

k

l

附录三　部分人名中英文对照表

（名词后的数字为该名词首次出现所在章次）

a

艾弗里, 2　　　　　　　O. T. Avery
爱因斯坦, 1　　　　　　A. Einstein

b

巴斯德, 2　　　　　　　L. Pasteur
贝内登, 2　　　　　　　E. Beneden
贝塔朗菲, 3　　　　　　L. V. Beretalanffy
毕达哥拉斯, 1　　　　　Pythagoras
玻色, 1　　　　　　　　S. N. Bose
布鲁诺, 1　　　　　　　G. Bruno
布伦特兰, 8　　　　　　G. H. Brandtland
布希纳, 2　　　　　　　E. Buchner

d

达尔文, 2　　　　　　　C. Darwin

e

恩格斯, 8　　　　　　　F. V. Engels

f

弗莱明, 2　　　　　　　W. Flemming

g

伽利略, 1　　　　　　　G. Galilei
伽莫夫, 1　　　　　　　G. Gamov
高尔顿, 4　　　　　　　F. Galton
哥白尼, 1　　　　　　　M. Kopernik

h

哈勃, 1　　　　　　　　E. P. Hubble

w

x

y

参考文献

[1] 余明. 简明天文学教程(第二版). 北京:科学出版社,2007

[2] 苏宜. 天文学新概论. 北京:科学出版社,2009

[3] 钮卫星. 天文学史:一部人类认识宇宙和自身的历史. 上海:上海交通大学出版社,2011

[4] 叶创兴等. 生命科学基础教程. 北京:高等教育出版社,2006

[5] 吴庆余. 基础生命科学(第2版). 北京:高等教育出版社,2006

[6] 高嵩明. 生命科学导论(第2版). 北京:高等教育出版社,2007

[7] 刘广发. 现代生命科学概论. 北京:科学出版社,2008

[8] 裴娟萍等. 生命科学概论(第二版). 北京:科学出版社,2008

[9] 焦炳华等. 现代生命科学概论. 北京:科学出版社,2009

[10] 胡兴昌. 生命科学通论. 北京:科学出版社,2010

[11] 闫桂琴. 生命科学导论. 北京:北京师范大学出版社,2010

[12] [美]E. O. Wilson. 王芷等译. 生命的多样性. 长沙:湖南科技出版社,2004

[13] [美]B. Bryson. 严维明,陈邕译. 万物简史. 北京:接力出版社,2005

[14] [英]P. Ackroyd. 周继岚等译. 生命起源. 北京:生活·读书·新知三联书店,2007

[15] [英]S. Parker. 左焕琛译. 人体. 上海:上海科学技术出版社,2010

[16] 王易. 话说免疫. 北京:中国中医药出版社,2008

[17] 郭黎岩. 心理学. 南京:南京大学出版社,2006

[18] 梁宁建. 心理学导论. 上海:上海教育出版社,2011

[19] 孙平等. 人与环境和谐原理. 北京:科学出版社,2010

[20] 周培疆等. 现代环境科学概论. 北京:科学出版社,2010

[21] 田文富. 环境伦理与和谐生态. 郑州:郑州大学出版社,2010

[22] 张丽萍等. 环境灾害学. 北京:科学出版社,2008

[23] 张庆丰等. 迈向环境可持续的未来——中华人民共和国国家环境分析. 北京:中国财政经济出版社,2012